Mastery of Mathem

数学I・A

Basic編

基本大全

武田塾教務部長 中森 泰樹 監修

学びエイド 香川 亮 著

受験研究社

はじめに

数学を「やってもできない」，「どうやったらできるようになるかわからない」そんな風に思ったことはありませんか？高校で学習する科目の中でも，数学は特にできるようにならない科目に陥ってしまいがちです。

数学の成績を上げるためには，“その問題を初めて見ても解ける人”と同じ**「解くためのプロセス」**を身につけることが非常に重要です。

つまり，解答だけではなく，「問題文からどんな情報を読み取ればいいのか」「どんな式を立てるのか」「立てた式からどのように答えを導いていくのか」といった，**「解くためのプロセス」**を理解し，自分のものにすることが数学の成績を上げるカギになります。

本書は，そういったプロセスを身に着けるために，**“紙での解説”**と**“動画での解説”**の二段構えで構成され，いつでも「わからない問題を質問できる先生が隣にいる」という状態で学習ができる参考書として誕生しました。

本書での学習を通じ，1人でも多くの方に数学ができるようになる経験をして頂ければと願っております。

武田塾教務部長

中森泰樹

この本の執筆にあたって

数学や算数を「好き」と答える学生の割合は，年齢が上がるにつれて減っていくそうです。それは，数学が**積み上げの学問**であることに他ならないからでしょう。だからこそ，基礎となる部分の学びは数学の学習の上では最も重要になります。では，基礎の学びを充実させる秘訣はなにか？それは問題を解くときに**「お！できる！楽しい！」と感じる体験**を積み重ねることです。そのためには暗記ではなく，「なるほど！」と理解し，納得することが重要です。本書では，**「なるほど！」**となる手助けになるように全ページに動画も準備しました。ぜひ活用してください。

ただし，この「なるほど！」は頭の中の話しで，本当の実力にはなっていませんし，テストで高得点も狙えません。例題や演習問題を必ず**自分の手で解く**という作業を欠かさないようにしてください。自分の手で答えを導き出せるようになって初めて自分の実力になるのです。

また，本書の大きな目標は，「答えを出す」だけではなく，**「合理的な解き方で答えを導く力」**を読者の皆さんに身につけてもらうことです。登山に例えるならば，難しい問題を解くというのは険しい道のりの山に挑むようなものです。今後の大学入試では，いかにしてその山の頂上までたどり着いたかという，その途中経過も問われる時代になっています。登り方をじっくり考える，そういった読み方を心掛けて欲しいと思います。

最後になりましたが，本書の出版にあたっては，編集部の皆さんには根気強く自分のこだわりに付き合って頂きました。また，内容の校正などでは，鹿児島の東寿朗先生に大変お世話になりました。そして何よりも本書の出版を応援してくれた家族に感謝しています。

本書が読者の皆さんの充実した数学学習の手助けとなれば幸いです。さあ，ページをめくってさっそく始めていきましょう！

学びエイド　香川 亮

特長と使い方

Point 1 学習内容や学習順序は「基本大全」におまかせ！

初めて数学を学ぶ方がいちばん悩むのが

“「何」を「どこまで」学べばよいのか？”

という点です。数学は奥の深い学問の1つです。学べば学ぶほど様々な知識や問題が湧き出てきます。でも1つのことにこだわってしまうとなかなか先に進むことができません。かといって飛ばして進めていいものかどうか…。

適切なアドバイザーがいないと見極めが難しいところです。

「基本大全」では，学習順序について悩むことがないように，

「Basic 編」「Core 編」の2分冊で構成されています。

「Basic 編」…基本の考え方や公式・定理の習得を目的としています。

「Core 編」…入試によく出る典型問題の考え方の習得を目的としています。

これら2冊を**「Basic 編」→「Core 編」**の順で，飛ばさずに進めていくことで無理なく効果的に力をつけることができます。

また，学習進度や理解度に応じて学習内容を厳選することで，学習意欲を落とさず，効率的に学んでいくことができます。

例えば，第4章 図形と計量の「正弦定理」の学習において，**Basic 編では公式だけ載せていますが，Core 編では公式の証明まで示しています。**初学者は公式を使いこなせるようになることが大切なので，複雑な公式の証明までは扱っていないのです。

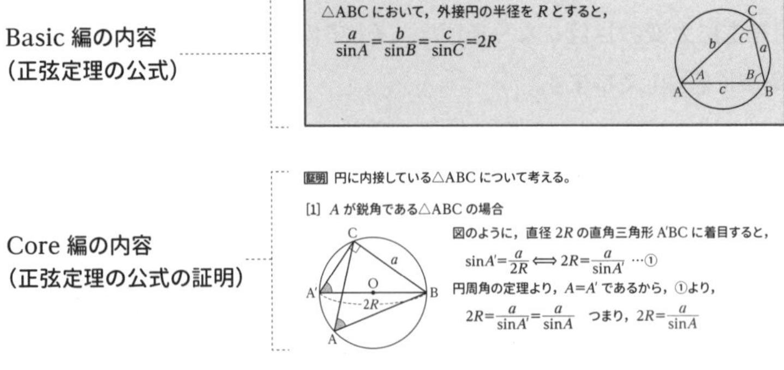

Point 2 疑問に答えるイントロダクション

演習問題に取り組む前に，演習問題で扱う公式や定理などをくわしく学べるようになっています。また，必要に応じて例題とその考え方を掲載しています。

Check Point 必ず覚えておきたい重要な公式，定理などを載せています。

大切なポイントや補足事項などを載せています。

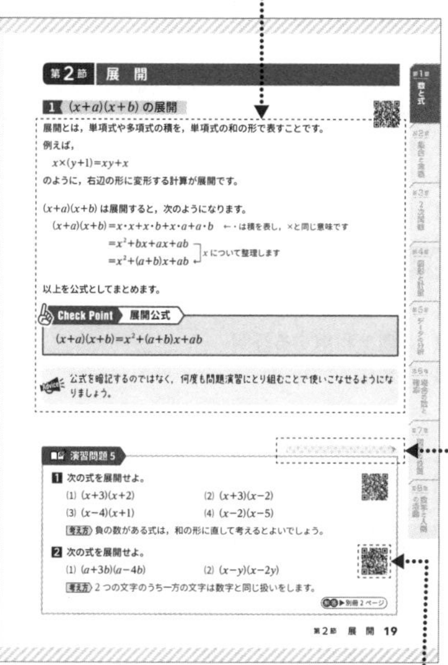
第2節 展開

1 $(x+a)(x+b)$ の展開

展開とは，単項式や多項式の積を，単項式の和の形で表すことです。
例えば，
$x\times(y+1)=xy+x$
のように，右辺の形に変形する計算が展開です。

$(x+a)(x+b)$ は展開すると，次のようになります。

$(x+a)(x+b)=x\cdot x+x\cdot b+x\cdot a+a\cdot b$ ←・は積を表し，×と同じ意味です
$=x^2+bx+ax+ab$
$=x^2+(a+b)x+ab$ xについて整理します

以上を公式としてまとめます。

Check Point 展開公式
$(x+a)(x+b)=x^2+(a+b)x+ab$

公式を暗記するのではなく，何度も問題演習にとり組むことで使いこなせるようになりましょう。

演習問題 5

1 次の式を展開せよ。
(1) $(x+3)(x+2)$　(2) $(x+3)(x-2)$
(3) $(x-4)(x+1)$　(4) $(x-2)(x-5)$
考え方 負の数がある式は，和の形に直して考えるとよいでしょう。

2 次の式を展開せよ。
(1) $(a+3b)(a-4b)$　(2) $(x-y)(x-2y)$
考え方 2つの文字のうち一方の文字は数字と同じ扱いをします。

解答▶別冊2ページ

第2節 展開 19

Point 3 付箋を貼って上手にインプット

この部分には，解説動画の最後に述べているまとめのコメントを，付箋に書きこんで貼りつけておきましょう。

このようにすることで知識の定着をはかることができます。また，付箋を貼っておくことで，自分がどこまで勉強したかの確認などが後からできます。

(2) $(x+3)(x-2)$
(4) $(x-2)(x-5)$
り形に直して考えるとよい

結論をしっかり覚えることは重要。ただし自分で展開の公式をつくれるようになること。

Point 4 解説動画で理解が深まる

各ページの QR コードから著者の香川先生の解説動画を視聴することができます。

QR コードを読み取る → シリアル番号「371456」を入力 → 動画を視聴

また，動画の一覧から選んで視聴することもできます。

下の QR コードを読み取るか，URL を入力する →「動画を見る」をクリック → シリアル番号「371456」を入力 → 視聴したい動画をクリック

https://www.manabi-aid.jp/service/gyakuten

推奨環境	（PC）OS：Windwos10 以降 あるいは macOS Sierra 以降 Web ブラウザ：Chrome / Edge / Firefox / Safari （スマートフォン / タブレット）iPhone / iPad iOS12 以降の Safari / Chrome Android 6 以降の Chrome

目　次

第1章 数と式 数学Ⅰ　9

第1節 文字式の計算　10

1 様々な用語　10
2 整式の加法・減法　13
3 単項式の乗法　14
4 多項式の乗法　17

第2節 展　開　19

1 $(x+a)(x+b)$ の展開　19
2 2乗の展開公式　20
3 和と差の積の展開公式　21
4 3項の2乗の展開公式　22

第3節 因数分解　23

1 共通因数でくくる　23
2 和の平方と差の平方の因数分解　24
3 平方の差の因数分解　25
4 $x^2+(a+b)x+ab$ 型の因数分解　26
5 たすき掛けの因数分解　27

第4節 実　数　29

1 循環小数　29
2 平方根の意味　31
3 根号を含む式の計算　32
4 分母の有理化　33
5 2重根号　35
6 整数部分・小数部分　37
7 無理数の相等　38
8 絶対値　39
9 絶対値と1次方程式　41
10 平方根と絶対値　43
11 絶対値を含む式のグラフ　44
12 2文字の対称式　45
13 逆数と対称式　46

第5節 1次方程式と不等式　47

1 1次方程式　47
2 連立1次方程式　48
3 3文字の連立1次方程式　50
4 1次不等式　52
5 連立1次不等式　53
6 絶対値と不等式　54

第2章 集合と命題 数学Ⅰ※　55

第1節 集　合　56

1 集合の表し方　56
2 ド・モルガンの法則　59
3 和集合の要素の個数　60

※ p.60は数学Aの内容です。

第2節 命　題　61

1 真　偽　61
2 条件の否定　62
3 必要条件・十分条件　63

第3節 命題と証明　65

1 逆・裏・対偶　65
2 対偶を利用する証明　67
3 背理法　68

第3章 2次関数 数学Ⅰ　69

第1節 2次関数とグラフ　70

1 関　数　70
2 2次関数のグラフの平行移動　71
3 2次関数のグラフの頂点　73
4 平方完成　74
5 2次関数のグラフの対称移動　75
6 2次関数のグラフのかき方　77

第2節 2次関数の最大・最小と決定　79

1 最大・最小　79
2 定義域に制限があるときの最大・最小　80
3 軸が動く場合の最大・最小（下に凸の放物線の最小値）　82
4 軸が動く場合の最大・最小（下に凸の放物線の最大値）　84
5 軸が動く場合の最大・最小（上に凸の放物線）　86
6 2次関数の決定（頂点や軸に関する条件が与えられた場合）　88
7 2次関数の決定（最大値・最小値が与えられた場合）　89
8 2次関数の決定（グラフ上の3点が与えられた場合）　90

第3節 2次方程式 91
1 2次方程式の基本 91
2 2次方程式の実数解の個数 93
3 連立2次方程式 95
4 共通解問題 96
5 2次関数のグラフと x 軸の共有点の座標 97
6 2次関数のグラフと x 軸の共有点の個数 98
7 2次関数のグラフが x 軸から切り取る線分の長さ 100
8 放物線と直線の共有点の座標 102
9 放物線と直線の共有点の個数 103
10 2次関数の係数の符号 105

第4節 2次不等式 107
1 2次不等式の基本 107
2 連立2次不等式 108
3 2次方程式の解の配置問題（存在範囲）① 109
4 2次方程式の解の配置問題（存在範囲）② 111

第4章 図形と計量 数学I 113
第1節 三角比 114
1 三角比 114
2 三角比の利用 117
3 鈍角の三角比 119
4 三角比の相互関係 121
5 三角比の対称式 124
6 $90°-\theta$ の三角比 125
7 $180°-\theta$ の三角比 126
8 $90°+\theta$ の三角比 127
9 三角比と方程式 128
10 2直線のなす角 129
11 三角比と不等式 130
12 三角比と最大・最小問題 132

第2節 正弦定理・余弦定理 133
1 正弦定理 133
2 余弦定理 135
3 鋭角，鈍角，直角の判定 137
4 三角形の形状 138

第3節 図形の計量 139
1 三角形の面積 139
2 内接円の半径 140
3 円に内接する四角形 141
4 空間図形と計量 143
5 三角測量 144

第5章 データの分析 数学I 145
第1節 代表値とデータの散らばり 146
1 度数分布表 146
2 ヒストグラム 148
3 平均値 149
4 中央値 150
5 最頻値 152
6 四分位数 153
7 箱ひげ図 154
8 分散と標準偏差 155

第2節 データの相関 157
1 散布図 157
2 共分散と相関係数 159
3 相関関係の強弱 161

第3節 仮説検定の考え方 162
1 仮説検定の考え方 162

第6章 場合の数と確率 数学A 165
第1節 場合の数 166
1 表と樹形図 166
2 和の法則・積の法則 167
3 約数の個数 169
4 約数の総和 171
5 余事象 172

第2節 順　列 174
1 順　列 174
2 階　乗 176
3 隣接する順列 177
4 円順列 178
5 数珠順列 180
6 重複順列 181
7 同じものを含む順列 182
8 「この順に並ぶ」順列 183
9 最短経路 184

第3節 組合せ 186
1 組合せの基本 186
2 重複組合せ 189
3 組分け問題 190
4 ${}_nC_r$ の性質 192

第4節 確　率 194
1 確率の基本 194

2 余事象の確率 …… 196
3 和事象の確率 …… 197

第5節 様々な確率 198

1 くじ引きの問題 …… 198
2 じゃんけんの問題 …… 200
3 反復試行の確率 …… 202
4 最大値・最小値の確率 …… 203
5 条件つき確率 …… 205
6 期待値 …… 207

第7章 図形の性質 数学A 209

第1節 三角形の性質 210

1 辺と角の大小関係 …… 210
2 三角形の成立条件 …… 212
3 角の二等分線の定理 …… 213
4 中線定理 …… 215
5 外　心 …… 216
6 内　心 …… 217
7 重　心 …… 218
8 面積比と辺の比 …… 219
9 メネラウスの定理 …… 221
10 チェバの定理 …… 223

第2節 円の性質 226

1 円周角の定理 …… 226
2 円周角の定理の逆 …… 228
3 円に内接する四角形 …… 229
4 円の接線 …… 231
5 接線と弦のつくる角（接弦定理） …… 232
6 方べきの定理 …… 233
7 2円の位置関係 …… 236
8 共通接線 …… 237

第3節 作　図 238

1 垂直二等分線の作図 …… 238
2 平行線の作図 …… 239
3 角の二等分線の作図 …… 240

第4節 空間図形 241

1 平面と直交する直線，三垂線の定理 …… 241
2 なす角 …… 244
3 オイラーの多面体定理 …… 246

第8章 数学と人間の活動 数学A 247

第1節 倍数・約数 248

1 素因数分解 …… 248
2 最大公約数と最小公倍数 …… 249
3 互いに素 …… 251
4 最小公倍数と十干十二支 …… 252
5 最大公約数の求め方の工夫 …… 254
6 ユークリッドの互除法 …… 255
7 タイルの敷き詰め問題とユークリッドの互除法 …… 257

第2節 不定方程式 259

1 2元1次不定方程式 ① …… 259
2 2元1次不定方程式 ② …… 260
3 2元1次不定方程式の整数解とユークリッドの互除法 …… 262
4 詰め合わせのつくり方と不定方程式 …… 263

第3節 合同式 265

1 合同式 …… 265
2 カレンダー計算と合同式 …… 267

第4節 n 進法 268

1 古代エジプト時代の記数法 …… 268
2 古代ローマ時代の記数法 …… 269
3 n 進法と位取り記数法 …… 270
4 10進法を n 進法で表す …… 273
5 指数えと2進法 …… 275
6 年齢当てマジックと2進法 …… 277
7 偽コインと2進法 …… 279

第5節 測量・座標 280

1 座席表 …… 280
2 平面上の位置の表し方 …… 283
3 地球の周の長さ …… 284

第6節 パズルとゲーム 286

1 畳敷き詰め問題 …… 286
2 くじ引きゲーム …… 288
3 ハノイの塔 …… 290
4 魔方陣 …… 292

三角比の表 …… 293
索　引 …… 294

本書に関する最新情報は，小社ホームページにある**本書の「サポート情報」**をご覧ください。（開設していない場合もございます。）
なお，この本の内容についての責任は小社にあり，内容に関するご質問は直接小社におよせください。

数と式

第1節 | 文字式の計算 …… 10

第2節 | 展　開 …… 19

第3節 | 因数分解 …… 23

第4節 | 実　数 …… 29

第5節 | 1次方程式と不等式 …… 47

第1節 文字式の計算

1 様々な用語

まずは，様々な用語から確認をしていきましょう。用語は，今後の解説をするうえで必要な単語になります。適切な用語が扱えないと，いちいち説明に時間がかかってしまいますね。

❶ 単項式

数や文字を掛けてできた式のことを単項式といいます。

例えば，-3，$6x$ などはそれぞれ単項式です。

❷ 係数

文字に掛けてある数字を係数といいます。

例題 1 次の単項式の係数を答えよ。

(1) $7x$

(2) $-4ab$

解答 (1) 文字 x に掛けてある数字は **7** … 答

(2) マイナスも係数に含める。

文字 ab に掛けてある数字は **−4** … 答

❸ 指数

同じ文字を掛ける場合，何回も同じ文字を書くのを避ける目的で文字の右上に掛ける個数を記入します。その右上に書いた掛ける個数を表す数字を指数といいます。

例えば，x を 3 個掛ける計算では，

$$\underbrace{x \times x \times x}_{3\text{個掛ける}} = x^3$$

と表せる，ということになります。

第1章 数と式
第2章 集合と命題
第3章 2次関数
第4章 図形と計量
第5章 データの分析
第6章 場合の数と確率
第7章 図形の性質
第8章 数学と人間の活動

❹ 単項式の次数

単項式において，掛けてある文字の個数を，その単項式の次数といいます。

例題 2 $3xy^2$ の次数を答えよ。

解答 掛けてある文字は $\underbrace{x\times y\times y}_{3個}$ の 3 個なので，次数は 3 … 答

ただし，**特定の文字に着目して問われた次数は，その文字だけの掛けてある個数を答えます。**

例題 3 $3xy^2$ で y に着目したときの次数を答えよ。

解答 y の掛けてある個数は $\underbrace{y\times y}_{2個}$ の 2 個なので，次数は 2 … 答

❺ 多項式・項・定数項

単項式の和で表された式を多項式といい，その 1 つ 1 つの単項式を，この多項式の項といいます。項の中で文字を含まない数字のみの項のことを定数項といいます。

例えば，

$$4x^2-3x+1=4x^2+(-3x)+1$$

の場合，その項は $4x^2$ と $-3x$ と 1 で，定数項は 1 です。**単項式の和の形に直す**点がポイントです。

❻ 同類項

項のうち，文字の部分が等しい項を同類項といいます。同類項に係数は関係ありません。

例えば，$7x$ と $-12x$ は，**文字の部分は x で等しい**ので同類項といえます。

Advice x と x^2 のように，次数が異なる場合は同類項ではないので注意しましょう。

❼ 整式とその次数

単項式と多項式をまとめて整式といいます。**整式の次数は，各項のうち最も高い次数を指します。**

> **例題 4** 整式 $2x^2+x+x^3-1$ の次数を答えよ。
>
> **解答** 最も高い次数の項は x^3 である。
>
> その項の次数が 3 なので，整式の次数は **3** … 答

演習問題 1

1 次の x の整式において，x^2 と x の係数，さらに定数項を答えよ。

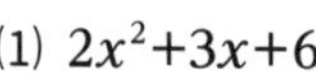

(1) $2x^2+3x+6$

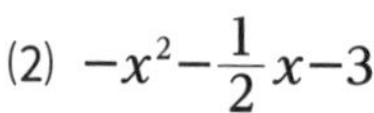

(2) $-x^2-\frac{1}{2}x-3$

考え方 (2)単項式の和の形に直してから考えます。

2 次の式を（　）内の文字に着目して考えたとき，その整式の次数と定数項を答えよ。

(1) $x^2+y^2+2x-3y+1$　(y)

(2) $x^2y+2xy+2x^2y^2+x-7y+3$　(x と y)

考え方 着目している文字以外はすべて数字と同じ扱いをします。

整式の次数は，掛けてある文字の個数の最高のものを指します。

解答▶別冊 1 ページ

2 整式の加法・減法

整式の和や差は，**同類項をまとめることにより計算できます。**

例題 5 次の計算をせよ。

(1) $2x+3x$　　　　(2) $2x^2+3y-4y-x^2$

解答 (1) 和の形に直すと，$\underbrace{x+x}_{2\text{個}}+\underbrace{x+x+x}_{3\text{個加える}}=\mathbf{5x}$ … 答

(2) 同類項どうしでまとめて計算すると，

$$(2x^2-x^2)+(3y-4y)$$

$$=(\underbrace{x^2+x^2}_{2\text{個}}\underbrace{-x^2}_{1\text{個引く}})+\{\underbrace{y+y+y}_{3\text{個}}-\underbrace{(y+y+y+y)}_{4\text{個引く}}\}$$

$$=\mathbf{x^2-y}$$ … 答

上の例題から，**同類項をまとめるときは係数だけを見て計算すればよい**ことがわかりますね。つまり，上の例題でいえば**係数を足せばよく**，

(1) $2x+3x=(2+3)x=5x$

(2) $2x^2+3y-4y-x^2=(2-1)x^2+(3-4)y=x^2-y$

ということになります。

演習問題 2

1 同類項をまとめて，次の整式を簡単にせよ。

$x^2+2x-3-(-x^2+3x+6)$

考え方〉かっこをはずして，同類項をまとめます。

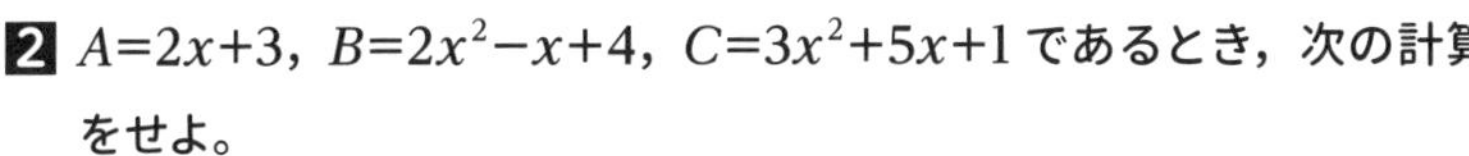

2 $A=2x+3$，$B=2x^2-x+4$，$C=3x^2+5x+1$ であるとき，次の計算をせよ。

(1) $A-B+C$

(2) $2A-2\{B-(A+C)\}$

考え方〉(2)すぐ A，B，C に x の式を代入するのではなく，まず A，B，C の式の計算をすることを考えます。

解答▶別冊1ページ

3 単項式の乗法

単項式の積は，**係数どうしの積，文字どうしの積をそれぞれ計算します。**

文字は指数を使って掛けた個数をまとめて表します。

例えば，

$$x^2\times x^3=\underbrace{(x\times x)\times(x\times x\times x)}_{x\text{を5個掛ける}}=x^{2+3}=x^5$$

ですから，**同じ文字の累乗（x^n の形）どうしの積は，指数の和を求めればよい**ことがわかりますね。

Check Point　指数法則 ①

m，n を正の整数とするとき，

$x^m\times x^n=x^{m+n}$ ←指数の足し算

例題 6　$3xy^2\times(-2x^3y)$ を計算せよ。

解答　掛ける個数，つまり指数に注意すると，

$$3xy^2\times(-2x^3y)$$

$$=\underbrace{3\times(-2)}_{\text{係数どうしの積}}\times\underbrace{x\times x^3\times y^2\times y}_{\text{文字どうしの積}}$$ ←慣れてきたら，この部分は省略しても構いません

$$=(-6)\times x^{1+3}\times y^{2+1}$$

$$=-6x^4y^3$$ … 答

次にかっこの累乗について考えます。

例えば，

$$(x^2)^3=\underbrace{x^2\times x^2\times x^2}_{x^2\text{を3個掛ける}}=x^{2\times3}=x^6$$

ですから，**かっこの累乗は指数の積を求めればよい**ことがわかりますね。

Check Point 指数法則 ②

m，n を正の整数とするとき，

$(x^m)^n = x^{m \times n}$ ←指数の掛け算

$(x^2y)^3$ の場合は，同じかっこが 3 つ掛けてあると考えます。また，掛ける順序を変えても積は変わらないことに注意すると，

$$(x^2y)\times(x^2y)\times(x^2y)=(x^2)^3\times y^3=x^{2\times3}y^3=x^6y^3$$

となるので，かっこの中に 2 文字以上ある場合は，**それぞれの文字について指数の積を求めればよい**ことがわかりますね。

例題 7 次の計算をせよ。

(1) $(2x^3)^3$　　(2) $(x^2y^3)^2$

解答 (1) $(2^1x^3)^3$ と考えて，数と文字について指数の積を求める。

$(2x^3)^3 = 2^{1\times3}x^{3\times3}$　← $(2^1)^3(x^3)^3$ と考えます

$= \mathbf{8x^9}$ … 答

(2) それぞれの文字について指数の積を求めることに注意して，

$(x^2y^3)^2 = x^{2\times2}y^{3\times2}$　← $(x^2)^2(y^3)^2$ と考えます

$= \mathbf{x^4y^6}$ … 答

次に割り算について考えます。

例えば，

$$x^7 \div x^3 = \frac{x^7}{x^3} = x^4$$

つまり，

$$x^7 \div x^3 = x^{7-3} = x^4$$

と同じですから，**同じ文字の累乗（x^n の形）どうしの商は，指数の差を求めればよい**ことがわかります。

Check Point　指数法則 ③

m，n を正の整数（ただし，$m>n$）とするとき，

$x^m \div x^n = x^{m-n}$ ←指数の引き算

例題 8　$(2a^4)^3 \div (a^4)^2$ を計算せよ。

解答　$(2a^4)^3 \div (a^4)^2 = (2^3 a^{4\times3}) \div a^{4\times2}$

$= 8a^{12} \div a^8$

$= 8a^{12-8}$

$= 8a^4$ … 答

演習問題 3

次の式を計算せよ。

(1) $2x^2y \times (-5xy^3)$　　(2) $(-2x^2y^2)^3 \times (-2x^3y)$

(3) $36x^4y^3 \div 9x^2y^2$

考え方 (1)同じ文字どうしで掛け算を行うときは，指数の和を求めます。

(2)かっこの累乗では，それぞれの文字について指数の積を求めます。

(3)同じ文字どうしで割り算を行うときは，指数の差を求めます。

解答▶別冊 1 ページ

4 多項式の乗法

まず，積の計算の法則について確認しましょう。

Check Point 積の 3 法則

分配法則 $a(b+c)=ab+ac$ ←かっこの中にそれぞれ掛けてよい

結合法則 $(a\times b)\times c=a\times(b\times c)$ ←どの 2 つを先に掛けてもよい

交換法則 $a\times b=b\times a$ ←掛ける順序を逆にしてもよい

多項式の積 $(a+b)(c+d)$ では，おき換えて考えるとよいでしょう。

$a+b=A$ とおくと，

$$\begin{aligned}(a+b)(c+d)&=A(c+d) && \text{分配法則を利用する}\\&=Ac+Ad && A\text{ を }a+b\text{ に戻す}\\&=(a+b)c+(a+b)d && \text{分配法則を利用する}\\&=ac+bc+ad+bd\end{aligned}$$

もう少し，別の視点からも考えてみましょう。

多項式の積では，長方形の図の面積をイメージして考えると理解しやすいです。

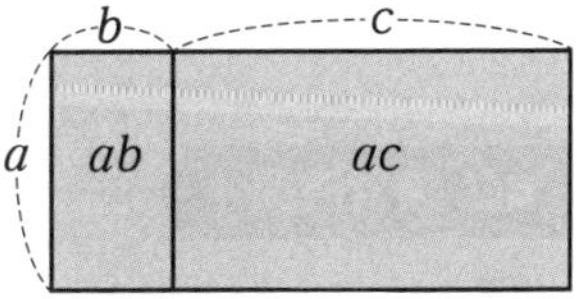

右の図で，長方形全体の面積は $a(b+c)$ です。

2 つに分けた長方形の面積はそれぞれ ab，ac です。

この 2 つの合計と全体の面積が等しいので，

$a(b+c)=ab+ac$ ←分配法則の証明になります

が成り立ちます。

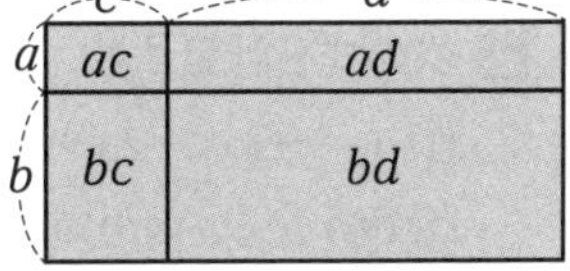

右の図で，長方形全体の面積は $(a+b)(c+d)$ です。

4 つに分けた長方形の面積はそれぞれ ac，ad，bc，bd です。この 4 つの合計と全体の面積が等しいので，

$(a+b)(c+d)=ac+ad+bc+bd$

が成り立ちます。

以上の結果より，実際に計算する場面では，

下のように「**各項を順に掛けて，それらをすべて足したもの**」と覚えるとよいでしょう。

$$(a+b)(c+d)=\overset{①}{ac}+\overset{②}{ad}+\overset{③}{bc}+\overset{④}{bd}$$

負の数がある場合も同様です。

$(a-b)(c-d)$

ならば，

$$\{a+(-b)\}\{c+(-d)\}=\overset{①}{ac}-\overset{②}{ad}-\overset{③}{bc}+\overset{④}{bd}$$

と考えればよいわけです。

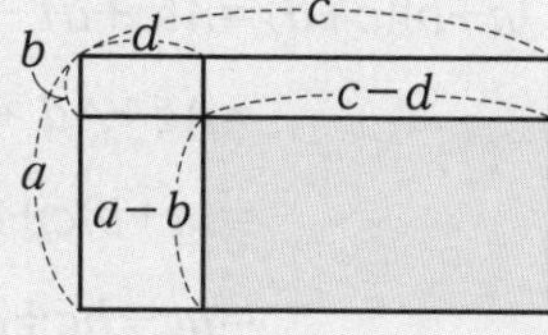

負の数がある場合も，長方形の図の面積で考えることができます。$(a-b)(c-d)$ は，右の図の色のついた部分の面積なので，全体の長方形の面積 ac から縦 a，横 d の長方形と縦 b，横 c の長方形の面積を引き，2回引いた左上の四角形の面積 bd を加えればよいというわけです。よって，

$(a-b)(c-d)=ac-ad-bc+bd$

が成り立つと説明することもできますね。

演習問題 4

1 次の式を計算せよ。

(1) $(3x+4)(2x+5)$　　(2) $(2x+y)(x-3y)$

(3) $(-x+y)(4x-2y)$

考え方〉かっこ内の項を順に掛けて，足し合わせます。

2 次の式を計算せよ。

(1) $(x^3-3x^2-2x+1)(x^2-3y)$　(2) $(x^2-3x-5)(2x^2+3x-4)$

考え方〉かっこ内の項の数が増えても，計算の方法は同じです。

解答▶別冊 2 ページ

第2節 展　開

1 $(x+a)(x+b)$ の展開

展開とは，単項式や多項式の積を，単項式の和の形で表すことです。

例えば，

$$x\times(y+1)=xy+x$$

のように，右辺の形に変形する計算が展開です。

$(x+a)(x+b)$ は展開すると，次のようになります。

$$(x+a)(x+b)=x\cdot x+x\cdot b+x\cdot a+a\cdot b$$

←・は積を表し，×と同じ意味です

$$=x^2+bx+ax+ab$$

$$=x^2+(a+b)x+ab$$

x について整理します

以上を公式としてまとめます。

Check Point 展開公式

$$(x+a)(x+b)=x^2+(a+b)x+ab$$

公式を暗記するのではなく，何度も問題演習にとり組むことで使いこなせるようになりましょう。

演習問題 5

1 次の式を展開せよ。

(1) $(x+3)(x+2)$　　(2) $(x+3)(x-2)$

(3) $(x-4)(x+1)$　　(4) $(x-2)(x-5)$

考え方 負の数がある式は，和の形に直して考えるとよいでしょう。

2 次の式を展開せよ。

(1) $(a+3b)(a-4b)$　　(2) $(x-y)(x-2y)$

考え方 2 つの文字のうち一方の文字は数字と同じ扱いをします。

2　2乗の展開公式

$(x+y)^2$ つまり，$(x+y)(x+y)$ を展開することを考えます。

$$
\begin{aligned}
(x+y)(x+y) &= x\cdot x+x\cdot y+y\cdot x+y\cdot y \\
&= x^2+xy+xy+y^2 \\
&= x^2+2xy+y^2
\end{aligned}
$$

以上を公式としてまとめます。

Check Point　2乗の展開公式 ①

$$(x+y)^2=x^2+2xy+y^2$$

y を$-y$ に変えれば，次の式も成り立つことがわかります。

Check Point　2乗の展開公式 ②

$$(x-y)^2=x^2-2xy+y^2$$

演習問題 6

1 次の式を展開せよ。

(1) $(x+5)^2$　　(2) $(x-3)^2$

(3) $\left(x+\frac{3}{2}\right)^2$　　(4) $\left(x-\frac{4}{3}\right)^2$

考え方 公式に当てはめましょう。

2 次の式を展開せよ。

(1) $(x+3y)^2$　　(2) $\left(2x-\frac{5}{2}y\right)^2$

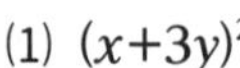
考え方 公式に当てはめましょう。

解答▶別冊2ページ

3 和と差の積の展開公式

和と差の式の積 $(x+y)(x-y)$ を展開することを考えます。

$$
\begin{aligned}
(x+y)(x-y) &= (x+y)\{x+(-y)\} \\
&= x\cdot x + x\cdot(-y) + y\cdot x + y\cdot(-y) \\
&= x^2 - xy + xy - y^2 \\
&= x^2 - y^2
\end{aligned}
$$

以上を公式としてまとめます。

Check Point 和と差の積の展開公式

$$(x+y)(x-y)=x^2-y^2$$

演習問題 7

次の式を展開せよ。

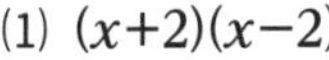

(1) $(x+2)(x-2)$　　(2) $(x+2y)(x-2y)$

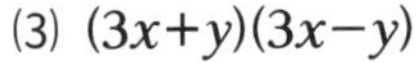

(3) $(3x+y)(3x-y)$　　(4) $(4x+7y)(4x-7y)$

考え方 公式に当てはめましょう。

解答▶別冊3ページ

4 3項の2乗の展開公式

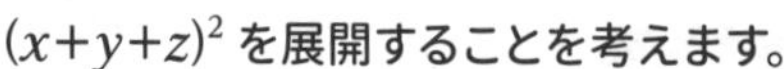

$(x+y+z)^2$ を展開することを考えます。

$x+y=A$ とまとめてから2乗の展開公式を利用すると,

$$\begin{aligned}(x+y+z)^2&=(A+z)^2\\&=A^2+2Az+z^2\\&=(x+y)^2+2(x+y)z+z^2\\&=(x^2+2xy+y^2)+(2xz+2yz)+z^2\\&=x^2+y^2+z^2+2xy+2yz+2zx\end{aligned}$$

（A を $x+y$ に戻す）

以上を公式としてまとめます。

Check Point　3項の2乗の展開公式

$$(x+y+z)^2=\underbrace{x^2+y^2+z^2}_{\text{2乗の和}}+\underbrace{2xy+2yz+2zx}_{\text{2×(2つの文字の積)の和}}$$

もちろん，**p.17 ～ 18** のように図で確認することもできます。1辺の長さが $x+y+z$ である正方形の図の面積を考えると，右のようになることがわかります。

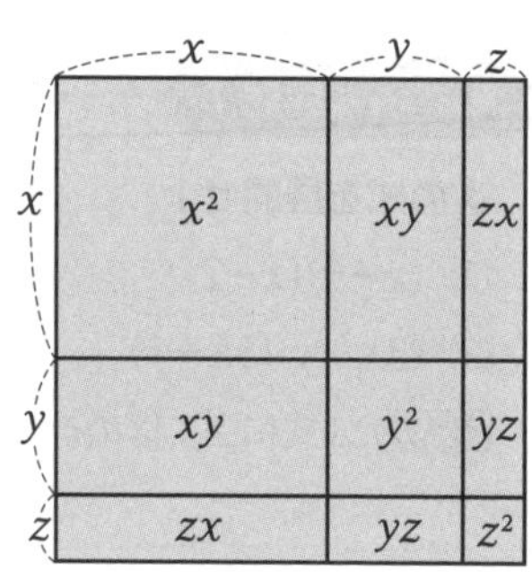

演習問題 8

次の式を展開せよ。

(1) $(x+2y+z)^2$　　(2) $(x-y-z)^2$　　(3) $(x-3y+2)^2$

考え方　公式に当てはめましょう。また，差の形は和に直して考えます。

解答▶別冊3ページ

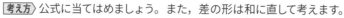

第3節 因数分解

1 共通因数でくくる

1つの整式を複数の整式の積の形に表すことを因数分解といいます。

このときの積をつくる各整式を，もとの整式の因数といいます。

因数分解は展開の逆の作業のことです。

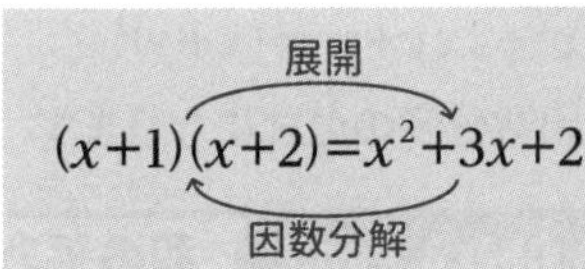

因数分解では，**各項に共通の部分(共通因数といいます)を見つけてくくるのが基本**です。

分配法則

$a(b+c)=ab+ac$

の逆

$ab+ac=a(b+c)$ ←a は ab と ac の共通因数です

をイメージするとよいでしょう。

演習問題 9

1 次の式を因数分解せよ。

(1) $5x^2y+20x^2y^2$ (2) $9x^3y+3x^2y^2-3xy^3$

考え方 共通因数は，すべてくくり出しましょう。

2 次の式を因数分解せよ。

(1) $x(y+z)+x^2$ (2) $x(z+w)+y(z+w)$

(3) $2x(z-3)-y(3-z)$

考え方 共通因数は単項式とは限りません。

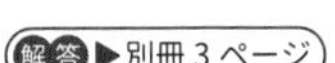

解答▶別冊3ページ

第1章 数と式
第2章 集合と命題
第3章 2次関数
第4章 図形と計量
第5章 データの分析
第6章 場合の数と確率
第7章 図形の性質
第8章 数学と人間の活動

2 和の平方と差の平方の因数分解

平方とは，2 乗のことです。展開公式

$(x+y)^2=x^2+2xy+y^2$

の逆

$x^2+2xy+y^2=(x+y)^2$

が因数分解の公式になります。

Check Point 和の平方の因数分解

$x^2+2xy+y^2=(x+y)^2$

y を$-y$ に変えれば，次の式も成り立つことがわかります。

Check Point 差の平方の因数分解

$x^2-2xy+y^2=(x-y)^2$

3 つの項があって，**前後の 2 つの項が 2 乗で表される整式の場合，和の平方や差の平方の因数分解を疑うのがよいでしょう。**例えば，

x^2+6x+9

の場合，**x^2 と $9=3^2$ は 2 乗で表される項なので $(x+3)^2$ を予想し**，実際に展開してみると，

$(x+3)^2=x^2+2\cdot x\cdot 3+3^2=x^2+6x+9$

となり，予想が正しいことがわかります。そこで改めて，

$x^2+6x+9=(x+3)^2$

として，因数分解するわけです。

演習問題 10

次の式を因数分解せよ。

(1) x^2+4x+4　　(2) $x^2-12x+36$

(3) $9x^2-6x+1$　　(4) $x^2+x+\frac{1}{4}$

考え方 前後の 2 つの項が 2 乗で表されることに気づきましょう。

解答▶別冊 3 ページ

3 平方の差の因数分解

展開公式

$(x+y)(x-y)=x^2-y^2$

の逆

$x^2-y^2=(x+y)(x-y)$

が因数分解の公式になります。

Check Point 平方の差の因数分解

$$x^2-y^2=(x+y)(x-y)$$

演習問題 11

1 次の式を因数分解せよ。

(1) x^2-25　　(2) $4x^2-9$

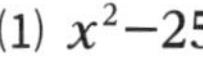
考え方〉差の前後が 2 乗で表される項であることに気づきましょう。

2 次の式を因数分解せよ。

(1) $4x^2y^2-49z^2$　　(2) $(x+1)^2-25$

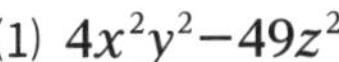
考え方〉差の前後が 2 乗で表される項であることに気づきましょう。

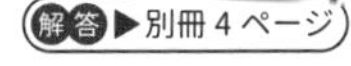
解答▶別冊 4 ページ

4 $x^2+(a+b)x+ab$ 型の因数分解

展開公式

$(x+a)(x+b)=x^2+(a+b)x+ab$

の逆

$x^2+(a+b)x+ab=(x+a)(x+b)$

が因数分解の公式になります。

Check Point $x^2+(a+b)x+ab$ 型の因数分解

$$x^2+(a+b)x+ab=(x+a)(x+b)$$

このタイプの因数分解は，「x の係数が和」，「定数項が積」となる 2 数の組み合わせを考えます。

基本は暗算で解いていきますが，**「定数項が積」となる 2 数の組み合わせから考えて，「x の係数が和」となるものを探すと，効率よく数を決めることができます。**

$$x^2+7x+10=(x+2)(x+5)$$

↑和（$7x$ の係数）　↑積（定数項 10）

和	積
1+6	1×10
2+5	**2×5**
3+4	

積のほうが組み合わせが少ない！

演習問題 12

1 次の式を因数分解せよ。

(1) x^2+5x+6　　(2) x^2-5x+6

(3) x^2+5x-6　　(4) x^2-5x-6

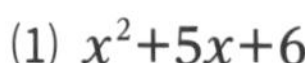

考え方 定数項の積の形から候補を考えます。

2 次の式を因数分解せよ。

(1) $x^2+17xy+60y^2$　　(2) $x^2+6xy-72y^2$

考え方 y は定数と考えます。

解答▶別冊 4 ページ

5 たすき掛けの因数分解

展開の計算

$$(ax+b)(cx+d)=acx^2+(ad+bc)x+bd$$

の逆

$$acx^2+(ad+bc)x+bd=(ax+b)(cx+d)$$

が因数分解の公式になります。この因数分解をたすき掛けといいます。

この場合の因数分解は，**x^2 の係数の約数と定数項の約数の組み合わせを考えて，x の係数をつくることを考えます。**組み合わせは複数存在することが多く，負の数にも気をつけないといけません。

Check Point　たすき掛けの因数分解

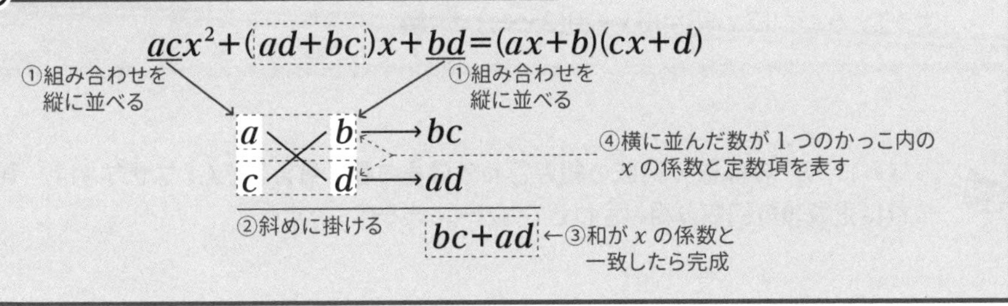

②の操作がひもを斜めに掛ける「たすきを掛ける」のに似ているところから，この名前がつきました。慣れてくると，暗算でできるようになりますよ。

例題 9　$6x^2-13x-8$ を因数分解せよ。

考え方　まず，x^2 の係数の約数と定数項の約数の組み合わせを考えます。

x^2 の係数 6 となる組み合わせは 1×6，2×3 のいずれかで，定数項 -8 となる組み合わせは $\pm1\times\mp8$，$\pm2\times\mp4$ のいずれかです。

ここから，斜めに掛けた積の和が x の係数 -13 となるものを探します。

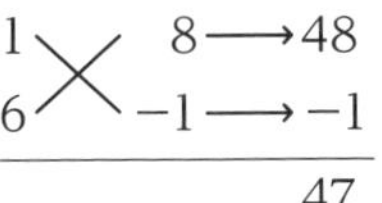

47 ← x の係数 -13 に等しくないので，適しません

他の組み合わせでは，

1　−1
6　8

これは積を考える以前にあり得ません。なぜならば，実際に式に直してみると，

$$6x^2-13x-8=(x-1)(6x+8)$$
$$=2(x-1)(3x+4)$$

となり，2 でくくれることになりましたが，もとの式は 2 でくくれず矛盾しているからです。横に並ぶ数字の組み合わせにも注意が必要です。

解答 正しい組み合わせは，

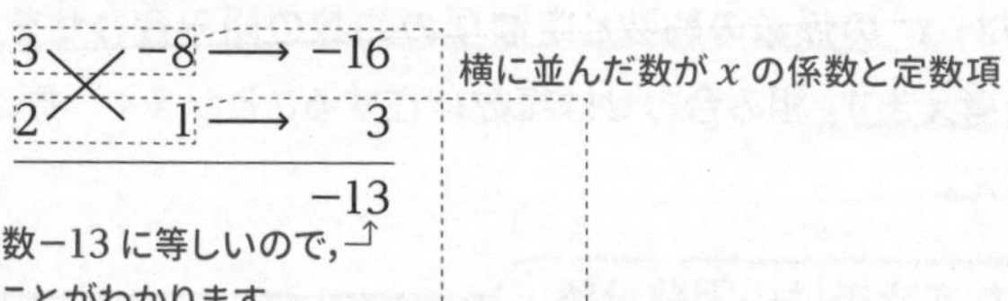

x の係数 -13 に等しいので，正しいことがわかります

よって，$6x^2-13x-8=\mathbf{(3x-8)(2x+1)}$ … 答

ちなみに，x^2 の係数の約数の組み合わせは負の数を考えません。なぜならば，負の数は定数項の約数の組み合わせでカバーできるからです。

演習問題 13

次の式を因数分解せよ。

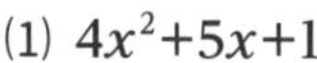

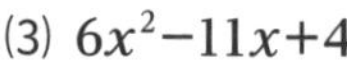

(1) $4x^2+5x+1$　　(2) $3x^2+5x+2$

(3) $6x^2-11x+4$　　(4) $6x^2-5x-6$

考え方 組み合わせを考えるときは，負の数の組み合わせにも注意しましょう。

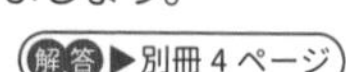

解答▶別冊 4 ページ

第4節　実　数

1　循環小数

数の分類は以下の通りです。数学の問題を考えるうえで，数の分類を理解しておくことはとても重要です。

Check Point　数の分類

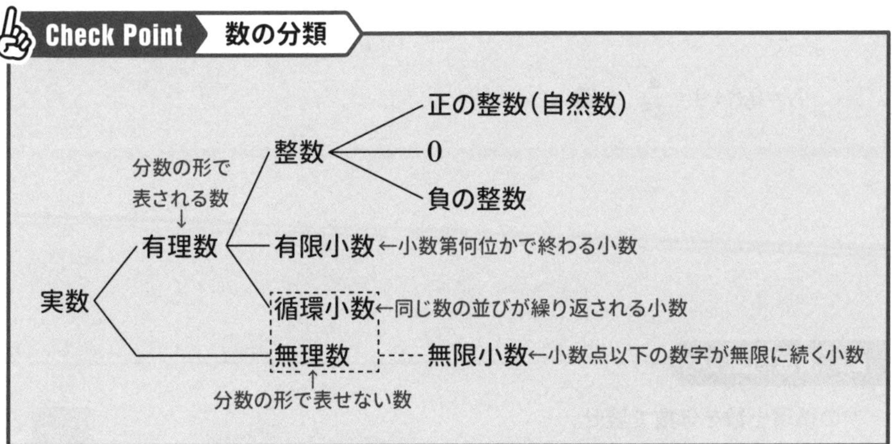

具体例を見て確かめておきましょう。

① $2=\frac{2}{1}$　←整数も分数の形で表されるので有理数です

② $\frac{1}{8}=0.125$　←小数第3位で終わるので，有限小数です

③ $\frac{1}{3}=0.333\cdots$　←無限小数になる有理数は循環小数です

④ $\sqrt{2}=1.41421356\cdots$　←無理数は分数の形で表せず，循環しない無限小数です

循環小数は循環する部分(循環節といいます)がわかるように，次のように表します。

$$\frac{1}{3}=0.333\cdots=0.\dot{3}$$

数字の上の「・(ドット)」はその数字が繰り返されていることを表しています。

循環節が複数の数字でできている場合は，次のように循環節の最初の数字と最後の数字にドットがつきます。

$$0.\underline{123}\,\underline{123}\,\underline{123}\cdots=0.\dot{1}2\dot{3}$$

例題10 循環小数 $0.0\dot{8}$ を分数で表せ。

考え方〉循環節が位1つ分ずれるように10倍した数と，もとの数とで差をとります。

解答 $N=0.0\dot{8}$ とおく。

$$\begin{array}{rr} & 10N=0.8888\cdots \\ -) & N=0.0888\cdots \\ \hline & 9N=0.8 \end{array}$$

よって，

$N=0.8\div 9=\dfrac{4}{45}$ … 答

演習問題 14

次の循環小数を分数で表せ。

(1) $0.\dot{5}$　　(2) $0.\dot{1}0\dot{1}$

考え方〉循環節が小数点の左側にくるように 10^n 倍した数と，もとの数とで差をとります。

(解答▶別冊4ページ)

2　平方根の意味

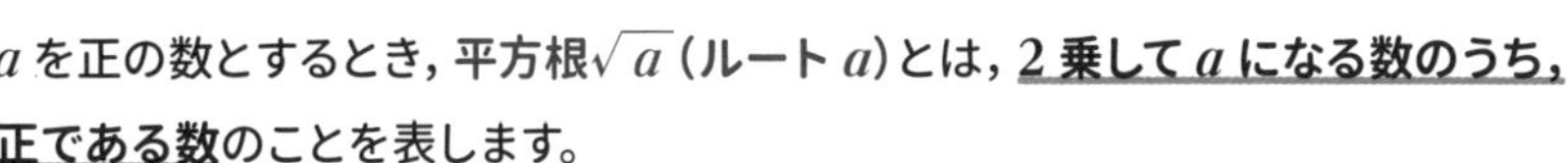

a を正の数とするとき，平方根 $\sqrt{a}$（ルート a）とは，**2 乗して a になる数のうち，正である数**のことを表します。

例えば，$\sqrt{9}$ とは，2 乗して 9 になる正の数のことです。$9=3^2$ ですから，

$\sqrt{9}=\sqrt{3^2}=3$

が成り立ちます。

「**ルート内の 2 乗をとった数になる**」と考えるとよいでしょう。

また，$a=0$ のときは $\sqrt{0}=0$ となります。

Check Point　平方根の意味 ①

$a \geqq 0$ のとき，$\sqrt{a^2}=a$

上の **Check Point** で「$a \geqq 0$ のとき」と断ったのは，仮に $a=-3$ で成り立つとすると，$\sqrt{(-3)^2}=-3$ という式が成立することになります。これは「$\sqrt{a}$ は正の数を表す」という定義に反します。また，$(-3)^2=9$ ですから，$\sqrt{(-3)^2}=\sqrt{9}=3$ となるはずです。

つまり，ルートの中の a の符号と逆の符号の値になります。そのことを以下にまとめておきます。

Check Point　平方根の意味 ②

$a<0$ のとき，$\sqrt{a^2}=-a$　← $a<0$ ですから，$-a$ は正の数ですね

演習問題 15

次の文章は正しいかどうか調べよ。正しくないときはその理由も述べよ。

(1) 16 の平方根は 4 である。

(2) $\sqrt{9}=\pm 3$ である。

(3) $\sqrt{a^2}=a$ である。

(4) $a>0$，$b<0$ のとき，$\sqrt{a^2b^2}=-ab$

考え方　「平方根」の意味をはっきりさせましょう。

解答▶別冊 5 ページ

3 根号を含む式の計算

ルート(根号ともいいます)を含む式の計算では，次のような公式が用いられます。

Check Point 根号を含む式の計算

$a>0$，$b>0$ のとき，

[1] $(\sqrt{a})^2=a$

[2] $\sqrt{a}\times\sqrt{b}=\sqrt{ab}$

[3] $\dfrac{\sqrt{b}}{\sqrt{a}}=\sqrt{\dfrac{b}{a}}$

[2]の式は，$\sqrt{a}\times\sqrt{b}$ を 2 乗して証明することができます。

$(\sqrt{a}\times\sqrt{b})^2=(\sqrt{a})^2\times(\sqrt{b})^2=ab$

$\sqrt{a}>0$，$\sqrt{b}>0$ であるから，

$\sqrt{a}\times\sqrt{b}>0$

よって，$\sqrt{a}\times\sqrt{b}$ は ab の正の平方根である。

右辺の$\sqrt{ab}$ もまた ab の正の平方根であるから，

$\sqrt{a}\times\sqrt{b}=\sqrt{ab}$ 〔証明終わり〕

[3]の式も同じように 2 乗して証明することができます。

演習問題 16

1 次の式を簡単にせよ。

(1) $\sqrt{75}-\sqrt{12}+\sqrt{27}$ (2) $\sqrt{27}\div\sqrt{15}\times\sqrt{10}$

(3) $\sqrt{5}(\sqrt{90}+\sqrt{20})$

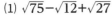

考え方 $k>0$，$a>0$ のとき，$\sqrt{k^2a}=k\sqrt{a}$ です。

2 次の式を簡単にせよ。

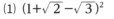

(1) $(1+\sqrt{2}-\sqrt{3})^2$ (2) $(\sqrt{5}-\sqrt{7})(\sqrt{28}+\sqrt{20})$

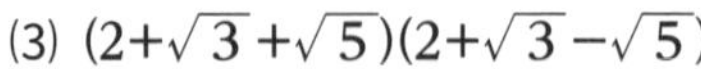

(3) $(2+\sqrt{3}+\sqrt{5})(2+\sqrt{3}-\sqrt{5})$

考え方 展開公式も活用しましょう。

解答▶別冊 5 ページ

4 分母の有理化

有理数とは，**整数 p と 0 でない整数 q を用いて分数 $\frac{p}{q}$ の形で表される数**を指します。

逆に，無理数とは分数 $\frac{p}{q}$ の形で表すことのできない数を指します。

無理数の例としては，円周率 π や $\sqrt{2}$ などです。

分母の有理化とは，分母に無理数を含むとき，**分母を有理数に直す計算**のことをいいます。
有理化の計算は，分母の形によって処理の方法が異なります。

Check Point　分母の有理化

分母が $\sqrt{a}$ の形のとき → 分子・分母に $\sqrt{a}$ を掛ける

分母が $\sqrt{a}+\sqrt{b}$ の形のとき → 分子・分母に $\sqrt{a}-\sqrt{b}$ を掛ける

分母が $\sqrt{a}-\sqrt{b}$ の形のとき → 分子・分母に $\sqrt{a}+\sqrt{b}$ を掛ける

分母が $\sqrt{a}+\sqrt{b}$ や $\sqrt{a}-\sqrt{b}$ の形のときは，$(x+y)(x-y)=x^2-y^2$ の公式を利用します。

例題11 次の式の分母を有理化せよ。

(1) $\frac{1}{\sqrt{2}}$　　(2) $\frac{1}{\sqrt{3}+\sqrt{2}}$

解答 (1) $\frac{1}{\sqrt{2}}=\frac{1\times\sqrt{2}}{\sqrt{2}\times\sqrt{2}}=\frac{\sqrt{2}}{2}$ … 答

(2) $\frac{1}{\sqrt{3}+\sqrt{2}}=\frac{1\times(\sqrt{3}-\sqrt{2})}{(\sqrt{3}+\sqrt{2})(\sqrt{3}-\sqrt{2})}$

$=\frac{\sqrt{3}-\sqrt{2}}{3-2}$

$=\sqrt{3}-\sqrt{2}$ … 答

そもそも，分母を有理化するメリットは何でしょうか？

例題で提示した数 $\frac{1}{\sqrt{2}}$ は，$\sqrt{2}=1.4142\cdots$ですから，

$$\frac{1}{\sqrt{2}}=\frac{1}{1.4142\cdots}$$

となります。ぱっと見ただけではいくつかわかりにくいですね。

次に，同じ分数の分母を有理化した数は，

$$\frac{1}{\sqrt{2}}=\frac{1\times\sqrt{2}}{\sqrt{2}\times\sqrt{2}}=\frac{\sqrt{2}}{2}=\frac{1.4142\cdots}{2}$$

となります。$1.4\div2=0.7$ ですから，大体 0.7 だとわかります。

大体の値を知るには，分母の有理化が有効です。

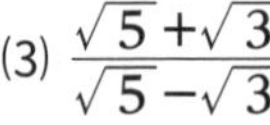

演習問題 17

1 次の式の分母を有理化せよ。

(1) $\frac{1}{3\sqrt{7}}$　(2) $\frac{1}{\sqrt{2}-1}$

(3) $\frac{\sqrt{5}+\sqrt{3}}{\sqrt{5}-\sqrt{3}}$

考え方 (2)，(3)は分母と±が逆の式を分子・分母にかけます。

2 次の式を簡単にせよ。

(1) $\frac{1}{1+\sqrt{2}+\sqrt{3}}$

(2) $\frac{\sqrt{6}}{\sqrt{3}+\sqrt{2}}+\frac{3\sqrt{2}}{\sqrt{6}+\sqrt{3}}-\frac{4\sqrt{3}}{\sqrt{6}+\sqrt{2}}$

考え方 「分母の有理化を行う」と考えます。(1)は $1+\sqrt{2}$ をひとかたまりと考えます。

解答▶別冊 5 ページ

5 2重根号

ルート(根号)の中にルートの式を含む形を2重根号といい，**2重になったルートをはずせる場合があります。**

次のような式の変形を考えましょう。**因数分解のイメージがポイントになります。**

$a>0$，$b>0$ のとき，

$$\begin{aligned}\sqrt{(a+b)+2\sqrt{ab}}&=\sqrt{(\sqrt{a})^2+2\sqrt{a}\cdot\sqrt{b}+(\sqrt{b})^2}\\&=\sqrt{(\sqrt{a}+\sqrt{b})^2}\\&=\sqrt{a}+\sqrt{b}\end{aligned}$$

因数分解

$a>b>0$ のとき，

$$\begin{aligned}\sqrt{(a+b)-2\sqrt{ab}}&=\sqrt{(\sqrt{a})^2-2\sqrt{a}\cdot\sqrt{b}+(\sqrt{b})^2}\\&=\sqrt{(\sqrt{a}-\sqrt{b})^2}\\&=\sqrt{a}-\sqrt{b}\end{aligned}$$

因数分解

Check Point 2重根号のはずし方

$a>0$，$b>0$ のとき，

$$\sqrt{(a+b)+2\sqrt{ab}}=\sqrt{a}+\sqrt{b}$$

$$\sqrt{(a+b)-2\sqrt{ab}}=\sqrt{a}-\sqrt{b}\quad(ただし，a>b)$$

左辺のルートの中を見ると，$a+b$ と ab でできていることがわかります。つまり，a と b の和と積の形です。
この形を満たす2数 a，b を見つけるためには，**積の形から候補を絞るとうまく求めることができます。**つまり，**$x^2+(a+b)x+ab$ 型の因数分解(p.26)のときと同じ要領ですね。**

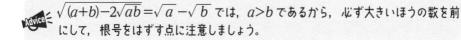

$\sqrt{(a+b)-2\sqrt{ab}}=\sqrt{a}-\sqrt{b}$ では，$a>b$ であるから，必ず大きいほうの数を前にして，根号をはずす点に注意しましょう。

例題 12　次の式の 2 重根号をはずして簡単にせよ。

(1) $\sqrt{5+2\sqrt{6}}$　　　　(2) $\sqrt{4-\sqrt{12}}$

解答　(1)「足して 5，掛けて 6」となる数は，3 と 2　←「掛けて 6」から候補を考えます

$$\sqrt{5+2\sqrt{6}}=\sqrt{(3+2)+2\sqrt{3\cdot 2}}$$
$$=\boldsymbol{\sqrt{3}+\sqrt{2}}\ \cdots\ \text{答}$$

(2) まず，内側のルートを $2\sqrt{}$ の形に直します。

$$\sqrt{4-\sqrt{12}}=\sqrt{4-2\sqrt{3}}$$

「足して 4，掛けて 3」となる数は，3 と 1　←「掛けて 3」から候補を考えます

$$\sqrt{4-2\sqrt{3}}=\sqrt{(3+1)-2\sqrt{3\cdot 1}}$$
$$=\boldsymbol{\sqrt{3}-1}\ \cdots\ \text{答}$$　←正になる差の形で答えます

演習問題 18

次の式の 2 重根号をはずして簡単にせよ。

(1) 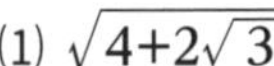 $\sqrt{4+2\sqrt{3}}$　　(2) $\sqrt{9-2\sqrt{14}}$　　(3) 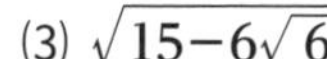 $\sqrt{15-6\sqrt{6}}$

(4) 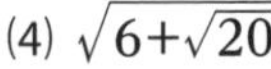 $\sqrt{6+\sqrt{20}}$　　(5) $\sqrt{4-\sqrt{15}}$

考え方　内側のルートは $2\sqrt{}$ の形に直してから考えます。

解答▶別冊 6 ページ

6 整数部分・小数部分

Check Point 整数部分・小数部分

実数 A が $A=a+b$ （a：整数，$0 \leqq b<1$）で表されるとき，
a を A の「整数部分」，b を A の「小数部分」という。

例えば，3.14 の整数部分と小数部分を考えるとき，

$3.14=3+0.14$

ですから，「整数部分は 3，小数部分は 0.14」です。

気をつけないといけないのは負の数の場合です。

例えば，-3.14 の整数部分と小数部分を考えるとき，小数点の左右の数字を見て

整数部分は-3，小数部分は-0.14

と答えがちですが，**小数部分は 0 以上 1 未満の数**ですので，これでは正しくないことがわかります。この場合は

$-3.14=-4+0.86$

として，「整数部分は-4，小数部分は **0.86**」が正解となります。

数直線に表すと，整数部分は正負に関係なく常に左側にある最も近い整数とわかります。

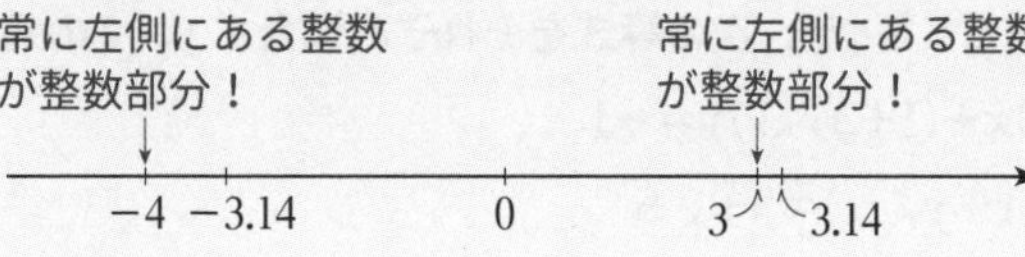

演習問題 19

次の式の値を求めよ。

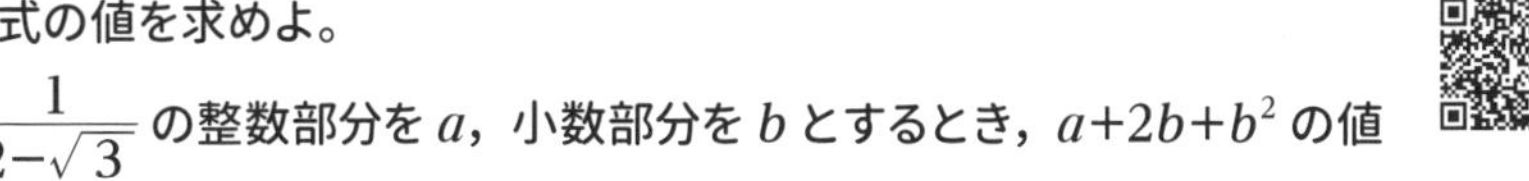

(1) $\dfrac{1}{2-\sqrt{3}}$ の整数部分を a，小数部分を b とするとき，$a+2b+b^2$ の値

(2) $\sqrt{6+\sqrt{20}}$ の整数部分を a，小数部分を b とするとき，

$\dfrac{1}{a+b+1}+\dfrac{1}{a-b-3}$ の値

考え方 まず，整数部分がわかるような形に変形していきます。

解答▶別冊 6 ページ

7 無理数の相等

無理数を含む方程式は，以下のことを利用して解くことができる場合があります。

Check Point　無理数の相等

a，b，c，d を有理数，$\sqrt{n}$ を無理数とするとき，

$a+b\sqrt{n}=c+d\sqrt{n}$ ならば，
$a=c$，$b=d$
（有理数の部分どうし，無理数の部分どうしで比較します）

特に，

$a+b\sqrt{n}=0$ ならば，
$a=0$，$b=0$
（$a+b\sqrt{n}=0+0\cdot\sqrt{n}$ と考えるということです）

演習問題 20

x，y を有理数とするとき，次の等式をそれぞれ満たす x，y の値を求めよ。

(1) $(1+2\sqrt{3})x+(1+3\sqrt{3})y=-1$

(2) $(1+\sqrt{5})(x+y\sqrt{5})=5+\sqrt{5}$

考え方　展開・整理して，両辺の有理数の部分と無理数の部分で比較をします。

解答▶別冊 6 ページ

8 絶対値

絶対値 $|a|$ とは，数直線上における原点と点 a との距離を表します。

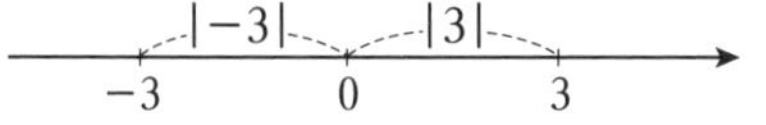

上の数直線のように，3 も−3 も原点からの距離が 3 で等しいことがわかります。そのことを数式で表すと以下のようになります。

$|3|=3$ ←3 と原点との距離は 3

$|-3|=3$ ←−3 と原点との距離は 3

つまり，「**絶対値の中身が 0 以上なら，そのまま絶対値をはずす**」，「**絶対値の中身が負なら，マイナスをつけて絶対値をはずす**」と覚えるとよいでしょう。

よって，次のようにまとめることができます。

Check Point 絶対値

$$|a|=\begin{cases} a & (a \geqq 0) \\ -a & (a<0) \end{cases}$$

←中身が 0 以上ならそのままはずす

←中身が負ならマイナスをつけてはずす

参考 両方とも等号をつけて，$|a|=\begin{cases} a & (a \geqq 0) \\ -a & (a \leqq 0) \end{cases}$ と表すこともできます。

例題 13 $|x-1|$ を，x の値で場合を分けて絶対値記号を用いない形で表せ。

考え方 まず，絶対値の中身が 0 以上か負かで場合分けをします。

解答 (i) $x-1 \geqq 0$ つまり，$x \geqq 1$ のとき

$|x-1|=x-1$ ←中身が 0 以上なのでそのままはずす

(ii) $x-1<0$ つまり，$x<1$ のとき

$|x-1|=-(x-1)$ ←中身が負なのでマイナスをつけてはずす

$=-x+1$

以上より，

$$|x-1|=\begin{cases} x-1 & (x \geqq 1) \\ -x+1 & (x<1) \end{cases}$$ …答

演習問題 21

1 x が与えられた値のとき，次の式の値を求めよ。

⑴ $x=\sqrt{2}$ のときの $|x-2|$ の値

⑵ $x=4$ のときの $|x-3|+|x-5|$ の値

考え方〉実際に代入したときの，絶対値の中身の正負を確認しましょう。

2 次の式を，x の値で場合を分けて絶対値記号を用いない形で表せ。

⑴ $|x-3|$

⑵ $|x+1|+|x-1|$

考え方〉絶対値の中身の正負で場合を分けます。

解答▶別冊 7 ページ

9 絶対値と1次方程式

まずは，方程式の意味をここで確認しておきましょう。

方程式とは，**ある値を代入すると等号が成り立つ式**のことです。このとき，**代入して成り立つ値**のことを，その方程式の解といいます。

例えば，方程式 $3x-1=0$ では，

解は $x=\dfrac{1}{3}$ ←$x=\dfrac{1}{3}$ で左辺も0に等しくなります

ということになります。

絶対値を含む方程式では，**まず絶対値をはずすことを考えます。**

例題14 方程式 $|x|=3$ を解け。

解答 数直線上で x と原点との距離が3ということを表している。

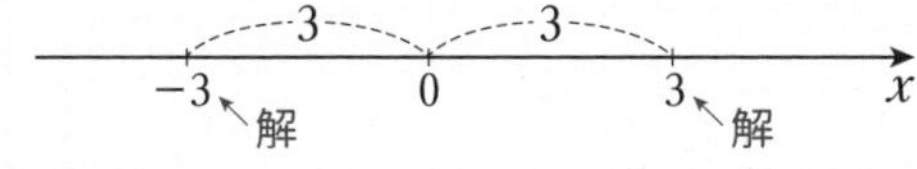

図より，

$x=\mathbf{3,\ -3}$ … 答 ←$x=3,\ -3$ で左辺も3に等しくなります

以上の結果より，次の式を公式としてまとめます。

Check Point　絶対値のはずし方

$|x|=a \iff x=\pm a$

例題15 方程式 $|x-2|=3$ を解け。

解答 まず，$x-2=A$ とおくと，$|A|=3$

Check Point より，

$|A|=3$

$\iff A=3,\ -3$

（慣れてきたら，この部分は省略しても構いません）

$x-2=3,\ -3$

$x=\mathbf{5,\ -1}$ … 答

別解 数直線上の距離をイメージせず，絶対値の中身の正負で場合分けして解く解き方もある。

$$|x-2|=\begin{cases} x-2 & (x\geqq 2) \\ -(x-2) & (x<2) \end{cases}$$

であるから，

(i) $x\geqq 2$ のとき，

$x-2=3$ ←中身が 0 以上なのでそのままはずす

$x=5$

これは，$x\geqq 2$ を満たしている。←場合分けの範囲内であるかの確認を忘れないこと

(ii) $x<2$ のとき，

$-(x-2)=3$ ←中身が負なのでマイナスをつけてはずす

$-x+2=3$

$-x=1$

$x=-1$

これは，$x<2$ を満たしている。←場合分けの範囲内であるかの確認を忘れないこと

以上より，$\boldsymbol{x=5,\ -1}$ … 答

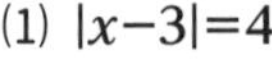

演習問題 22

次の方程式を解け。

(1) $|x-3|=4$　(2) $|x+2|=7$　(3) $|2x+1|=3$

考え方 絶対値とは，原点との距離です。

解答▶別冊 7 ページ

10 平方根と絶対値

平方根では以下の式が成り立ちました。（**p.31** 参照）

$$\sqrt{a^2}=\begin{cases} a & (a \geqq 0) \\ -a & (a<0) \end{cases}$$

また，絶対値では以下の式が成り立ちました。（**p.39** 参照）

$$|a|=\begin{cases} a & (a \geqq 0) \\ -a & (a<0) \end{cases}$$

以上は同じ結論ですから，2 つが等しいことがわかります。

Check Point　平方根と絶対値

$\sqrt{a^2}=|a|$　←絶対値の記号を忘れやすいので注意です

例題 16　$\sqrt{x^2+2x+1}$ を簡単にせよ。

解答

$$\begin{aligned}\sqrt{x^2+2x+1}&=\sqrt{(x+1)^2}\\&=|x+1|\\&=\begin{cases} x+1 & (x+1 \geqq 0) \\ -(x+1) & (x+1<0) \end{cases}\\&=\begin{cases} \boldsymbol{x+1} & \boldsymbol{(x \geqq -1)} \\ \boldsymbol{-x-1} & \boldsymbol{(x<-1)} \end{cases}\end{aligned}$$

…答

演習問題 23

$x=a^2+4$ のとき，次の式を簡単にせよ。

$\sqrt{x+4a}+\sqrt{x-4}$

考え方　$\sqrt{A^2}=|A|$ に注意しましょう。

11 絶対値を含む式のグラフ

絶対値を含む式のグラフは，**絶対値をはずして絶対値のない形で考えます。**
その際に，分けた場合の範囲に注意が必要です。

例題17 $y=|x-1|$ のグラフをかけ。

解答

$$y=|x-1|=\begin{cases}x-1 & (x-1\geqq 0)\\ -(x-1) & (x-1<0)\end{cases}$$

$$=\begin{cases}x-1 & (x\geqq 1)\\ -x+1 & (x<1)\end{cases}$$

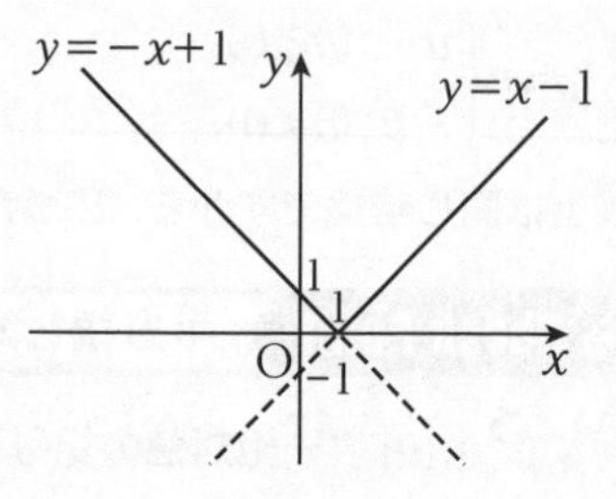

であるから，これを図示すると右のようになる。

答 図の実線部分。

以上の結果より，**$y=|x-1|$ のグラフは，$y=x-1$ のグラフの $y<0$ の部分を x 軸に関して対称に折り返したグラフになっている**ことがわかります。

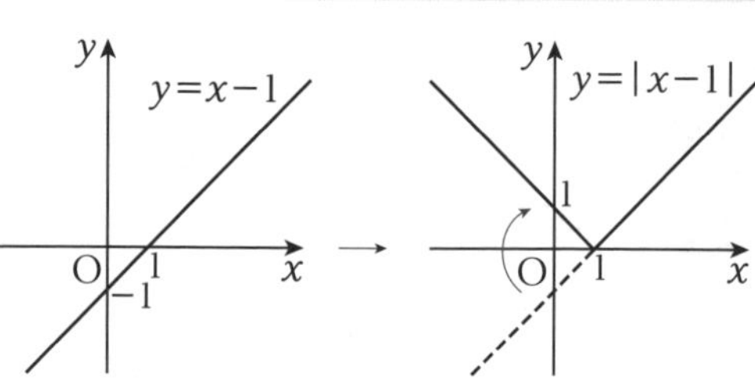

Check Point 絶対値を含む式のグラフ

$y=|f(x)|$ のグラフは，$y=f(x)$ のグラフの $y<0$ の部分を x 軸に関して対称に折り返したものである。

参考 $f(x)$ は x の関数を表す記号（第3章 **p.70** で学習します）です。ここでは，「x の式を表す」と考えておけば OK です。

演習問題 24

次の関数のグラフをかけ。

(1) $y=|2x-1|$ (2) $y=|x|+2x$

考え方 全体に絶対値がある場合はグラフを折り返して考えますが，一部分にだけ絶対値がある場合は場合分けで考えないといけません。

解答▶別冊 8 ページ

12 2文字の対称式

対称式とは，**文字を入れかえても変わらない式**のことです。

例えば，x^2+y^2 などは，x，y を入れかえても y^2+x^2 となり，もとの式と同じになるので，対称式であるといえます。

2つの文字 x，y の対称式の中でも特に**和 $x+y$** と**積 xy** を基本対称式といいます。

2つの文字を含む対称式は必ず基本対称式で表せることがわかっています。

例えば，対称式 x^2+y^2 は次のように基本対称式で表すことができます。

展開公式より $(x+y)^2=x^2+y^2+2xy$ であるから，

$$x^2+y^2=(x+y)^2-2xy$$

Check Point　2つの文字の対称式 ①

$$x^2+y^2=(x+y)^2-2xy$$

差 $x-y$ は対称式ではありませんが，**2乗すると対称式になります。**

$$\begin{aligned}(x-y)^2&=x^2-2xy+y^2\\&=(x^2+2xy+y^2)-4xy\\&=(x+y)^2-4xy\end{aligned}$$

Check Point　2つの文字の対称式 ②

$$(x-y)^2=(x+y)^2-4xy$$

演習問題 25

$x=\dfrac{4}{\sqrt{6}+\sqrt{2}}$，$y=\dfrac{4}{\sqrt{6}-\sqrt{2}}$ のとき，次の式の値を求めよ。

(1) $x+y$　　(2) xy　　(3) x^2+y^2　　(4) $(x-y)^2$

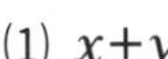

(3)(4)基本対称式で表すことができます。

解答▶別冊8ページ

13 逆数と対称式

ある数 a の逆数とは，**a に掛けて1となる数**のことを指します。

a に掛けて1となる数は $\dfrac{1}{a}$ ですから，a の逆数は $\dfrac{1}{a}$ となります。

例えば，$\dfrac{4}{5}\times\dfrac{5}{4}=1$ ですから，$\dfrac{4}{5}$ の逆数は $\dfrac{5}{4}$ となります。

つまり，**逆数は与えられた数の分子と分母を入れかえたもの**といえます。

$x^2+\dfrac{1}{x^2}=x^2+\dfrac{1^2}{x^2}=x^2+\left(\dfrac{1}{x}\right)^2$ と表すことができます。

ここに，対称式の変形を行うと，

$$
\begin{aligned}
x^2+\frac{1}{x^2}&=x^2+\left(\frac{1}{x}\right)^2\\
&=\left(x+\frac{1}{x}\right)^2-2x\cdot\frac{1}{x}\\
&=\left(x+\frac{1}{x}\right)^2-2
\end{aligned}
$$

$a^2+b^2=(a+b)^2-2ab$ の利用

となり，逆数の関係にある2数 x，$\dfrac{1}{x}$ でつくられた対称式は**和 $x+\dfrac{1}{x}$ だけで表せること**がわかります。

演習問題 26

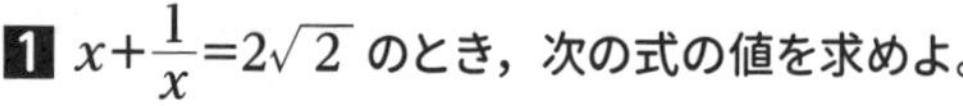

1 $x+\dfrac{1}{x}=2\sqrt{2}$ のとき，次の式の値を求めよ。

(1) $x^2+\dfrac{1}{x^2}$　　(2) $x-\dfrac{1}{x}$

考え方 対称式の変形を利用します。

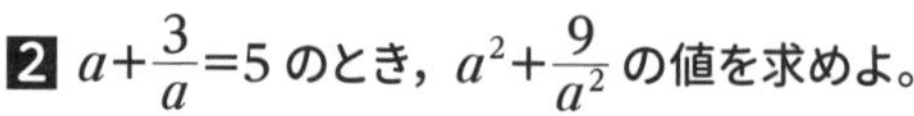

2 $a+\dfrac{3}{a}=5$ のとき，$a^2+\dfrac{9}{a^2}$ の値を求めよ。

考え方 a と $\dfrac{3}{a}$ は逆数ではありませんが，同じように解いていきます。

解答▶別冊8ページ

第5節　1次方程式と不等式

1　1次方程式

1次方程式の解法の基本は，等式の性質や，一方の辺の項を符号を変えて他方の辺に移す移項を使って，$x=$～ の形にすることです。

Check Point　等式の性質

[1]　$a=b$ のとき，$a+c=b+c$，$a-c=b-c$　← 両辺に同じ数を加えても，両辺から同じ数を引いてもよい

[2]　$a=b$ のとき，$ac=bc$，$\dfrac{a}{c}=\dfrac{b}{c}\ (c \neq 0)$　← 両辺に同じ数を掛けても，両辺を同じ数で割ってもよい

例題18　方程式 $\dfrac{-x+3}{4}-\dfrac{x+1}{2}=4$ を解け。

解答　両辺に4を掛けて，$-x+3-2(x+1)=16$

$$-3x+1=16$$

左辺の$+1$を移項して，$-3x=16-1$

$$-3x=15$$

両辺を-3で割って，$\boldsymbol{x=-5}$ … 答

演習問題 27

次の方程式を解け。

(1)　$(x+3)(x-3)-x(x-5)=1-5x$

(2)　$0.3(4x+0.6)=0.9x+0.63$

(3)　$\dfrac{x-2}{3}=\dfrac{4x+1}{2}-\dfrac{8}{9}$

考え方　(2)，(3)両辺に等しい数を掛けてから，展開して整理します。

解答▶別冊9ページ

2 連立1次方程式

同時に成り立ついくつかの方程式の組を連立方程式といいます。

2つの文字を含み，各方程式の次数が1次である2元連立1次方程式では，文字を1つに絞って解きます。絞る方法として，**代入して文字を消去する方法**（代入法）と，**係数をそろえて筆算で文字を消去する方法**（加減法）があります。

例題19 連立方程式 $\begin{cases} 2x+3y=3 \cdots\cdots ① \\ x+2y=1 \cdots\cdots ② \end{cases}$ を解け。

解答 ②の式より，$x=1-2y \cdots\cdots ③$

①の式に代入して，$2(1-2y)+3y=3$

$$2-4y+3y=3$$

$$-y=1$$

$$y=-1$$

$y=-1$ を③の式に代入して，$x=1-2\cdot(-1)=3$

以上より，$\boldsymbol{x=3,\ y=-1}$ … 答

$x=\cdots$，$y=\cdots$の形に変形するのが楽な場合，代入法が有効です。

例題20 連立方程式 $\begin{cases} 2x+3y=8 \cdots\cdots ① \\ 3x+2y=7 \cdots\cdots ② \end{cases}$ を解け。

解答 ①×3−②×2 より，←①の式を3倍，②の式を2倍して x の係数をそろえます

$$\begin{array}{rr} & 6x+9y=24 \\ -) & 6x+4y=14 \\ \hline & 5y=10 \end{array}$$

よって，$y=2$

これを①の式に代入して，$2x+3\cdot 2=8$

$$2x=2$$

$$x=1$$

以上より，$\boldsymbol{x=1,\ y=2}$ … 答

Advice $x=\cdots$，$y=\cdots$の形に変形するのが難しい場合，加減法が有効です。

3 つの式が等号でつながっているものも連立方程式です。

2 つの方程式をつくって，先ほどの連立方程式と同様に解きます。

次の例題では代入法で解いていますが，加減法でも解いてみましょう。

例題21 連立方程式 $3x+2y=2x+4y+1=x+y-3$ を解け。

解答 左側の 2 つの式より，$3x+2y=2x+4y+1$

$$x=2y+1 \cdots\cdots ①$$

右側の 2 つの式より，$2x+4y+1=x+y-3$

$$x+3y+4=0 \cdots\cdots ②$$

②の式に，①の式を代入して，$(2y+1)+3y+4=0$

$$5y=-5$$

$$y=-1$$

$y=-1$ を①の式に代入して，$x=2\cdot(-1)+1=-1$

以上より，$\boldsymbol{x=-1,\ y=-1}$ … 答

もちろん，$3x+2y=2x+4y+1$ と $3x+2y=x+y-3$ などの組み合わせでも解くことができます。

演習問題 28

次の連立方程式を解け。

(1) $\begin{cases} 5x-2y=8 \\ -x+5y=3 \end{cases}$　　(2) $\begin{cases} 3x-2y=10 \\ 4x+3y=2 \end{cases}$

(3) $1=5x-2y=4x+y$

考え方〉代入法と加減法のどちらかを用いて解きます。

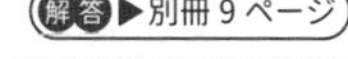
解答▶別冊 9 ページ

3　3文字の連立1次方程式

連立方程式の解法は，変数の数が増えても基本は変わりません。

基本は，**連立して文字を1つずつ消去していきます。**

Advice　どれか同じ1文字をひたすら消去し続けることを狙いましょう。

例題22　次の連立方程式を解け。

$$\begin{cases} x-y+2z=5 \cdots\cdots ① \\ 2x+y-z=1 \cdots\cdots ② \\ 4x-y-3z=-7 \cdots\cdots ③ \end{cases}$$

解答　①+②より，yを消去すると，

$$\begin{array}{rl} & x-y+2z=5 \\ +) & 2x+y-\ z=1 \\ \hline & 3x\quad +\ z=6 \cdots\cdots ④ \end{array}$$

②+③より，yを消去すると，

（yの消去を狙います）

$$\begin{array}{rl} & 2x+y-\ z=1 \\ +) & 4x-y-3z=-7 \\ \hline & 6x\quad -4z=-6 \\ & 3x\quad -2z=-3 \cdots\cdots ⑤ \end{array}$$

④−⑤より，xを消去すると，

$$\begin{array}{rl} & 3x+\ z=6 \\ -) & 3x-2z=-3 \\ \hline & 3z=9 \\ & z=3 \end{array}$$

これを④に代入して，$3x+3=6$

$x=1$

$x=1$，$z=3$を②に代入して，$2+y-3=1$

$y=2$

以上より，$x=1$，$y=2$，$z=3$ … 答

3変数の連立方程式の中で，特に文字が「循環形」になっているものに注意しましょう。循環形とは，**文字の係数が順にずれている形のもの**を指します。循環形の連立方程式では，**各式の和をとることがポイントになります。**

例題23 次の連立方程式を解け。

$$\begin{cases} x+2y+3z=14 \cdots\cdots ① \\ 2x+3y+z=11 \cdots\cdots ② \\ 3x+y+2z=11 \cdots\cdots ③ \end{cases}$$

考え方 係数を見ると，①は 1，2，3，②は 2，3，1，③は 3，1，2 と順にずれている形になっているので，循環形であることがわかります。

解答 ①＋②＋③より，$6(x+y+z)=36$

$x+y+z=6 \cdots\cdots ④$　←この式を活用することを意識して解きます！

①－④より，

$$\begin{array}{rr} & x+2y+3z=14 \\ -) & x+\ y+\ z=6 \\ \hline & y+2z=8 \end{array}$$

これを③に代入して，$3x+8=11$

$x=1$

②－④より，

$$\begin{array}{rr} & 2x+3y+z=11 \\ -) & x+\ y+z=6 \\ \hline & x+2y\quad =5 \end{array}$$

これを①に代入して，$5+3z=14$

$z=3$

$x=1$，$z=3$ を④に代入して，$1+y+3=6$

$y=2$

以上より，$\boldsymbol{x=1}$，$\boldsymbol{y=2}$，$\boldsymbol{z=3}$ … 答

演習問題 29

次の連立方程式を解け。

(1) $\begin{cases} x+2y-2z=4 \\ x-4y+2z=4 \\ x+3y-2z=2 \end{cases}$　　(2) $\begin{cases} 2x+y+z=1 \\ x+2y+z=2 \\ x+y+2z=3 \end{cases}$

考え方 (2)は循環形です。3 つの式をすべて足してみましょう。

解答▶別冊 10 ページ

4 1次不等式

x の満たすべき条件を，不等号を使って表した式を x についての不等式といい，x についての不等式を満たす x の値の範囲をその不等式の解といいます。

Check Point 不等式の性質

[1] $a<b$ ならば，$a+c<b+c$，$a-c<b-c$

[2] $a<b$，$c>0$ ならば，$ac<bc$，$\dfrac{a}{c}<\dfrac{b}{c}$

[3] $a<b$，$c<0$ ならば，$ac>bc$，$\dfrac{a}{c}>\dfrac{b}{c}$

1次不等式の解法の基本は，不等式の性質や移項を使って，$x≧$～や $x<$～などの形にすることです。上の[3]のように，**両辺に負の数を掛けたり，両辺を負の数で割ったりするときは，不等号の向きが変わる点**に注意しないといけません。

例題24 不等式 $x>4+\dfrac{3}{2}x$ を解け。

解答

$x>4+\dfrac{3}{2}x$

（$\dfrac{3}{2}x$ を移項する）

$x-\dfrac{3}{2}x>4$

$-\dfrac{1}{2}x>4$

（両辺に−2を掛ける　不等号の向きが変わる）

$x<4\times(-2)$

$x<-8$ … 答

演習問題 30

次の不等式を解け。

(1) $4x+8>x-1$　　(2) $5x+10≧7x$

(3) $3<\dfrac{1}{4}x+\dfrac{5}{2}$　　(4) $\dfrac{x+5}{3}-\dfrac{2x-1}{4}≦2$

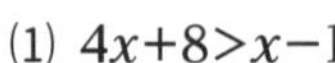

考え方　一方の辺に x を含む項，他方の辺に定数項を集めます。

解答▶別冊 10 ページ

5 連立１次不等式

２つ以上の不等式を組み合わせたものを連立不等式といいます。

連立不等式を解くときは，**それぞれの不等式を解き，それぞれの解の共通部分を答えます。**

また，$A<B<C$ の形の不等式の場合は，

$$\begin{cases} A<B \\ B<C \end{cases}$$

の形に直して解きます。

方程式 $A=B=C$ と不等式 $A<B<C$ ではちょっとした違いがあります。

方程式 $A=B=C$ は，どの２式を組み合わせても大丈夫です。つまり，

$\begin{cases} A=B \\ B=C \end{cases}$ でもいいですし，$\begin{cases} A=B \\ A=C \end{cases}$ でも大丈夫です。

しかし，不等式 $A<B<C$ は，**必ず真ん中の B を２回用いないといけません。**つまり，

$\begin{cases} A<B \\ B<C \end{cases}$ は大丈夫ですが，$\begin{cases} A<B \\ A<C \end{cases}$ としてはいけません。

B と C の大小がはっきりしないからです。

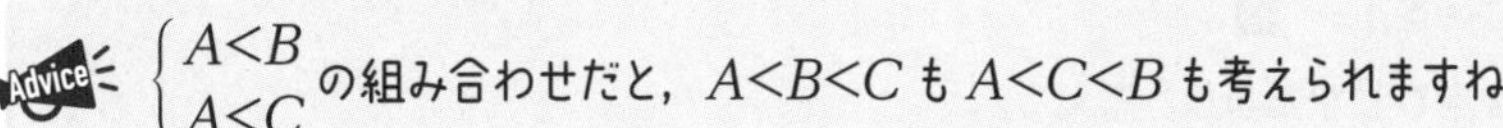

Advice　$\begin{cases} A<B \\ A<C \end{cases}$ の組み合わせだと，$A<B<C$ も $A<C<B$ も考えられますね。

演習問題 31

次の不等式を解け。

(1) $\begin{cases} 3-4x \geqq 1+2x \\ 3(x-1)>-2x-4 \end{cases}$

(2) $\begin{cases} 2(x-1) \leqq 3x-5 \\ \dfrac{x}{2}-1<\dfrac{x+1}{3} \end{cases}$

(3) $3x-4 \leqq 2x<x+3$

考え方　それぞれの不等式を解き，共通部分を求めます。

解答▶別冊 11 ページ

6 絶対値と不等式

$|x|$は原点と x の距離を表すので，絶対値を含む不等式も原点との距離の大小をイメージします。

上の数直線からもわかるように，$a>0$ とするとき，**$-a$ と a の間は原点からの距離が a より小さい部分，a より右側と$-a$ より左側は原点からの距離が a より大きい部分**です。

Check Point 絶対値と不等式

$a>0$ のとき，$|x|\leqq a \iff -a\leqq x\leqq a$

$|x|\geqq a \iff x\leqq -a,\ a\leqq x$

例題25 次の不等式を解け。

(1) $|x|\leqq 3$　　(2) $|x-2|>1$

解答 (1) $|x|\leqq 3$

$-3\leqq x\leqq 3$ … **答**

(2) $x-2$ をひとかたまりと考えて，

$|x-2|>1$

$x-2<-1,\ 1<x-2$

$x<1,\ 3<x$ … **答**

演習問題 32

次の不等式を解け。

(1) $|x-3|>2$　　(2) $|2x+1|\leqq 3$　　(3) $|-3x-2|\leqq 1$

考え方 (3)は $|-3x-2|=|3x+2|$ であることを利用すると計算が少し楽になります。

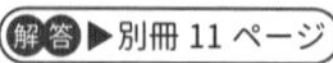

解答▶別冊 11 ページ

集合と命題

第1節 | 集　合 56
第2節 | 命　題 61
第3節 | 命題と証明 65

第1節　集　合

1　集合の表し方

範囲のはっきりとした集まりのことを**集合**といい，その集合に含まれているもの1つ1つを**要素**といいます。
x が集合 P の要素であるとき，「x は集合 P に属する」といい，記号では $x \in P$ と表します。

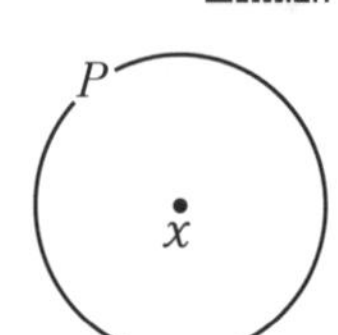

10以下の正の偶数という集合を考えてみます。**集合の要素は｛　｝という記号を用いて表します。**10以下の正の偶数の集合を A とすると，

$A=\{2, 4, 6, 8, 10\}$

と表すことができます。また，

$A=\{x \mid x=2n\ (n=1, 2, 3, 4, 5)\}$　←$2n$ の n に1，2，3，4，5を代入した値という意味

のように表すこともできます。**「|」より左にあるのが集合の要素，右にあるのがその要素が満たす条件になっています。**

下のような図をベン図といい，複数の集合の関係や，集合の範囲を視覚的に理解する方法として用いられます。

Check Point　共通部分（積集合）

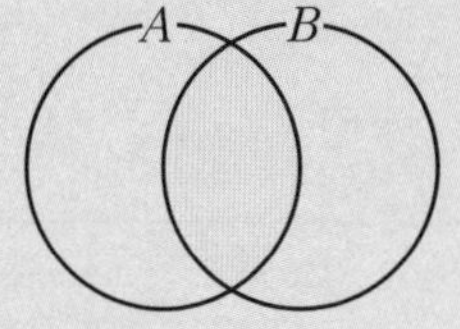

両方の集合に属する部分を共通部分（または積集合）といいます。
記号では，$A \cap B$（A かつ B）と表します。

Check Point　和集合

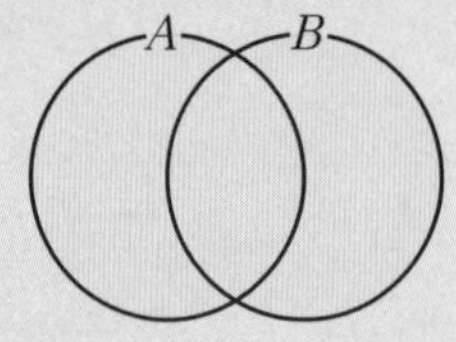

2つの集合の少なくとも一方に属する部分を和集合といいます。
記号では，$A \cup B$（A または B）と表します。

数学における「または」と日常生活における「または」は，意味がちょっと違う点に注意しましょう。

例えば，喫茶店のランチのドリンクサービスで，

「コーヒー【または】ミルクが頼めます」

と書いてあったとしましょう。

そうすると，ふつうはどちらか一方が頼める，という意味ですよね。

しかし，**数学における「または」はベン図を見るとわかる通り「かつ」の部分（共通部分）も含んでいる**んですね。ですので，「または」とは 2 つの集合の「少なくとも一方に属する部分」という説明になるわけです。だからといって，両方頼んではいけませんよ…

Check Point　部分集合

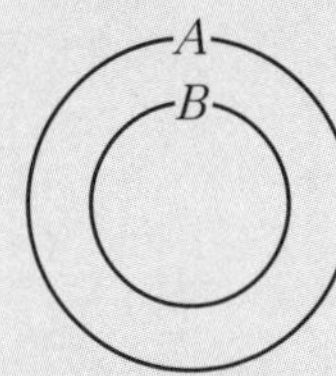

図のように，集合 A が集合 B を含むとき，集合 B を集合 A の部分集合といい，記号では $B \subset A$ と表します。

↖「∈」と間違えないように！

また，集合 A 自身も集合 A の部分集合です。

Check Point　空集合

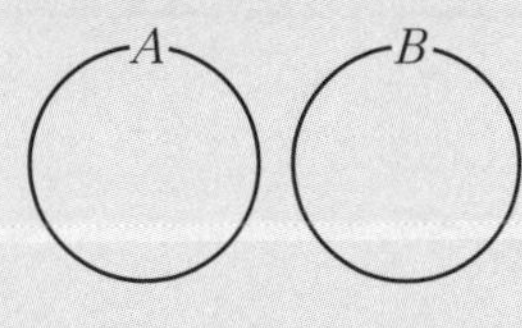

要素を 1 つも含まない集合を空集合といい，$\varnothing$ で表します。図のように，集合 A と集合 B に共通部分がない場合，$A \cap B = \varnothing$ です。

また，空集合はすべての集合の部分集合であると考えます。

Check Point　補集合

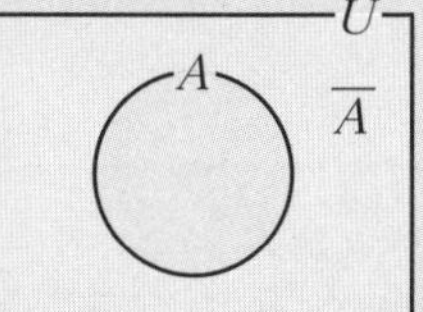

図のように，全体の集合 U に含まれている部分集合 A に対して，集合 A に属していない部分を集合 A の補集合といい，$\overline{A}$ で表します。

演習問題 1

1 0，12，15，28 のうち，次の集合 A に属するものはどれか。

$A=\{x(x-2)\mid x$ は自然数$\}$

考え方 条件から集合 A の要素がどんな数になるのかを考えます。

2 集合 A，B の要素はすべて自然数で，

$A\cup B=\{1,\ 2,\ 3,\ 4,\ 5,\ 6,\ 7,\ 8,\ 9,\ 10\}$

$A\cap\overline{B}=\{1,\ 4,\ 7,\ 9\}$，$\overline{A}\cap B=\{3,\ 6\}$

を満たしている。このとき，$A\cap B$ の要素を求めよ。

考え方 ベン図を図示して考えます。

3 次の集合のうち，$A=\{0,\ 1,\ 2,\ 3,\ 4,\ 5\}$ の部分集合はどれか。

$B=\{0,\ 2,\ 4\}$

$C=\{1,\ 4,\ 7\}$

$D=\{0,\ 1,\ 2,\ 3,\ 4,\ 5\}$

$E=\{x\mid x$ は 6 の正の約数$\}$

$F=\{x\mid x$ は 3 の正の約数$\}$

$G=\varnothing$

考え方 E，F は要素を書き並べる形に直して考えます。

解答▶別冊 12 ページ

2 ド・モルガンの法則

2 つの集合の関係では，補集合を用いて次のような等式が成り立ちます。

Check Point ド・モルガンの法則

$\overline{A \cap B} = \overline{A} \cup \overline{B}$，$\overline{A \cup B} = \overline{A} \cap \overline{B}$

Advice $\overline{\cap} = \cup$，$\overline{\cup} = \cap$として，次のように細かく切って考えると覚えやすいです。
$\overline{A \cap B} = \overline{A}\ \overline{\cap}\ \overline{B} = \overline{A} \cup \overline{B}$，$\overline{A \cup B} = \overline{A}\ \overline{\cup}\ \overline{B} = \overline{A} \cap \overline{B}$

ベン図を用いると理解しやすいです。

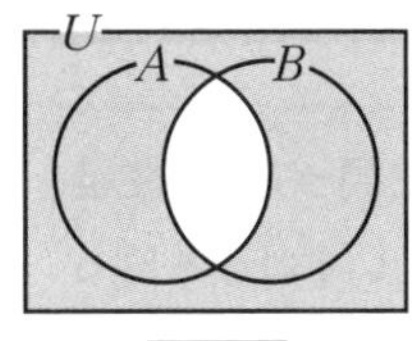

は

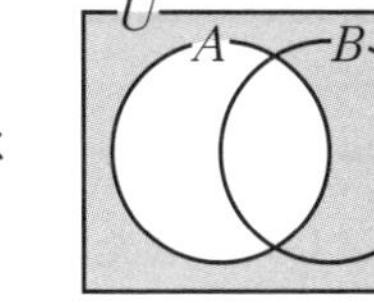
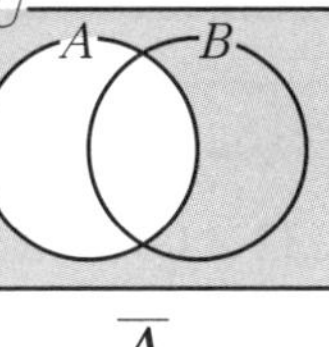

または

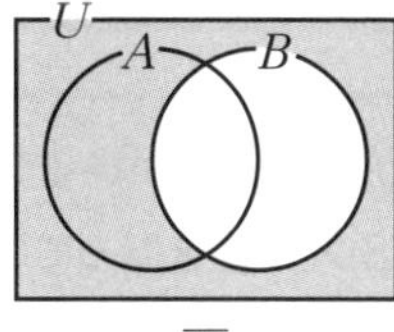

$\overline{A \cap B} = \overline{A} \cup \overline{B}$

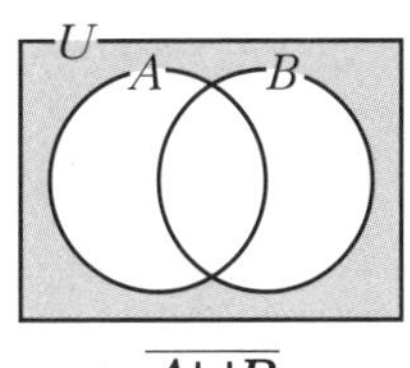

は

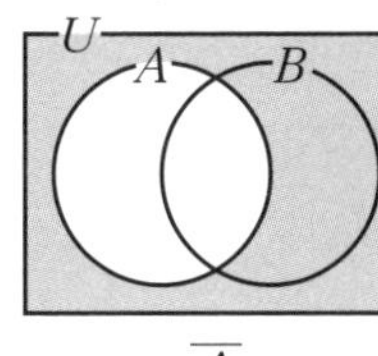

かつ

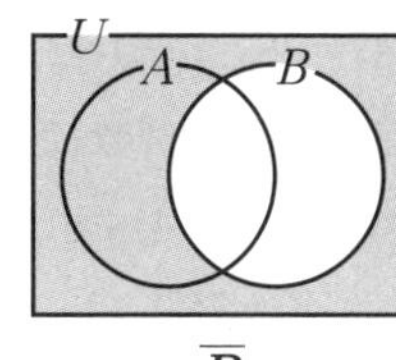

$\overline{A \cup B} = \overline{A} \cap \overline{B}$

演習問題 2

実数全体を全体集合 U とし，U の部分集合 A，B を

$A=\{x|x \geqq 0\}$，$B=\{x|-1 \leqq x \leqq 1\}$

とする。次の集合を求めよ。

(1) $A \cup B$　　(2) $\overline{A} \cap B$　　(3) $\overline{A} \cap \overline{B}$

考え方 (3)はド・モルガンの法則を利用しましょう。

解答▶別冊 12 ページ

3 和集合の要素の個数 ※この単元は数学 A の内容です

集合 A の要素の個数を $n(A)$ と表します。

和集合 $A \cup B$ の集合の要素の個数 $n(A \cup B)$ は，ベン図を参考にします。

集合 A と集合 B の要素の個数をただ加えただけでは，**集合 A と集合 B の共通部分 $A \cap B$ を 2 回加えたことになりますから，その分を引く必要がある**ことがわかります。

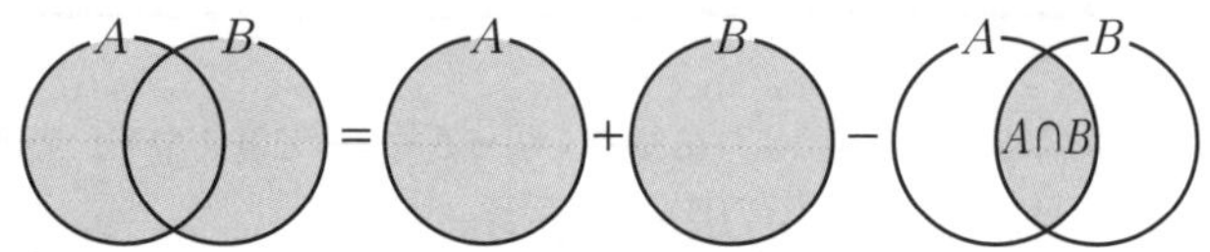

Check Point 和集合の要素の個数（包除の原理）

$n(A \cup B) = n(A) + n(B) - n(A \cap B)$

例題 1 50 人の生徒がいるクラスにアンケートをとったところ，犬を飼っている生徒は 28 人，猫を飼っている生徒は 32 人いた。また，犬と猫のいずれかを飼っている生徒は 40 人いた。このとき，犬も猫も飼っている生徒は何人いるか。

解答 犬を飼っている生徒の集合を A，猫を飼っている生徒の集合を B とすると，

$n(A)=28$，$n(B)=32$，$n(A \cup B)=40$

和集合の要素の個数（包除の原理）より，

$$n(A \cup B) = n(A) + n(B) - n(A \cap B)$$

$$40 = 28 + 32 - n(A \cap B)$$

よって，$n(A \cap B) = \mathbf{20}$**（人）** … 答

演習問題 3

100 以下の自然数のうち，次のような数はいくつあるか。

(1) 2 でも 3 でも割り切れる数　(2) 2 または 3 で割り切れる数

(3) 3 で割り切れるが，2 で割り切れない数

考え方 (3)ベン図をかいて考えましょう。

解答▶別冊 12 ページ

第2節 命　題

1 真　偽

正しいか正しくないかがはっきりと定まる文章や式のことを命題といい，その命題が正しいことを真，正しくないことを偽といいます。

例えば，「3>4」は，**正しくない(偽)とはっきり判断できますから，命題だといえます。**

しかし，「うさぎはかわいい」は，**「かわいい」の基準は人それぞれで，かわいいのが正しいかどうかはっきり判断できませんから命題とはいえません。**

一般に，命題は「a ならば b」の形で表されるものが多く，

「a ならば b」は「$a \Longrightarrow b$」と表します。

ある命題「$a \Longrightarrow b$」が偽であることは，

「a であるのに b でない」という例　←命題が正しくない例

を少なくとも 1 つ挙げて示すことができます。このような例は**反例**といいます。

演習問題 4

次の命題の真偽を答えよ。また，偽の場合は反例を 1 つ挙げよ。ただし，x，y は実数とする。

(1) $x+y=0$ ならば，$x=y=0$ である。

(2) $xy=0$ ならば，$x=0$ である。

(3) x^2 が整数ならば，x は整数である。

(4) 正方形ならば，ひし形である。

(5) $x<2$ ならば，$x^2<4$ である。

考え方 反例があるかどうかを考えます。

解答▶別冊 13 ページ

2 条件の否定

条件 p に対して，「p でない」ことを p の否定といい，$\overline{p}$ で表します。
否定の関係には様々なものがあります。

- $x=1$ の否定は，$x \neq 1$
- $x<1$ の否定は，$x \geqq 1$
- 「〜の少なくとも一方は p である」の否定は，「〜はともに p でない」
- 「ある x について p である」の否定は，「すべての x について p でない」
  （ある x：「適当な x」でも同じ意味　すべての x：「任意の x」でも同じ意味）
- 「a かつ b」の否定は，「$\overline{a}$ または $\overline{b}$」

例題 2 次の命題の否定を述べよ。

(1) 任意の実数 x，y について，$x^2-4xy+4y^2>0$ である。

(2) ある自然数 m，n について，$2m+3n=6$ である。

考え方　不等号につく「=」の記号にも注意しましょう。

解答 (1) **ある実数 x，y について，$x^2-4xy+4y^2 \leqq 0$ である。** … 答

(2) **すべての自然数 m，n について，$2m+3n \neq 6$ である。** … 答

演習問題 5

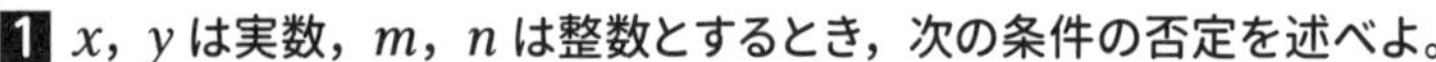

1 x，y は実数，m，n は整数とするとき，次の条件の否定を述べよ。

(1) x，y の少なくとも一方は有理数である。

(2) m，n はともに偶数である。

(3) $x \neq 0$ かつ $y>0$

(4) ある x について $x \leqq 4$ である。

考え方　否定の関係にある表現を覚えましょう。

2 次の命題の否定を述べ，その真偽を答えよ。偽の場合は反例をあげよ。ただし，x は実数とする。

(1) すべての x について $x^2>2x$ である。

(2) ある x について $x^2+1 \leqq 0$ である。

考え方　否定の関係にある表現を覚えましょう。

解答▶別冊 13 ページ

3 必要条件・十分条件

2 つの条件 a，b について，命題 $a \Longrightarrow b$ が**真であるとき**，

a は b であるための**十分条件**である

b は a であるための**必要条件**である

といいます。

また，命題「$a \Longrightarrow b$」と「$b \Longrightarrow a$」がともに**真であるとき**，

a は b であるための**必要十分条件**である

b は a であるための**必要十分条件**である

といいます。

必要条件でも十分条件でもあるからですね。

また，このとき a と b は同値であるといい，記号では「$a \Longleftrightarrow b$」と表します。

Check Point　必要条件・十分条件

命題「$a \Longrightarrow b$」が真であるとき，
a は b であるための「十分条件」
b は a であるための「必要条件」

$a \Longrightarrow b$
↑十分条件　↑必要条件

必要条件と十分条件は次のような覚え方があります。

「十分条件」$\Longrightarrow$「必要条件」ですから，一文字ずつとって，

十(じゅう) $\Longrightarrow$ 要(よう)

つまり「**じゅうよう(重要)**」と語呂合わせで覚えることができるのです。

例題 3　$x=3$ は，$(x+1)(x-3)=0$ であるための□条件ではあるが□条件ではない。

考え方　ポイントは，真である向きがどちらかをまず決めることです。

解答　方程式 $(x+1)(x-3)=0$ を解くと，$x=-1$，3

よって，「$x=3$ ならば $(x+1)(x-3)=0$」は真であるが，「$(x+1)(x-3)=0$ ならば $x=3$」は必ず成り立つとは言えないので偽である（反例は $x=-1$）。

つまり，「$x=3$ である」$\Longrightarrow$「$(x+1)(x-3)=0$ である」が<u>真である</u>。

十　　　$\Longrightarrow$　　　要

したがって，$x=3$ は，$(x+1)(x-3)=0$ であるための

十分条件ではあるが**必要**条件ではない …答

演習問題 6

文字はすべて実数であるとする。次の空欄には

（ア）必要十分条件である

（イ）必要条件ではあるが，十分条件ではない

（ウ）十分条件ではあるが，必要条件ではない

（エ）必要条件でも十分条件でもない

のいずれかが当てはまる。適するものを選んで答えよ。

(1) $x=3$，$y=7$ は $3x-y=2$ であるための□

(2) $x=y=2$ は，$\begin{cases} 2x-y=2 \\ 2y-x=2 \end{cases}$ であるための□

(3) $x^2-5x+6=0$ は，$x=2$ であるための□

(4) $x \neq 3$ は，$x^2+x-12 \neq 0$ であるための□

(5) $x=y$ は $x-z=y-z$ であるための□

(6) $x^2=y^2$ は $x=y$ であるための□

(7) $0 \leqq x \leqq y$ は $x^2 \leqq y^2$ であるための□

(8) $x^2<y^2$ は $x<y$ であるための□

(9) xy と $x+y$ が有理数であることは，x，y が有理数であるための□

(10) $xy=0$ かつ $x \neq 0$ は $y=0$ であるための□

(11) $a=\sqrt{b^2}$ であることは，$a=b$ であるための□

(12) 整数 m，n において，m，n がともに 3 の倍数であることは，m^3+n^3 が 3 の倍数であるための□

(13) 集合 A，B について，$A \cap B=A$ は $A \cup B=B$ であるための□

考え方 命題の真偽を判断して，「十→要」の向きを決めましょう。

解答▶別冊 13 ページ

第3節 命題と証明

1 逆・裏・対偶

命題 $p \Longrightarrow q$ に対して，次のように名称が決まっています。

逆：$q \Longrightarrow p$ ←q と p を入れかえるだけ
裏：$\overline{p} \Longrightarrow \overline{q}$ ←p と q に $\overline{}$ をつける（否定する）だけ
対偶：$\overline{q} \Longrightarrow \overline{p}$ ←「逆」と「裏」を合わせたもの

それぞれの関係を図に表すと，以下のようになります。

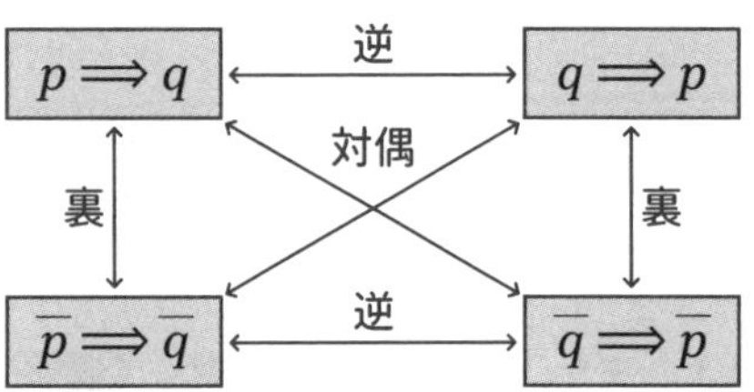

また，対偶に関して以下の性質があります。

Check Point 命題とその対偶の真偽

命題とその対偶の真偽は一致する。

上の図で，$p \Longrightarrow q$ と $\overline{q} \Longrightarrow \overline{p}$ の真偽は一致する。
また，**ある命題の「逆」と「裏」は互いに「対偶」の関係にある**ので，
$q \Longrightarrow p$ と $\overline{p} \Longrightarrow \overline{q}$ の真偽も一致する。

Advice 命題とその逆や裏の真偽は一致するとは限りません。

例題 4 実数 a，b において，命題「$a+b>0$ ならば，$a>0$ かつ $b>0$」の逆，裏，対偶を述べ，その真偽を答えよ。

考え方 命題と対偶，逆と裏は真偽が一致することを利用します。真偽を判断しやすいほうで考えましょう。

解答 命題の逆は「**$a>0$ かつ $b>0$ ならば，$a+b>0$**」… 答

命題の裏は「**$a+b\leqq 0$ ならば，$a\leqq 0$ または $b\leqq 0$**」… 答

命題の対偶は「**$a\leqq 0$ または $b\leqq 0$ ならば，$a+b\leqq 0$**」… 答

真偽については，

逆が**真** … 答 ←

であるから，裏も**真** … 答 ← 対偶の関係

また，命題が偽（反例：$a=2$，$b=-1$）←

であるから，対偶も**偽** … 答 ← 対偶の関係

演習問題 7

x，y を実数とする。次の命題の真偽を答えよ。また，命題の逆・裏・対偶を述べ，さらにそれらの真偽も答えよ。

$xy=21$ ならば，$x=3$ かつ $y=7$ である

考え方 命題とその対偶の真偽は一致する点に注意しましょう。

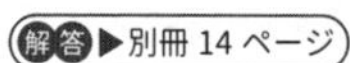

解答▶別冊 14 ページ

2 対偶を利用する証明

命題「$p \Longrightarrow q$」が真であることの証明が難しい場合に，**真偽の一致する対偶「$\overline{q} \Longrightarrow \overline{p}$」が真であることを証明することで，もとの命題が真であることを証明することができます。**

例題 5 自然数 a，b において，「a^2+b^2 が偶数ならば，$a+b$ は偶数である」を証明せよ。

考え方〉対偶をとれば，次数の低い式をもとに次数の高い式を変形するため扱いやすくなります。

解答 対偶「$a+b$ が奇数ならば，a^2+b^2 は奇数である」を証明することを考える。

$a+b$ が奇数であるとき，a と b は偶奇が異なる。そこで a を偶数，b を奇数とおいても一般性を失わない(下記「Advice」参照)ので，$a=2k$，$b=2l-1$ (k，l は自然数)とすると，

$$
\begin{aligned}
a^2+b^2 &= (2k)^2+(2l-1)^2 \\
&= 4k^2+4l^2-4l+1 \\
&= 2(2k^2+2l^2-2l)+1
\end{aligned}
$$

k，l が自然数のとき，$2k^2+2l^2-2l$ は整数であるから，a^2+b^2 は奇数である。

↑ 2×(整数)+1 の形

よって，「$a+b$ が奇数ならば，a^2+b^2 は奇数である」が示された。

したがって，もとの命題「a^2+b^2 が偶数ならば，$a+b$ は偶数である」も示された。

〔証明終わり〕

ここでいう「一般性を失わない」とは，a を奇数，b を偶数とおいても同じことである，ということです。

演習問題 8

整数 x，y，z に関する次の命題 P において，以下の問いに答えよ。

P「$x^2+y^2+z^2$ が偶数ならば，x，y，z のうち少なくとも 1 つは偶数である」

(1) 命題 P の対偶を述べよ。

(2) 命題 P が真であることを証明せよ。

考え方〉(2)命題 P よりもその対偶のほうが，証明しやすいことに着目します。

解答▶別冊 15 ページ

3 背理法

ある命題 P が真であることを証明するときに，**その命題の否定 $\overline{P}$ を真と仮定すると，必ずどこかで矛盾が発生します。**

この矛盾を指摘すれば，最初に仮定した命題の**否定 $\overline{P}$ が間違っている，つまりある命題 P が正しい**ことが証明できます。この証明法を**背理法**といいます。

Advice 嘘をつけば必ずバレる（矛盾が生じる），ということですね。

例題 6 $\sqrt{6}$ が無理数であることを利用して，$\sqrt{2}+\sqrt{3}$ が無理数であることを背理法を用いて証明せよ。

解答 $\sqrt{2}+\sqrt{3}$ が無理数でないと仮定すると，$\sqrt{2}+\sqrt{3}$ は有理数である。a を有理数とすると $\sqrt{2}+\sqrt{3}=a$ とおくことができるので，両辺を2乗すると，（↑$\sqrt{6}$ をつくるためです）

$$(\sqrt{2}+\sqrt{3})^2=a^2$$

$$5+2\sqrt{6}=a^2$$

$$\sqrt{6}=\frac{a^2-5}{2}$$

← 有理数どうしの計算では，和も差も積も商も有理数です

ここで，a が有理数のとき，右辺は有理数であるから，$\sqrt{6}$ が無理数であることに矛盾する。

以上より，$\sqrt{2}+\sqrt{3}$ は無理数である。〔証明終わり〕

演習問題 9

次の問いに答えよ。

(1) 対偶を用いて，命題

「整数 n において，n^2 が偶数ならば n も偶数である」

を証明せよ。

(2) 背理法を用いて，$\sqrt{2}$ が無理数であることを証明せよ。

考え方 無理数であることを示すのに，背理法を用います。

解答▶別冊 15 ページ

2次関数

第1節 | 2次関数とグラフ 70

第2節 | 2次関数の最大・最小と決定 79

第3節 | 2次方程式 91

第4節 | 2次不等式 107

第1節 2次関数とグラフ

1 関 数

2つの変数 x，y について，**x の値を決めるとそれに対応して y の値がただ1つだけ定まる**とき，y は x の関数であるといいます。

例えば，$y=x^2$ では，

$x=1$ を代入すると，$y=1$ である。
$x=2$ を代入すると，$y=4$ である。
$x=-3$ を代入すると，$y=9$ である。
⋮

x の値1つに対して，y の値も1つに定まりますね！

$y=x^2$ では，「y は x の関数である」といえます。

ところが，$y^2=x$ では，

$x=1$ を代入すると，$y=\pm 1$ である。
$x=2$ を代入すると，$y=\pm\sqrt{2}$ である。
$x=-3$ を代入すると，y は存在しない。
⋮

x の値1つに対して，y の値は1つに定まらないですね…

$y^2=x$ では，「y は x の関数である」といえません。

y が x の関数であることを，$y=f(x)$ などと表すことがあります。**これは x に何を代入した y の値なのかがわかる表し方です。**

例えば，関数 $y=f(x)$ において，

$f(-2)$ とは「x に -2 を代入した y の値」という意味です。

$f(a)$ とは「x に a を代入した y の値」という意味です。

例題 1 $f(x)=3x+5$ であるとき，$f(1)$，$f(-3)$ の値を求めよ。

解答 $f(1)=3\cdot 1+5=8$ … 答　$f(-3)=3\cdot(-3)+5=-4$ … 答

演習問題 1

次の値を求めよ。

(1) $f(x)=3x-2$ のとき，$f(0)$，$f(-1)$，$f(a-1)$ の値

(2) $f(x)=x^2-2x+3$ のとき，$f(0)$，$f(2)$，$f(a+1)$ の値

考え方 x に何を代入するかを確認しましょう。

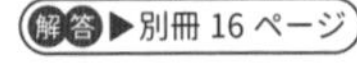

2 2次関数のグラフの平行移動

まず，$y=ax^2(a \neq 0)$ のグラフを下の図で確認しましょう。このような形の曲線を放物線といいます。また，放物線の対称軸を軸，軸と放物線の交点を頂点といいます。つまり，$y=ax^2$ のグラフは，軸が y 軸で，頂点が原点の放物線ということです。

$a>0$ のとき，下に凸

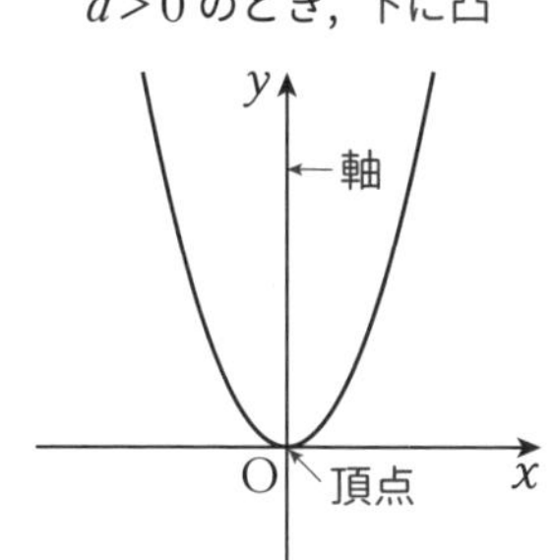

$a<0$ のとき，上に凸

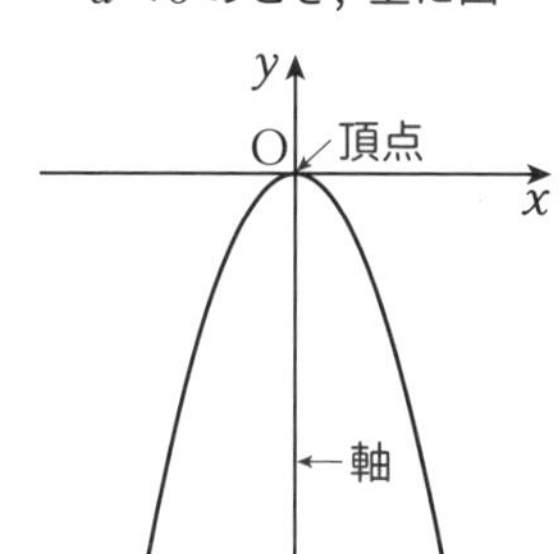

図形を，一定の方向に，一定の距離だけ移動させることを平行移動といいます。

Check Point　グラフの平行移動

ある関数のグラフを x 軸方向に p，y 軸方向に q 平行移動した関数のグラフは，x を $x-p$，y を $y-q$ でおき換えた関数のグラフになる。

右の図のように，$y=ax^2$ のグラフを，x 軸方向に p，y 軸方向に q 平行移動したグラフは，$y-q=a(x-p)^2$ で表されます。

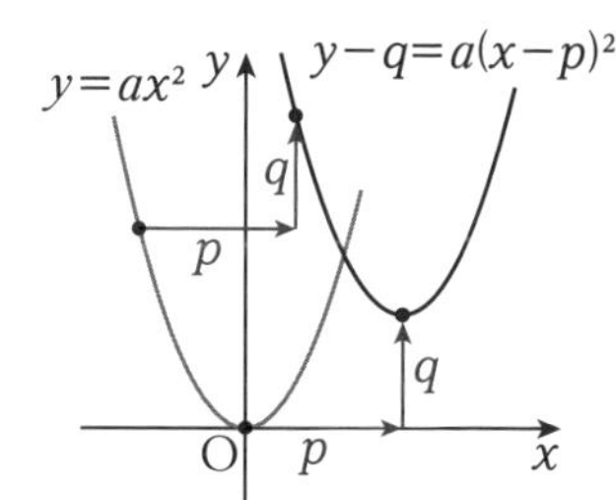

例題 2　2次関数 $y=2x^2-x+3$ のグラフを x 軸方向に 2，y 軸方向に -1 平行移動して得られるグラフの方程式を求めよ。

解答　x を $x-2$，y を $y-(-1)=y+1$ におき換えればよいので，

$y+1=2(x-2)^2-(x-2)+3$

$\boldsymbol{y=2x^2-9x+12}$ … 答

演習問題 2

1 次の 2 次関数のグラフは，$y=2x^2$ のグラフをどのように平行移動したものか答えよ。

(1) $y=2x^2+1$

(2) $y=2(x-3)^2$

(3) $y=2(x+1)^2-4$

考え方 x，y からそれぞれいくつ引いた式かを考えます。

2 2 次関数 $y=-5x^2$ のグラフを以下のように平行移動したときのグラフの式を答えよ。

(1) x 軸方向に 3，y 軸方向に 2 平行移動

(2) x 軸方向に-2，y 軸方向に-3 平行移動

(3) 頂点の座標が $(1,\ -4)$ になるように平行移動

考え方 (3) $y=-5x^2$ の頂点の座標は $(0,\ 0)$ です。

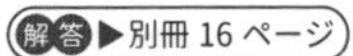
解答▶別冊 16 ページ

3 2次関数のグラフの頂点

2次関数 $y=ax^2$ のグラフを x 軸方向に p，y 軸方向に q 平行移動したグラフの式は，

$y-q=a(x-p)^2$

でした。

このとき，**頂点の座標も原点から x 軸方向に p，y 軸方向に q 平行移動したことになります。** 2次関数 $y=ax^2$ のグラフの頂点は $(0,\ 0)$ なので，**平行移動した後の頂点の座標は $(p,\ q)$ ということになります。**

「x 軸方向への移動量と y 軸方向への移動量」＝「頂点の x 座標と y 座標」ということです。

以上より，2次関数 $y-q=a(x-p)^2$ において，変形した形を次のようにまとめます。

Check Point　2次関数のグラフの頂点

$y=a(x-p)^2+q$　$(a\neq 0)$ のグラフの
頂点の座標は，$(p,\ q)$
軸は直線 $x=p$

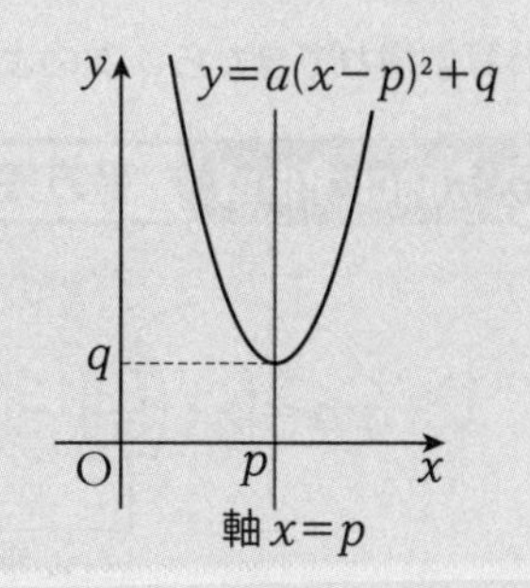

演習問題 3

次の2次関数のグラフの頂点の座標と軸を求めよ。

(1) $y=2(x-1)^2+3$　　(2) $y=-(x-2)^2-4$

(3) $y=3\left(x+\dfrac{1}{2}\right)^2-\dfrac{3}{4}$

考え方〉符号に注意しましょう。

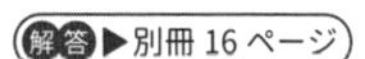
解答▶別冊 16 ページ

4 平方完成

放物線の式が $y=ax^2+bx+c$ の形では，頂点の座標がわかりません。頂点の座標がわかるように，右辺の式を $a(x-p)^2+q$ の形に変形することを平方完成といいます。

例えば，次の①，②のような式を平方完成することを考えてみましょう。

① x^2-8x
$=x^2-8x+4^2-4^2$ ← x の係数 8 の半分の 2 乗を足して引く
$=\underline{(x-4)^2-16}$ ← 因数分解の公式を利用する
↑これで頂点の座標が $(4,\ -16)$ とわかります

② x^2-5x
$=x^2-5x+\left(\frac{5}{2}\right)^2-\left(\frac{5}{2}\right)^2$ ← x の係数 5 の半分の 2 乗を足して引く
$=\underline{\left(x-\frac{5}{2}\right)^2-\frac{25}{4}}$ ← 因数分解の公式を利用する
↑これで頂点の座標が $\left(\frac{5}{2},\ -\frac{25}{4}\right)$ とわかります

計算に慣れてきたら，次のように考えて処理できるようにしましょう。

Check Point　平方完成

① x の係数を半分にする

$$x^2+px=\left(x+\frac{p}{2}\right)^2-\left(\frac{p}{2}\right)^2$$

② 2 乗したものを引く

演習問題 4

次の 2 次関数のグラフの頂点の座標を求めよ。

(1) $y=x^2-4x$　　(2) $y=x^2+2x+3$

(3) $y=-x^2+6x+5$　　(4) $y=-2x^2+3x-2$

(5) $y=-\frac{1}{3}x^2-x-\frac{3}{4}$

考え方 (3)～(5)は，x^2 の係数でくくり出します。

解答▶別冊 16 ページ

5 2次関数のグラフの対称移動

図形を，1つの直線を折り目として折り返す移動を（線）**対称移動**といいます。
また，このときの直線を**対称の軸**といいます。

図形を，1点を中心として 180° 回転する移動を**点対称移動**といいます。
また，このときの点を**回転の中心**といいます。

関数 $y=f(x)$ のグラフを対称移動させるとき，対称移動後のグラフを表す式は次のように考えます。

[1] x 軸に関して対称移動

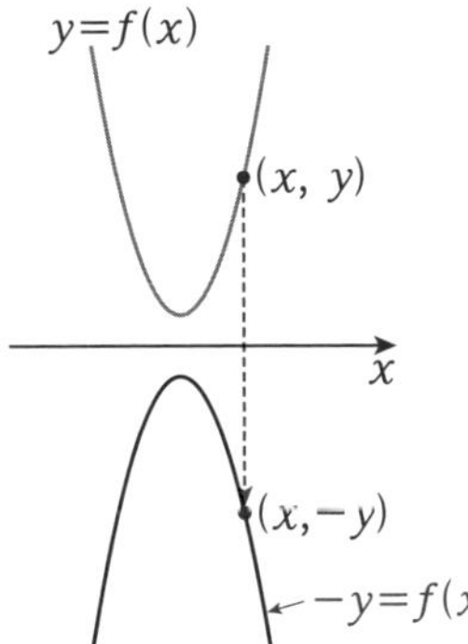

関数 $y=f(x)$ のグラフを x 軸に関して対称移動すると，x 座標はそのままで，**y 座標の符号が変化します。** よって，**対称移動後のグラフを表す式は y の符号を変えればよい**ことになります。

[2] y 軸に関して対称移動

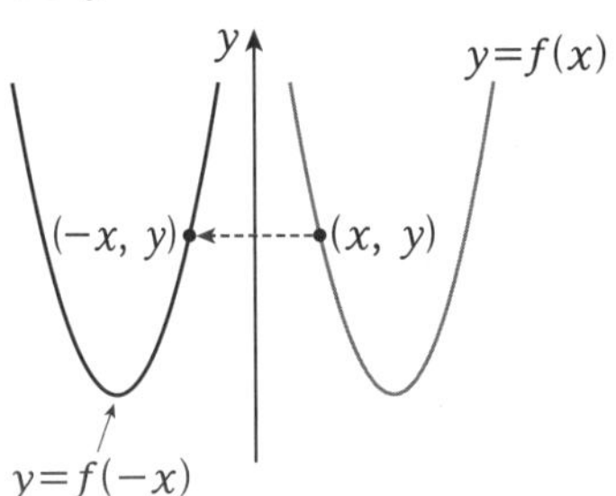

関数 $y=f(x)$ のグラフを y 軸に関して対称移動すると，y 座標はそのままで，**x 座標の符号が変化します。** よって，**対称移動後のグラフを表す式は x の符号を変えればよい**ことになります。

[3] 原点に関して対称移動

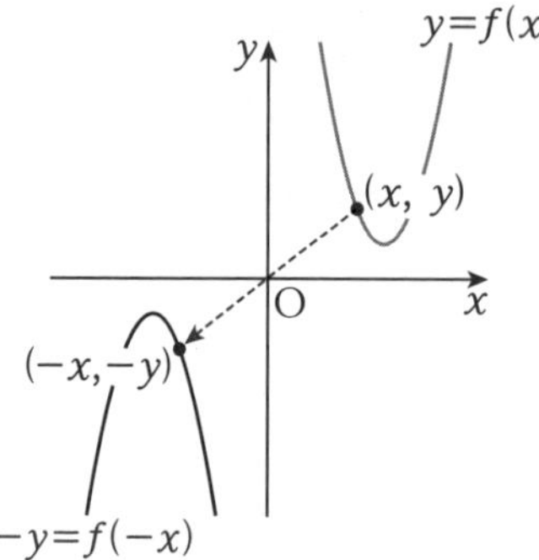

関数 $y=f(x)$ のグラフを原点に関して対称移動するとき，点対称移動になるので，**x 座標も y 座標も符号が変化します。**よって，**対称移動後のグラフを表す式も x と y の両方の符号を変えればよい**ことになります。

Check Point グラフの対称移動

x 軸に関して対称移動……y を $-y$ に変える
y 軸に関して対称移動……x を $-x$ に変える
原点に関して対称移動……x，y を $-x$，$-y$ に変える

上記以外の対称移動は，対称の軸を x 軸や y 軸に，回転の中心を原点にくるように平行移動してから考えるとよいでしょう。

演習問題 5

2 次関数 $y=2x^2+3x-4$ のグラフを以下のように移動させたとき，それをグラフとする 2 次関数を求めよ。

(1) x 軸に関して対称に移動する　(2) y 軸に関して対称に移動する
(3) 原点に関して対称に移動する

考え方 どの文字の符号を変えればよいかを考えましょう。

解答▶別冊 17 ページ

6 2次関数のグラフのかき方

2次関数 $y=ax^2+bx+c$ のグラフをかくときは，次の3つの **Check Point** に着目して考えます。

Check Point x^2 **の係数の符号**

$y=ax^2+bx+c$ において，

$a>0$ のときは，下に凸(∪型)

$a<0$ のときは，上に凸(∩型)

$y=ax^2+bx+c$ は，平方完成すると $y=a(x-p)^2+q$ の形に変形できます。つまり，**平方完成してある場合でも ( )^2 の係数 a で2次関数のグラフの向きが判断できる**ということです。

また，a の値の絶対値が大きいほど縦に細長い放物線になります。

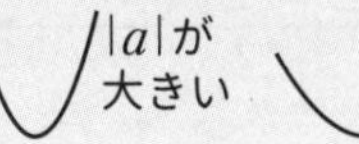

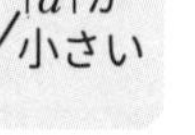

Check Point 頂点の座標

2次関数の式を平方完成すると，

$y=a(x-p)^2+q$

このとき，頂点の座標は $(p,\ q)$

y 軸との交点を y 切片といいます。

y 軸との交点は，x 座標が0のときですから，2次関数 $y=ax^2+bx+c$ に $x=0$ を代入すると $y=c$ となります。

Check Point y **切片**

$y=ax^2+bx+c$ の y 切片は c

例題 3 2 次関数 $y=x^2-4x+5$ のグラフをかけ。

解答 平方完成すると，

$$
\begin{aligned}
y&=x^2-4x+5\\
&=(x-2)^2-2^2+5\\
&=(x-2)^2+1
\end{aligned}
$$

x^2 の係数より下に凸，頂点の座標は (2，1)，y 切片は 5 であるから，グラフは以下の通り。

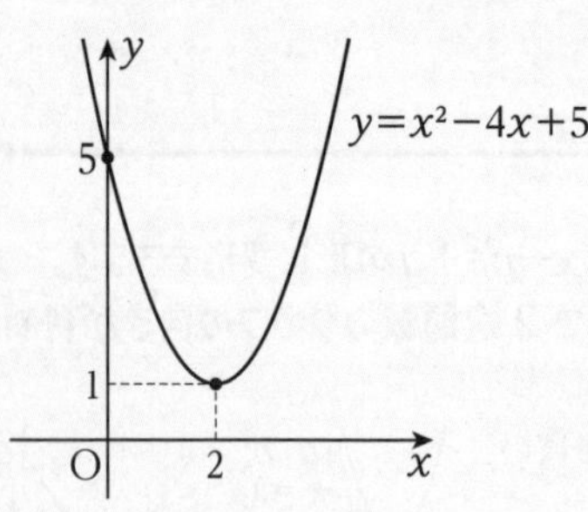

演習問題 6

次の 2 次関数のグラフをかけ。

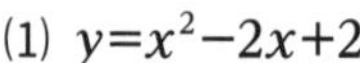

(1) $y=x^2-2x+2$　　(2) $y=x^2+3x-3$

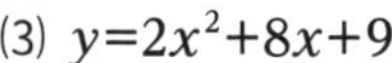

(3) $y=2x^2+8x+9$　　(4) $y=-x^2+4x-4$

考え方 グラフをかく 3 つのポイントを確認しましょう。

解答▶別冊 17 ページ

第2節 2次関数の最大・最小と決定

1 最大・最小

関数 $y=f(x)$ において，y の値が最も大きくなるとき，その値を関数の最大値，最も小さくなるとき，その値を関数の最小値といいます。

最大・最小問題はグラフで考えるのが基本です。

例題 4 2次関数 $y=-x^2+4x-3$ の最大値と最小値を求めよ。

解答 $y=-x^2+4x-3$

$=-(x-2)^2+1$

x^2 の係数より上に凸，頂点の座標は $(2,\ 1)$，y 切片は-3 であるから，グラフは以下の通り。

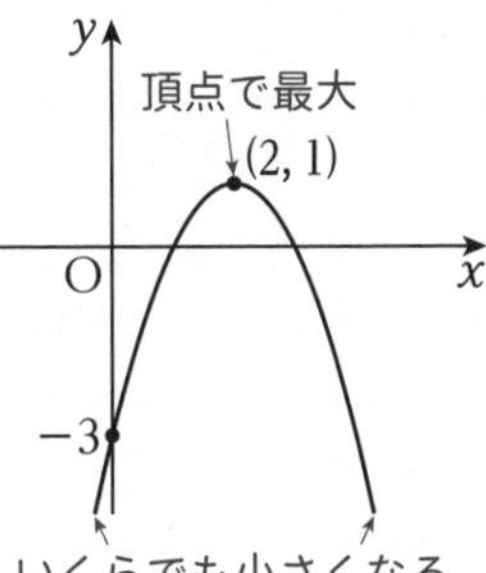

グラフより，**$x=2$ のとき最大値 1** … 答

また，y はいくらでも小さくなるので，**最小値はない** … 答

演習問題 7

次の2次関数の最大値，または最小値を求めよ。また，そのときの x の値も求めよ。

(1) $y=x^2-4x$　　(2) $y=x^2-2x+3$

(3) $y=-2x^2-4x-1$　　(4) $y=-4x^2+12x-9$

考え方 最大値・最小値はグラフから求めるのが基本です。

解答▶別冊 18 ページ

2 定義域に制限があるときの最大・最小

関数 $y=f(x)$ において，変数 x のとりうる値の範囲を，この関数の定義域といいます。

また，関数の定義域の x の値に対応して y がとる値の範囲を，この関数の値域といいます。

定義域に制限がある最大・最小問題もグラフで考えるのが基本です。

定義域に制限があるとき，2 次関数の最大値と最小値は，軸（頂点）または定義域の両端に現れることがわかっています。よって，

①**軸（頂点）**　②**定義域の両端**

に着目して考えます。

例題 5 定義域$-1 \leqq x \leqq 2$ において，2 次関数 $y=x^2-2x+3$ の最大値と最小値を求めよ。

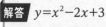

考え方 最大値・最小値は，軸（頂点）または定義域の両端に現れます。

解答 $y=x^2-2x+3$

$=(x-1)^2+2$

であるから，グラフは以下の通り。

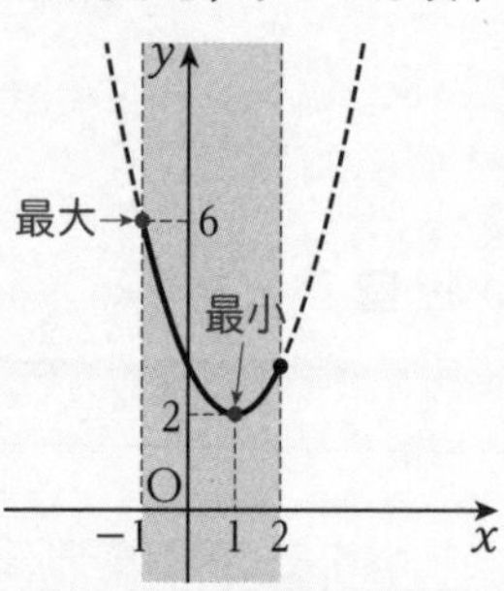

グラフより，**$x=1$ のとき最小値 2** … 答

$x=-1$ のとき最大値 6 … 答

例題 5 では，$x=2$ のときの y の値を調べませんでしたが，実際に計算すると $x=2$ のときの y の値は $y=3$ であり，最大値でも最小値でもありません。

グラフをかけば，右端の $x=2$ よりも左端の $x=-1$ のほうが軸 $x=1$ から離れているので，$x=-1$ のとき最大値をとることがわかります。

両端の値をすべて計算しなくても，どこに最大・最小が現れるかが確認できますね。

演習問題 8

1 次の 2 次関数において，最大値と最小値を求めよ。また，そのときの x の値も求めよ。

(1) $y=x^2-4x-4$ $(0 \leqq x \leqq 5)$

(2) $y=2x^2+6x+5$ $(-4 \leqq x \leqq -2)$

(3) $y=-2x^2+3x-1$ $(-1 \leqq x \leqq 1)$

(4) $y=-\dfrac{1}{2}x^2+x$ $(2 \leqq x \leqq 4)$

考え方〉最大値，最小値はグラフから求めるのが基本です。

2 次の 2 次関数において，最大値と最小値を求めよ。また，そのときの x の値も求めよ。

(1) $y=2x^2-10x+13$ $(0 \leqq x < 3)$

(2) $y=4x^2-12x+5$ $\left(2 \leqq x < \dfrac{7}{2}\right)$

(3) $y=-3x^2+12x-10$ $(1 < x < 4)$

(4) $y=-2x^2-4x+3$ $(-3 < x < -2)$

考え方〉定義域に与えられている不等号が，等号を含むかどうかに注意しましょう。

解答▶別冊 19 ページ

3 軸が動く場合の最大・最小(下に凸の放物線の最小値)

2 次関数 $y=(x-p)^2$ のグラフの軸は直線 $x=p$ なので，p の値によって，軸の位置が変化します。このように**軸が動く場合は，軸と定義域の位置関係で場合を分けて最小値を考える必要があります。**

下に凸の 2 次関数のグラフの最小値を考えてみましょう。
定義域に制限がなければ，軸(頂点)で最小となります。

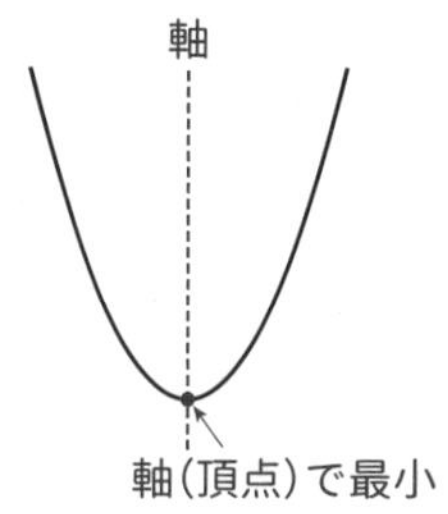

定義域に制限があるとき，**定義域内に軸(頂点)が含まれれば必ず最小値になります。**ですから，**定義域内に軸(頂点)を含まない場合がポイントとなります。** つまり，**軸(頂点)が定義域の左側にはずれる場合と右側にはずれる場合**です。
定義域 $a \leqq x \leqq b$ における最小値は，次のように考えます。

軸が定義域より左側にある場合は…

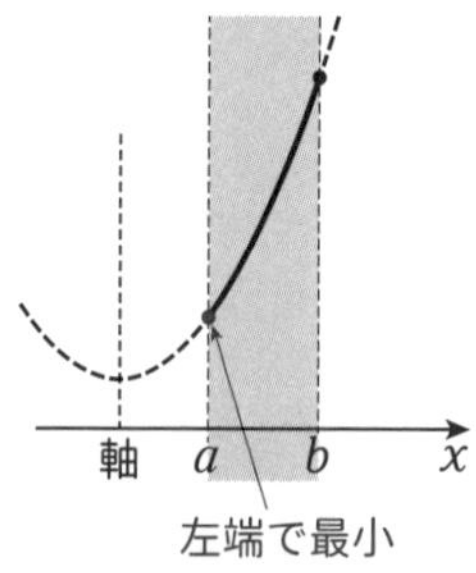

グラフを右へ動かしていくと…

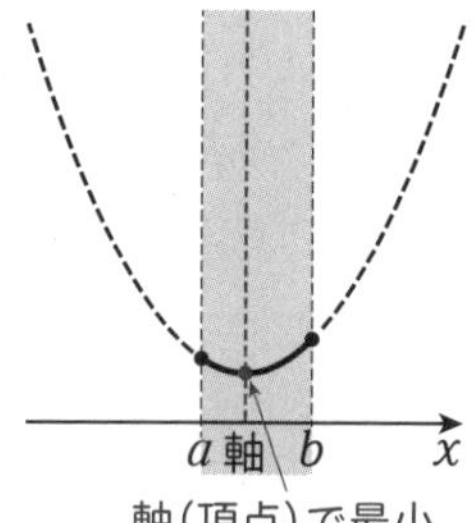

さらにグラフを右へ動かしていくと…

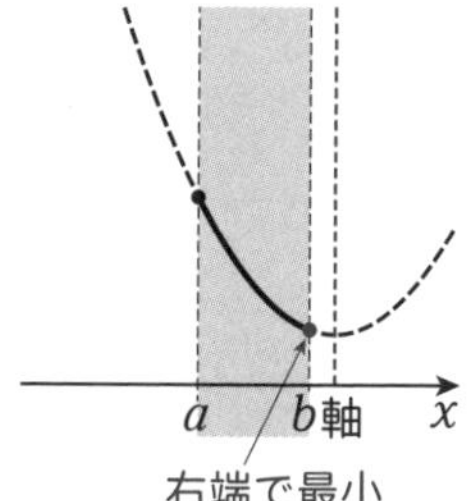

Check Point 軸が動く場合の最小値

下に凸の場合，「軸が定義域の左・中・右」で場合を分ける

例題 6 2 次関数 $y=(x-a)^2$ の $1 \leqq x \leqq 2$ における最小値を求めよ。

解答 軸の方程式は $x=a$ であるから，軸と定義域の位置関係で場合を分ける。

(i) $a<1$ のとき　←軸が定義域より左側にあるとき

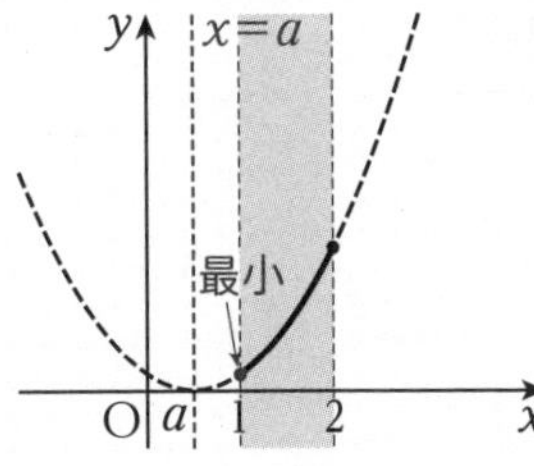

定義域の左端で最小となるから，y は $x=1$ で最小値 $(1-a)^2$ をとる。

(ii) $1 \leqq a \leqq 2$ のとき　←軸が定義域の中にあるとき

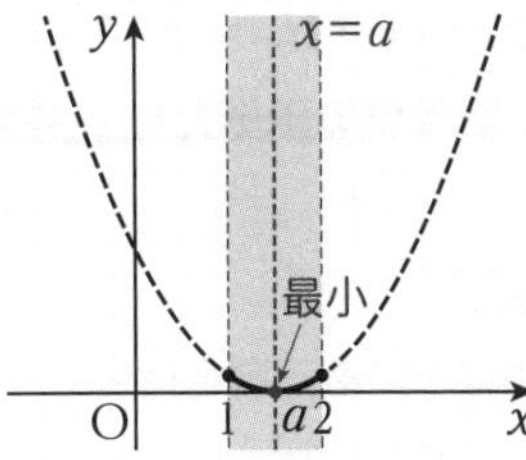

軸(頂点)で最小となるから，y は $x=a$ で最小値 0 をとる。

(iii) $2<a$ のとき　←軸が定義域より右側にあるとき

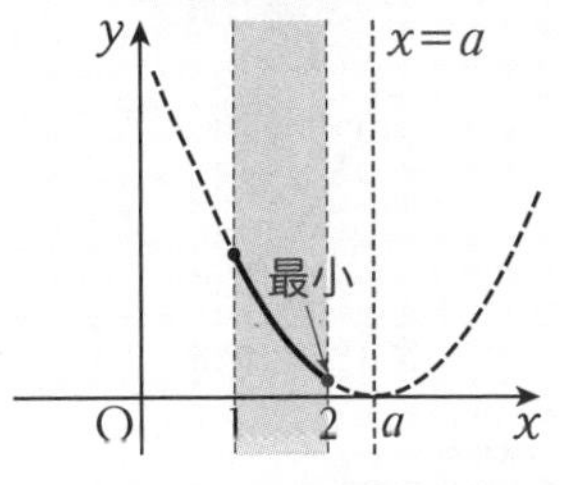

定義域の右端で最小となるから，y は $x=2$ で最小値 $(2-a)^2$ をとる。

以上より，
- **$a<1$ のとき，$x=1$ で最小値 $(1-a)^2$**
- **$1 \leqq a \leqq 2$ のとき，$x=a$ で最小値 0**　… 答
- **$2<a$ のとき，$x=2$ で最小値 $(2-a)^2$**

演習問題 9

2 次関数 $y=x^2-2ax+2(0 \leqq x \leqq 1)$ の最小値を求めよ。

考え方 軸と定義域の位置関係で場合を分けます。

解答 ▶別冊 21 ページ

4 軸が動く場合の最大・最小(下に凸の放物線の最大値)

軸が動く場合は，**軸と定義域の位置関係で場合を分けて最大値を考える必要があります。**

下に凸の 2 次関数のグラフの最大値を考えてみましょう。

定義域に制限がなければ，最大値はありません。

下に凸の放物線のとき，軸(頂点)で最小値をとることはありますが，最大値をとることはありえません。よって，定義域に制限があるときは，**定義域の両端だけが最大値の候補です。**

定義域 $a \leqq x \leqq b$ における最大値は，次のように考えます。

軸が左のほうにある場合は…

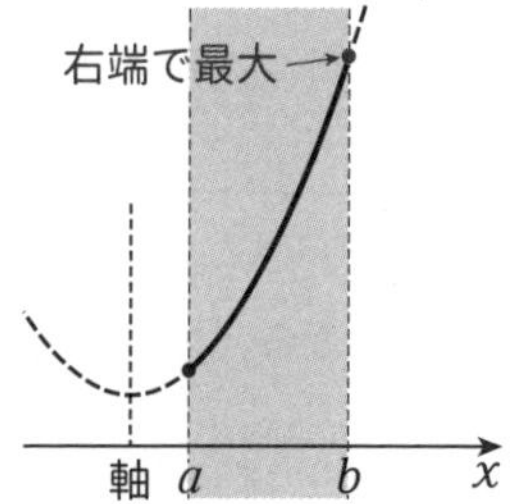

軸が右のほうにある場合は…

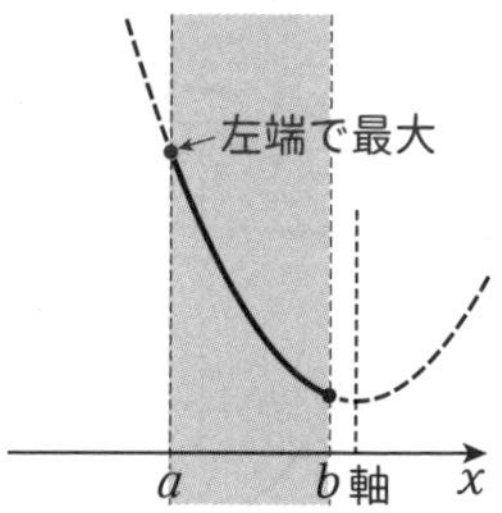

では，最大値の切り替わる瞬間はいつだったのでしょうか？

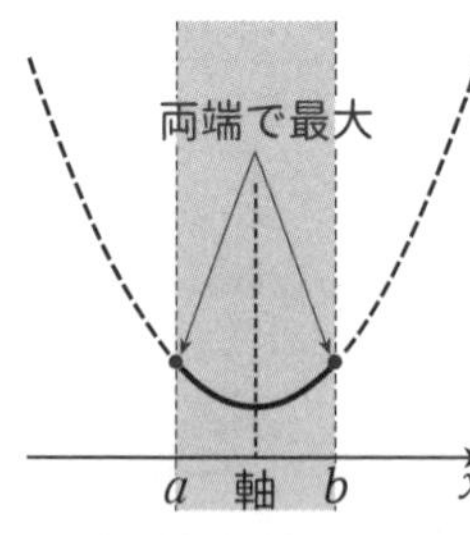

図のように，定義域の左端と右端の両端で最大値となるのは，軸が定義域の中央にあるときです。ここが切り替わる瞬間です。よって，**定義域の中央の値で場合分けをすればよい**ことがわかります。

Check Point　軸が動く場合の最大値

下に凸の場合，「軸が定義域の中央より左・右」で場合を分ける

例題 7 2 次関数 $y=x^2-2ax+2a$ $(0\leqq x\leqq 2)$ の最大値を求めよ。

解答 $y=x^2-2ax+2a=(x-a)^2-a^2+2a$

軸の方程式は $x=a$ であるから，軸の位置で場合を分ける。

$0\leqq x\leqq 2$ であるから，定義域の中央の値は，$x=\dfrac{0+2}{2}=1$

(i) $a<1$ のとき　←軸が定義域の中央より左側にあるとき

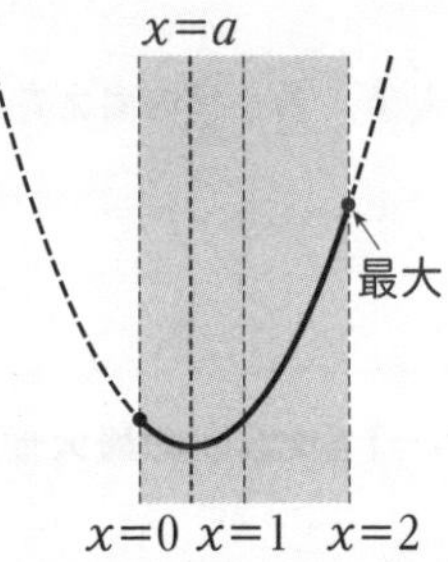

軸からの距離に着目すると $x=2$ で最大値をとる。

最大値は，$4-2a$

(ii) $a\geqq 1$ のとき　←軸が定義域の中央より右側にあるとき

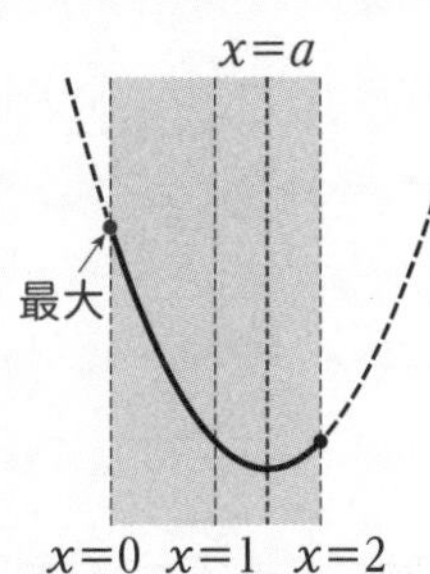

軸からの距離に着目すると $x=0$ で最大値をとる。

最大値は，$2a$

以上より，$\begin{cases} a<1 \text{ のとき，} x=2 \text{ で最大値 } 4-2a \\ 1\leqq a \text{ のとき，} x=0 \text{ で最大値 } 2a \end{cases}$ … 答

頂点の y 座標にも a を含むので，実は頂点の縦位置も変化しています。ただ最大値をとる x 座標には関係ないので，x 軸はあえてかいていません。

演習問題 10

2 次関数 $y=x^2+2ax-a^2(-1\leqq x\leqq 1)$ の最大値を求めよ。

考え方〉軸の位置で場合を分けます。

解答▶別冊 22 ページ

5 軸が動く場合の最大・最小（上に凸の放物線）

軸が動く場合は，軸と定義域の位置関係で場合を分けて考える必要があります。

ただし，**上に凸の放物線の最大値を求めるときは，下に凸の放物線の最小値を求めるときの場合分けの方法と同じ**になります。

また，**上に凸の放物線の最小値を求めるときは，下に凸の放物線の最大値を求めるときの場合分けの方法と同じ**になります。

上に凸と下に凸では，グラフの向きが逆ですから，最大値，最小値の考え方も逆になるわけですね。

例題 8 $a>1$ とする。2 次関数 $y=-4x^2+4(a-1)x-a^2\ (-1\leqq x\leqq 1)$ の最大値と最小値を求めよ。

解答
$$y=-4\{x^2-(a-1)x\}-a^2$$
$$=-4\left\{\left(x-\frac{a-1}{2}\right)^2-\frac{(a-1)^2}{4}\right\}-a^2$$
$$=-4\left(x-\frac{a-1}{2}\right)^2-2a+1$$

よって，軸の方程式は $x=\dfrac{a-1}{2}$ である。

まず，最大値を求める。

$a>1$ より，軸の方程式は $x=\dfrac{a-1}{2}>0$ であるから，軸が定義域より左側にあることはない。

(i) $0<\dfrac{a-1}{2}\leqq 1$，つまり $1<a\leqq 3$ のとき　←軸が定義域の中にあるとき

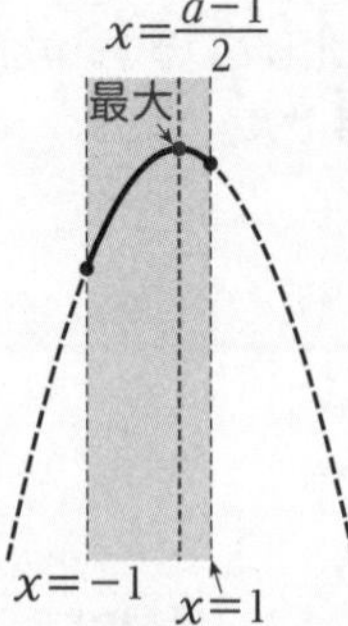

軸（頂点）で最大となるから，

y は $x=\dfrac{a-1}{2}$ で最大値 $-2a+1$ をとる。

(ii) $1<\frac{a-1}{2}$，つまり $3<a$ のとき　←軸が定義域より右側にあるとき

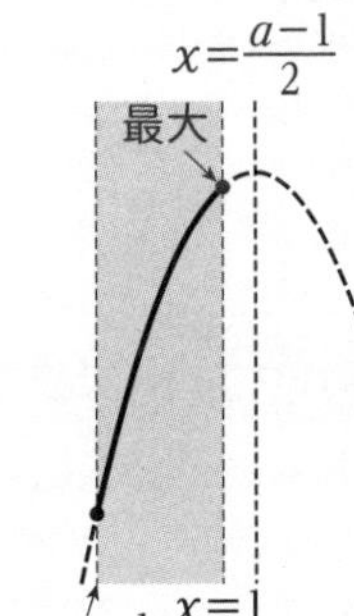

定義域の右端で最大となるから，

y は $x=1$ で最大値 $-a^2+4a-8$ をとる。

以上より，
$$\begin{cases} 1<a\leqq 3 \text{ のとき，} x=\frac{a-1}{2} \text{ で最大値 } -2a+1 \\ 3<a \text{ のとき，} x=1 \text{ で最大値 } -a^2+4a-8 \end{cases}$$
… 答

次に，最小値を求める。

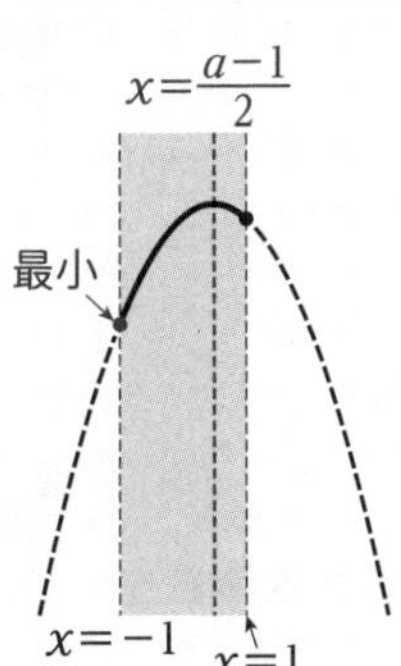

$a>1$ より，軸の方程式は $x=\frac{a-1}{2}>0$ であるから，常に軸は定義域の中央より右側にある。

よって，**$x=-1$ で最小値 $-a^2-4a$** … 答

演習問題 11

1 2 次関数 $y=-x^2+2ax-a^2-2a-1(0\leqq x\leqq 2)$ の最大値と最小値を求めよ。

考え方〉上に凸の放物線での場合分けのしかたは，下に凸の場合と逆になります。

2 2 次関数 $y=x^2-ax+3(0\leqq x\leqq 2)$ の最小値が 2 となるように定数 a の値を定めよ。

考え方〉軸が動くので，軸と定義域の位置関係で場合を分けます。

解答▶別冊 22 ページ

6 2次関数の決定（頂点や軸に関する条件が与えられた場合）

頂点や軸に関する条件が与えられている2次関数を求めるには，

求める2次関数を

$y=a(x-p)^2+q$

とおき，頂点の座標などを代入して方程式をつくります。

Advice $y=a(x-p)^2+q$ のような形を標準形といいます。a を忘れやすいので注意が必要です。

演習問題 12

1 グラフが次の条件を満たす2次関数を求めよ。

(1) 頂点が点 $(2,\ -3)$ で，点 $(4,\ 5)$ を通る。

(2) 軸が $x=-4$ で，2点 $(1,\ 22)$，$(-2,\ 1)$ を通る。

(3) x 軸と $x=3$ で接していて，点 $(4,\ -2)$ を通る。

考え方 いずれも頂点や軸に関する条件が与えられています。

2 次の問いに答えよ。

(1) $x=2$ で最小値 -3 をとり，グラフが点 $(0,\ 3)$ を通る2次関数を求めよ。

(2) $x=-1$ で最大値5をとり，グラフが点 $(-3,\ 2)$ を通る2次関数を求めよ。

(3) 2次関数 $y=x^2+ax+b$ のグラフは，点 $(-1,\ 5)$ を通り，$x=3$ で最小値をとる。このときの定数 a，b の値を求めよ。

考え方 定義域に制限がない場合，最大値や最小値は頂点の y 座標になります。グラフの向き（下に凸か上に凸か）にも注意しましょう。

解答▶別冊 24 ページ

7 2次関数の決定(最大値・最小値が与えられた場合)

最大値・最小値が与えられている2次関数を求めるには,**平方完成を行って軸と定義域の位置関係を考えます。**

文字を含む式を平方完成する力が必要です。

例題 9 2次関数 $f(x)=-x^2+2x+a$ の $-2\leqq x\leqq 2$ における最小値が -4 となるような定数 a の値を求めよ。

考え方〉定義域の両端と軸の距離に着目します。

解答 $f(x)=-x^2+2x+a$

$=-(x-1)^2+1+a$

であるから,グラフは以下の通り。

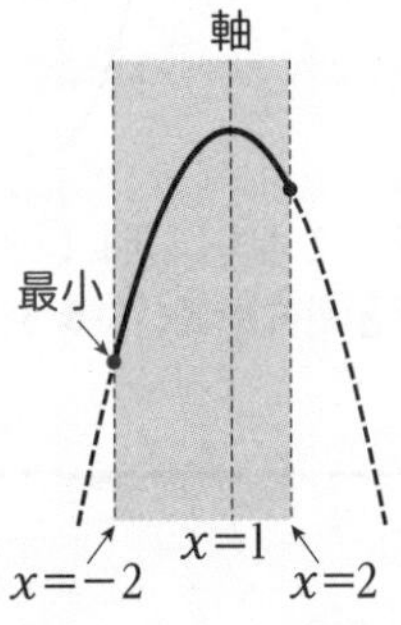

軸が $x=1$ であることから最小値は $x=-2$ のときである。

$f(-2)=-8+a$ で,最小値が -4 であるから,

$-8+a=-4$

$a=4$ … 答

演習問題 13

2次関数 $f(x)=ax^2-6ax+b$ の $1\leqq x\leqq 4$ における最大値が3,最小値が -1 であるとき,定数 a,b の値を求めよ。

考え方〉文字を含んでいても平方完成を行い,x^2 の係数の符号で場合を分けます。

解答▶別冊 25 ページ

8 2次関数の決定（グラフ上の3点が与えられた場合）

グラフ上の3点が与えられている2次関数を求めるためには，**求める2次関数を $y=ax^2+bx+c$ とおき**，通る3点を代入して3文字の連立方程式を考えます。

$y=ax^2+bx+c$ のような形を一般形といいます。未知数の文字が3つなので，条件式も3式必要です。なお，$y=a(x-p)^2+q$ とおいてもよいのですが，連立方程式の計算には向いていない形ですね。

通る3点に x 軸との交点（x 切片）が含まれているときは，次のように考えます。

右の図のように，**x 切片 $x=\alpha$，$x=\beta$ が与えられている2次関数**を求めるには，**求める2次関数を $y=a(x-\alpha)(x-\beta)$ とおき**，通る点などを代入して a を求めます。

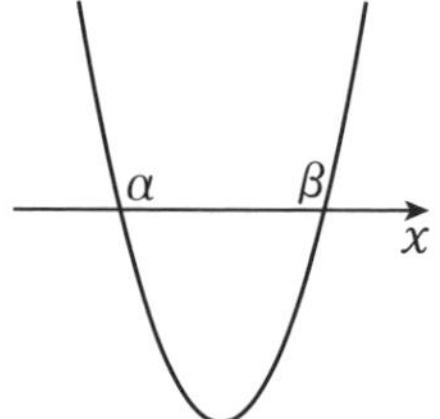

この表し方は，$x=\alpha$，$x=\beta$ を代入すれば $y=0$ となることから，正しい式であることが確認できますね。**$y=a(x-\alpha)(x-\beta)$ のような形を切片形といいます。**

Check Point　2次関数の決定のまとめ

頂点や最大値・最小値が与えられている	→	$y=a(x-p)^2+q$ とおく	いずれも，a を忘れないようにしましょう
通る3点が与えられている	→	$y=ax^2+bx+c$ とおく	
x 切片 α，β が与えられている	→	$y=a(x-\alpha)(x-\beta)$ とおく	

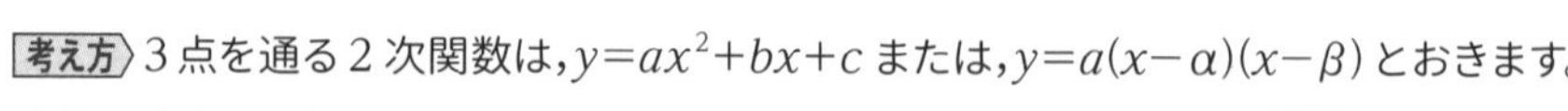

演習問題 14

次のような3点を通る2次関数を求めよ。

(1) $(-1,\ 8)$，$(4,\ 3)$，$(1,\ 0)$　　(2) $(0,\ -2)$，$(-1,\ 7)$，$(1,\ -5)$

(3) $(1,\ 0)$，$(-1,\ 0)$，$(2,\ 3)$

考え方　3点を通る2次関数は，$y=ax^2+bx+c$ または，$y=a(x-\alpha)(x-\beta)$ とおきます。座標の特徴にも気をつけましょう。

解答▶別冊 26 ページ

第3節 2次方程式

1 2次方程式の基本

2次方程式とは，a，b，c を定数（ただし $a\neq0$）とするとき，$ax^2+bx+c=0$ の形の方程式を指します。また，この方程式を満たす（代入したとき等式が成り立つ）x の値をこの2次方程式の解といいます。

2次方程式の解を求める方法の1つが因数分解です。
因数分解した後に，それぞれの因数（つまりかっこ内）が0になる x の値を探します。

2次方程式の因数分解が難しい場合，解を直接求めるものに**解の公式**があります。

Check Point　2次方程式の解の公式 ①

2次方程式 $ax^2+bx+c=0$ の解は，$b^2-4ac\geqq0$ のとき，

$$x=\frac{-b\pm\sqrt{b^2-4ac}}{2a}$$

ここで，b を $2B$ に変えた2次方程式

$$ax^2+2Bx+c=0$$

の場合，解の公式は $b=2B$ として，

$$x=\frac{-2B\pm\sqrt{(2B)^2-4ac}}{2a}=\frac{-B\pm\sqrt{B^2-ac}}{a}$$

となります。

Check Point　2次方程式の解の公式 ②

2次方程式 $ax^2+2Bx+c=0$ の解は，$B^2-ac\geqq0$ のとき，

$$x=\frac{-B\pm\sqrt{B^2-ac}}{a}$$

ただし，**x の係数が偶数の場合は，次の例題10のように平方完成を利用して解くほうが簡単になる**場合があります。

例題10 2次方程式 $x^2-6x-3=0$ を解け。

考え方 x の係数が偶数なので，平方完成を利用します。

解答

$$x^2-6x-3=0$$
$$(x-3)^2-3^2-3=0 \quad \leftarrow \text{平方完成}$$
$$(x-3)^2=12$$
$$x-3=\pm2\sqrt{3} \quad \leftarrow \text{±を忘れないように}$$
$$x=3\pm2\sqrt{3} \quad \cdots \text{答}$$

別解 解の公式を用いると，

$$x=\frac{3\pm\sqrt{3^2-1\cdot(-3)}}{1}$$
$$=3\pm2\sqrt{3} \quad \cdots \text{答}$$

演習問題 15

次の2次方程式を解け。

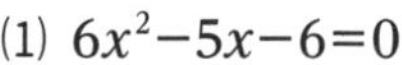
(1) $6x^2-5x-6=0$　　(2) $x^2+8x+16=0$

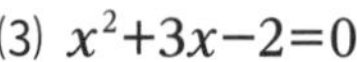
(3) $x^2+3x-2=0$　　(4) $x^2-6x+7=0$

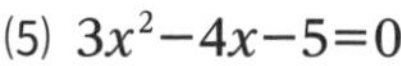
(5) $3x^2-4x-5=0$　　(6) $x^2-x+1=0$

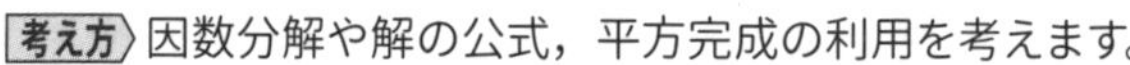
考え方 因数分解や解の公式，平方完成の利用を考えます。

解答▶別冊 26 ページ

2　2 次方程式の実数解の個数

2 次方程式の解の公式に現れる，平方根（ルート）に着目します。

$$ax^2+bx+c=0 \text{ のとき } x=\frac{-b\pm\sqrt{b^2-4ac}}{2a}$$

・**平方根（ルート）の中が 0 より大きい値の場合**

±があるために実数解は 2 つ存在することがわかります。

・**平方根（ルート）の中が 0 の場合**

平方根（ルート）が無くなるので実数解は 1 つになります。

・**平方根（ルート）の中が負の場合**

実数では平方根（ルート）の中は 0 以上でないといけないので，実数解は存在しません。

よって，解の公式の平方根（ルート）の中

b^2-4ac

を判別式といい，記号 D で表します。**判別式の符号によって 2 次方程式が実数解をいくつもつかがわかる**ことになります。

↑判別式を意味する discriminant の頭文字です

Check Point　判別式の符号と実数解の個数

x の 2 次方程式 $ax^2+bx+c=0$ の判別式を $D=b^2-4ac$ とすると，

$D>0$ のとき，異なる実数解を 2 つもつ

$D=0$ のとき，実数解を 1 つだけもつ　←重解といいます

$D<0$ のとき，実数解をもたない

2 次方程式が $ax^2+2Bx+c=0$ のとき，解の公式は

$$x=\frac{-B\pm\sqrt{B^2-ac}}{a}$$

でした。このとき，判別式 $D=b^2-4ac$ の代わりに，

$$\frac{D}{4}=B^2-ac$$

を利用することができます。$\frac{D}{4}$ の符号と実数解の個数の関係は，D のときと同じです。

では，なぜ $\frac{D}{4}$ と表すのでしょうか。

$ax^2+2Bx+c=0$ をふつうに解くと，

$$x=\frac{-2B\pm\sqrt{4B^2-4ac}}{2a}$$

なので，判別式は $D=4B^2-4ac$ となります。

両辺を 4 で割ると，

$$\frac{D}{4}=B^2-ac$$ ←判別式は符号にのみ着目するので係数の 4 を省いても符号に変化はありません

となるからです。

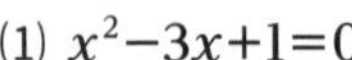

演習問題 16

1 次の 2 次方程式の実数解の個数を調べよ。

(1) $x^2-3x+1=0$

(2) $-x^2-6x-9=0$

(3) $2x^2+5x+7=0$

考え方〉2 次方程式の実数解の個数は，判別式の符号で判断します。

2 次の 2 次方程式において，条件を満たす定数 a の値や，a の値の範囲を求めよ。

(1) $x^2-x+2a-2=0$ が異なる 2 つの実数解をもつ

(2) $2x^2+ax+a=0$ が重解をもつ

(3) $x^2-4x-a+1=0$ が実数解をもたない

考え方〉2 次方程式の実数解の個数は，判別式の符号で判断します。

3 2 つの方程式

$x^2-4x+k-2=0$

$2x^2+3x-k=0$

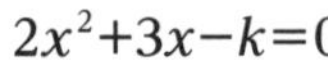

のうち，いずれか一方のみが実数解をもつような k の値の範囲を求めよ。

考え方〉まず，それぞれが実数解をもつ条件を考えましょう。

解答▶別冊 27 ページ

3 連立 2 次方程式

2 文字の連立 2 次方程式では片方の方程式で 1 つの文字について解き，1 文字を消去して考えるのが基本です。

「1 つの文字について解く」とはどういうことでしょうか？
例えば，$x+3y=0$ を**「x について解く」とは，「y を定数扱いする」ということで**す。つまり，$x=-3y$ と変形する，ということです。

例題 11 $x^2-x+2y^2+xy=0$ を x について解け。

解答 「x について解く」とは，「y を定数扱いにする」ということなので，

$$x^2+(y-1)x+2y^2=0$$ ←x の 2 次方程式と考えます

解の公式を用いると，

$$x=\frac{-(y-1)\pm\sqrt{(y-1)^2-4\cdot1\cdot(2y^2)}}{2}$$

$$=\frac{-y+1\pm\sqrt{-7y^2-2y+1}}{2}$$ … 答

連立 2 次方程式では，加減法よりも代入法のほうが向いています。

演習問題 17

次の連立方程式を解け。

(1) $\begin{cases} 2x-y=1 \\ x^2+2y^2=2 \end{cases}$　　(2) $\begin{cases} x+y=3 \\ xy=-4 \end{cases}$

考え方 まずは 1 つの文字について解いて考えます。

解答▶別冊 27 ページ

4 共通解問題

2つの方程式が共通の解をもつ問題，いわゆる「共通解問題」では，

2つの方程式の共通解を $x=\alpha$ などとして，α を含む連立方程式とみて考えます。

連立方程式を変形するときは，基本は最高次数の項を消去します。

また，答えを求めるときは，**与えられている条件を満たすかどうかの確認を忘れないようにしましょう。**

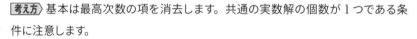

Advice 「与えられている条件」には，「実数解」や「異なる2解」などがあります。

演習問題 18

1 2つの2次方程式

$x^2-3x+k-1=0$，$x^2+(k-2)x-2=0$

が共通の実数解をただ1つもつとする。このとき k の値を求めよ。

考え方 基本は最高次数の項を消去します。共通の実数解の個数が1つである条件に注意します。

2 2つの2次方程式

$2x^2+kx+4=0$，$x^2+x+k=0$

が共通の実数解をもつように k の値を定め，その共通解を求めよ。

考え方 基本は最高次数の項を消去します。

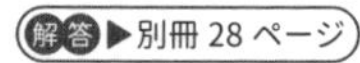
解答▶別冊 28 ページ

5 2次関数のグラフと x 軸の共有点の座標

2次関数 $y=ax^2+bx+c$ のグラフと x 軸の共有点の x 座標は，**$y=0$ となる x の値のことなので，2次方程式**

$ax^2+bx+c=0$

の実数解になります。

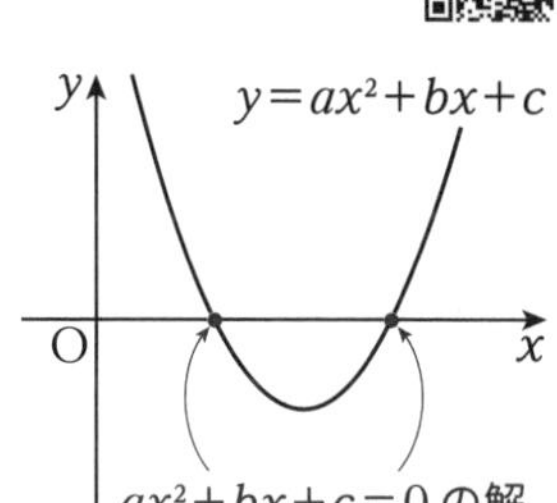

つまり，2次関数のグラフと x 軸の共有点の x 座標は，因数分解や解の公式を用いて2次方程式 $ax^2+bx+c=0$ を解くことで求めることができます。

演習問題 19

次の2次関数のグラフと x 軸は共有点をもつか。共有点をもつ場合はその座標を求めよ。

(1) $y=x^2-5x+6$

(2) $y=2x^2+x-1$

(3) $y=3x^2+7x-3$

(4) $y=9x^2+6x+1$

(5) $y=-x^2-x-2$

考え方 x 軸との共有点の x 座標は，$y=0$ となる x の値です。

6 2次関数のグラフと x 軸の共有点の個数

2次関数 $y=ax^2+bx+c$ のグラフと x 軸の共有点の x 座標は，

2次方程式 $ax^2+bx+c=0$ の実数解なので，**共有点の個数は実数解の個数と一致します。**

2次方程式の実数解の個数は判別式で調べることができるので，**x 軸との共有点の個数も，判別式を用いて調べることができます。**

Check Point 2次関数のグラフと x 軸の共有点の個数と判別式

2次方程式 $ax^2+bx+c=0$ の判別式を D とすると，

$D>0$ のとき，異なる実数解を2つもつ

$\Longleftrightarrow$ x 軸と異なる2点で交わる（共有点の個数は2個）

$a>0$ のとき

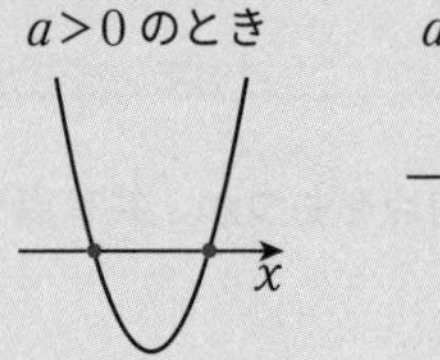

$a<0$ のとき

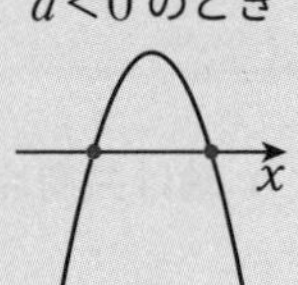

$D=0$ のとき，実数解を1つだけもつ

$\Longleftrightarrow$ x 軸に接する（共有点の個数は1個）

$a>0$ のとき

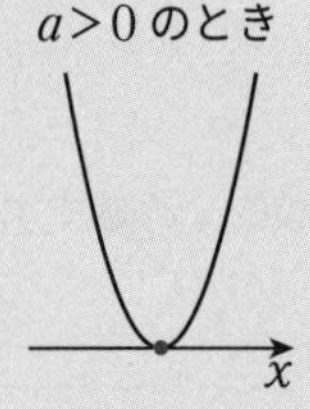

$a<0$ のとき

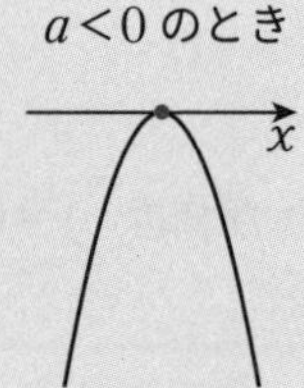

$D<0$ のとき，実数解をもたない

$\Longleftrightarrow$ x 軸との共有点をもたない（共有点の個数は0個）

$a>0$ のとき

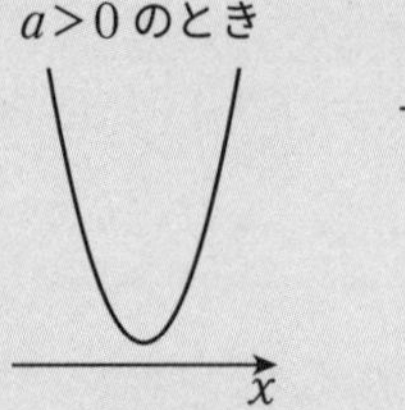

$a<0$ のとき

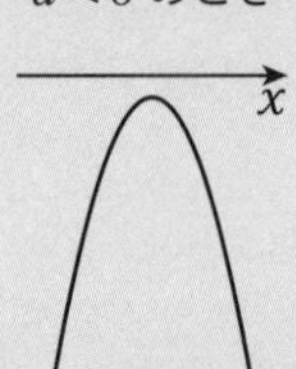

例題12 次の 2 次関数のグラフと x 軸との共有点の個数を求めよ。

(1) $y=3x^2+4x-2$

(2) $y=x^2-8x+16$

(3) $y=4x^2+x+1$

解答 (1) 方程式 $3x^2+4x-2=0$ の判別式を D とする。

$$\frac{D}{4}=2^2-3\cdot(-2)=10>0$$

よって，共有点の個数は **2 個** … 答

(2) 方程式 $x^2-8x+16=0$ の判別式を D とする。

$$\frac{D}{4}=4^2-1\cdot16=0$$

よって，共有点の個数は **1 個** … 答

(3) 方程式 $4x^2+x+1=0$ の判別式を D とする。

$$D=1^2-4\cdot4\cdot1=-15<0$$

よって，共有点の個数は **0 個** … 答

演習問題 20

1 次の 2 次関数のグラフと x 軸との共有点の個数を求めよ。

(1) $y=x^2+x+1$

(2) $y=2x^2-3x-5$

(3) $y=-9x^2+6x-1$

考え方 x 軸との共有点の個数は判別式を利用して考えます。

2 次の 2 次関数 $y=x^2-16x+2k$ のグラフと x 軸との共有点の個数を調べよ。ただし，次の(I)，(II)の方法それぞれについて調べ，定数 k の値で場合を分けて答えよ。

(I) 判別式を用いる方法

(II) 頂点の y 座標に着目する方法

考え方 (II)は平方完成して，グラフをイメージして考えます。

解答▶別冊 29 ページ

7 2次関数のグラフが x 軸から切り取る線分の長さ

「2次関数のグラフが x 軸から切り取る線分の長さ」とは，**放物線と x 軸の2つの共有点の間の距離**を指します。

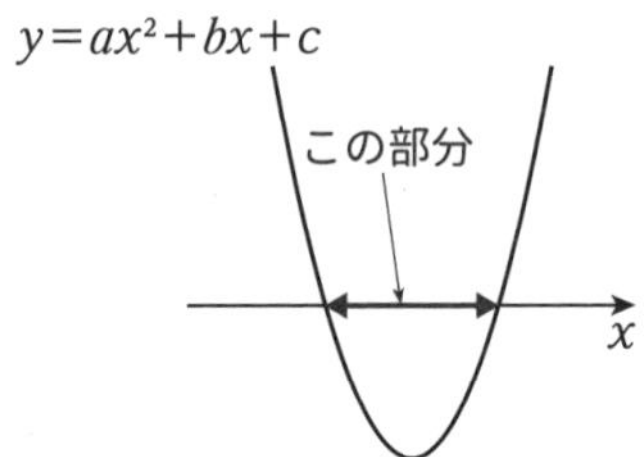

「2次関数のグラフが x 軸から切り取る線分の長さ」は，次のように考えて求めることができます。

$a>0$ のとき，2次関数 $y=ax^2+bx+c$ のグラフと x 軸の共有点の x 座標は，

$ax^2+bx+c=0$ を解いて，$x=\dfrac{-b\pm\sqrt{b^2-4ac}}{2a}$

よって，2つの共有点の間の距離は，大きい値から小さい値を引くと，

$$\frac{-b+\sqrt{b^2-4ac}}{2a}-\frac{-b-\sqrt{b^2-4ac}}{2a}=\frac{\sqrt{b^2-4ac}}{a}$$

$a<0$ のとき，2次関数 $y=ax^2+bx+c$ のグラフと x 軸の共有点の x 座標は，

$ax^2+bx+c=0$ を解いて，$x=\dfrac{-b\pm\sqrt{b^2-4ac}}{2a}$

よって，2つの共有点の間の距離は，$a<0$ なので大小に注意して，大きい値から小さい値を引くと，

$$\frac{-b-\sqrt{b^2-4ac}}{2a}-\frac{-b+\sqrt{b^2-4ac}}{2a}=\frac{-\sqrt{b^2-4ac}}{a}$$

以上より，公式化すると次のようになります。

Check Point 2次関数のグラフが x 軸から切り取る線分の長さ

2次関数 $y=ax^2+bx+c$ のグラフが x 軸から切り取る線分の長さは，

$$\frac{\sqrt{b^2-4ac}}{|a|}$$

Advice 言葉で書けば，$\dfrac{\sqrt{2\text{ 次方程式の判別式}}}{|x^2\text{ の係数}|}$ ということです。

例題13 2 次関数 $y=6x^2+5x-4$ のグラフが x 軸から切り取る線分の長さを求めよ。

解答 $\dfrac{\sqrt{5^2-4\cdot6\cdot(-4)}}{|6|}=\dfrac{\sqrt{121}}{6}=\boldsymbol{\dfrac{11}{6}}$ … 答

演習問題 21

次の 2 次関数のグラフが x 軸から切り取る線分の長さを求めよ。

(1) $y=x^2-8x+15$

(2) $y=-6x^2+13x-6$

(3) $y=x^2-2x-4$

考え方 x 軸との共有点の x 座標の差をとるか，公式を用いて求めます。

解答▶別冊 30 ページ

8 放物線と直線の共有点の座標

放物線と直線の共有点の座標は，それぞれの式を連立して求めます。

放物線は 2 次式ですから，放物線と直線の式を連立して y を消去した式も 2 次式になります。よって，因数分解や解の公式を用いて求めることができます。

例題 14 放物線 $y=-x^2+4x+1$ と直線 $y=2x-2$ の共有点の座標を求めよ。

解答 2 式を連立して y を消去すると，

$$-x^2+4x+1=2x-2$$
$$x^2-2x-3=0$$
$$(x+1)(x-3)=0$$
$$x=-1,\ 3$$ ←共有点の x 座標

$y=2x-2$ に代入すると，

$x=-1$ のとき $y=-4$

$x=3$ のとき $y=4$

よって，共有点の座標は，

$(-1,\ -4)$，$(3,\ 4)$ … 答

演習問題 22

次の放物線と直線の共有点の座標を求めよ。

(1) $y=x^2$，$y=-x+2$

(2) $y=x^2-5x+7$，$y=x-2$

(3) $y=-x^2+2x$，$y=4x-4$

考え方 連立して y を消去すると 2 次方程式になります。

解答▶別冊 30 ページ

9 放物線と直線の共有点の個数

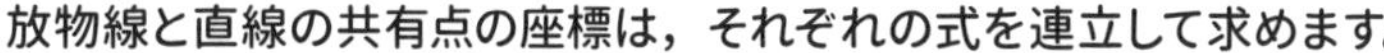

放物線と直線の共有点の座標は，それぞれの式を連立して求めます。

そして，**放物線と直線の共有点の個数は，連立して y を消去した 2 次方程式の解の個数と一致します。**

よって，**放物線と直線の共有点の個数は判別式を用いて調べることができます。**

Check Point 放物線と直線の共有点の個数と判別式

放物線と直線の式を連立して，y を消去した 2 次方程式の判別式を D とすると，

$D>0$ のとき，異なる実数解を 2 つもつ

$\Longleftrightarrow$ 放物線と直線は異なる 2 点で交わる（共有点の個数は 2 個）

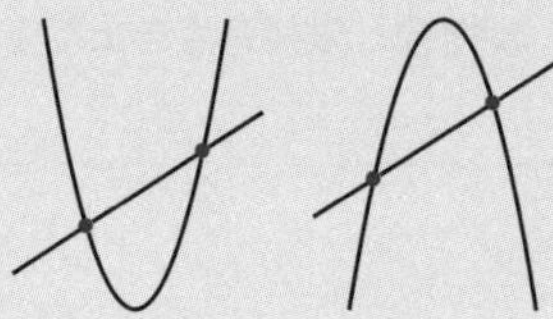

$D=0$ のとき，実数解を 1 つだけもつ

$\Longleftrightarrow$ 放物線と直線は接する（共有点の個数は 1 個）

$D<0$ のとき，実数解をもたない

$\Longleftrightarrow$ 放物線と直線は共有点をもたない（共有点の個数は 0 個）

演習問題 23

1 次の放物線と直線の共有点の個数を調べよ。

(1) $y=x^2$，$y=-x+2$

(2) $y=x^2-5x+7$，$y=x-2$

(3) $y=-x^2+2x$，$y=4x+2$

考え方 共有点の x 座標は，連立して y を消去した方程式の実数解になります。

2 次の問いに答えよ。

(1) 放物線 $y=-x^2$ と直線 $y=x+k$ が異なる 2 点で交わるような定数 k のとりうる値の範囲を求めよ。

(2) 直線 $y=-2x+m$ が，放物線 $y=x^2+2x$ の接線となるような定数 m の値を定めよ。

考え方 (2)放物線の接線とは，放物線との共有点をただ 1 つだけもつ直線です。

解答▶別冊 30 ページ

10 2次関数の係数の符号

放物線のグラフの形状から，2次関数 $y=ax^2+bx+c$ の各係数の符号を求めることを考えてみましょう。

a の符号はグラフの凸の向きから判断します。

Check Point　a の符号

下に凸 $\Longleftrightarrow a>0$
上に凸 $\Longleftrightarrow a<0$

$x=0$ のとき $y=c$ ですから，**c の符号は y 切片の値から判断します。**

Check Point　c の符号

y 切片が正 $\Longleftrightarrow c>0$
y 切片が負 $\Longleftrightarrow c<0$

b の符号は頂点の x 座標から考えます。

$$y=ax^2+bx+c$$
$$=a\left(x+\frac{b}{2a}\right)^2-\frac{b^2-4ac}{4a}$$

頂点の x 座標は $-\dfrac{b}{2a}$ であることから，次のように b の符号を判断します。

Check Point　b の符号

頂点の x 座標が正で，$a>0$ ならば，$b<0$
頂点の x 座標が正で，$a<0$ ならば，$b>0$
頂点の x 座標が負で，$a>0$ ならば，$b>0$
頂点の x 座標が負で，$a<0$ ならば，$b<0$

b の符号は次のように判断することもできます。

放物線 $y=ax^2+bx+c$ と，直線 $y=bx+c$ の2式を連立して y を消去すると，

$$ax^2+bx+c=bx+c$$
$$ax^2=0$$
$$x=0\text{（重解）}$$

となります。実数解が 1 つで，その解が $x=0$ であるから，**直線 $y=bx+c$ は $x=0$ における放物線 $y=ax^2+bx+c$ の接線である**ことがわかります。

よって，直線 $y=bx+c$ の傾きの正負がわかれば，b の符号を判断することができます。

例題 15 a，b，c を定数とする。2 次関数 $y=ax^2+bx+c$ のグラフが右の図のようになるとき，b の符号を決定せよ。

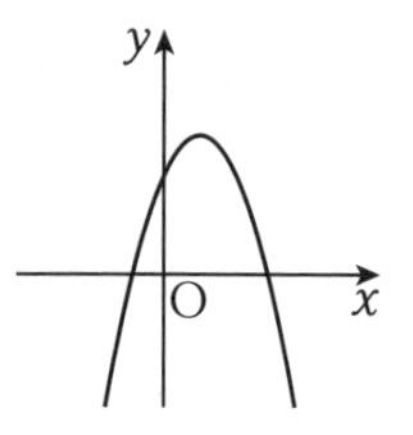

解答 2 次関数の $x=0$ における接線は $y=bx+c$ である。
右の図のように，$x=0$ における接線は右上がり，つまり傾きが正であるから $\boldsymbol{b>0}$ … 答

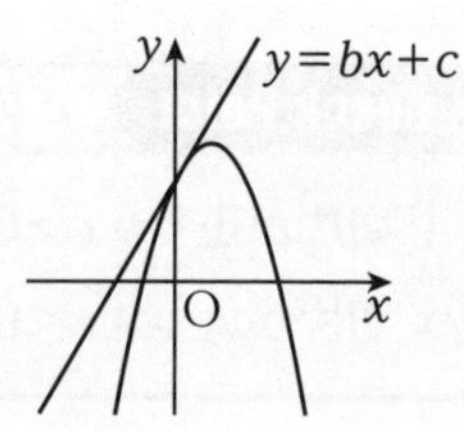

Advice ちなみに上の**例題 15** では，$a<0$，$c>0$ です。

演習問題 24

a，b，c を定数とする。
2 次関数 $y=ax^2+bx+c$ のグラフが右の図のようになるとき，次の値は正・負・0 のどれになるかを答えよ。

(1) a　　(2) b
(3) c　　(4) b^2-4ac
(5) $a+b+c$　　(6) $a-b+c$

考え方 (4)〜(6)はそれぞれ何を表している式でしょうか？

第4節 2次不等式

1 2次不等式の基本

2次方程式の等号を不等号に書きかえたものが2次不等式です。

2次不等式では，**代入して不等式が成り立つ x の値の範囲を求める**ことになります。

2次不等式に限らず，不等式は基本的にグラフを用いて考えます。

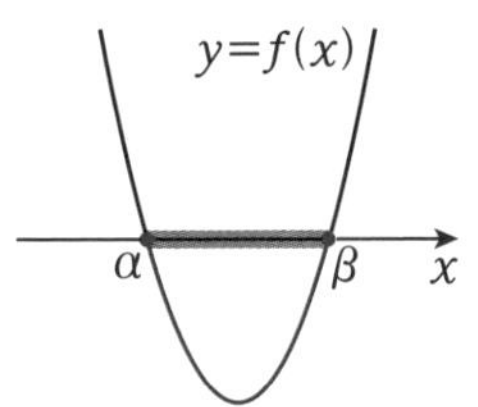

上の図で，$y=f(x)$ のグラフの y 座標が0以下となるのは x の値が α と β の間のときなので，

$f(x) \leqq 0$ の解は，$\alpha \leqq x \leqq \beta$

上の図で，$y=f(x)$ のグラフの y 座標が0以上となるのは x の値が α より左，β より右のときなので，

$f(x) \geqq 0$ の解は，$x \leqq \alpha$ または，$\beta \leqq x$

気をつけないといけないのは，「何を調べるか？」です。

最大値・最小値を求めるとき
↓
頂点を調べる

不等式の解を求めるとき
↓
x 軸との共有点を調べる

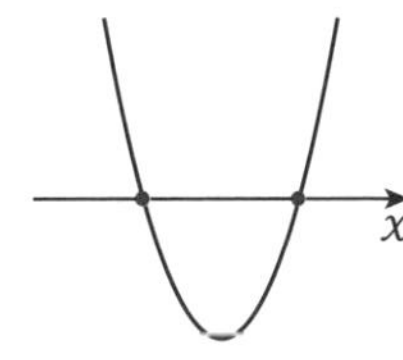

演習問題 25

1 次の2次不等式を解け。

(1) $x^2-2x-3 \leqq 0$　(2) $x^2-x-1>0$　(3) $-6x^2-5x+6>0$

考え方 x 軸との共通点を調べて，グラフをかいて考えます。

2 次の2次不等式を解け。

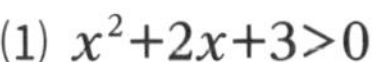

(1) $x^2+2x+3>0$　(2) $x^2-6x+9 \leqq 0$

(3) $4x^2-12x+9>0$　(4) $x^2+3x+3 \leqq 0$

考え方 x 軸との共通点を調べて，グラフをかいて考えます。

解答▶別冊31ページ

2 連立 2 次不等式

2 つの 2 次不等式それぞれの解の範囲の共通部分が，連立 2 次不等式の解になります。

ポイントは，**共通部分を数直線で考える**点です。

例題16　連立不等式 $\begin{cases} x^2-2x-80<0 \cdots\cdots ① \\ x^2-6x-16>0 \cdots\cdots ② \end{cases}$ を解け。

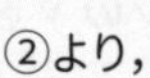

解答　①より，

$(x+8)(x-10)<0$

右のグラフより，

$-8<x<10 \cdots\cdots ③$

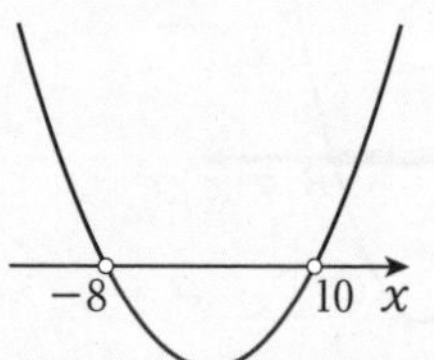

②より，

$(x-8)(x+2)>0$

右のグラフより，

$x<-2$ または，$8<x \cdots\cdots ④$

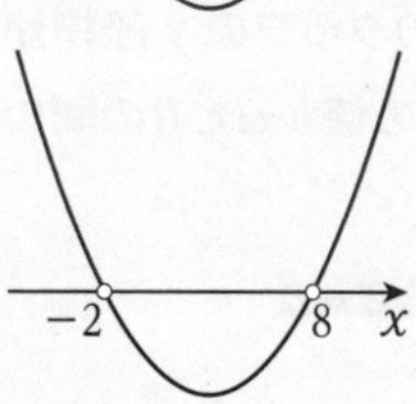

以上より，数直線から③，④の共通部分を考えると，

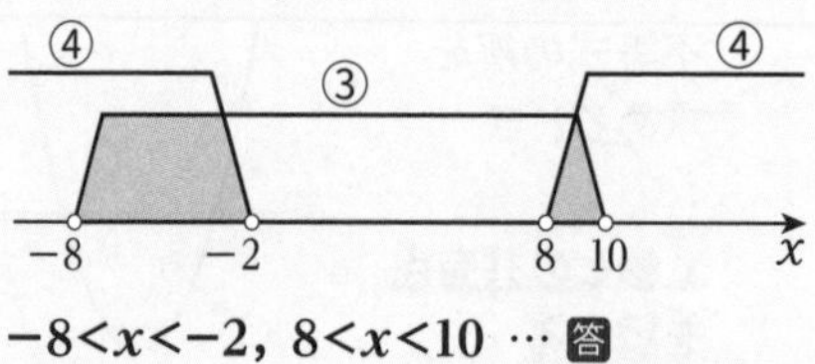

$-8<x<-2$，$8<x<10$ … 答

演習問題 26

次の不等式を解け。

(1) $\begin{cases} x^2+6x+5 \geqq 0 \\ x^2+2x-3 \geqq 0 \end{cases}$　　(2) $x^2-x-8 \leqq x+3 < x^2+1$

考え方　それぞれの不等式を解き，数直線で共通部分を考えます。

解答▶別冊 33 ページ

3　2次方程式の解の配置問題（存在範囲）①

方程式の解が存在する範囲について考える問題を，**解の配置問題**といいます。

2次方程式 $f(x)=0$ の解は2次関数 $y=f(x)$ のグラフと x 軸の共有点の x 座標ですから，グラフをかいて考えます。

解の配置問題は，**1つの範囲に，解をいくつもつかによって解法が変わります。**

1つの範囲に，1つの解（重解は除く）をもつ場合の条件は，2次関数のグラフについて，次のことに着目します。

Check Point　解の配置問題（1交点型）

解が存在する範囲の端点の y 座標の符号

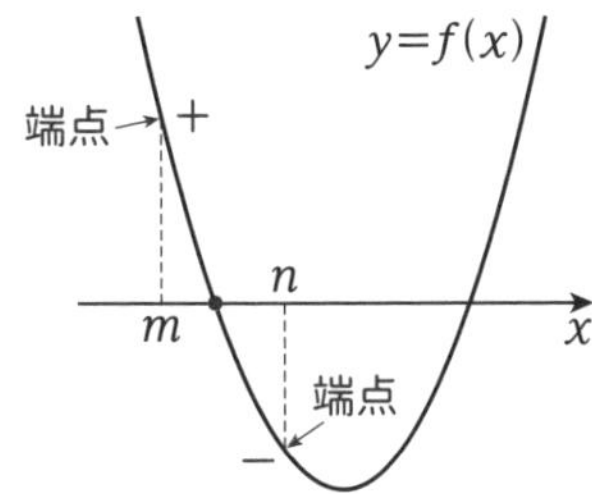

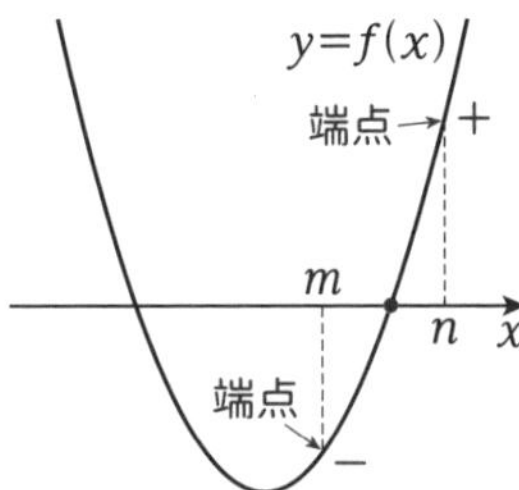

例えば，上の図のように2次方程式 $f(x)=0$ が，$m<x<n$ の範囲に解を1つもつ場合であれば，

$f(m)>0$ かつ $f(n)<0$　または　**$f(m)<0$ かつ $f(n)>0$**

という条件が考えられます。また，正×負＝負，負×正＝負であるから，これらは1つの式にまとめて，

$f(m)\cdot f(n)<0$

と表すことができます。

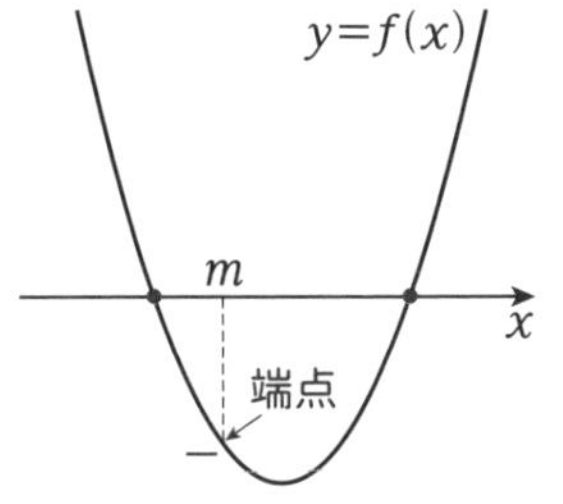

また，左の図のように，2次方程式 $f(x)=0$ が，$x>m$ と $x<m$ の範囲に解を1つずつもつ場合であれば，端点の y 座標は $x=m$ のときの y 座標だけを指すので，

$f(m)<0$

という条件が考えられます。

例題17 方程式 $x^2-mx+2m+5=0$ が正と負の解をもつ定数 m の値の範囲を求めよ。

考え方 「正の範囲に実数解を 1 つ」，「負の範囲に実数解を 1 つ」もつ場合と考えます。

解答 $f(x)=x^2-mx+2m+5$ とおく。

このとき，$y=f(x)$ のグラフと x 軸が $x>0$ と $x<0$ の範囲に共有点を 1 つずつもつ場合を考える。

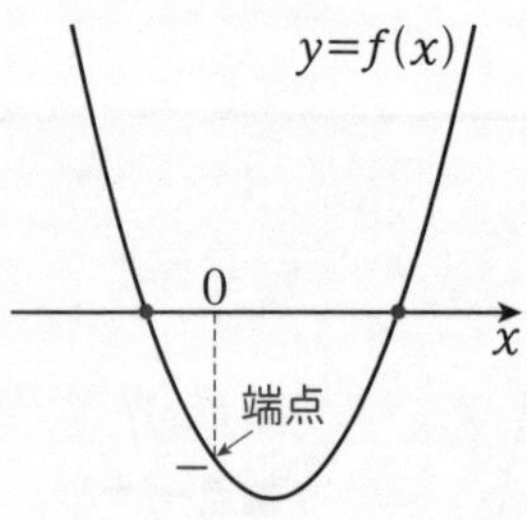

「端点の y 座標」は $x=0$ のときの y 座標を指すので，図より，

$f(0)<0$

これを解くと，$f(0)=2m+5<0$

$$m<-\frac{5}{2} \cdots \text{答}$$

演習問題 27

1 $a<0$ とする。2 次方程式 $ax^2+(a-3)x+2a=0$ が -2 より大きい解と -2 より小さい解をもつときの定数 a の値の範囲を求めよ。

考え方 2 次方程式の解の存在範囲が与えられているときは，配置問題として考えます。グラフの向きに注意しましょう。

2 2 次方程式 $x^2-2(a-1)x+(a-2)^2=0$ の 2 つの異なる実数解を α，β とする。$0<\alpha<1<\beta<2$ となるような定数 a の値の範囲を求めよ。

考え方 2 次方程式の解の存在範囲が与えられているときは，配置問題として考えます。

解答▶別冊 33 ページ

4 2次方程式の解の配置問題（存在範囲）②

1つの範囲に，2つの解をもつ場合（重解も含みます）は，次のことに着目します。

Check Point　解の配置問題（2交点型）

①解が存在する範囲の端点の y 座標の符号

②判別式（または，頂点の y 座標の符号）

③軸の位置

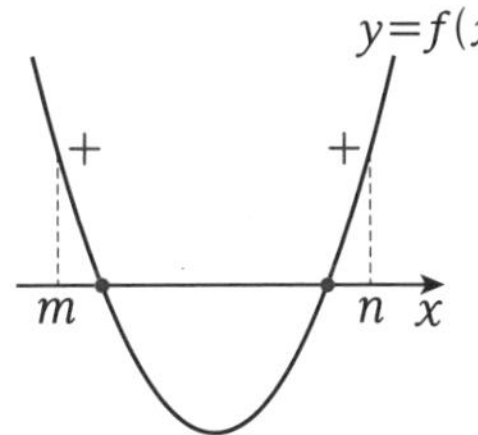

例えば，2次方程式 $ax^2+bx+c=0$ $(a>0)$ が，$m<x<n$ の範囲に異なる2つの解をもつ場合であれば，

$f(x)=ax^2+bx+c$ とおくと，左の図のように条件は

$f(m)>0$ かつ，$f(n)>0$……①

だけでよさそうですが，①だけでは…

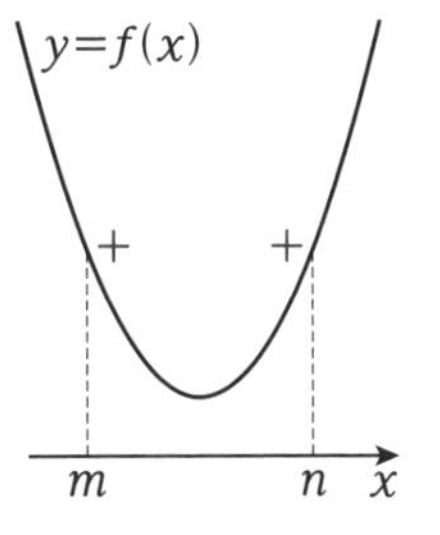

左の図のような形になってしまう場合があります。

x 軸と異なる2つの共有点をもつために

判別式>0……②

が必要ですが，①，②があっても…

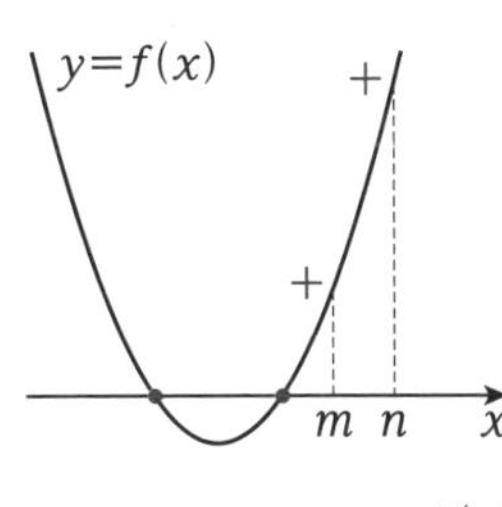

左の図のような形になってしまう場合があります。結局，

軸の位置の条件（$m<$軸$<n$）……③

も必要であることがわかりますね。

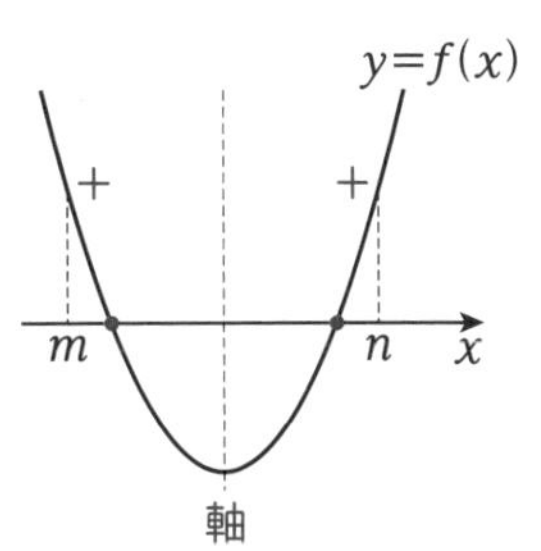

以上①～③の条件を踏まえてグラフを図示すると，左の図のようになります。

例題18 a を定数とする。2 次方程式 $x^2-2ax+2a=0$ が $x>0$ の範囲に異なる 2 つの実数解をもつときの a の値の範囲を求めよ。

解答 $f(x)=x^2-2ax+2a$ とおく。このとき，$y=f(x)$ のグラフと x 軸が $x>0$ の範囲に共有点を 2 つもつ場合を考える。

右の図より，

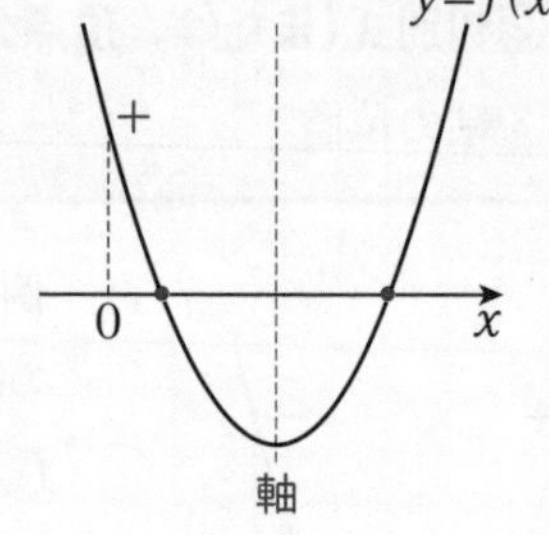

(i) $f(0)>0$

$f(0)=2a>0$　よって，$a>0$ ……①

(ii) $f(x)=0$ の判別式を D とすると，$D>0$

$\frac{D}{4}=a^2-2a=a(a-2)>0$

よって，$a<0$，$2<a$ ……②

(iii) (軸の位置)>0

$f(x)=x^2-2ax+2a=(x-a)^2-a^2+2a$ であるから，$x=a>0$ ……③

以上より，右の数直線から①～③の共通部分を考えると，

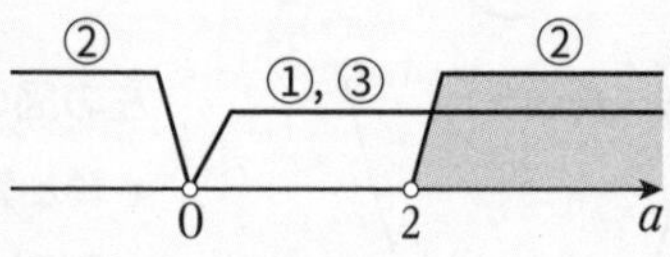

$a>2$ … 答

演習問題 28

1 2 次方程式 $x^2-ax+4=0$ の 2 つの実数解がともに 1 より大きくなるような定数 a の値の範囲を求めよ。

考え方 2 次方程式の解の存在範囲が与えられているときは，配置問題として考えます。

2 2 次方程式 $x^2+ax+a=0$ が 2 つの実数解をもち，その異なる 2 解の値が -1 以上 1 以下であるとき，実数 a のとりうる値の範囲を求めよ。

考え方 2 次方程式の解の存在範囲が与えられているときは，配置問題として考えます。

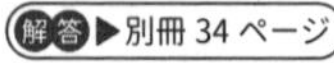

図形と計量

第1節 | 三角比 114

第2節 | 正弦定理・余弦定理 133

第3節 | 図形の計量 139

第1節 三角比

1 三角比

突然ですが，図のヤシの木の高さを調べようとしています。

そこで，影の長さと相似を利用します。

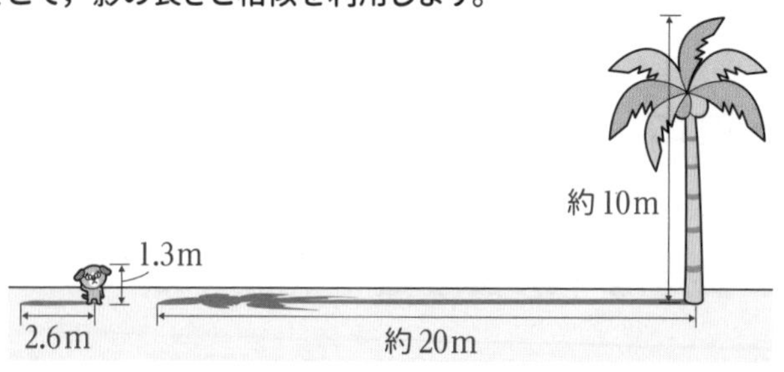

上の図のように背の高さ 1.3 m の犬の影の長さが 2.6 m のとき，背の高さと影の長さの比が 1.3：2.6=1：2 になっています。なので，ヤシの木の影の長さが約 20 m であれば，ヤシの木の高さが約 10 m であるとわかります。

しかし，自分の背の高さと影の長さの比を調べて，さらにヤシの木の影の長さを調べるのは大変です。そこで**ヤシの木の影の長さと，ヤシの木のてっぺんを見上げた角（仰角といいます）からヤシの木の高さを求める方法を使います。**

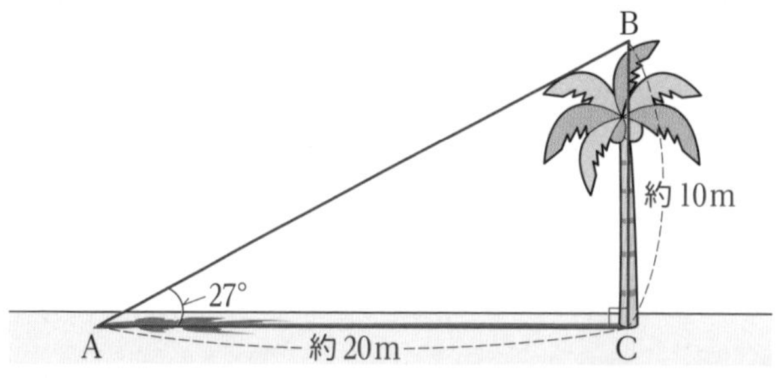

上の図の直角三角形 ABC で，∠A（仰角）を測ると 27°でした。∠A=27°のとき，BC

はACの約半分になることがわかっています。つまり，

$$\frac{BC}{AC}=\frac{高さ}{影の長さ}\fallingdotseq\frac{1}{2}$$ ←≒はほぼ等しいことを示す記号です

ということです。したがって，ヤシの木の高さは約10 mであることがわかります。

この $\frac{BC}{AC}$ は∠Aの**正接**または**タンジェント**といい，tan27°と表します。

また，$\frac{BC}{AB}$ は**正弦**または**サイン**といい，sin27°と表します。$\frac{AC}{AB}$ は**余弦**または**コサイン**といい，cos27°と表します。そして，正接，正弦，余弦はまとめて**三角比**といいます。

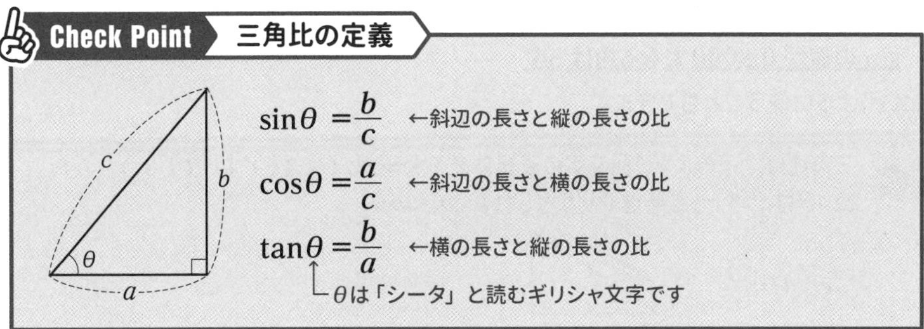

Check Point
三角比の定義
c
b
θ
a
$\sin\theta=\frac{b}{c}$ ←斜辺の長さと縦の長さの比
$\cos\theta=\frac{a}{c}$ ←斜辺の長さと横の長さの比
$\tan\theta=\frac{b}{a}$ ←横の長さと縦の長さの比
θは「シータ」と読むギリシャ文字です

ちなみに，tan27°≒$\frac{1}{2}$ であることがわかっているように，**角の大きさと三角比の値の関係はわかっています**。それらをまとめた表を三角比の表といいます。一般に，この表から三角比の値を調べることができます。

三角比の表

角	正弦 (sin)	余弦 (cos)	正接 (tan)	角	正弦 (sin)	余弦 (cos)	正接 (tan)
0°	0.0000	1.0000	0.0000	45°	0.7071	0.7071	1.0000
1°	0.0175	0.9998	0.0175	46°	0.7193	0.6947	1.0355
2°	0.0349	0.9994	0.0349	47°	0.7314	0.6820	1.0724
3°	0.0523	0.9986	0.0524	48°	0.7431	0.6691	1.1106
4°	0.0698	0.9976	0.0699	49°	0.7547	0.6561	1.1504
5°	0.0872	0.9962	0.0875	50°	0.7660	0.6428	1.1918
6°	0.1045	0.9945	0.1051	51°	0.7771	0.6293	1.2349
7°	0.1219	0.9925	0.1228	52°	0.7880	0.6157	1.2799
8°	0.1392	0.9903	0.1405	53°	0.7986	0.6018	1.3270
9°	0.1564	0.9877	0.1584	54°	0.8090	0.5878	1.3764
10°	0.1736	0.9848	0.1763	55°	0.8192	0.5736	1.4281
11°	0.1908	0.9816	0.1944	56°	0.8290	0.5592	1.4826
12°	0.2079	0.9781	0.2126	57°	0.8387	0.5446	1.5399
13°	0.2250	0.9744	0.2309	58°	0.8480	0.5299	1.6003
14°	0.2419	0.9703	0.2493	59°	0.8572	0.5150	1.6643

三角比の表は縦の並びに「角」，横に「三角比の種類」が並び，その縦と横の交わった部分の値が，その角での「三角比の値」ということになります。前ページの表の三角比の値は，小数第 5 位を四捨五入して小数第 4 位まで示したものです。

表の左側の例のように，角が 12°のとき，三角比の cos と交わった場所が「0.9781」となっています。これは，

<u>$\cos 12° = 0.9781$</u>　（横の長さは斜辺の長さの 0.9781 倍）

であることを表しています。

逆の使い方もできます。表の右側の例のように三角比の sin の列を下に見ていくと，値が「0.8090」となるものがあります。その場所の角を見ると 54°となっています。つまり，

<u>**sin の値が 0.8090 となる角は 54°**</u>

というように使うこともできます。

三角比は，下のように頭文字の筆記体をイメージして覚えるとよいでしょう。ただ，$\tan\theta$は，ちょっと無理やりかもしれませんね…。

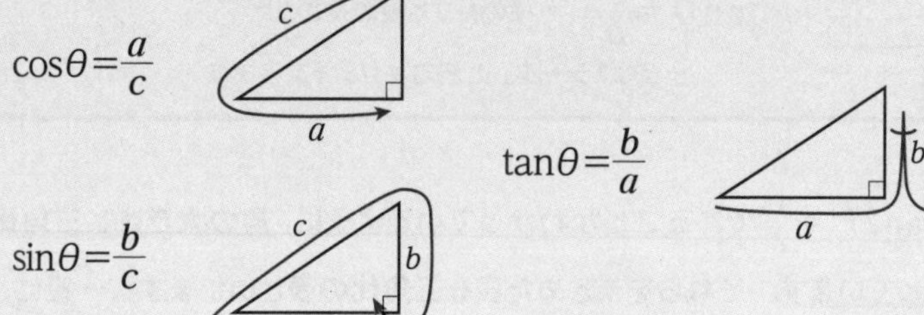

演習問題 1

図の各三角形において，$\sin\theta$，$\cos\theta$，$\tan\theta$の値を求めよ。

(1)

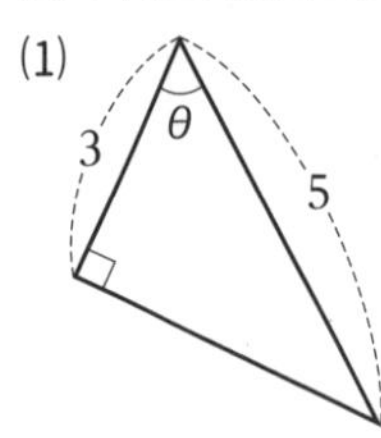

(2)

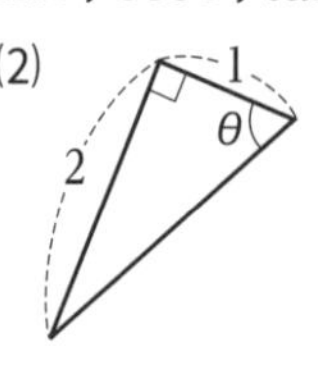

(3)

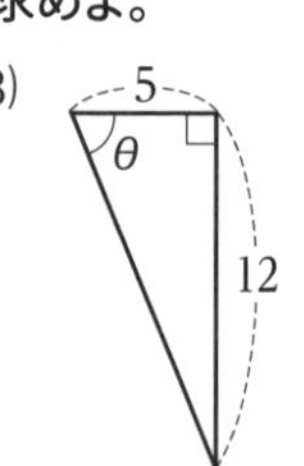

考え方　三角形を三角比の定義と同じ向きにそろえましょう。

解答▶別冊 35 ページ

2 三角比の利用

三角比を利用するメリットは，**直角三角形の直角以外の角の大きさと 1 辺の長さがわかっていれば，他の辺の長さが求められる**という点です。

例題 1 次の図のような直角三角形において，辺の長さ l，m をそれぞれ求めよ。ただし，三角比の値は **p.293** の三角比の表の値を用いよ。なお，長さは小数第 2 位を四捨五入して答えよ。

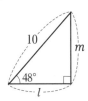

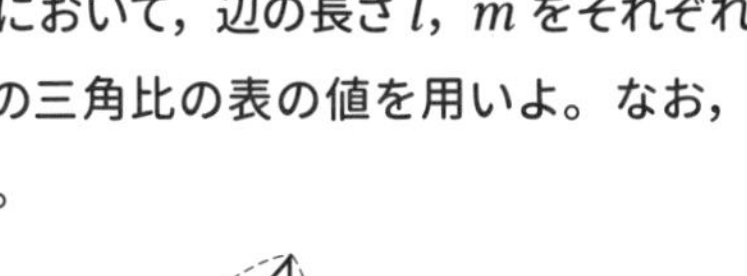

解答 図より，

$$\cos 48° = \frac{l}{10} \Longleftrightarrow 0.6691 = \frac{l}{10}$$

よって，$l=6.691$ なので，小数第 2 位を四捨五入して，

$\boldsymbol{l=6.7}$ … 答

また，

$$\sin 48° = \frac{m}{10} \Longleftrightarrow 0.7431 = \frac{m}{10}$$

よって，$m=7.431$ なので，小数第 2 位を四捨五入して，

$\boldsymbol{m=7.4}$ … 答

演習問題 2

1 次の図のような直角三角形において，辺の長さ l，m の値を求めよ。ただし，三角比の値は **p.293** の三角比の表の値を用いて，小数第 2 位を四捨五入して答えよ。

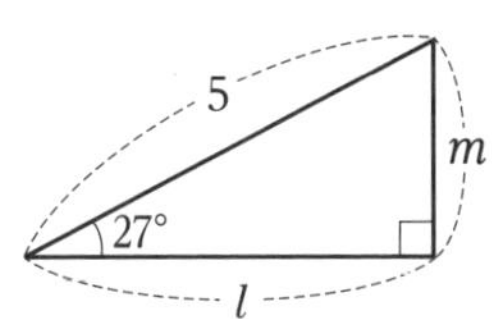

考え方〉長さのわかっている斜辺と l，m の関係が，sin，cos，tan のどれにあたるかを考えます。

2 目の高さが 1.5 m の人が，木から 50 m 離れた地点から木の頂上を見る仰角が 20°であった。木の高さは何 m か。三角比の値は **p.293** の三角比の表の値を用いて計算せよ。

考え方〉わかっている長さと求める長さの関係が，sin，cos，tan のどれにあたるかを考えます。

3 次の図のように，高さ 35 m のビルの屋上 B から，地上のある地点 A の俯角(ふかく)(見下ろしたときの角)を測ると 50°であった。このとき，ビルから地点 A までの水平距離 CA は何 m か。ただし，三角比の値は **p.293** の三角比の表の値を用いて，小数第 2 位を四捨五入して答えよ。

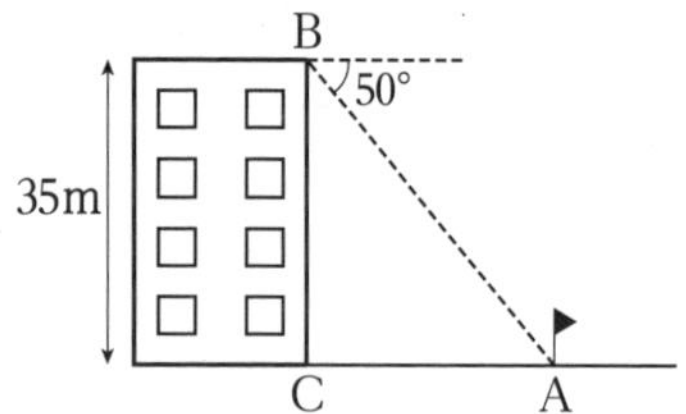

考え方〉わかっている長さと求める長さの関係が，sin，cos，tan のどれにあたるかを考えます。

3 鈍角の三角比

これまでは，p.115 の「**Check Point**」のように，θが鋭角の場合の三角比についてて考えてきました。それでは，θが 90°より大きい鈍角の場合はどうなるでしょうか。

$0° \leqq \theta \leqq 180°$の範囲にある角$\theta$の三角比は，座標を用いて次のように定義します。

Check Point　三角比の定義$(0° \leqq \theta \leqq 180°)$

〈θが鋭角〉

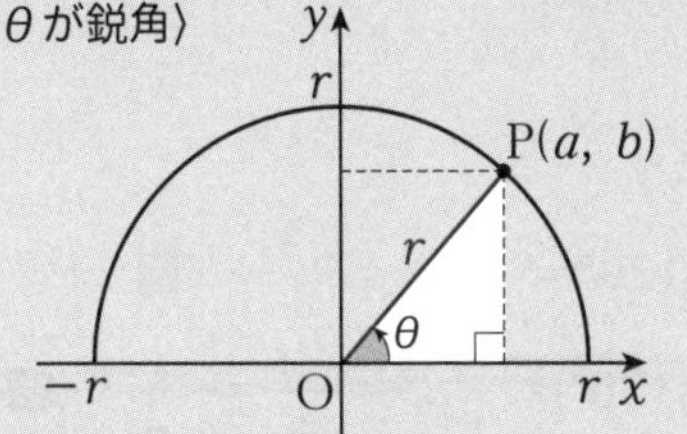

〈θが鈍角〉

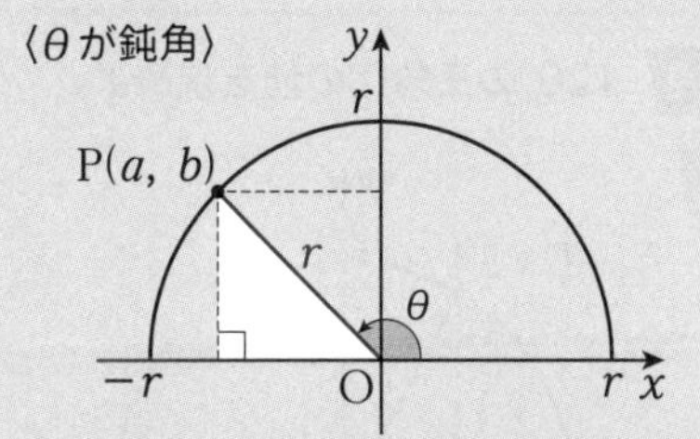

座標平面上に半円の周上の点 P と原点 O を頂点とした直角三角形をつくるとき，

$\sin\theta = \dfrac{b}{r}$ ←$\dfrac{y\text{座標}}{\text{半径}}$　$\cos\theta = \dfrac{a}{r}$ ←$\dfrac{x\text{座標}}{\text{半径}}$　$\tan\theta = \dfrac{b}{a}$ ←$\dfrac{y\text{座標}}{x\text{座標}}$

座標で考えることにより，次のように三角比の値の範囲を考えることができます。

上の図より，y 座標は 0 以上 r 以下ですから，$0 \leqq b \leqq r$

各辺を r で割ると，$0 \leqq \dfrac{b}{r} \leqq 1 \iff 0 \leqq \sin\theta \leqq 1$

同様に，x 座標は$-r$ 以上 r 以下ですから，$-r \leqq a \leqq r$

各辺を r で割ると，$-1 \leqq \dfrac{a}{r} \leqq 1 \iff -1 \leqq \cos\theta \leqq 1$

$\tan\theta = \dfrac{b}{a}$ ですから，直線 OP の傾きを表しています。直線 OP の傾きはすべての実数値をとることができるので，$\tan\theta$もすべての実数値をとることができます。

Check Point　三角比のとりうる値の範囲

$0° \leqq \theta \leqq 180°$のとき，

$0 \leqq \sin\theta \leqq 1$，$-1 \leqq \cos\theta \leqq 1$，$\tan\theta$はすべての実数値をとる。

三角比の値を考えるときは，いわゆる，**「三角定規の三角形」の角と辺の比を利用する**場合があります。角と辺の比を合わせて覚えておきましょう。

Check Point 有名角と辺の比

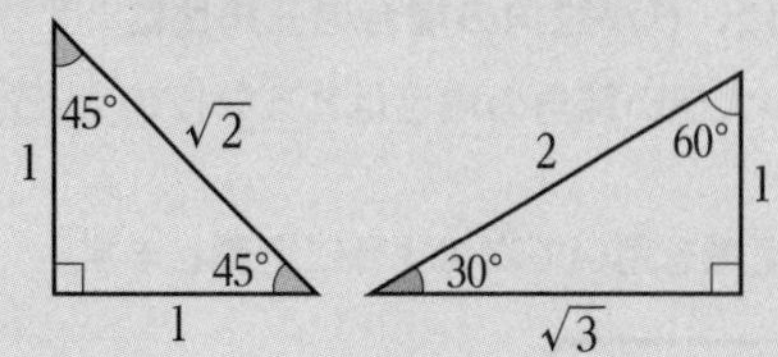

これらの角を「有名角」と呼んだりします。

例題 2 120°の三角比の値を求めよ。

解答

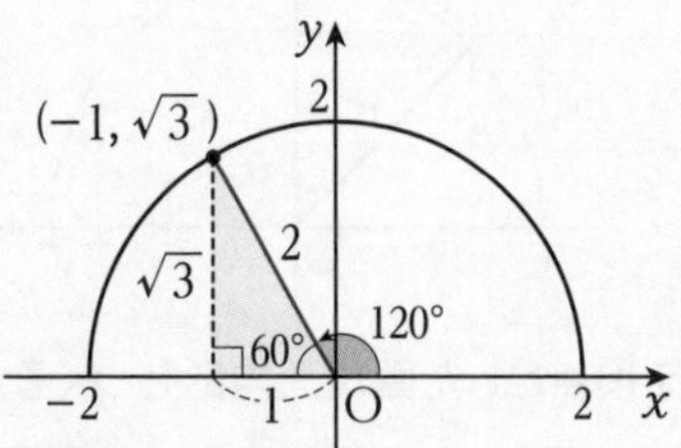

図より，

$$\sin 120^\circ = \frac{y\text{座標}}{\text{半径}} = \frac{\sqrt{3}}{2} \cdots \text{答}$$

$$\cos 120^\circ = \frac{x\text{座標}}{\text{半径}} = \frac{-1}{2} = -\frac{1}{2} \cdots \text{答}$$

$$\tan 120^\circ = \frac{y\text{座標}}{x\text{座標}} = \frac{\sqrt{3}}{-1} = -\sqrt{3} \cdots \text{答}$$

演習問題 3

1 次の角における三角比の値を求めよ。

(1) 30°　　(2) 45°　　(3) 60°

考え方〉座標平面上に半円と直角三角形をかき，3 辺の長さの比を記入します。

2 次の角における三角比の値を求めよ。

(1) 120°　　(2) 135°　　(3) 150°

考え方〉座標平面上に半円と直角三角形をかき，3 辺の長さの比を記入します。

3 次の角における三角比の値を求めよ。

(1) 0°　　(2) 90°　　(3) 180°

考え方〉座標平面上に直角三角形ができなくても，三角比の値を定義することができます。

4 次の式を満たす角 θ $(0^\circ \leqq \theta \leqq 180^\circ)$ を求めよ。

(1)  $\cos\theta = \frac{1}{2}$　　(2) $2\cos\theta + 1 = 0$　　(3)  $\sin\theta = \frac{1}{2}$

(4) $\sqrt{2}\sin\theta - 1 = 0$　　(5) $\tan\theta = -\sqrt{3}$

考え方〉座標平面上に半円と直角三角形をかき，3 辺の長さの比を記入します。

解答▶別冊 36 ページ

4 三角比の相互関係

sinθと cosθと tanθの間には，それぞれをつなぐ関係式が成立することがわかっています。それらをまとめて**三角比の相互関係**といいます。

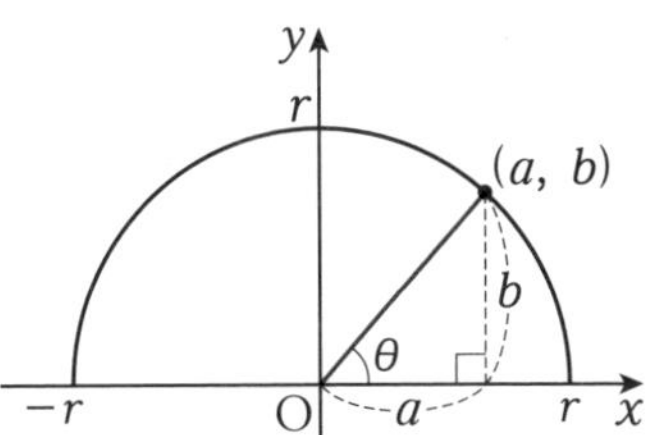

図より，三平方の定理を考えると，

$$a^2+b^2=r^2$$

$$\left(\frac{a}{r}\right)^2+\left(\frac{b}{r}\right)^2=1$$

両辺を r^2 で割る

$$\cos^2\theta+\sin^2\theta=1$$

↑指数の 2 はθより前に書きます

Check Point 三角比の相互関係 ①

$$\sin^2\theta+\cos^2\theta=1$$

$$\tan\theta=\frac{b}{a}=\frac{\left(\frac{b}{r}\right)}{\left(\frac{a}{r}\right)}=\frac{\sin\theta}{\cos\theta}$$

分子と分母を r で割る

Check Point 三角比の相互関係 ②

$$\tan\theta=\frac{\sin\theta}{\cos\theta}$$

先に確認した 2 つの相互関係を組み合わせて考えます。

$$1+\tan^2\theta=1+\left(\frac{\sin\theta}{\cos\theta}\right)^2$$

$$=\frac{\cos^2\theta}{\cos^2\theta}+\frac{\sin^2\theta}{\cos^2\theta}$$

$$=\frac{\sin^2\theta+\cos^2\theta}{\cos^2\theta}$$

通分する

$$=\frac{1}{\cos^2\theta}$$

Check Point　三角比の相互関係 ③

$$1+\tan^2\theta=\frac{1}{\cos^2\theta}$$

例題 3　次の値を求めよ。

(1) θが鋭角であるとする。$\cos\theta=\dfrac{12}{13}$ であるとき, $\sin\theta$の値

(2) $0°\leqq\theta\leqq180°$であるとする。$\tan\theta=-\dfrac{1}{3}$ であるとき, $\cos\theta$の値

解答 (1) $\cos\theta=\dfrac{12}{13}$ を $\sin^2\theta+\cos^2\theta=1$ に代入して,

$$\sin^2\theta+\left(\frac{12}{13}\right)^2=1$$

$$\sin^2\theta=\frac{25}{169}$$

θは鋭角なので $0<\sin\theta<1$ より, $\boldsymbol{\sin\theta=\dfrac{5}{13}}$ … 答

(2) $\tan\theta=-\dfrac{1}{3}$ を $1+\tan^2\theta=\dfrac{1}{\cos^2\theta}$ に代入して,

$$1+\left(-\frac{1}{3}\right)^2=\frac{1}{\cos^2\theta}$$

$$\frac{10}{9}=\frac{1}{\cos^2\theta}$$

$$\cos^2\theta=\frac{9}{10}$$

$\tan\theta$の値が負なので $90°<\theta<180°$である。

よって, $\cos\theta$の値も負であるから,

$$\boldsymbol{\cos\theta=-\frac{3}{\sqrt{10}}\left(=-\frac{3\sqrt{10}}{10}\right)}$$ … 答

別解　相互関係を用いずに, 図をかいて解く方法もある。特に(1)では, 直角三角形の 3 辺の長さがそれぞれ整数で求まるので楽に求めることができる。

(1)

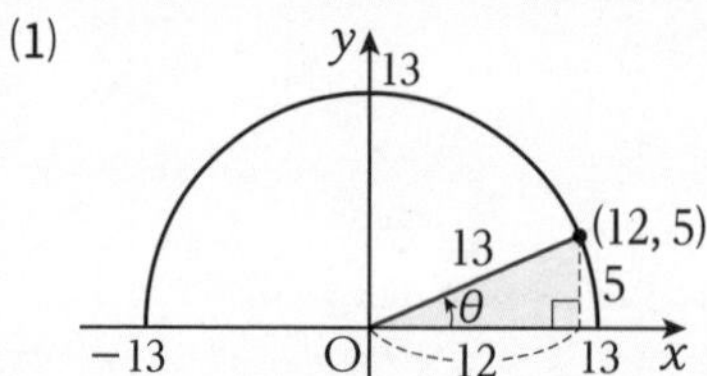

図より, $\boldsymbol{\sin\theta=\dfrac{5}{13}}$ … 答

(2)

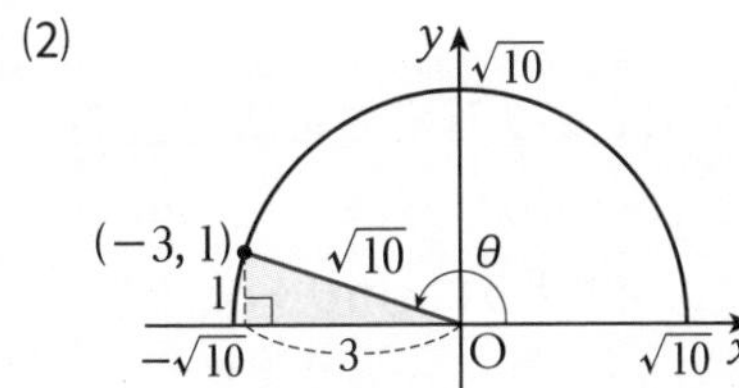

図より，$\cos\theta=-\dfrac{3}{\sqrt{10}}\left(=-\dfrac{3\sqrt{10}}{10}\right)$ … 答

演習問題 4

1 次の値を，三角比の相互関係の公式を用いて求めよ。

(1) $0°\leqq\theta\leqq180°$とする。$\cos\theta=\dfrac{2}{3}$ のとき，$\sin\theta$，$\tan\theta$の値

(2) $90°\leqq\theta\leqq180°$とする。$\sin\theta=\dfrac{1}{3}$ のとき，$\cos\theta$，$\tan\theta$の値

(3) $0°\leqq\theta\leqq180°$とする。$\tan\theta=-3$ のとき，$\sin\theta$，$\cos\theta$の値

考え方〉三角比の相互関係の公式を利用します。

2 次の値を三角比の相互関係の公式を用いずに，図をかいて求めよ。

(1) $0°\leqq\theta\leqq180°$とする。$\cos\theta=\dfrac{2}{3}$ のとき，$\sin\theta$，$\tan\theta$の値

(2) $90°\leqq\theta\leqq180°$とする。$\sin\theta=\dfrac{1}{3}$ のとき，$\cos\theta$，$\tan\theta$の値

(3) $0°\leqq\theta\leqq180°$とする。$\tan\theta=-3$ のとき，$\sin\theta$，$\cos\theta$の値

考え方〉図をかいて三角比の値を求める方法もあります。

3 次の等式が成り立つことを証明せよ。

(1) $(\sin\theta+\cos\theta)^2+(\sin\theta-\cos\theta)^2=2$

(2) $\tan\theta+\dfrac{1}{\tan\theta}=\dfrac{1}{\sin\theta\cos\theta}$

(3) $(1-\tan^4\theta)\cos^2\theta+\tan^2\theta=1$

考え方〉三角比の相互関係を利用して左辺を変形し，右辺を導きます。

解答▶別冊 38 ページ

5 三角比の対称式

p.45 で学習したように，<u>**2 つの文字の対称式は，必ず基本対称式(2 つの文字の和と積)で表すことができます。**</u> $\sin\theta$ と $\cos\theta$ の対称式も，和 $\sin\theta+\cos\theta$ と積 $\sin\theta\cos\theta$ で表すことができます。さらに，次のように <u>**$\sin\theta+\cos\theta$ を 2 乗して $\sin^2\theta+\cos^2\theta=1$ を利用することで $\sin\theta\cos\theta$ を $\sin\theta+\cos\theta$ で表すことができます。**</u>

$$(\sin\theta+\cos\theta)^2=\sin^2\theta+2\sin\theta\cos\theta+\cos^2\theta$$
$$=1+2\sin\theta\cos\theta$$

$\sin^2\theta+\cos^2\theta=1$ を利用する

$$\sin\theta\cos\theta=\frac{(\sin\theta+\cos\theta)^2-1}{2}$$

Check Point $\sin\theta$ と $\cos\theta$ の対称式

2 乗することで $\sin\theta+\cos\theta$ の値から $\sin\theta\cos\theta$ の値を求めることができる。

例題 4 $0°\leqq\theta\leqq180°$ において，$\sin\theta+\cos\theta=\dfrac{1}{2}$ のとき，$\sin^2\theta\cos\theta+\sin\theta\cos^2\theta$ の値を求めよ。

解答 $\sin\theta+\cos\theta=\dfrac{1}{2}$ の両辺を 2 乗すると，

$$(\sin\theta+\cos\theta)^2=\left(\frac{1}{2}\right)^2$$
$$\sin^2\theta+\cos^2\theta+2\sin\theta\cos\theta=\frac{1}{4}$$
$$1+2\sin\theta\cos\theta=\frac{1}{4}$$

$\sin^2\theta+\cos^2\theta=1$ を利用する

$$\sin\theta\cos\theta=-\frac{3}{8}$$

よって，$\underline{\sin^2\theta\cos\theta+\sin\theta\cos^2\theta}=\sin\theta\cos\theta(\sin\theta+\cos\theta)$ ←基本対称式で表す

↑ $\sin\theta$ と $\cos\theta$ の対称式

$$=-\frac{3}{8}\cdot\frac{1}{2}=-\frac{3}{16}$$ … 答

演習問題 5

$90°\leqq\theta\leqq180°$ において，$\sin\theta+\cos\theta=\dfrac{1}{\sqrt{2}}$ のとき，次の式の値を求めよ。

(1) $\sin\theta\cos\theta$　(2) $\sin\theta-\cos\theta$　(3) $\tan\theta+\dfrac{1}{\tan\theta}$

考え方 差は 2 乗すると対称式になります。

解答▶別冊 40 ページ

6 90°－θの三角比

2つの角の和が90°になるとき，それぞれの角をもう一方の角の余角といいます。つまり，**θと90°－θはθ＋(90°－θ)＝90°なので，余角の関係にあります。**余角の関係にある三角比の値について調べてみましょう。

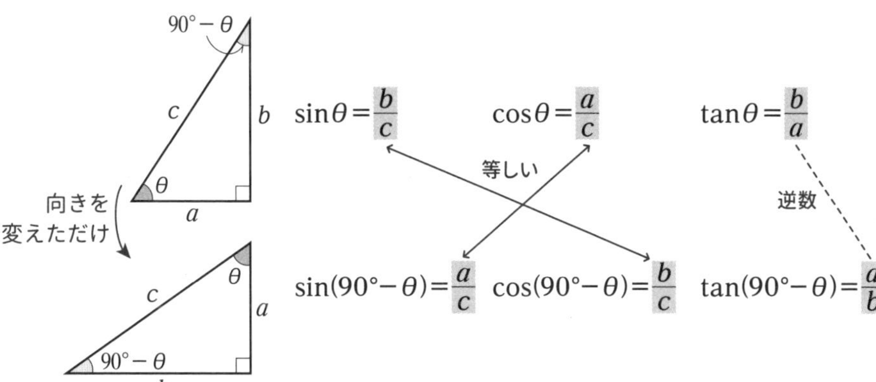

余角の公式

$$\sin(90°-\theta)=\cos\theta$$

$$\cos(90°-\theta)=\sin\theta$$

$$\tan(90°-\theta)=\frac{1}{\tan\theta}$$

演習問題 6

次の式の値を求めよ。

(1) $\sin 20°-\cos 70°$

(2) $\sin 27° \cos 63°+\cos 27° \sin 63°$

考え方〉2つの角の和が90°であることに着目します。

解答▶別冊40ページ

7 180°－θの三角比

2 つの角の和が 180°になるとき，それぞれの角をもう一方の角の補角といいます。つまり，**θと 180°－θはθ＋(180°－θ)＝180°なので，補角の関係にあります。**補角の関係にある三角比の値について調べてみましょう。

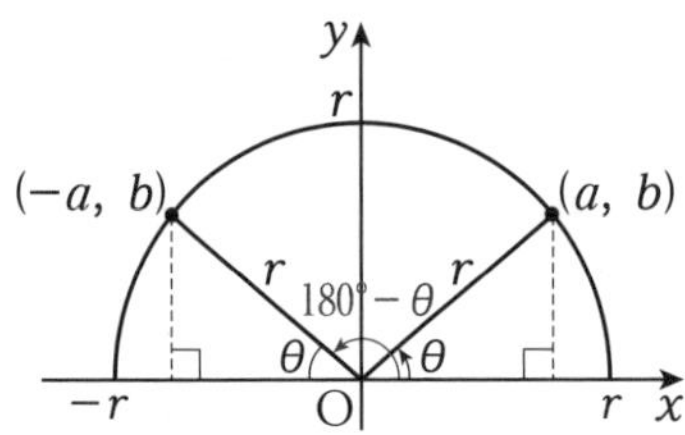

$\sin(180°-\theta)=\dfrac{b}{r}=\sin\theta$ ←y 座標が同じなので $\sin(180°-\theta)$ と $\sin\theta$の値は同じです

$\cos(180°-\theta)=\dfrac{-a}{r}=-\cos\theta$ ←x 座標の符号が逆になるので，$\cos(180°-\theta)$ と $\cos\theta$の値の符号は逆になります

$\tan(180°-\theta)=\dfrac{b}{-a}=-\dfrac{b}{a}=-\tan\theta$ ←y 軸に関して対称なので，$\tan(180°-\theta)$ と $\tan\theta$の値，つまりそれぞれの傾きは符号が逆の値になります

Check Point 補角の公式

$\sin(180°-\theta)=\sin\theta$

$\cos(180°-\theta)=-\cos\theta$

$\tan(180°-\theta)=-\tan\theta$

演習問題 7

次の式の値を求めよ。

$\sin 170°+\cos 100°+\cos 160°+\sin 110°$

考え方 180°や 90°を意識して，同じ角の三角比をつくっていきます。

解答▶別冊 40 ページ

8 $90°+\theta$ の三角比

θ に 90°を加えたとき，下の図のように，右側の色のついた三角形が O を中心にして反時計回りに 90°回転した三角形を考えます。色のついた 2 つの三角形は**向きの異なる合同な三角形**なので，点 Q の y 座標は点 P の x 座標と同じ a になり，点 Q の x 座標は点 P の y 座標の符号を変えた$-b$ になります。

よって，

$$\sin(90°+\theta)=\frac{a}{r}=\cos\theta$$

$$\cos(90°+\theta)=\frac{-b}{r}=-\sin\theta$$

$$\tan(90°+\theta)=\frac{a}{-b}=-\frac{1}{\tan\theta}$$

Check Point　$90°+\theta$ の三角比

$$\sin(90°+\theta)=\cos\theta$$

$$\cos(90°+\theta)=-\sin\theta$$

$$\tan(90°+\theta)=-\frac{1}{\tan\theta}$$

演習問題 8

次の三角比を，0°から 45°までの三角比で表せ。

(1) $\sin 110°$　　(2) $\cos 100°$　　(3) $\tan 130°$

考え方〉90°との差を意識して変形を考えます。

9 三角比と方程式

方程式を解くときの基本は，因数分解の利用です。

sin や cos などが混じった式では，**$\sin^2\theta+\cos^2\theta=1$ などの三角比の相互関係を用いて因数分解を考えます。**

例題 5 $0^\circ \leqq \theta \leqq 180^\circ$ のとき，$\cos^2\theta+\sin\theta-1=0$ を満たす θ を求めよ。

解答 $\sin^2\theta+\cos^2\theta=1$ より，$\cos^2\theta=1-\sin^2\theta$ を代入すると，与えられた方程式は

$(1-\sin^2\theta)+\sin\theta-1=0$ ← $\sin\theta$ に統一

$\sin\theta-\sin^2\theta=0$

$\sin\theta(1-\sin\theta)=0$ ← 因数分解

$\sin\theta=0,\ 1$

右の図より，$\sin\theta=0=\dfrac{0}{r}$ となるとき，$\theta=0^\circ,\ 180^\circ$

$\sin\theta=1=\dfrac{r}{r}$ となるとき，$\theta=90^\circ$

よって，

$\theta=0^\circ,\ 90^\circ,\ 180^\circ$ … 答

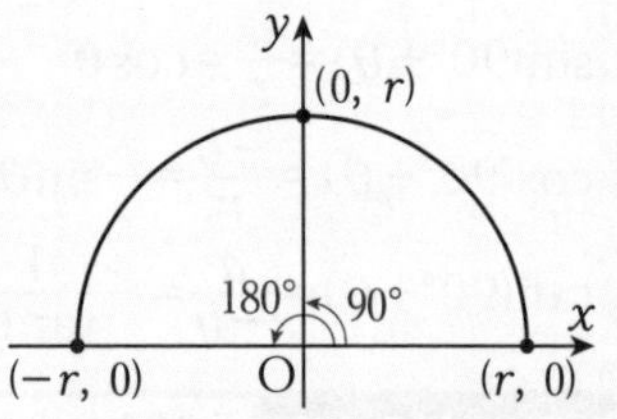

演習問題 9

1 $0^\circ \leqq \theta \leqq 180^\circ$ とする。次の等式を満たす θ を求めよ。

(1) $\sqrt{2}\cos\theta+1=0$　　(2) $-2\sin\theta+1=0$

(3) $3\tan\theta-\sqrt{3}=0$

考え方 三角比について式を変形し，図をかいて角度を考えます。

2 $0^\circ \leqq \theta \leqq 180^\circ$ とする。次の等式を満たす θ を求めよ。

(1) $2\sin^2\theta-\cos\theta-1=0$　　(2) $2\cos^2\theta+3\sin\theta-3=0$

考え方 三角比の相互関係 $\sin^2\theta+\cos^2\theta=1$ を用いて三角比を 1 つにまとめます。

3 $0^\circ \leqq \theta \leqq 180^\circ$ とする。次の等式を満たす θ を求めよ。

(1) $3\cos\theta-2\sin^2\theta=0$　　(2) $4\cos^2\theta-4\sin\theta-1=0$

考え方 $\cos\theta$ や $\sin\theta$ のとりうる値の範囲に注意します。

解答▶別冊 41 ページ

10 2直線のなす角

下の図のように，ある直線が x 軸の正の向きとのなす角をθとするとき，直線の傾きは $\dfrac{y}{x}$ であり,$\tan\theta=\dfrac{y}{x}$ なので，**直線の傾きと $\tan\theta$ は等しくなる**ことがわかります。

Check Point 直線の傾き

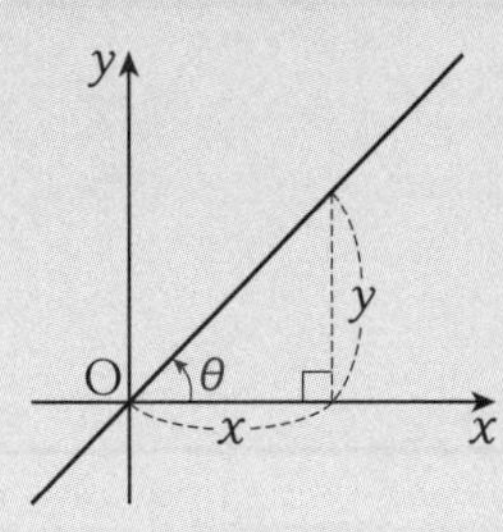

$$傾き=\frac{y}{x}=\tan\theta$$

←もちろん，θが 90°より大きいときも成り立ちます

例題 6 直線 $y=\dfrac{1}{\sqrt{3}}x+2$ と x 軸の正の向きとのなす角θを求めよ。

解答 直線の傾き$=\tan\theta$であるから，

$$\tan\theta=\frac{1}{\sqrt{3}}$$

図より，$\boldsymbol{\theta=30°}$ … 答

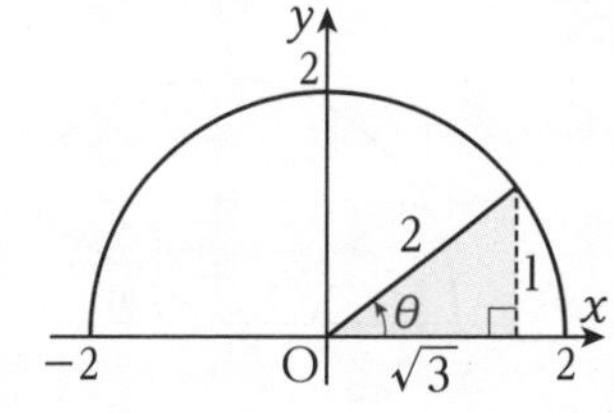

演習問題 10

2直線 $y=-x+1$ と $y=\sqrt{3}x-1$ のなす角θを求めよ。ただし，θは鋭角とする。

考え方 $\tan\theta$が直線の傾きを表すことに着目します。

解答▶別冊 43 ページ

11 三角比と不等式

不等式は大小を比較する式です。

三角比を含む不等式では，**三角比によって，大小を比べるものが異なる点に注意しましょう。**

Check Point　三角比と不等式

$\sin\theta$の不等式 → y 座標の大小を比較

$\cos\theta$の不等式 → x 座標の大小を比較

$\tan\theta$の不等式 → 傾きの大小を比較

例題 7　$0^\circ \leqq \theta \leqq 180^\circ$とする。不等式 $\sin\theta > \dfrac{1}{2}$ を満たすθの範囲を求めよ。

解答

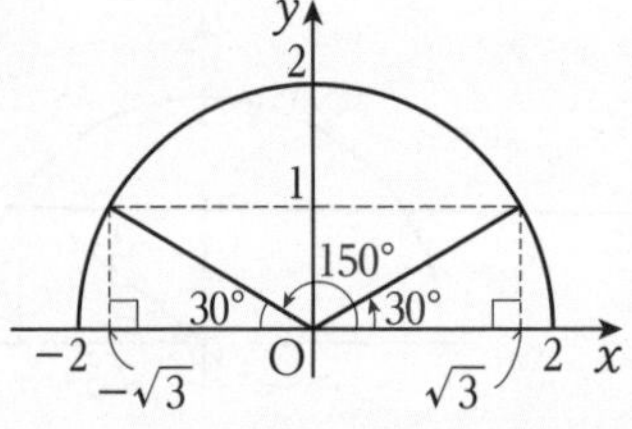

まず，$\sin\theta = \dfrac{1}{2}$ を満たす角θを求める。

図のように，半径 2 の円をかいて，y 座標が 1 となる点を考えると，

$\theta = 30^\circ,\ 150^\circ$

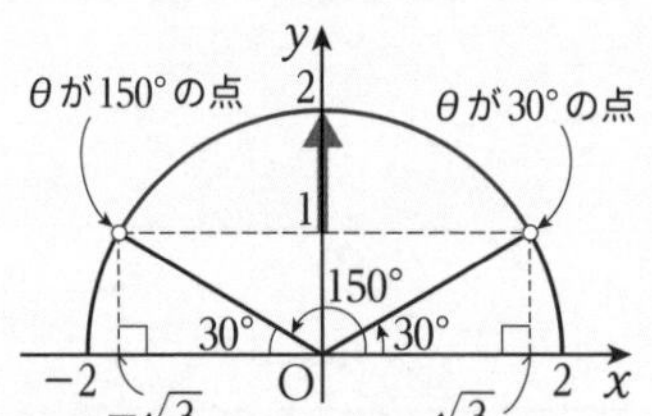

$\sin\theta > \dfrac{1}{2}$ とは，y 座標が 1 より大きくなるθの範囲であるから，図より，

$30^\circ < \theta < 150^\circ$ … 答

三角比を含む不等式を解くときも，三角比を含む方程式と同様に，座標平面上に半円をかいて考えましょう。

$\tan\theta$の不等式は傾きの大小を比較しますが，少々複雑です。

例題 8　$0^\circ \leqq \theta \leqq 180^\circ$とする。不等式 $\tan\theta < \sqrt{3}$ を満たすθの範囲を求めよ。

解答

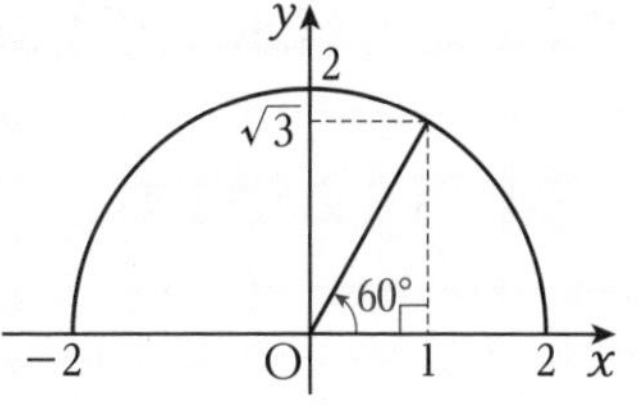

まず，$\tan\theta = \sqrt{3}$ を満たす角θを求める。
x 座標が 1，y 座標が$\sqrt{3}$ となる点なので，図のように，半径 2 の円をかいて考えると，

$\theta = 60^\circ$

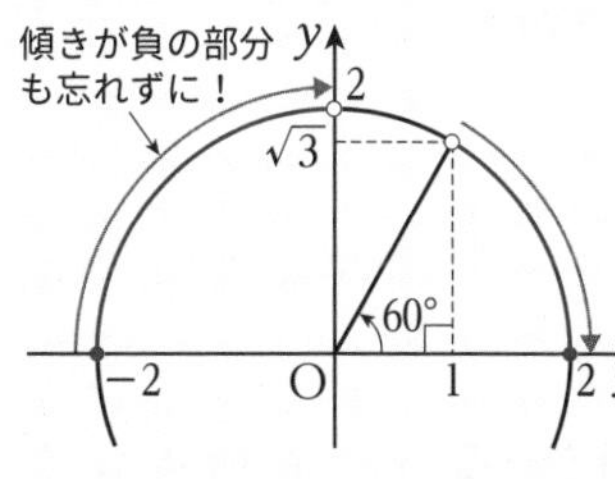

直線の傾き，つまり $\tan\theta$は，**直線が原点を中心に反時計回りに回転すると大きくなり，時計回りに回転すると小さくなる。**ただし，x 軸に垂直な直線の傾きは定義されないので，θ の範囲に 90°は含まれない。また，y 軸をはさんで $x>0$ の部分は傾きが正，$x<0$ の部分は傾きが負である点にも注意する。

$\tan\theta < \sqrt{3}$ とは，傾きが$\sqrt{3}$ より小さくなるθの範囲なので，図のように時計回りの角を考えると，

$0^\circ \leqq \theta < 60^\circ$，$90^\circ < \theta \leqq 180^\circ$ … 答

↑ $0 \leqq \tan\theta < \sqrt{3}$　　↑ $\tan\theta \leqq 0$

演習問題 11

$0^\circ \leqq \theta \leqq 180^\circ$とする。次の不等式を満たす$\theta$の範囲を求めよ。

(1) $\sqrt{2}\cos\theta + 1 > 0$　　(2) $2\sin\theta - 1 \leqq 0$　　(3) $\tan\theta + \sqrt{3} < 0$

考え方 式を変形し，まず方程式の解を考えて，図をかきます。

解答▶別冊 43 ページ

12 三角比と最大・最小問題

最大・最小問題の基本は，グラフを利用することです。

グラフのいちばん上の点の値が最大値，いちばん下の点の値が最小値を示します。

$\sin\theta$ や $\cos\theta$ を含む関数の最大・最小問題では，**グラフをかくために $\sin\theta$ や $\cos\theta$ を文字におき換えます。**

グラフをかく際に注意する点は，**$\sin\theta$ と $\cos\theta$ には変域が存在する点です。**

例題 9 $0°\leqq\theta\leqq180°$ とする。

関数 $y=\sin^2\theta+2\sin\theta+3$ の最大値と最小値を求めよ。また，そのときの θ も求めよ。

解答 $\sin\theta=t$ とおくと，

$y=t^2+2t+3$

$=(t+1)^2+2$ ←頂点の座標は $(-1,\ 2)$

$0°\leqq\theta\leqq180°$ より，$0\leqq\sin\theta\leqq1$ つまり $0\leqq t\leqq1$ であることに注意すると，グラフは図のようになる。

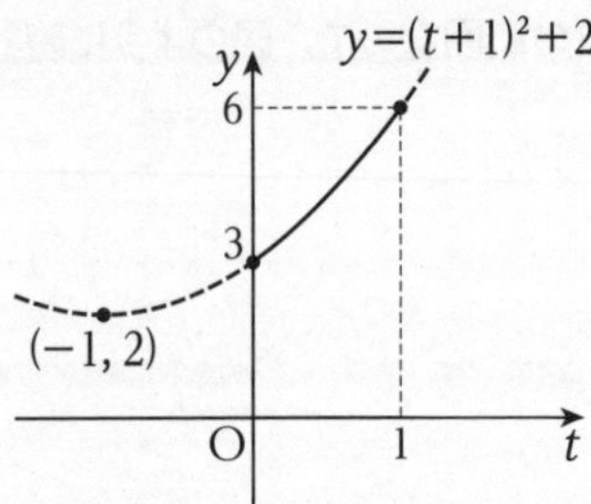

$t=1$ のとき最大値 6 をとる。

$t=1$ つまり $\sin\theta=1$ であるから，$\theta=90°$

$t=0$ のとき最小値 3 をとる。

$t=0$ つまり $\sin\theta=0$ であるから，$\theta=0°,\ 180°$

よって，**$\theta=90°$ で最大値 6，$\theta=0°,\ 180°$ で最小値 3** … 答

演習問題 12

$0°\leqq\theta\leqq180°$ とする。次の関数の最大値と最小値，およびそのときの θ を求めよ。

(1) $y=-2\sin^2\theta-4\sin\theta+1$　　(2) $y=-\sin^2\theta-\cos\theta+3$

考え方 最大値や最小値はグラフをかいて求めます。(2)は三角比を統一します。

解答▶別冊 44 ページ

第2節 正弦定理・余弦定理

1 正弦定理

これまでの三角比は，直角三角形をもとに考えてきました。

ここでは，**直角三角形ではない三角形にも三角比を用いる**ことを考えてみましょう。

まず，図形での基本的なアルファベットのルールを確認しておきましょう。

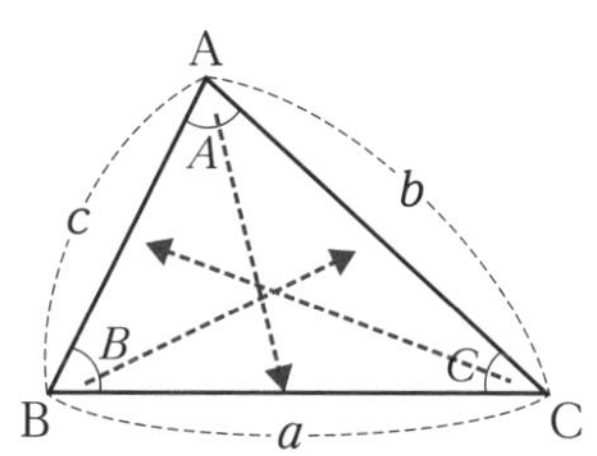

① 頂点は大文字で表し，反時計回りに記すことが多いです。

② ∠A，∠B，∠C の大きさを，それぞれ A，B，C で表します。

③ 辺の長さは小文字で，向かい合う頂点のアルファベットと合わせます。

三角形の 3 つの頂点を通る円を，その三角形の**外接円**といいます。

三角形の辺と向かい合う角，および，その外接円の半径の間には，次の正弦定理が成り立ちます。

Check Point 正弦定理

△ABC において，外接円の半径を R とすると，

$$\frac{a}{\sin A}=\frac{b}{\sin B}=\frac{c}{\sin C}=2R$$

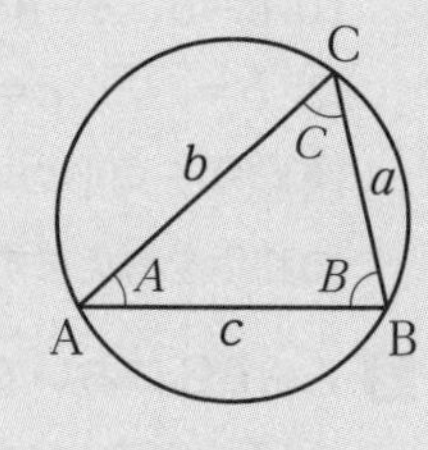

正弦定理や後で学習する余弦定理とは，三角形の辺や角の間に成り立つ関係式です。これは直角三角形でも，直角三角形でない三角形でも成り立ちます。証明は「基本大全 Core 編」で扱っています。

例題10 △ABC において $A=60°$，$B=45°$，$b=2\sqrt{3}$ のとき，a および，△ABC の外接円の半径を求めよ。

解答

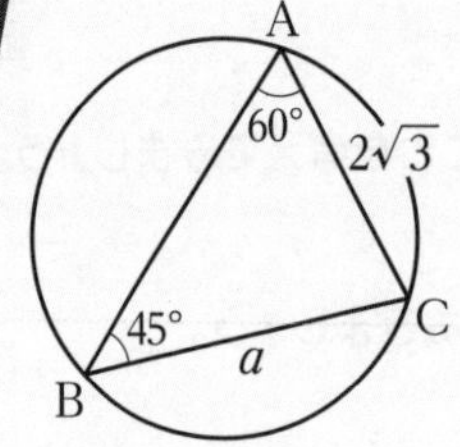

△ABC において正弦定理を用いると，

$$\frac{a}{\sin 60°}=\frac{2\sqrt{3}}{\sin 45°}$$

$$a\cdot\sin 45°=2\sqrt{3}\cdot\sin 60°$$

分母を払うのがポイント

$$a\cdot\frac{1}{\sqrt{2}}=2\sqrt{3}\cdot\frac{\sqrt{3}}{2}$$

$$\boldsymbol{a=3\sqrt{2}}$$ … 答

また，外接円の半径を R とすると，正弦定理を用いることより，

$$\frac{2\sqrt{3}}{\sin 45°}=2R$$

$$2\sqrt{3}=2R\cdot\sin 45°$$

分母を払うのがポイント

$$2\sqrt{3}=2R\cdot\frac{1}{\sqrt{2}}$$

$$\boldsymbol{R=\sqrt{6}}$$ … 答

演習問題 13

1 △ABC において，次のものを求めよ。

(1) $a=8$，$A=45°$，$C=30°$のとき，c と外接円の半径 R

(2) $b=\sqrt{2}$，$c=2$，$B=30°$のとき，C

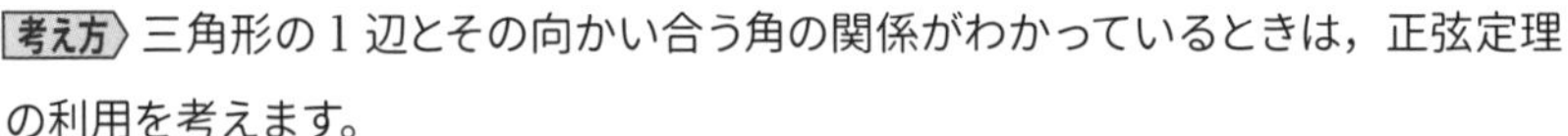

考え方 三角形の 1 辺とその向かい合う角の関係がわかっているときは，正弦定理の利用を考えます。

2 △ABC において，次のものを求めよ。

(1) $B=70°$，$C=50°$，$a=8$ のとき，外接円の半径 R

(2) $a=2\sqrt{3}$，外接円の半径 $R=2$ のとき，A

考え方 外接円の半径に着目するときは，正弦定理の利用を考えます。

解答▶別冊 45 ページ

2 余弦定理

△ABC の**1つの角と3辺の長さの間**には，次の**余弦定理**が成り立ちます。
余弦定理も正弦定理と同様に，直角三角形でない三角形にも適用できる便利な定理です。

Check Point 余弦定理

△ABC において，

$a^2=b^2+c^2-2bc\cos A$

$b^2=c^2+a^2-2ca\cos B$

$c^2=a^2+b^2-2ab\cos C$

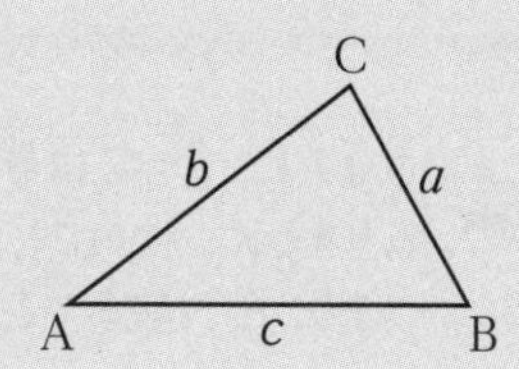

また，簡単な覚え方は以下の通りです。動画も参照してください。

$(b-c)^2$ の展開式と同じ式！

$$a^2=\boxed{b^2+c^2-2bc}\cos A$$

左辺のアルファベットと cos の角のアルファベットが同じ！

証明は「基本大全 Core 編」で扱っています。

例題11 三角形 ABC において $A=30°$，$b=1+\sqrt{3}$，$c=2$ のとき，a および，C の値を求めよ。ただし，C は鋭角とする。

解答

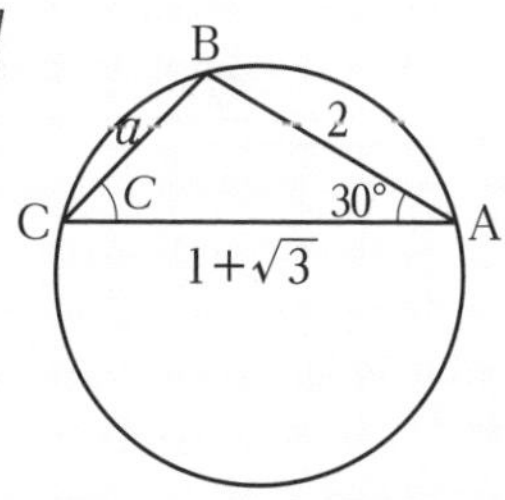

まず，a を求める。

△ABC において，余弦定理を用いると，

$a^2=(1+\sqrt{3})^2+2^2-2\cdot(1+\sqrt{3})\cdot2\cdot\cos30°$

$=2$

$a>0$ であるから，$\boldsymbol{a=\sqrt{2}}$ … 答

次に C を求める。再び余弦定理を用いると，

$2^2=(1+\sqrt{3})^2+(\sqrt{2})^2-2\cdot(1+\sqrt{3})\cdot\sqrt{2}\cdot\cos C$

$2\sqrt{2}(1+\sqrt{3})\cos C=2(1+\sqrt{3})$

$\cos C=\dfrac{1}{\sqrt{2}}$

C は鋭角であるから，$0°<C<90°$より，$\boldsymbol{C=45°}$ … 答

別解 C は正弦定理からも求めることもできる。正弦定理を用いると，

$$\frac{\sqrt{2}}{\sin 30^\circ}=\frac{2}{\sin C}$$

$$\sqrt{2}\sin C=2\sin 30^\circ$$

$$\sin C=\frac{1}{\sqrt{2}}$$

C は鋭角であるから，$0^\circ<C<90^\circ$より，$\boldsymbol{C=45^\circ}$ … 答

ちなみに，$c=2$ は最大辺（最大辺は $b=1+\sqrt{3}$）ではないので，C は最大角ではありません。このことからも C が 90° より小さい角であることがわかります。
つまり，C が鋭角であるという条件は無くても C が鋭角であることは明らかなのです。

演習問題 14

△ABC において，次のものを求めよ。

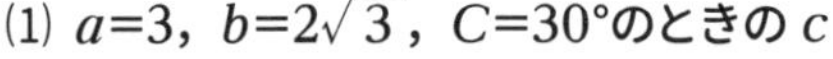

(1) $a=3$，$b=2\sqrt{3}$，$C=30^\circ$のときの c

(2) $a=\sqrt{5}$，$b=\sqrt{2}$，$c=1$ のときの A

(3) $A=45^\circ$，$a=2$，$b=\sqrt{2}$ のときの c

考え方 3 辺と 1 角に着目するとき，余弦定理が有効です。

解答▶別冊 45 ページ

3 鋭角，鈍角，直角の判定

まず，角の種類について確認しておきましょう。

鋭角…0°より大きく，90°より小さい角

鈍角…90°より大きく，180°より小さい角

直角…90°の角

参考 0°より大きく，180°より小さい角を「劣角」，180°より大きく，360°より小さい角を「優角」と呼んだりもします。

右の図のように a の長さが最大である△ABC を考えます。

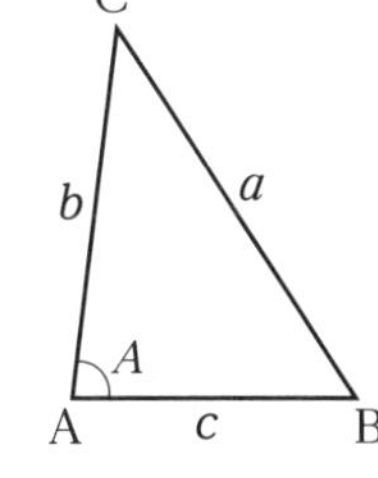

余弦定理より，

$a^2=b^2+c^2-2bc\cos A$

この式を $\cos A$ について解くと，

$\cos A=\dfrac{b^2+c^2-a^2}{2bc}$ ……①

A が鈍角か鋭角であるかは，$\cos A$（①）の符号で決まります。

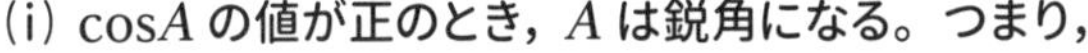

分母は正ですから，**分子の符号で決まる**ことがわかります。

(i) $\cos A$ の値が正のとき，A は鋭角になる。つまり，
①の分子の符号が正のとき A は鋭角になる。
$b^2+c^2-a^2>0$ のとき A は鋭角

(ii) $\cos A$ の値が負のとき，A は鈍角になる。つまり，
①の分子の符号が負のとき A は鈍角になる。
$b^2+c^2-a^2<0$ のとき A は鈍角

(iii) $\cos A$ の値が 0 のとき，A は直角になる。つまり，
①の分子が 0 のとき A は直角になる。
$b^2+c^2-a^2=0$ のとき A は直角 ←三平方の定理ですね

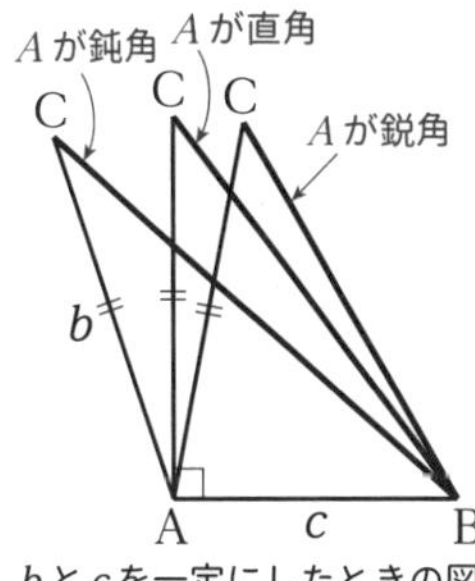

b と c を一定にしたときの図

演習問題 15

次の 3 辺の長さの組で，鈍角三角形となるものはどれか。すべて選べ。

ア 3, 4, 5　**イ** 3, 5, 6　**ウ** 4, 5, 6　**エ** 4, 5, 8　**オ** 5, 6, 7

考え方 鈍角三角形は内角の最大角が鈍角で，その対辺は最大辺になります。最大辺は先ほどの説明でいうと a になります。

解答▶別冊 45 ページ

4 三角形の形状

三角形の形状を求めるときは，与えられた等式を，**正弦定理や余弦定理を利用して，辺の長さのみの式に直して**考えます。

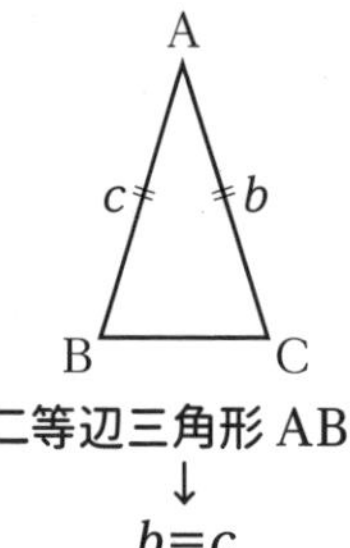

二等辺三角形 ABC
↓
$b=c$

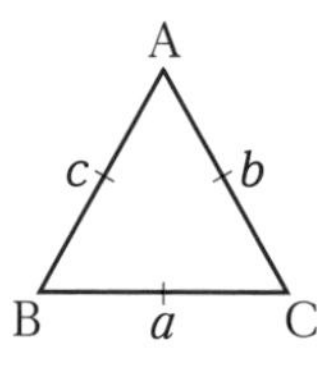

正三角形 ABC
↓
$a=b=c$

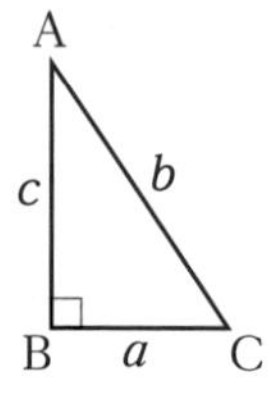

直角三角形 ABC
↓
$c^2+a^2=b^2$ ←三平方の定理

例題12 等式 $\sin A=2\cos B\sin C$ を満たす△ABC の形状を答えよ。

解答 外接円の半径を R とする。

正弦定理より，$\dfrac{a}{\sin A}=\dfrac{c}{\sin C}=2R$

変形すると，$\sin A=\dfrac{a}{2R}$, $\sin C=\dfrac{c}{2R}$

余弦定理より，$b^2=c^2+a^2-2ca\cos B$

変形すると，$\cos B=\dfrac{c^2+a^2-b^2}{2ca}$

以上を与えられた等式に代入すると，$\dfrac{a}{2R}=2\cdot\dfrac{c^2+a^2-b^2}{2ca}\cdot\dfrac{c}{2R}$ ←長さのみの式に統一

$$a=\frac{c^2+a^2-b^2}{a}$$

$$b^2=c^2$$

$b>0$，$c>0$ であるから，$b=c$

よって，△ABC は **$b=c$ の二等辺三角形** … 答

演習問題 16

次の条件を満たす△ABC はどんな形状か答えよ。

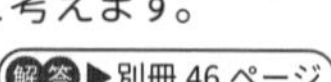

(1) $a\sin A+b\sin B=c\sin C$　　(2) $\dfrac{a}{\cos A}=\dfrac{b}{\cos B}$

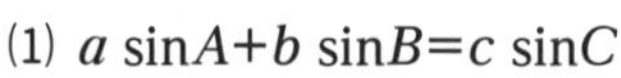

考え方 正弦定理や余弦定理を用いて，辺の長さのみの式に統一して考えます。

解答▶別冊 46 ページ

第3節 図形の計量

1 三角形の面積

△AHC において，

$$\sin A=\frac{\mathrm{CH}}{\mathrm{AC}}=\frac{\mathrm{CH}}{b} \iff \mathrm{CH}=b\sin A$$

です。よって，△ABC の面積を S とすると，

$$S=\frac{1}{2}\cdot\mathrm{AB}\cdot\mathrm{CH} \quad \leftarrow 三角形の面積=\frac{1}{2}\times底辺\times高さ$$

$$=\frac{1}{2}\cdot c\cdot b\sin A$$

また，A が鈍角の場合，

△AHC において，$\sin\angle\mathrm{CAH}=\sin(180°-A)=\sin A$ であることに注意すると，

$$\sin\angle\mathrm{CAH}=\sin A=\frac{\mathrm{CH}}{\mathrm{AC}}=\frac{\mathrm{CH}}{b} \iff \mathrm{CH}=b\sin A$$

です。よって，△ABC の面積を S とすると，

$$S=\frac{1}{2}\cdot\mathrm{AB}\cdot\mathrm{CH}$$

$$=\frac{1}{2}\cdot c\cdot b\sin A$$

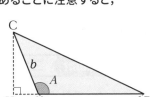

となり，鈍角でも同じ式になることがわかります。

また，底辺を BC，CA として同様に考えることで，次のような公式が成り立つことがわかります。

Check Point 三角形の面積

△ABC の面積を S とすると，

$$S=\frac{1}{2}bc\sin A=\frac{1}{2}ca\sin B=\frac{1}{2}ab\sin C$$

演習問題 17

以下の条件を満たす△ABC の面積 S を求めよ。

(1) $a=12$，$b=15$，$C=30°$　　(2) $a=2$，$b=3$，$c=4$

考え方 面積の公式を利用するのに必要なものがそろっているか確認しましょう。

解答▶別冊 46 ページ

2 内接円の半径

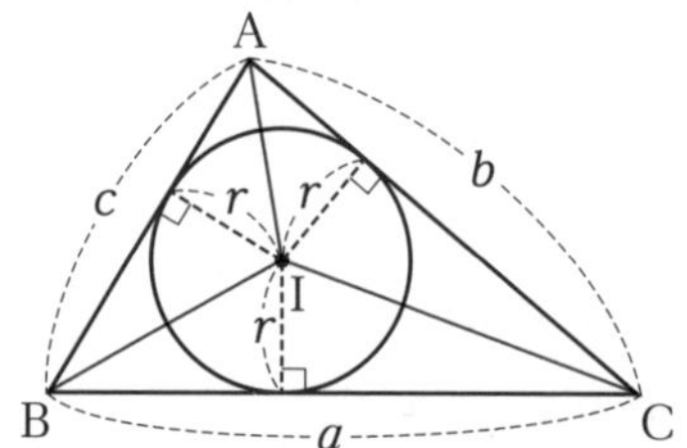

三角形の内側にあり，3 辺すべてに接する円を内接円といいます。

内接円の半径を求める問題では，**三角形の面積を 3 分割して考えます。**

図のように，$\triangle$ABC の内接円の半径を r，中心を I とすると，$\triangle$ABC の面積 S は，

$$S=\triangle\mathrm{IBC}+\triangle\mathrm{ICA}+\triangle\mathrm{IAB}=\frac{1}{2}ar+\frac{1}{2}br+\frac{1}{2}cr$$

高さはすべて半径 r です

この式をまとめたものが下の公式になります。

Check Point　三角形の内接円の半径

面積が S である$\triangle$ABC の内接円の半径が r であるとき，

$$S=\frac{1}{2}r(a+b+c)$$

上の公式を利用すれば，3 辺の長さと三角形の面積から，内接円の半径が求められるということです。

演習問題 18

$a=7$，$b=5$，$c=3$ である$\triangle$ABC において，次のものを求めよ。

(1) $\angle$A の大きさ

(2) $\triangle$ABC の面積 S

(3) $\triangle$ABC の内接円の半径 r

考え方　前後の設問の関係も意識しましょう。

解答▶別冊 46 ページ

3 円に内接する四角形

円に内接する四角形の問題では，以下のポイントを押さえて解くのが基本になります。

Check Point　円に内接する四角形のポイント

① 対角の和＝180°の利用

② 対角線で分けた 2 つの三角形それぞれにおいて，余弦定理を適用

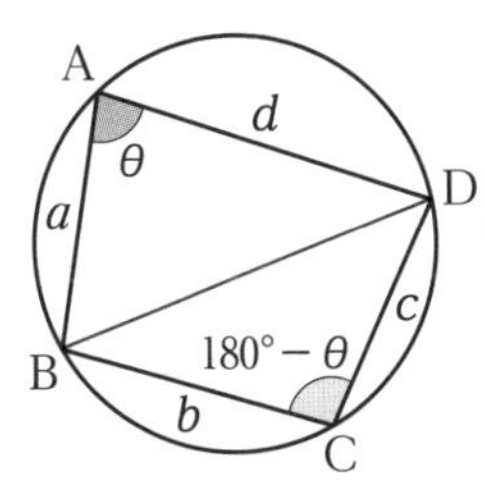

△ABD と△BCD に余弦定理を適用すれば，BD^2 を表した式が 2 通りできます。

例題13 円に内接する四角形 ABCD がある。

AB=1，BC=2，CD=3，DA=4 であるとき，次の問いに答えよ。

(1) $\cos A$ の値を求めよ。

(2) BD の長さを求めよ。

解答

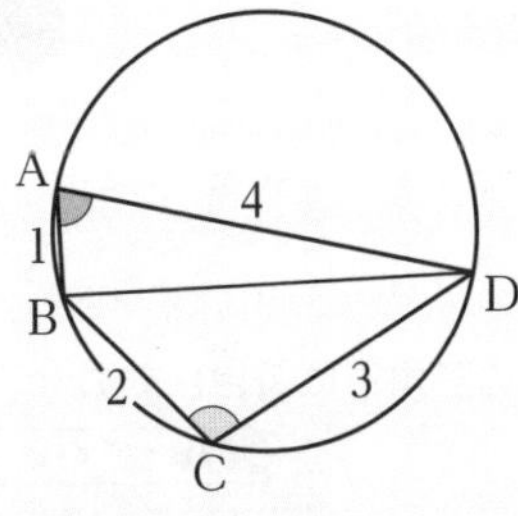

(1) 四角形 ABCD は円に内接しているので，

$$A+C=180°$$

$$C=180°-A$$

△ABD において，余弦定理を用いると，

$$BD^2=1^2+4^2-2\cdot1\cdot4\cdot\cos A$$

$$=17-8\cos A \quad \cdots\cdots ①$$

△BCD において，余弦定理を用いると，

$BD^2=2^2+3^2-2\cdot2\cdot3\cdot\cos C$

$=13-12\cdot\cos(180°-A)$

$=13-12\cdot(-\cos A)$

$=13+12\cos A$ ……②

①，②より，$17-8\cos A=13+12\cos A$

$\cos A=\mathbf{\frac{1}{5}}$ … 答

(2) ①より，

$BD^2=17-8\cdot\frac{1}{5}=\frac{77}{5}$

BD>0 であるから，

$BD=\sqrt{\frac{77}{5}}=\mathbf{\frac{\sqrt{385}}{5}}$ … 答

演習問題 19

円に内接する四角形 ABCD がある。

AB=3，BC=4，CD=DA=2 のとき，次の問いに答えよ。

(1) $\cos B$ の値を求めよ。

(2) 対角線 AC の長さを求めよ。

(3) 四角形 ABCD の面積 S を求めよ。

考え方 円に内接する四角形では，対角線で分けた 2 つの三角形に着目します。

解答▶別冊 47 ページ

4 空間図形と計量

空間図形を扱うときも，**基本は三角形を見つけて計算をします。**

Check Point　空間図形のポイント

① 立体の底面や側面の三角形に着目

② 立体の断面の三角形に着目

例題14 右の図のような直方体 ABCD−EFGH において，AE=2，EF=3，FG=4 であるとき，次の問いに答えよ。

(1) DG，DE，EG の長さを求めよ。

(2) $\cos\angle DGE$ の値を求めよ。

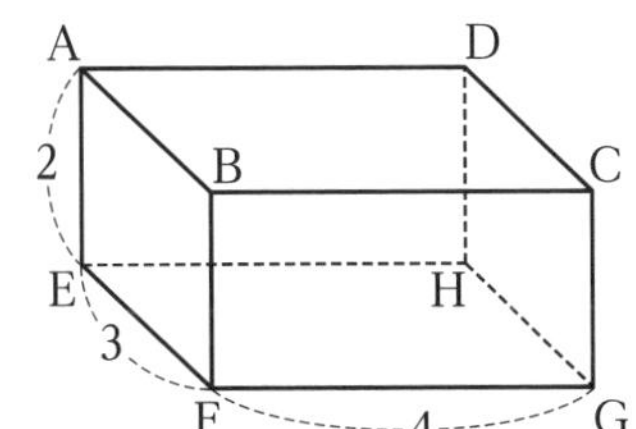

解答 (1) △DGH において三平方の定理を用いると，

$\mathbf{DG}=\sqrt{DH^2+GH^2}=\sqrt{2^2+3^2}=\mathbf{\sqrt{13}}$ … 答

△DEH において三平方の定理を用いると，

$\mathbf{DE}=\sqrt{DH^2+EH^2}=\sqrt{2^2+4^2}=\mathbf{2\sqrt{5}}$ … 答

△EFG において三平方の定理を用いると，

$\mathbf{EG}=\sqrt{EF^2+FG^2}=\sqrt{3^2+4^2}=\mathbf{5}$ … 答

(2) △DEG において余弦定理を用いると，

$DE^2=EG^2+DG^2-2\cdot EG\cdot DG\cdot\cos\angle DGE$

$20=25+13-2\cdot 5\cdot\sqrt{13}\cdot\cos\angle DGE$

$\cos\angle DGE=\dfrac{9}{5\sqrt{13}}=\mathbf{\dfrac{9\sqrt{13}}{65}}$ … 答

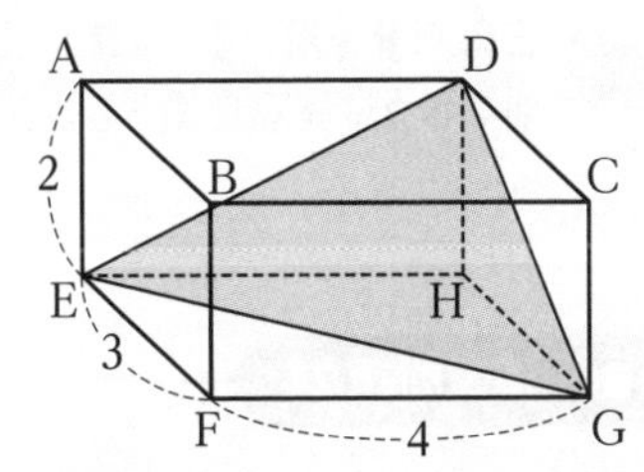

演習問題 20

1 辺の長さが $2a$ の正四面体 ABCD について，以下の問いに答えよ。

(1) 辺 BC の中点を M とし，$\cos\angle AMD$ の値を求めよ。

(2) 頂点 A から△BCD に下ろした垂線の長さを求めよ。

考え方　断面の三角形に着目して，余弦定理を利用します。

5 三角測量

三角測量とは，ある 2 点間の距離を求めたいとき，任意のもう 1 点を加えて三角形をつくり，三角比の各定理を用いて求める方法のことをいいます。

例題 15 右の図のように A 地点から川の向こうにある X 地点までの距離を求めたい。そこで 100 m 離れた地点 B をとって，∠XAB，∠ABX の大きさを測ったところ，図のようになった。AX の距離を求めよ。

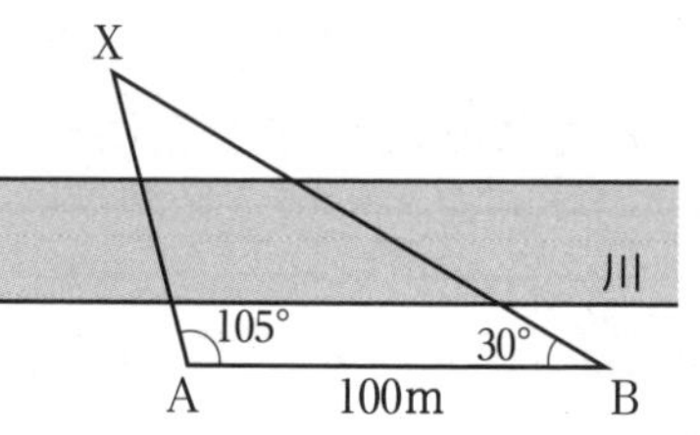

解答 △XAB において内角の和は 180°であるから，

∠XAB＋∠ABX＋∠BXA＝180°より，∠BXA＝45°

正弦定理を用いると，

$$\frac{AX}{\sin 30^\circ}=\frac{AB}{\sin 45^\circ}$$

$$AX\cdot\sin 45^\circ=AB\cdot\sin 30^\circ$$

$$\frac{1}{\sqrt{2}}AX=100\cdot\frac{1}{2}$$

$$AX=\mathbf{50\sqrt{2}\,(m)}$$ … 答

三角測量を用いることで，上の**例題 15** のように川をはさんだ対岸の地点までの距離のような実際に測ることが難しいものも求められることがわかります。

演習問題 21

200 m 離れた 2 地点 A，B と，その各点から川の向こう側に見える点 P についての角度が図のように与えられている。このとき，点 B から点 P までの距離 BP を求めよ。なお，$\sin 65^\circ=0.91$，$\sqrt{2}=1.41$ として答えよ。

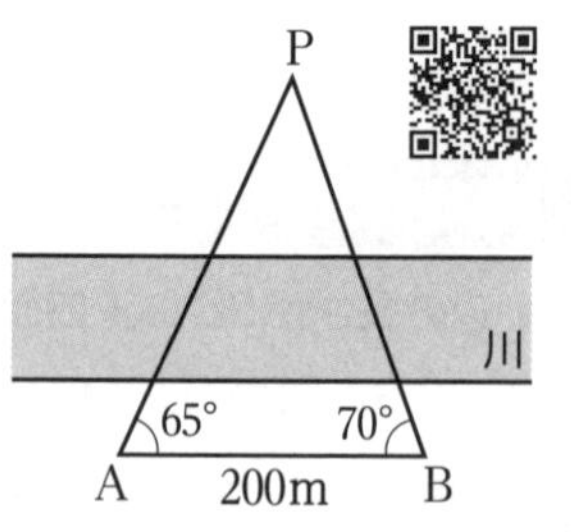

考え方 三角形に着目して，正弦定理や余弦定理を考えます。

解答▶別冊 48 ページ

第5章 データの分析

第1節 代表値とデータの散らばり 146

第2節 データの相関 157

第3節 仮説検定の考え方 162

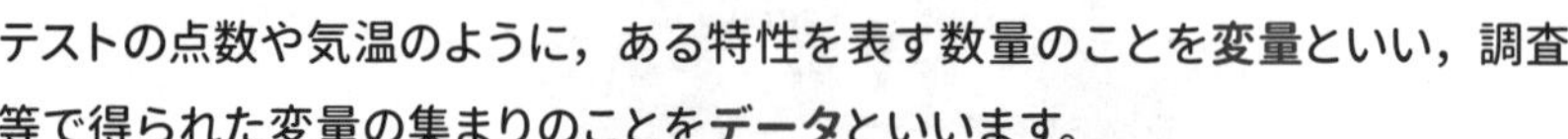

第1節 代表値とデータの散らばり

1 度数分布表

テストの点数や気温のように，ある特性を表す数量のことを**変量**といい，調査等で得られた変量の集まりのことを**データ**といいます。

度数分布表とは，多くのデータをまとめた表のことです。
度数分布表に書きこむものには，以下のものがあります。

❶ 階級

データを分けるグループのことです。

❷ 階級値

それぞれの階級の中央の値のことです。

❸ 度数

それぞれの階級に含まれるデータの個数のことです。

❹ 累積度数

最初の階級からその階級までの度数の合計です。

❺ 相対度数

それぞれの階級の度数を，度数の合計で割った値です。
つまり，**全体に対するそれぞれの階級の度数の割合**を指します。

相対度数を表す式は，$\dfrac{\text{ある階級の度数}}{\text{度数の合計}}$ です。これに100をかければある階級の全体に対する百分率(%)が求まることになりますね。

❻ 累積相対度数

最初の階級からその階級までの相対度数の合計です。つまり，**全体に対するその階級までの度数の割合**を指します。

次の表は，ある数学のテストの結果を，度数分布表にしたものです。

階級(点)	階級値(点)	度数(人)	累積度数(人)	相対度数	累積相対度数
0 以上 10 未満	5	4	4	0.04	0.04
10 以上 20 未満	15	6	10	0.06	0.10
20 以上 30 未満	25	8	18	0.08	0.18
30 以上 40 未満	35	10	28	0.10	0.28
40 以上 50 未満	45	16	44	0.16	0.44
50 以上 60 未満	55	17	61	0.17	0.61
60 以上 70 未満	65	22	83	0.22	0.83
70 以上 80 未満	75	11	94	0.11	0.94
80 以上 90 未満	85	4	98	0.04	0.98
90 以上 100 以下	95	2	100	0.02	1.00
合計		100		1.00	

演習問題 1

次の表は，10 人に行ったテストの結果をまとめた度数分布表である。空欄をうめよ。

階級(点)	階級値(点)	度数(人)	累積度数(人)	相対度数	累積相対度数
65 以上 70 未満		1			
70 以上 75 未満		2			
75 以上 80 未満		4			
80 以上 85 未満		1			
85 以上 90 未満		2			

考え方〉用語の確認はできていますか？

解答▶別冊 48 ページ

2 ヒストグラム

度数分布表をまとめたグラフが**ヒストグラム(柱状グラフ)**です。

一般に，ヒストグラムでは横軸に階級(または階級値)をとり，縦軸にその階級の度数をとります。

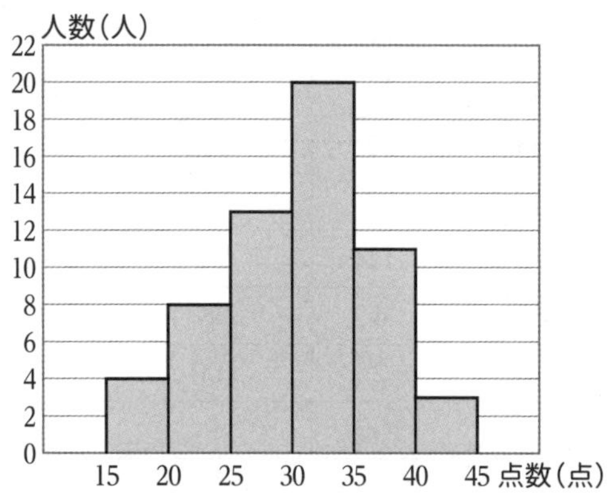

ヒストグラムをかくときは，**各長方形どうしのすき間を空けずに**かくように注意しましょう。

演習問題 2

次の表は，ある村の 30 日間の最高気温の測定結果である。
データをヒストグラムで表せ。

階級(度)	度数(日)
4 以上 6 未満	0
6 以上 8 未満	7
8 以上 10 未満	9
10 以上 12 未満	7
12 以上 14 未満	6
14 以上 16 未満	1
16 以上 18 未満	0

考え方 横軸に階級，縦軸に度数をとるのが一般的です。

解答▶別冊 48 ページ

3 平均値

平均値とは，すべてのデータを足し合わせて，データの個数で割った値のことです。

Check Point 平均値

$$平均値=\frac{データの合計値}{データの個数}$$

n 個の各データを x_1，x_2，x_3，…，x_n，平均値を $\overline{x}$ とするとき，

$$\overline{x}=\frac{x_1+x_2+x_3+\cdots+x_n}{n}$$

上の平均値を求める式を変形すると，次のように平均値からデータの合計値を求める式をつくることができます。

Check Point データの合計値

$$x_1+x_2+x_3+\cdots+x_n=n\cdot\overline{x}$$

データの合計値＝(データの個数)×(平均値)

図のように，**平均値とはすべてのデータの値を等しくならしたときの値のこと**です。

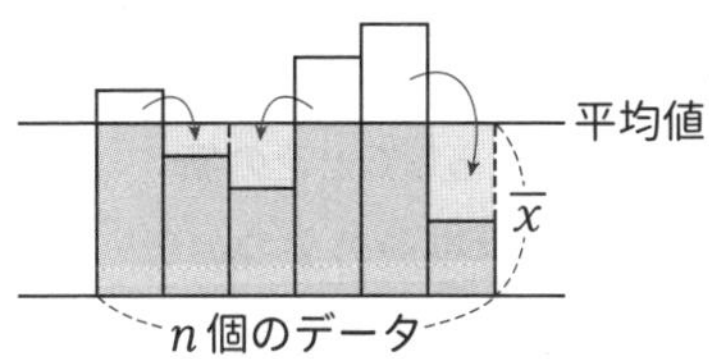

この図から，上の式の意味がよくわかりますね。

演習問題 3

A 組の 10 人の生徒のテストの成績は，

3，6，4，7，1，3，6，2，3，3(点)

であった。また，B 組の 20 人の生徒のテストの平均値は 4.1 点であった。

(1) A 組の平均値を求めよ。

(2) A 組と B 組を合わせた 30 人の平均値を求めよ。

考え方 平均値を求めるときに必要なものは合計値です。

解答▶別冊 48 ページ

4 中央値

中央値(または**メジアン**といいます)とは，データを大きい順，または小さい順に並べたときの中央の値を指します。

中央値は，**データが奇数個ある場合と，偶数個ある場合で求め方が異なります。**

Check Point 中央値

- データが $(2m-1)$ 個(奇数個)の場合
  中央値は大きい(小さい)ほうから m 番目のデータの値
- データが $2m$ 個(偶数個)の場合
  中央値は大きい(小さい)ほうから m 番目と $(m+1)$ 番目のデータの平均値

例えば，データを小さい順に並べたとき…

・奇数個の場合

x_1，x_2，x_3，x_4，x_5，x_6，x_7，x_8，x_9

↑ x_5 が中央値

・偶数個の場合

x_1，x_2，x_3，x_4，x_5，x_6，x_7，x_8

↑ x_4 と x_5 の平均値が中央値

平均値と中央値の違いは何でしょうか？

平均値…すべてのデータを等しくならしたときの値

中央値…データの中央の値もしくは中央の 2 つのデータの平均値

最も特徴的な違いは，**平均値は外れ値の影響を受けやすい**ということです。

外れ値とは，その他のデータから見て極端に大きい，または極端に小さい値のことです。

2018 年に総務省が行った家計調査報告では，2 人以上の勤労者世帯の貯蓄額は

中央値 798 万円　，　**平均値 1320 万円**

と平均値と中央値が大きくずれています。

これは，極端に高い外れ値が原因で平均値が大きいほうに偏っているからです。

演習問題 4

a, b を整数とする。30 人のクラスでテストを行った結果が以下の表のとおりであった。

点数	0	1	2	3	4	5	6	7	8	9	10	合計
人数	0	0	2	4	5	a	b	2	3	4	3	30

(1) $a+b$ の値を求めよ。

(2) 得点の中央値が 5.5 点であるときの (a, b) を求めよ。

(3) 得点の中央値が 6 点であるときの (a, b) を求めよ。

考え方 中央値は小さいほうから 15 番目と 16 番目の平均値です。

第1章 数と式
第2章 集合と命題
第3章 2次関数
第4章 図形と計量
第5章 データの分析
第6章 場合の数と確率
第7章 図形の性質
第8章 数学と人間の活動

5 最頻値

下の表は，好きな果物について調べたデータです。果物の名前は，テストの点数や気温などのように数値ではないので，平均値や中央値の計算ができません。このようなデータの特徴を調べるときは，データの度数に着目します。

好きな果物	バナナ	いちご	メロン	みかん	りんご
人数(人)	10	13	5	9	7

度数が最も多いデータの値のことを**最頻値**(または**モード**)といいます。
最頻値は，**データの度数ではない点に注意しましょう。**

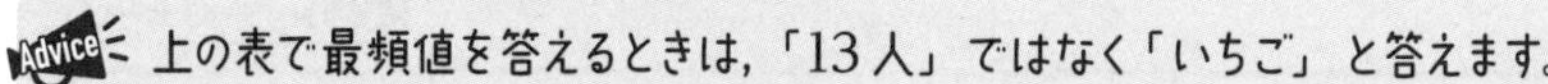

Advice
上の表で最頻値を答えるときは，「13人」ではなく「いちご」と答えます。

また，度数分布表から最頻値を求めるときは，度数が最も大きい階級の階級値を最頻値とします。

データ全体の特徴を1つの数値で表す平均値，中央値，最頻値のような値を，データの**代表値**といいます。

演習問題 5

a，b を整数とする。30人のクラスでテストを行った結果が以下の表のとおりであった。

点数	0	1	2	3	4	5	6	7	8	9	10	合計
人数	0	0	2	4	5	a	b	2	3	4	3	30

(1) 得点の最頻値で考えられる値をすべて求めよ。

(2) 6点が最頻値となるときの (a, b) をすべて求めよ。

考え方 最頻値は最も度数の多いデータの値を指します。

6 四分位数

データ全体を中央値の上半分と下半分に分けて，下半分のデータの中央値を**第 1 四分位数**，上半分のデータの中央値を**第 3 四分位数**，データ全体の中央値を**第 2 四分位数**といいます。

例えば，小さい順に並べた 9 個のデータ x_1，x_2，x_3，…x_9 において，

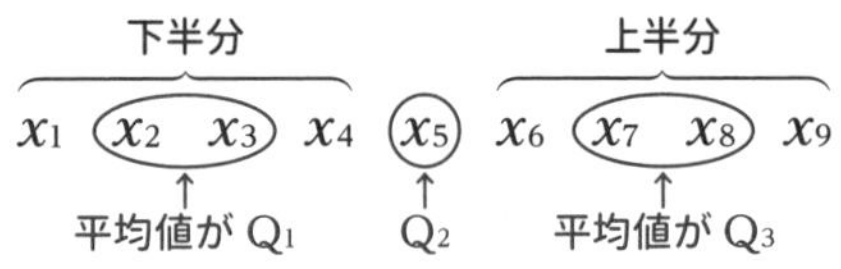

第 1 四分位数 $Q_1=\frac{x_2+x_3}{2}$　第 2 四分位数 $Q_2=x_5$　第 3 四分位数 $Q_3=\frac{x_7+x_8}{2}$

Advice 真ん中があればその値，なければ平均値を考えるということです。

また，第 1 四分位数 Q_1 と第 3 四分位数 Q_3 の差 Q_3-Q_1 を**四分位範囲**といい，その値を 2 で割った値 $\frac{Q_3-Q_1}{2}$ を**四分位偏差**といいます。

四分位範囲や四分位偏差は，**中央値周辺のデータの散らばりの度合いを調べるのに役立ちます。**また，**外れ値の影響を受けにくいという特徴があります。**

演習問題 6

次の表は，A と B の 2 人の生徒に行った 9 回のテストの結果である。

回数	1	2	3	4	5	6	7	8	9
A の得点(点)	2	3	4	7	8	8	9	9	10
B の得点(点)	5	5	5	7	7	7	7	8	9

(1) A と B の得点の四分位範囲と四分位偏差を答えよ。

(2) 四分位範囲より，データの散らばりの度合いを比較せよ。

考え方 四分位範囲を求めるには，第 1 四分位数と第 3 四分位数を求める必要があります。

解答▶別冊 49 ページ

7 箱ひげ図

3 つの四分位数と，最小値，最大値の 5 つの値を 1 つの図に示したものを**箱ひげ図**といいます。

第 1 四分位数を Q_1，第 2 四分位数を Q_2，第 3 四分位数を Q_3 とすると，

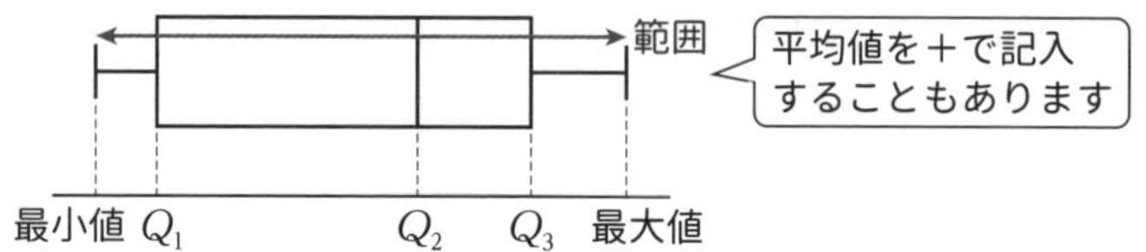

箱ひげ図のメリットの 1 つは，箱ひげ図の箱やひげの長さから，**データの散らばりの度合い**がわかることです。具体的な箱ひげ図で確認してみましょう。

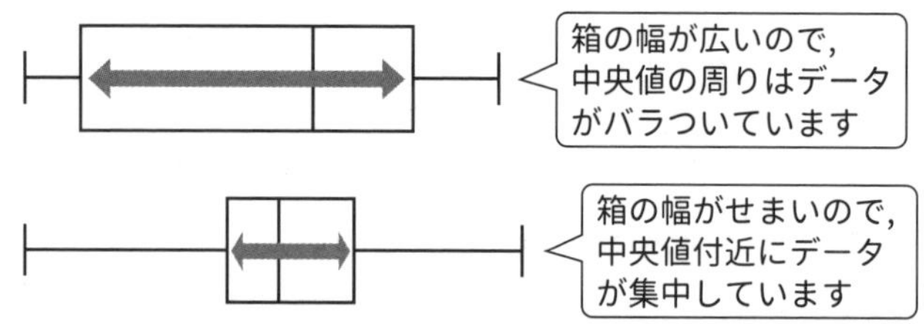

また，**外れ値は，第 1 または第 3 四分位数から四分位範囲の何倍離れているかで定義をします。**

一般に，四分位範囲の 1.5 倍以上離れた値を外れ値と定義する場合が多いようです（1.5 倍以外の場合もあります）。このとき，下の図のように，外れ値を記号で表し，外れ値を除いたデータの中で箱ひげ図をかくこともあります。

演習問題 7

次のデータは，ある港における 2 週間で水揚げされた漁獲量（単位：トン）である。

8，12，16，7，3，11，7，4，10，13，15，6，18，5

このデータの四分位数を求め，データの箱ひげ図をかけ。

考え方〉箱ひげ図をかくために，四分位数を求めましょう。

解答▶別冊 49 ページ

8 分散と標準偏差

ここでは，平均値を基準としてデータの散らばりの度合いを数値で表すことを考えます。

平均値を基準にするので，各データと平均値との差（偏差といいます）から考えていきます。

例えば，8人の生徒が受けた2つの試験AとBがあり，それぞれ次のような点数であったとします。

試験A　50，50，50，50，50，50，50，50（点）

平均値は，

$$\frac{50+50+50+50+50+50+50+50}{8}=50\text{(点)}$$

試験B　0，0，0，0，100，100，100，100（点）

平均値は，

$$\frac{0+0+0+0+100+100+100+100}{8}=50\text{(点)}$$

平均値は同じですが，AとBのデータの散らばりの度合いが同じとは言えません

次に，**偏差（平均値との差）の平均値を考える**と，

試験A　0，0，0，0，0，0，0，0 ←偏差

偏差の平均値は，

$$\frac{0+0+0+0+0+0+0+0}{8}=0$$

試験B　−50，−50，−50，−50，50，50，50，50

偏差の平均値は，

$$\frac{-50+(-50)+(-50)+(-50)+50+50+50+50}{8}=0$$

これも同じ値になってしまいました

データは平均値を上回る場合と下回る場合が同じ量だけあります。

そのため，**偏差の平均値をとると正の偏差と負の偏差が互いに打ち消しあってしまいます。**

偏差の平均値では散らばりの度合いを比べることができないので，**偏差を2乗した値（偏差平方）で平均値をとる**ことを考えます。

この偏差平方の平均値を**分散**といいます。

試験Aの分散は，$\dfrac{0^2+0^2+0^2+0^2+0^2+0^2+0^2+0^2}{8}=0$

試験Bの分散は，$\dfrac{(-50)^2+(-50)^2+(-50)^2+(-50)^2+50^2+50^2+50^2+50^2}{8}=2500$

2 乗することにより，すべて 0 または正の値となり，互いに打ち消さないことがわかりますね。

Check Point　分散

平均値が $\overline{x}$ である n 個のデータ x_1，x_2，x_3，…，x_n において，

$$分散=\frac{(x_1-\overline{x})^2+(x_2-\overline{x})^2+(x_3-\overline{x})^2+\cdots\cdots+(x_n-\overline{x})^2}{n}$$

$$=\frac{偏差平方の和}{データの個数}$$ ←偏差平方の平均値

分散の計算では，偏差が正負で打ち消すのを防ぐ意味で偏差平方を用いました。

そのため，分散の値の単位は**元のデータの単位を 2 乗したもの**になっています。

元のデータの単位と同じ単位に直すために，平方根をとったものを標準偏差といいます。

Check Point　標準偏差

標準偏差$=\sqrt{分散}$

一般に，データ x の平均値は $\overline{x}$，標準偏差を s_x で表します。

分散は標準偏差の 2 乗であることから $s_x{}^2$ などとするのが一般的です。

演習問題 8

次のデータは，自宅から学校までの通学時間（単位：分）である。

30，20，35，15，25

このデータの分散の値を求めよ。また，標準偏差の値を求めよ。ただし，$\sqrt{2}=1.41$ とする。

考え方　分散を計算するときは，表をかくとよいでしょう。

解答▶別冊 50 ページ

第2節 データの相関

1 散布図

これまでは，1つの変量からなるデータについて調べてきましたが，ここでは，2つの変量の間の関係について調べます。

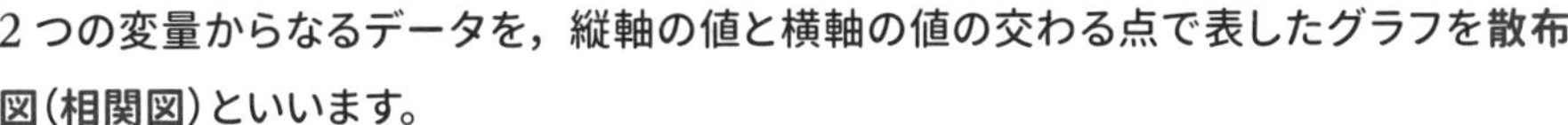

2つの変量からなるデータを，縦軸の値と横軸の値の交わる点で表したグラフを**散布図（相関図）**といいます。

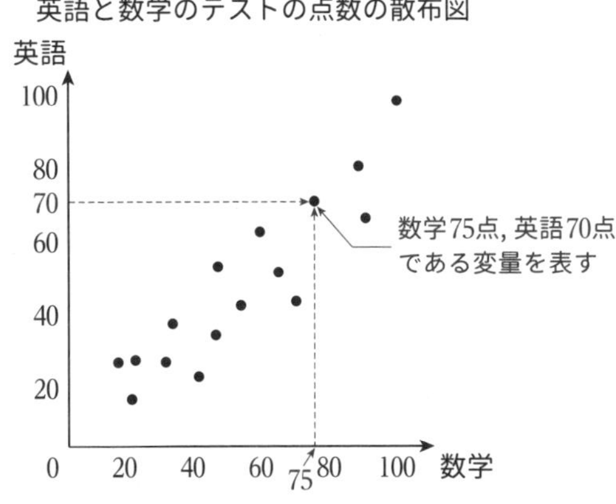

2つの変量の間に，一方が増加するともう一方が増加する傾向があるとき，**正の相関関係がある**といいます。また，一方が増加するともう一方が減少するという傾向があるとき，**負の相関関係がある**といいます。どちらの傾向も見られないときは相関関係がないといいます。

相関関係と似ている用語に**因果関係**があります。因果関係は字が表す通り原因と結果の関係を指します。**2つの変量の間に相関関係があっても，その変量の間に必ずしも因果関係があるとはいえない**点に注意しましょう。

上の英語と数学のテストの点数の散布図では，正の相関関係があるといえますが，数学のテストの点数がよければ英語の点数もよくなるという因果関係を意味するわけではありません。

演習問題 9

次のデータは，10 人の生徒の英語と数学のテストの結果である。

生徒	A	B	C	D	E	F	G	H	I	J
英語	4	6	8	9	3	6	5	7	8	4
数学	7	8	4	9	7	2	6	3	9	5

この 2 つのテストの散布図として正しいものを下から選べ。

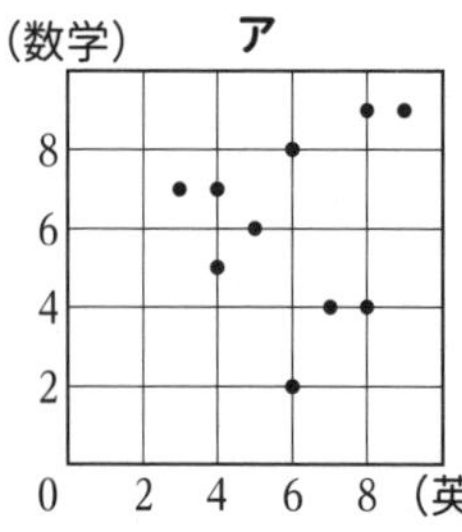

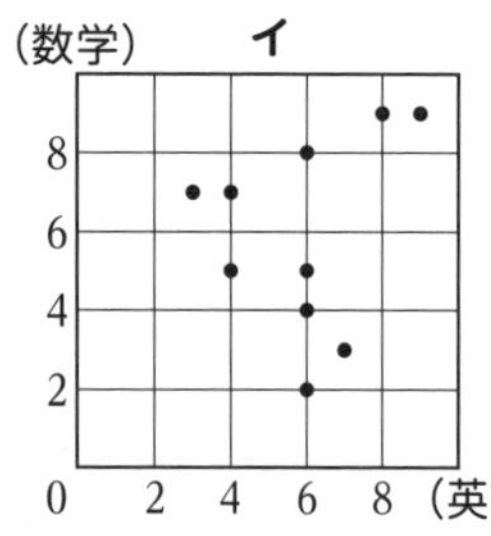

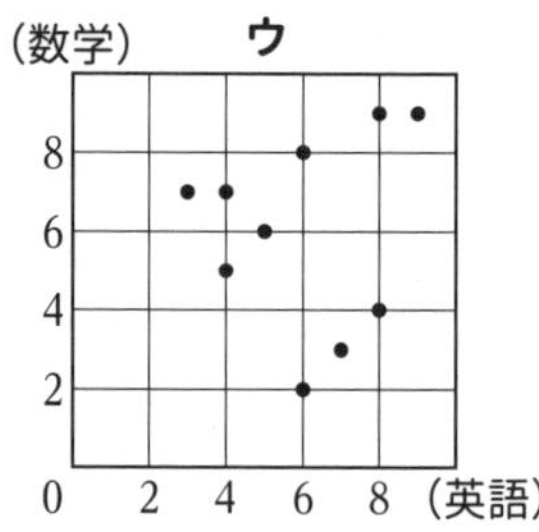

考え方〉それぞれの散布図の違いに着目しましょう。

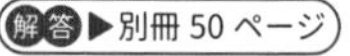
解答▶別冊 50 ページ

2 共分散と相関係数

相関関係には，傾向が明確に見られる場合とそうでない場合があります。下の散布図のように，点の並びに**直線的な傾向が見られるものほど相関関係が強い**といいます。

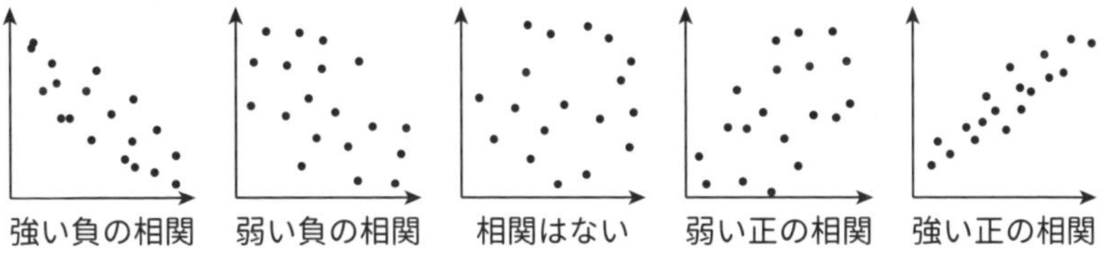

ここでは，相関関係の強弱を調べる方法を考えます。

あるデータ x の平均値を $\overline{x}$，データ y の平均値を $\overline{y}$ とします。ここで **x の偏差と y の偏差の積 $(x-\overline{x})(y-\overline{y})$ の符号に着目します。**

下の図のように，平均値を座標とする $(\overline{x},\ \overline{y})$ を中心にして 4 つの領域に分けたとき，

Ⅰは x も y も平均値より大きいので，$(x-\overline{x})(y-\overline{y})>0$

Ⅱは x は平均値より小さく，y は平均値より大きいので，$(x-\overline{x})(y-\overline{y})<0$

Ⅲは x も y も平均値より小さいので，$(x-\overline{x})(y-\overline{y})>0$

Ⅳは x は平均値より大きく，y は平均値より小さいので，$(x-\overline{x})(y-\overline{y})<0$

このように，$(x-\overline{x})(y-\overline{y})$ の符号でデータの位置を考えることができます。

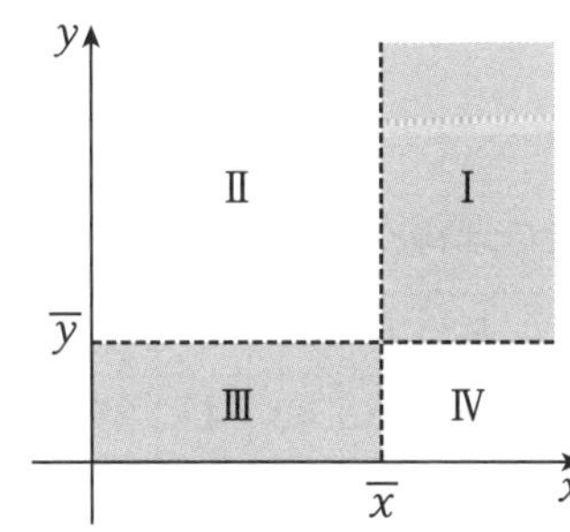

つまり，ⅠやⅢの領域にデータがあるとき，$(x-\overline{x})(y-\overline{y})$ は正となり，ⅡやⅣの領域にデータがあるとき，$(x-\overline{x})(y-\overline{y})$ は負になります。

ここで，$(x-\overline{x})(y-\overline{y})$ の平均値

$$\frac{(x_1-\overline{x})(y_1-\overline{y})+(x_2-\overline{x})(y_2-\overline{y})+(x_3-\overline{x})(y_3-\overline{y})+\cdots+(x_n-\overline{x})(y_n-\overline{y})}{n}$$

を考えます。この値を**共分散**といい，一般に記号では s_{xy} と表します。

正の相関関係があれば，**領域Ⅰと Ⅲ にデータが多く散らばっているので，共分散は正の値になります**。逆に，負の相関関係があれば，**領域Ⅱと Ⅳ にデータが多く散らばっているので，共分散は負の値になります**。また，相関関係がないとき，共分散は 0 に近い値になります。

ただし，この共分散は単位に依存する値になります。cm で表されたデータを mm で表すなど，**単位のとり方を変えると共分散の値も変化してしまいます**。つまり，相関関係の強弱が単位によって変わってしまうということです。**それを防ぐために共分散をそれぞれのデータの標準偏差で割った値を考えます。** この値は**相関係数**といい，この値が相関関係の強弱を表す値になります。

相関係数は以下の式で定義されます。

Check Point 相関係数

変量 x と変量 y において，

$$相関係数=\frac{x と y の共分散}{(x の標準偏差)\times(y の標準偏差)}$$

相関係数の値の見方については，次のページで説明します。

演習問題 10

次のデータは，10 人の生徒の理科と社会のテストの結果である。

生徒	A	B	C	D	E	F	G	H	I	J
理科	41	35	45	43	41	38	42	43	39	33
社会	45	39	49	42	40	34	46	44	45	36

理科と社会の点数の相関係数を求めよ。

考え方 相関係数を求めるためには，共分散や標準偏差が必要になるので，まず平均値を計算します。

解答▶別冊 50 ページ

3 相関関係の強弱

相関係数は，相関関係の強弱を表す値で，**-1 以上 1 以下の値をとります。**

相関係数については，一般に次のことが成り立ちます。

Check Point　相関係数と相関の強弱

変量 x と変量 y において，

相関係数が 1 に近い　⟺　強い正の相関関係がある

相関係数が -1 に近い　⟺　強い負の相関関係がある

相関係数が 0 に近い　⟺　相関関係が弱い

相関係数は散布図の点が直線的に並ぶかどうかを表しています。

したがって，図のように**散布図の点が直線的に並んでいれば，傾きには関係なく，相関係数は±1 に近い**といえます。

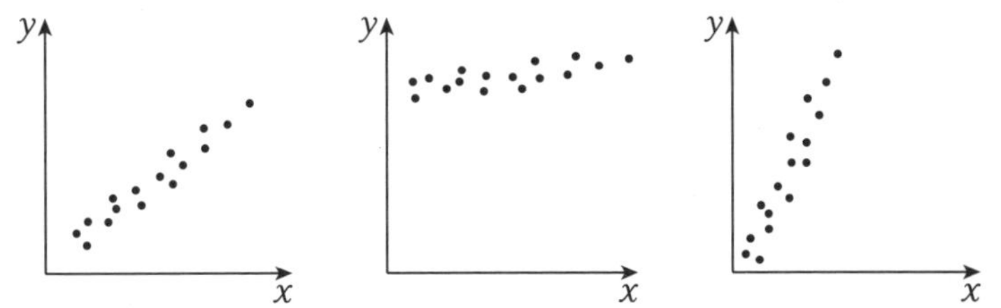

演習問題 11

次のデータは，ある店舗におけるお客さん 10 人の滞在時間と購入金額の表である。

お客さん	A	B	C	D	E	F	G	H	I	J
時間（分）	30	10	25	15	45	30	40	35	20	25
金額（円）	2000	0	2100	0	4200	2500	3800	3300	1600	1900

(1) 散分図をかき，その様子から相関係数 r の値の範囲として適切なものを下から選べ。

ア $-1\leqq r\leqq -0.7$　**イ** $-0.3\leqq r\leqq -0.1$　**ウ** $0.1\leqq r\leqq 0.3$　**エ** $0.7\leqq r\leqq 1$

(2) 滞在時間と購入金額の間には，どのような傾向があるといえるか。

考え方　相関係数の大まかな値は，散布図から判断することができます。

解答▶別冊 50 ページ

第3節 仮説検定の考え方

1 仮説検定の考え方

仮説検定とは，ある主張に対して仮説を立て，その主張が正しいかどうかを判断する手法です。

仮説検定では，まず，ある主張を否定する仮説を立て，その仮説が成り立つと仮定したときの「めったに起こらないこと」の基準は何かを決めます。
「めったに起こらないこと」の基準は主張によって変化しますが，「相対度数が 0.05 や 0.01 より小さいかどうか」，または「偏差が標準偏差の 2 倍以上であるかどうか」などを用いることが一般的です。
基準とする相対度数より小さい場合や，偏差が標準偏差の 2 倍以上の場合では「めったに起こらないこと」が起きたと判断します。
めったに起こらないことが起こるということは，普通では起きないような可能性の小さいことが起きたことになるので「その仮説は正しくない」と判断できるわけです。

Check Point　仮説検定の考え方

① 主張を否定する仮説を設定する

② ①の仮説が成り立つと仮定したときの「めったに起こらないこと」の基準を決める

③「めったに起こらないこと」が起きたと判定される値の範囲に含まれるか否かを調べて，結論を下す

注意する点は，「めったに起こらないこと」が起きたと判定される値の範囲に含まれないからといって仮説が正しいとは判断できないという点です。
逆に，範囲に含まれる場合は，その仮説は正しくないと判断できます。
証明方法としては背理法(**p.68** 参照)に似ていますね。

例題 1 あるサプリメントを 50 人の人に使用してもらい，サプリメントの効果が感じられるかを検定したい。サプリメントの効果をアンケートして，下の(1)，(2)の結果であったとき，「このサプリメントは多くの人が効果を感じる」という主張は正しいと判断してよいか，仮説検定の考え方を用い，基準となる相対度数を 0.05 として考えよ。
ただし，均質なコインを 50 回投げて表が出た枚数を記録する実験を 400 セット繰り返したとき，以下の表のようになることを利用して解け。

回数	15	16	17	18	19	20	21	22	23	24	25
度数	1	2	3	6	11	17	24	32	38	43	46

26	27	28	29	30	31	32	33	34	35	計
43	38	32	24	17	11	6	3	2	1	400

(1) 50 人中 32 人が「効果を感じた」とアンケートに答えた。
(2) 50 人中 30 人が「効果を感じた」とアンケートに答えた。

考え方 示したい主張に反する仮説を立てることがポイントです。

解答 (1) 仮説を「効果を感じたという回答も，効果が感じられなかったという回答も，全くの偶然で起こる $\left(\frac{1}{2}\right.$ の確率で起こる$\left.\right)$」とする。

このとき，50 人中 32 人が「効果を感じた」と答えることがどのくらい起こりうるかを調べる。そのために，上の表が利用できる。

上の表より，50 回中 32 回以上表が出たのは 400 セットのうち，

$6+3+2+1=12$（セット）

よって，相対度数は，

$\frac{12}{400}=0.03$

これは，基準となる相対度数 0.05 を下回っているので，レアケースであり，「めったに起こらないこと」が起きたと判断できる。

よって，仮説「効果を感じたという回答も，効果を感じなかったという回答も，全くの偶然で起こる」は正しくないと判断できる。

つまり，「偶然に効果を判断していない」=「多くの人が効果を感じている」ということである。

以上より，**「このサプリメントは多くの人が効果を感じる」という主張は正しいと判断できる** … 答

(2) 50 回中 30 回以上表が出たのは 400 セットのうち，

$17+11+6+3+2+1=40$(セット)

よって，相対度数は，

$$\frac{40}{400}=0.1$$

これは，基準となる相対度数 0.05 を上回っているのでレアケースではなく，普通に起こりうることであると判断できる。

よって，仮説「効果を感じたという回答も，効果を感じなかったという回答も，全くの偶然で起こる」は正しくないとは判断できない。

以上より，**「このサプリメントは多くの人が効果を感じる」という主張は正しいと判断できない** … 答

演習問題 12

例題 1 で，50 人中 17 人が「効果があると感じた」と答えた場合，「このサプリメントは多くの人が効果を感じない」という主張は正しいと判断できるか。

考え方 レアケースの範囲に注意が必要です。この場合は表の 17 回以下の度数について相対度数を調べます。

解答▶別冊 50 ページ

場合の数と確率

第1節 | 場合の数 166

第2節 | 順　列 174

第3節 | 組合せ 186

第4節 | 確　率 194

第5節 | 様々な確率 198

第1節 場合の数

1 表と樹形図

ある事象について，起こる場合の数を数えるには，**もれなく，重複なく**数えることが大切です。そのためには，数え方について工夫が必要です。

Check Point 数え上げの工夫

① **順序の設定**

(例) A，B，C を 1 列に並べるとき，アルファベット順に書き並べると，

ABC，ACB，BAC，BCA，CAB，CBA

② **表の利用**

(例)

	A	B	C	D
A		●	●	●
B			●	●
C				●
D				

③ **樹形図の利用**

(例)

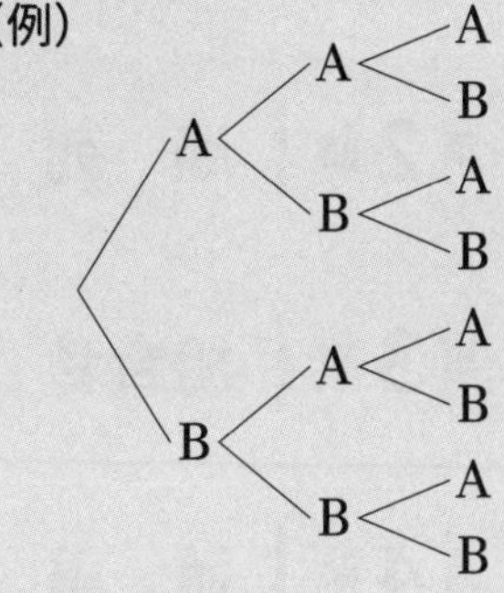

演習問題 1

次の場合の数を求めよ。

(1) 同じ大きさで区別のできないさいころを 3 個投げて，目の和が 10 となる場合の数

(2) 大小 2 個のさいころを投げるとき，目の和が 4 の倍数となる場合の数

(3) A と B が引き分けのない試合を行うとき，先に 2 勝したほうが優勝するルールにおいて，優勝が決まるまでのパターンの数

考え方 それぞれの問題に応じた数え方を考えてみましょう。

解答▶別冊 51 ページ

2 和の法則・積の法則

一般に，場合の数について，次の**和の法則**が成り立ちます。

Check Point 和の法則

事象 A の起こる場合の数が m 通り，事象 B の起こる場合の数が n 通りある。2 つの事象 A と B が同時に起こらないとき，A または B の起こる場合の数は $m+n$ 通りになる。

2 つの事象 A と B が同時に起こらないとき，A と B は互いに**排反**であるといいます。

一般に，場合の数について，次の**積の法則**が成り立ちます。

Check Point 積の法則

事象 A の起こる場合の数が m 通りあり，そのおのおのの場合について，事象 B の起こる場合の数が n 通りあるとき，2 つの事象 A と B がともに起こる場合の数は $m\times n$ 通りになる。

Advice 2 つの事象が同時に起こるときや連続して起こるときは，積の法則の利用を考えます。

例題 1 さいころ A とさいころ B を投げるとき，目の出方は何通りあるか。

解答 A の出た目で場合を分ける。

(i) A の目が 1 のとき，B の目の出方は 6 通り。

(ii) A の目が 2 のとき，B の目の出方は 6 通り。

(iii) A の目が 3 のとき，B の目の出方は 6 通り。

(iv) A の目が 4 のとき，B の目の出方は 6 通り。

(v) A の目が 5 のとき，B の目の出方は 6 通り。

(vi) A の目が 6 のとき，B の目の出方は 6 通り。

(i)〜(vi)は互いに排反である（同時に起こらない）ので，それぞれを加えて，

$6+6+6+6+6+6=$**36（通り）** … 答 ←和の法則です

別解 A の目の出方は 6 通り，そのおのおのの場合について，B の目の出方は 6 通りであるから，それぞれをかけて，

$6\times6=$**36(通り)** … 答 ←積の法則です

演習問題 2

1 次の問いに答えよ。

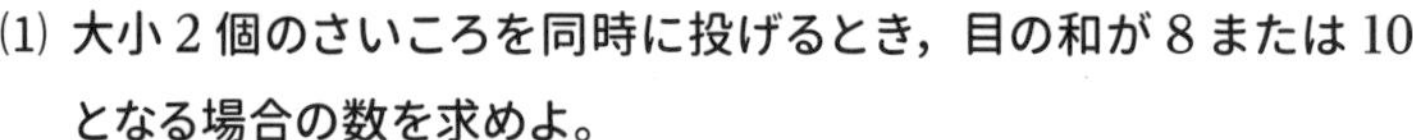

⑴ 大小 2 個のさいころを同時に投げるとき，目の和が 8 または 10 となる場合の数を求めよ。

⑵ 下図のように，A 地点と B 地点と C 地点が道でつながっている。

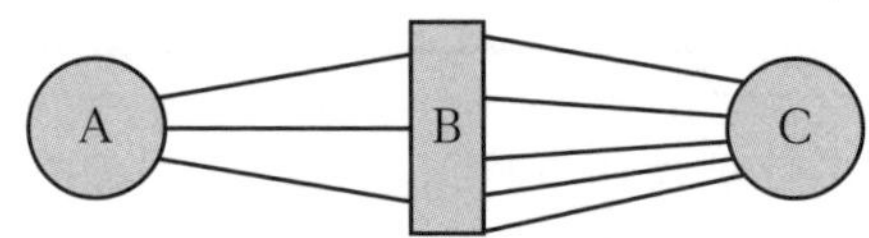

A 地点から B 地点を通って C 地点まで行き，C 地点から B 地点を通って A 地点に戻る。このとき，帰りは行きに通った道を通らないとするとき，往復する道の選び方は何通りあるか。

⑶ 大小 2 個のさいころを同時に投げるとき，目の和が奇数となる場合は何通りあるか。

⑷ A の箱には赤玉が 2 個，黒玉が 3 個入っている。また，B の箱には赤玉が 3 個，黒玉が 2 個入っている。

A の箱から 1 個取り出して B の箱に入れ，よくかき混ぜてから B の箱から 1 個取り出して A の箱に戻す。この作業後に A の箱に赤玉 2 個と黒玉 3 個が入っているとき，玉の取り出し方は何通りあるか。なお，玉はすべて区別するものとする。

考え方 それぞれの問題に応じた数え方を考えてみましょう。

2 次の式を展開すると，異なる項は何個できるか。

⑴ $(a+b+c)(x+y)$

⑵ $(a+b+c)^2(x+y)$

考え方 ⑵ $(a+b+c)^2$ は展開しておく必要があります。

解答▶別冊 52 ページ

3 約数の個数

整数 N を素因数分解したときに，

$N=a^n$（a は素数）

であった場合，**N の正の約数は，**

$1,\ a,\ a^2,\ a^3,\ \cdots,\ a^n$

の $(n+1)$ 個存在することがわかります。

整数 N を素因数分解したときに

$N=a^m b^n$（a，b は素数）

であった場合，N の正の約数は何個でしょうか？

まず，a^m の正の約数と b^n の正の約数がそれぞれ何個あるか考えます。

a^m の正の約数は，

$1,\ a,\ a^2,\ a^3,\ \cdots,\ a^m$

の $(m+1)$ 個があります。

b^n の正の約数は，

$1,\ b,\ b^2,\ b^3,\ \cdots,\ b^n$

の $(n+1)$ 個があります。

Advice 約数の1を忘れやすいので注意しましょう。

N の約数は，a^m の正の約数と b^n の正の約数の積で表されるので，下の表のような約数が考えられます。

$(m+1)$ 個

	1	a	a^2	$\cdots$	a^m
1	$1\cdot1$	$a\cdot1$	$a^2\cdot1$	$\cdots$	$a^m\cdot1$
b	$1\cdot b$	$a\cdot b$	$a^2\cdot b$	$\cdots$	$a^m\cdot b$
b^2	$1\cdot b^2$	$a\cdot b^2$	$a^2\cdot b^2$	$\cdots$	$a^m\cdot b^2$
$\vdots$	$\vdots$	$\vdots$	$\vdots$		$\vdots$
b^n	$1\cdot b^n$	$a\cdot b^n$	$a^2\cdot b^n$	$\cdots$	$a^m\cdot b^n$

$(n+1)$ 個

よって，約数の個数は全部で $(m+1)(n+1)$ 個とわかります。

Check Point 正の約数の個数

整数 N について，a，b を素数とするとき，

$N=a^n$ の正の約数は $(n+1)$ 個存在する。

$N=a^m\cdot b^n$ の正の約数は $(m+1)(n+1)$ 個存在する。

N の因数に 3 種類の素数が含まれる場合について考えてみましょう。

例題 2 $N=a^2b^4c^3$（a，b，c は素数）の正の約数の個数を求めよ。

解答 $N=(a^2b^4)\cdot c^3$ と考えて，a^2b^4 の正の約数の個数は，

$(2+1)(4+1)=15$（個）

存在する。この 15 個の約数のおのおのに c^3 の正の約数のそれぞれを掛けると，N の正の約数のすべてが得られる。c^3 の正の約数は，

1，c，c^2，c^3

の 4 個なので，N の正の約数の個数は，

$15\times4=$**60（個）** … 答

以上の結果から，**$a^lb^mc^n$ の場合，正の約数の個数は，**

$(l+1)(m+1)(n+1)$（個）

ということがわかります。上の例題でいえば，

$(2+1)(4+1)(3+1)=3\times5\times4=$**60（個）** … 答

となりますね。

演習問題 3

次の数の正の約数の個数を求めよ。

(1) 108　　(2) 360

考え方 約数の個数を調べるためには，まず素因数分解を行います。

解答▶別冊 53 ページ

4 約数の総和

整数 N を素因数分解したときに，$N=a^m b^n$（a，b は素数）であった場合，

N の正の約数の総和はいくつでしょうか？

下の表のように，N の正の約数を表し，表を横に見て，各行の約数の合計を求めます。

$(m+1)$ 個

	1	a	a^2	$\cdots$	a^m	合計
1	$1\cdot1$	$a\cdot1$	$a^2\cdot1$	$\cdots$	$a^m\cdot1$	$1\cdot(1+a+a^2+\cdots+a^m)$
b	$1\cdot b$	$a\cdot b$	$a^2\cdot b$	$\cdots$	$a^m\cdot b$	$b\cdot(1+a+a^2+\cdots+a^m)$
b^2	$1\cdot b^2$	$a\cdot b^2$	$a^2\cdot b^2$	$\cdots$	$a^m\cdot b^2$	$b^2\cdot(1+a+a^2+\cdots+a^m)$
$\vdots$	$\vdots$	$\vdots$	$\vdots$		$\vdots$	$\vdots$
b^n	$1\cdot b^n$	$a\cdot b^n$	$a^2\cdot b^n$		$a^m\cdot b^n$	$b^n\cdot(1+a+a^2+\cdots+a^m)$

$(n+1)$ 個

各行の約数の合計を足し合わせて，N の正の約数の総和を求めると，

$$
\begin{aligned}
&1\cdot(1+a+a^2+a^3+\cdots+a^m)\\
&\quad+b\cdot(1+a+a^2+a^3+\cdots+a^m)\\
&\quad\quad+b^2\cdot(1+a+a^2+a^3+\cdots+a^m)\\
&\quad\quad\quad\vdots\\
&\quad\quad\quad+b^n\cdot(1+a+a^2+a^3+\cdots+a^m)\\
&=\underbrace{(1+a+a^2+a^3+\cdots+a^m)}_{a^m\text{ の正の約数の和}}\underbrace{(1+b+b^2+b^3+\cdots+b^n)}_{b^n\text{ の正の約数の和}}
\end{aligned}
$$

Check Point 正の約数の総和

整数 N について，a，b を素数とするとき，$N=a^m\cdot b^n$ の正の約数の総和は，

$(1+a+a^2+a^3+\cdots+a^m)(1+b+b^2+b^3+\cdots+b^n)$

同様にして考えると，**$N=a^l\cdot b^m\cdot c^n$ の正の約数の総和は，**

$(1+a+a^2+\cdots+a^l)(1+b+b^2+\cdots+b^m)(1+c+c^2+\cdots+c^n)$

となることもわかります。

演習問題 4

次の数の正の約数の総和を求めよ。

(1) 108　　(2) 360

考え方 約数の総和を求めるときも，まず素因数分解を行います。

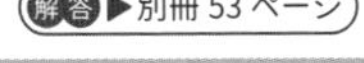
解答▶別冊 53 ページ

5 余事象

ある事象 A に対して，A が起こらないという事象を A の余事象といいます。

A の起こる場合の数＝すべての場合の数－A の起こらない場合の数

であるから，求めようとしている場合の数が多いときや，場合分けが複雑であるときは，**余事象の場合の数から求めたほうが簡単なことがあります。**

例えば，A，B，C の 3 個のさいころを投げて，出た目の積が 4 の倍数になる場合の数を考えてみましょう。

(i) 3 個とも 2 または 6 の目（2 通り）のとき

$2\times2\times2=8$（通り）

(ii) 2 個が 2 または 6 の目（2 通り）で，残りが奇数の目（3 通り）のとき

A，B，C のうち，どの 2 個が 2 または 6 の目を出すのかで 3 通り考えられるから，

どの 2 個が 2 または 6 か？
2 か 6 か？

$3\times2\times2\times3=36$（通り）

奇数の目
その 2 個

(iii) 1 個だけ 4 の目（1 通り）で，残りは 4 以外の目（5 通り）のとき

A，B，C のうち，どれが 4 の目を出すのかで 3 通り考えられるから，

どの 1 個が 4 か？
4 を出す

$3\times1\times5\times5=75$（通り）

その 1 個
4 以外の目

(iv) 2 個が 4 の目（1 通り）で，残りは 4 以外の目（5 通り）のとき

A，B，C のうち，どの 2 個が 4 の目を出すのかで 3 通り考えられるから，

どの 2 個が 4 か？
4 を出す

$3\times1\times1\times5=15$（通り）

4 以外の目
その 2 個

(v) 3 個とも 4 の目のときは，1 通り。

(i)～(v)は互いに排反であるから，

$8+36+75+15+1=135$（通り）… 答

この求め方は，大変ですね…。

例題 3 A，B，C の 3 個のさいころを投げて，出た目の積が 4 の倍数になる場合の数を求めよ。

考え方 前ページのように，直接計算すると複雑になる場合は，余事象の出番です。

解答 余事象は「A，B，C の 3 個のさいころを投げて，出た目の積が 4 の倍数でない場合」である。

(i) すべて奇数の目(3 通り)のとき

$3\times3\times3=27$(通り)

(ii) 1 個だけ 2 または 6 の目(2 通り)で，残りの 2 個が奇数の目(3 通り)のとき

A，B，C のうち，どれが 2 または 6 の目を出すのかで 3 通り考えられるから，

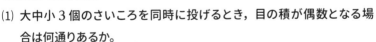

$3\times2\times3\times3=54$(通り)

（3：どの 1 個が 2 または 6 か？　2：2 か 6 か？（その 1 個）　3，3：奇数の目）

(i)，(ii)は互いに排反であるから，余事象の場合の数は，

$27+54=81$(通り)

3 個のさいころを投げたときのすべての目の出方は，

$6\times6\times6=216$(通り)

よって，求める場合の数は，余事象の場合の数を除いて，

$216-81=$ **135(通り)** … 答

演習問題 5

次の問いに答えよ。

(1) 大中小 3 個のさいころを同時に投げるとき，目の積が偶数となる場合は何通りあるか。

(2) 3 桁の自然数のうち，各位の数の積が偶数になる数は何個あるか。

考え方 いずれも余事象の利用が効果的です。

解答▶別冊 53 ページ

第2節 順　列

1 順　列

いくつかのものを，順序をつけて 1 列に並べたものを**順列**といいます。

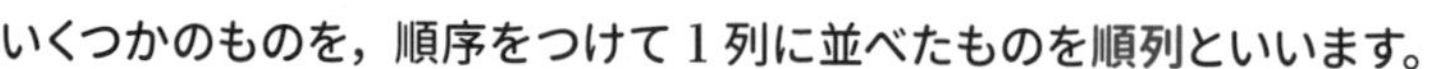

例えば，4 つのアルファベット A，B，C，D から 3 つを選び，1 列に並べるときの並べ方の総数を考えてみます。

3 つの枠に，アルファベットを当てはめていくと，

1 番目	2 番目	3 番目
4 通り	3 通り	2 通り

1 番目のアルファベットは使えないので 3 通りになります

同様に，1 番目と 2 番目のアルファベットは使えないので 2 通りになります

樹形図で考えると，

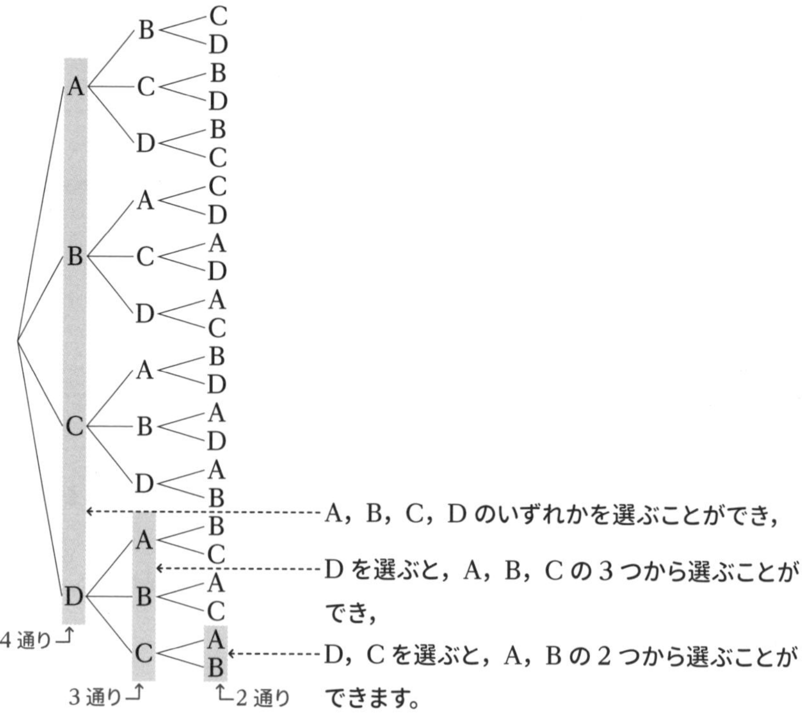

以上のように考えると，並べ方の総数は，

$4\times3\times2=24$(通り)

このように，異なる 4 個のものから，3 個選んで並べる順列の総数は，記号で ${}_4P_3$ と表します。

つまり，${}_4P_3=4\times3\times2$ ということです。

Check Point 順　列

異なる n 個のものから r 個選び，それらを 1 列に並べる順列の総数は，

n から 1 ずつ下げた数

$${}_nP_r=\underbrace{n(n-1)(n-2)\cdots\{n-(r-1)\}}_{r\text{ 個の積}}$$

演習問題 6

1 1，2，3，4，5，6 の 6 個の数字を重複することなく用いて 5 桁の整数をつくる。

(1) 整数は何個できるか。

(2) 奇数は何個できるか。

考え方 (2)まず，奇数になる条件から考えます。

2 0，1，2，3，4，5，6 の 7 個の数字を重複なく用いて 4 桁の整数をつくる。

(1) 整数は何個できるか。

(2) 5 の倍数は何個できるか。

考え方 0 は最高位の数字にならない点に注意です。

3 20 人の学生から，委員長と副委員長と書記を選ぶ。選び方は何通りあるか。

考え方 選んだものに区別をつけるとき，順列の考え方が使えます。

解答▶別冊 53 ページ

2 階　乗

1 から n までの自然数をすべてかけたものを n の階乗といい，$n!$ で表します。
この計算は，異なる n 個のものをすべて並べる順列の総数，つまり，${}_nP_n$ に等しい計算になります。

Check Point　階　乗

$$n!=n(n-1)(n-2)\cdots 3\cdot 2\cdot 1={}_nP_n$$

参考　$0!=1$ と定義します。

例題 4　次のア～オに当てはまる数字を答えよ。

(1) $5!=$ アイウ

(2) $6\times 5!=$ エ $!$

(3) $\dfrac{7!}{7}=$ オ $!$

解答　(1) $5!=5\cdot 4\cdot 3\cdot 2\cdot 1=\boxed{120}$ … 答

(2) $6\times 5!=6\times(5\cdot 4\cdot 3\cdot 2\cdot 1)=\boxed{6}\,!$ … 答

(3) $\dfrac{7!}{7}=\dfrac{7\cdot 6\cdot 5\cdot 4\cdot 3\cdot 2\cdot 1}{7}=6\cdot 5\cdot 4\cdot 3\cdot 2\cdot 1=\boxed{6}\,!$ … 答

一般に，(2)より，$(n+1)\times n!=(n+1)!$
両辺を $(n+1)$ で割ることにより，(3)も $\dfrac{(n+1)!}{n+1}=n!$ と表すことができます。

演習問題 7

男子 5 人，女子 3 人がいる。以下の問いに答えよ。

(1) 全員を 1 列に並べるとき，並べ方は何通りあるか。

(2) 全員を 1 列に並べるとき，両端が男子である並べ方は何通りあるか。

(3) 全員を 1 列に並べるとき，両端の少なくとも 1 人は女子である並べ方は何通りあるか。

考え方　全員を並べるときは $n!$，一部を並べるときは ${}_nP_r$ を用います。

解答▶別冊 54 ページ

3 隣接する順列

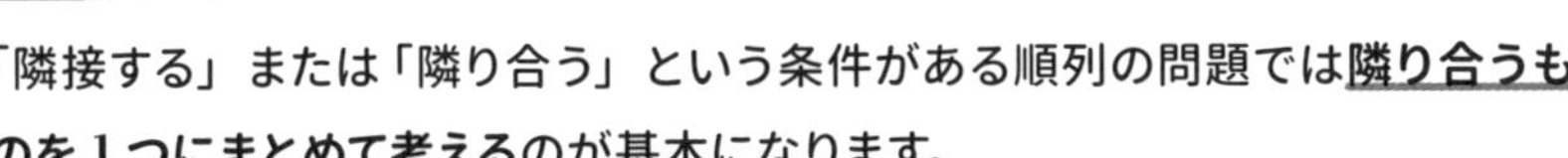

「隣接する」または「隣り合う」という条件がある順列の問題では**隣り合うものを 1 つにまとめて考える**のが基本になります。

その際に，**1 つにまとめたものの並べ方にも注意することを忘れない**ようにしましょう。

Check Point　隣接する順列

隣り合うものは 1 つにまとめて考える

例題 5　5 つのアルファベット A，B，C，D，E を並べるとき，A と B が隣り合う並べ方は何通りあるか。

解答　AB を 1 つと考えると，並べ方は AB，C，D，E の 4 文字の 1 列の並べ方に等しく 4! 通り。

BA を 1 つと考えると，並べ方は BA，C，D，E の 4 文字の 1 列の並べ方に等しく 4! 通り。

以上より，この 2 つは互いに排反であるから，

$4!+4!=24+24=$**48(通り)** … 答

例題 5 のように，1 つにまとめた A，B には，AB と BA の 2 つの並べ方があることに注意しよう。

演習問題 8

1，2，3，4，5，6，7 の 7 個の数字を 1 列に並べるとき，1 と 2 と 3 が隣り合う並べ方は何通りあるか。

考え方　隣り合うものは 1 つにまとめて考えます。

解答▶別冊 54 ページ

4 円順列

いくつかのものを，円形に並べたものを円順列といいます。

円順列では，回転して同じになる並べ方は同じものと考えることになっています。

例えば，図のように，A，B，C，D の 4 つのアルファベットの円順列を考えたとき，

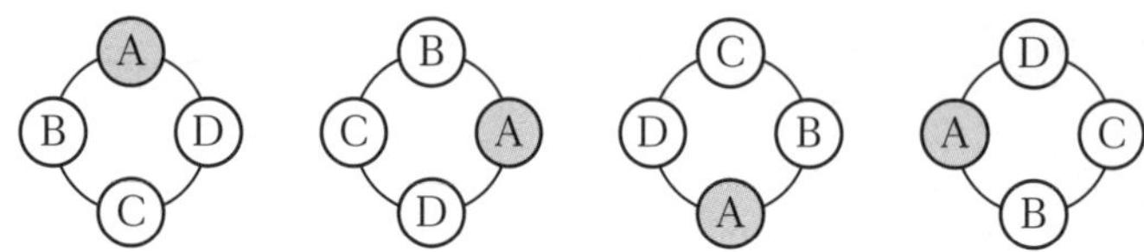

これらはすべて同じ並べ方となります。

こういった場合，**例えば A を固定して，残りの 3 つの場所に B，C，D を並べると考えれば，回転を考えずに並べ方を考える**ことができます。

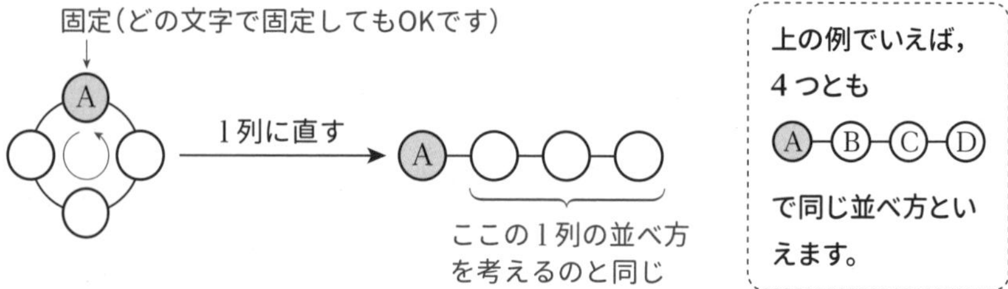

図のように，4 つのアルファベットならば固定した A 以外の 3 つを 1 列に並べる順列の総数に等しく，

$(4-1)!=3!=6$（通り）

よって，このことから一般に次の式が成り立ちます。

Check Point　円順列

n 個の異なるものを円形に並べる円順列の総数は，

$(n-1)!$ 通り

円順列では，少し気をつけないといけない場合があります。

それは**同じものを含む円順列の場合**です。

同じものを含む円順列では，複数あるもので固定しても円順列では固定できていない場合があります。

例えば，A，A，B，C の 4 つのアルファベットの円順列を考えます。

図のように，A を固定して，1 列の並べ方に直したとき，この 2 つの並べ方は異なる並べ方になりますが，円順列では回転して同じになるので，同じ並べ方です。

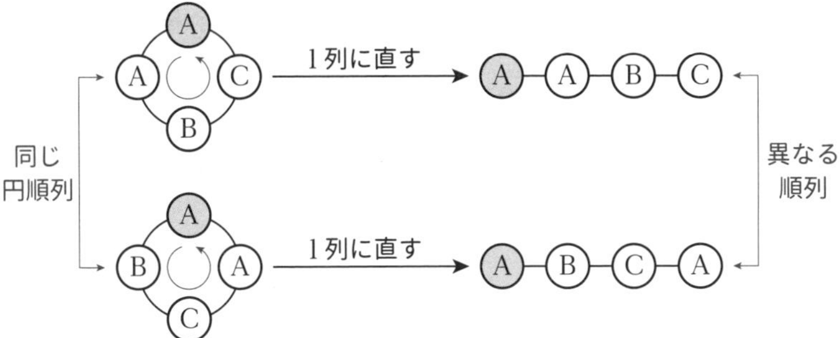

よって，同じものを含む順列では，複数あるもので固定しても固定できていない場合があるので，**1 つしかないもので固定する**のがポイントになります。

演習問題 9

両親と，男の子の子ども 2 人，女の子の子ども 2 人の計 6 人の家族が，円形テーブルのまわりに座るとき，以下の問いに答えよ。

(1) 座り方は何通りあるか。

(2) 両親が隣り合う座り方は何通りあるか。

(3) 両親が向かい合う座り方は何通りあるか。

(4) 男女が交互に並ぶ座り方は何通りあるか。

考え方〉円順列では 1 つを固定して並びを考えます。

5 数珠順列

円形に並べる並べ方で，ひっくり返して同じになる並べ方を同じものと考えるとき，その並べ方を**数珠順列**(じゅず)といいます。

例えば，下の図の 2 つの並べ方は，**ひっくり返せば同じ**と見ることができます。

ひっくり返して同じになる

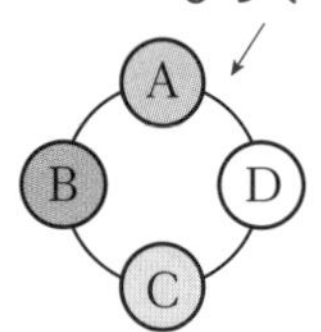

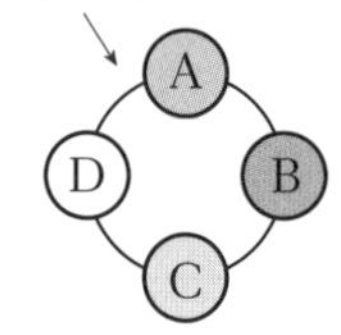

円順列では，このようなものもすべて異なる並べ方と見ていたので，**円順列は表と裏の分を重複して数えている**ことになります。

数珠順列では，それらを同じものと見るため，場合の数は表（または裏）のみを考えればよく，円順列の半分になることがわかります。

よって，次の式が成り立ちます。

Check Point　数珠順列

異なる n 個の数珠順列の総数は，

$\frac{(n-1)!}{2}$ 通り

演習問題 10

異なる 7 個の石がある。これらをひもでつないで首飾りをつくるとき，首飾りのつくり方は全部で何通りあるか。

考え方　ひっくり返せない円形の並べ方→円順列

ひっくり返せる円形の並べ方→数珠順列

6 重複順列

異なる n 個のものから，同じものを繰り返しとることを許して，r 個並べる並べ方を重複順列といいます。重複順列の総数について，次のことが成り立ちます。

Check Point 重複順列

異なる n 個から r 個とる重複順列の総数は，

$$\underbrace{n\times n\times n\times\cdots\times n}_{r\text{ 個}}=n^r\text{（通り）}$$

例題 6 10 人の子どもを，A と B の部屋に分ける分け方を求めよ。ただし，1 人も入らない部屋があってもよいものとする。

考え方 「A と B の部屋に子どもを分ける」ではなく，「子どもが A か B の部屋を選択する」と，子どもの立場で考える点がポイントです。

解答

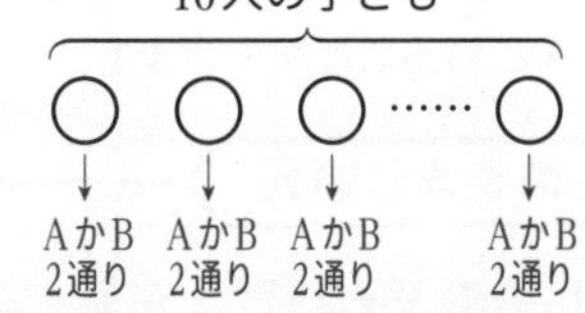

子どもひとりひとりの部屋の選択の方法は 2 通りずつある。

子どもは 10 人いるので，部屋の選び方はそれぞれの選び方をすべて掛けて，

$2\times2\times2\times2\times2\times2\times2\times2\times2\times2=2^{10}=$ **1024（通り）** … 答

重複順列は，「区別のあるものを，個数の指定なしに分ける」（p.190 参照）問題のときによく用いる考え方です。上の**例題 6** では，「区別のある 10 人の子ども」を，「人数の指定がない A と B の部屋に分ける」と考えています。

演習問題 11

赤玉と白玉が無数に存在する。玉を 1 列に 6 個並べるとき，並べ方は何通りあるか。

考え方 「6 つの場所に対して，赤玉か白玉を選択する」と考えます。

解答▶別冊 55 ページ

7 同じものを含む順列

例えば，6 つのアルファベット A，A，A，B，C，D を 1 列に並べるとします。
枠の中に，左から順にアルファベットを入れることを考えてみましょう。
その並べ方は 6! 通りにはなりません。

↑いちばん左の枠は A か B か C か D の 4 通りなので，6! にはならないことがわかります

6! では同じ 3 つの A も異なるものとして区別して数えてしまっています。3 つの A を区別したとき，3 つの A の並べ方は 3! 通りなので，この分を割らないといけません。
よって，並べ方は，

$\dfrac{6!}{3!}=120$（通り）… 答

Advice 一旦，すべて区別して並べて，区別できないものはその並べ方で割ればよいのです。

以上のことから，次のようにまとめることができます。

Check Point 同じものを含む順列

n 個のもののうち，同じものがそれぞれ p 個，q 個，r 個…あるとき，これらを 1 列に並べる順列の総数は，

$\dfrac{n!}{p!q!r!\cdots}$ 通り　ただし，$p+q+r+\cdots=n$

演習問題 12

9 個のアルファベット a，a，a，a，b，b，b，c，c を 1 列に並べる順列の総数は何通りあるか。

考え方 同じ文字の並べ方で割らないといけません。

解答▶別冊 55 ページ

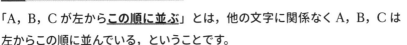

8 「この順に並ぶ」順列

「A，B，C が左から**この順に並ぶ**」とは，他の文字に関係なく A，B，C は左からこの順に並んでいる，ということです。

例えば，「A，F，B，G，C，D，E」などがそうですね。

その際の考え方は以下の通りです。

Check Point 「この順に並ぶ」順列

「この順に並ぶ」順列では，

順序が与えられているものを，すべて同じものと見て考える。

例題 7 A，B，C，D，E，F を 1 列に並べるとき，A，B，C がこの順に並ぶものが何通りあるか。

解答 A，B，C をすべて X とおいて，X，X，X，D，E，F を 1 列に並べる順列の総数を求める。X 3 つは同じものなので，「同じものを含む順列」より，

$$\frac{6!}{3!}=\frac{6\cdot5\cdot4\cdot3\cdot2\cdot1}{3\cdot2\cdot1}=120\text{（通り）}$$

X に A，B，C を左から順に入れる入れ方は 1 通りであるから，

$120\times1=$**120（通り）** … 答

例題 7 で，X に A，B，C を入れる入れ方は 1 通りなので，求める場合の数は「A，B，C をすべて X とおいて並べる順列の総数に等しい」と考えて，$\frac{6!}{3!}=120$（通り）を答えとしても十分です。

演習問題 13

7 個のアルファベット a，a，b，c，d，e，f を 1 列に並べるとき，次の問いに答えよ。

(1) c，d，e，f がこの順に並ぶものは何通りあるか。

(2) b が c より左側にある並べ方は何通りあるか。

考え方 順序を与えられているアルファベットを同じものだと考えます。

解答▶別冊 55 ページ

9 最短経路

「最短経路」とは，目的地までの道のりが最も短い進み方のことで，経路図によっては複数あります。

例題 8 右の図のように，線で結ばれている経路図があるとする。A 地点から B 地点へ行く最短経路は何通りあるか。

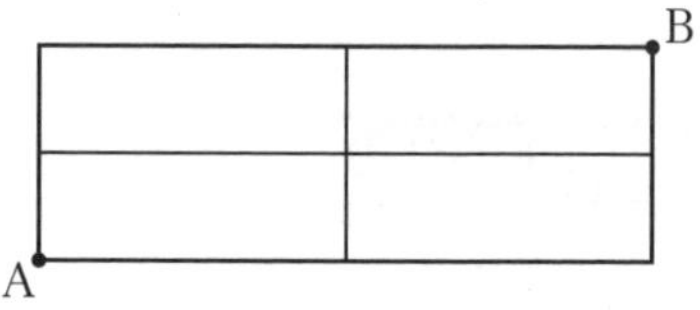

解答 具体的に A 地点から B 地点までの最短経路をすべて書き出してみると…

①上上右右　②右右上上
③上右上右　④右上右上
⑤上右右上　⑥右上上右

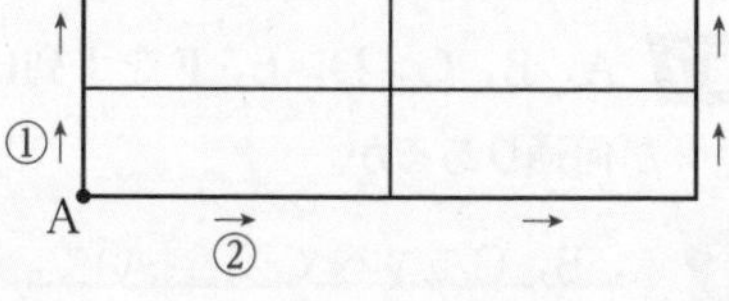

の 6 通りになる。これらのどの最短経路も，2 つの「上」と，2 つの「右」で表されている。

よって，A 地点から B 地点までの最短経路は，「上」2 つ，「右」2 つの計 4 つを 1 列に並べる順列の総数を求めればよいことがわかる。「上」2 つと「右」2 つは同じものなので，「同じものを含む順列」より，

$\frac{4!}{2!2!}=6$(通り) … 答

以上の結果より，次のようにまとめることができます。

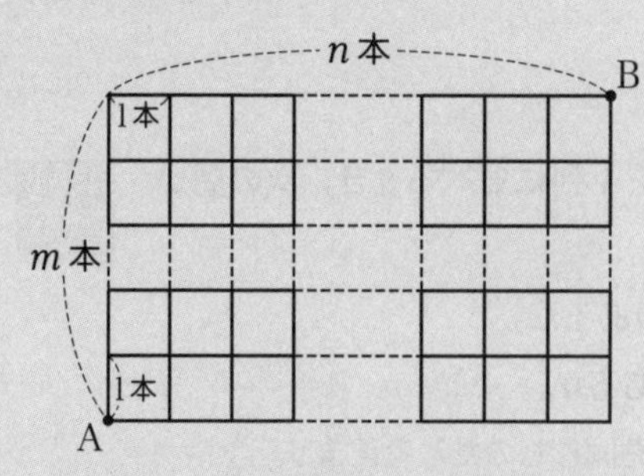

図のように A 地点から上に m 本，右に n 本の道がある経路において，A 地点から B 地点までの最短経路の数は，

$\frac{(m+n)!}{m!n!}$(通り)

演習問題 14

図のような道路に沿って進むとき，A 地点から B 地点へ行く最短経路について，次の問いに答えよ。

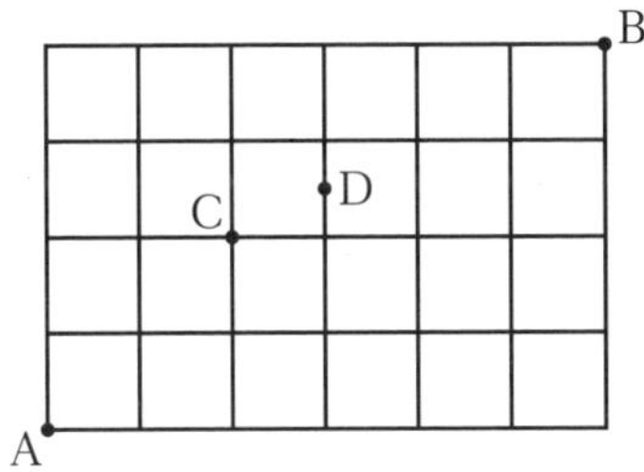

(1) 最短経路は全部で何通りあるか。

(2) C 地点を通る最短経路は何通りあるか。

(3) D 地点を通らない最短経路は何通りあるか。

考え方 (3)まず，D 地点を通る最短経路について考えます。

解答▶別冊 55 ページ

第3節　組合せ

1　組合せの基本

ものを取り出す際に，**順序を考えない取り出し方**のことを組合せといいます。

例えば，9 個の異なるお菓子から，6 個選んで食べることにします。

このとき，6 個のお菓子の選び方（組合せ）が何通りあるか考えてみましょう。
まず，「9 個を 1 列に並べたとき，左から 6 個目までを食べる」とします。つまり，**9 個並べれば自動的に食べる 6 個を選ぶ**ことになります。

9 個を 1 列に並べる並べ方は 9! 通りですが，食べる 6 個の並び方は選ぶだけならば必要ありません。同様に，食べない 3 個の並び方も必要ないですね。
よって，それぞれの並び方で割れば，6 個のお菓子の選び方を求めることができます。
その場合の数の計算式は，

全部の並び方
↓

$$\frac{9!}{6! \times 3!}\text{（通り）}$$

↑ 食べるお菓子の並び方　↑ 食べられないお菓子の並び方

となります。
このように，異なる 9 個のものから 6 個選ぶ組合せの総数は，記号で ${}_9C_6$ と表します。
つまり，${}_9C_6=\dfrac{9!}{6!3!}$ ということです。
このことから，次の式が成り立ちます。

Check Point 組合せ ①

異なる n 個から r 個選ぶ組合せの総数は，

$${}_nC_r=\frac{n!}{r!(n-r)!}$$

さらに計算を続けると，

$$\begin{aligned}{}_nC_r&=\frac{n!}{r!(n-r)!}\\&=\frac{n(n-1)(n-2)\cdots(n-r+1)\times(n-r)\cdots2\cdot1}{r(r-1)(r-2)\cdots2\cdot1\times(n-r)\cdots2\cdot1}\end{aligned}$$

←青い部分は同じ式です

$$\begin{aligned}&=\frac{n(n-1)(n-2)\cdots(n-r+1)}{r(r-1)(r-2)\cdots2\cdot1}\\&=\frac{{}_nP_r}{r!}\end{aligned}$$

よって，次の式が成り立ちます。

Check Point 組合せ ②

異なる n 個から r 個選ぶ組合せの総数は，

$${}_nC_r=\frac{n(n-1)(n-2)\cdots(n-r+1)}{r(r-1)(r-2)\cdots2\cdot1}=\frac{{}_nP_r}{r!}$$

例えば，組合せ①の式では，

$${}_5C_3=\frac{5!}{3!(5-3)!}$$

ですが，組合せ②の式では，

$${}_5C_3=\frac{5\cdot4\cdot3}{3\cdot2\cdot1}$$

となり，少し計算が簡単になります。

組合せの総数を求めるときは，組合せ②の式を使うことが多いですが，状況に応じて使い分けられるようになれるといいですね。

演習問題 15

1 男子 8 人，女子 6 人から何人か選ぶとき，以下のような選び方はそれぞれ何通りあるか。

(1) 全体から 5 人を選ぶ

(2) 男子から 3 人，女子から 2 人選ぶ

(3) 男女両方を含むように 5 人を選ぶ

考え方 並び方を考えず選ぶだけなので，組合せの計算を考えます。

2 図のように，3 本の平行線とそれらに直交する 5 本の平行線がすべて等間隔で並んでいる。

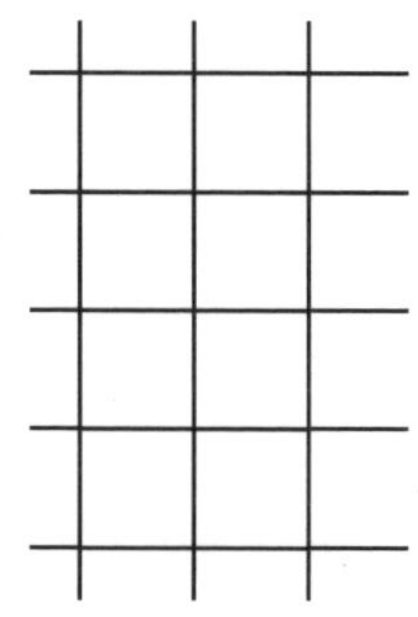

(1) 平行線で囲まれる四角形は何個あるか。

(2) 平行線の交点から 3 つを結んでできる三角形は何個あるか。

考え方 (2) 1 直線上に並ぶ 3 点を選ぶと三角形ができない点に注意します。

3 正八角形 ABCDEFGH の頂点から 3 点を選んで，それらを頂点とする三角形をつくる。

(1) できる三角形は全部で何個あるか。

(2) できる二等辺三角形は何個あるか。

(3) 正八角形と辺を共有する三角形は何個あるか。

考え方 (3) 1 辺のみ共有する場合と 2 辺共有する場合を考えます。

解答▶別冊 56 ページ

2 重複組合せ

異なる n 個のものから，繰り返しとることを許して，r 個とる組合せを重複組合せといいます。

例えば，3 つのアルファベット A，B，C から，繰り返しとることを許して，5 つ選ぶ重複組合せを考えると，

AABBC，AAACC，BCCCC　←組合せなので，順序は関係ありません

などがあります。

これらを文字を表す 5 つの○と，異なる 3 文字の境目を示す 2 つの｜で表すと，

AABBC ⟺ ○○｜○○｜○

AAACC ⟺ ○○○｜｜○○

BCCCC ⟺ ｜○｜○○○○

となります。**左にある｜より左側の○が A，2 つの｜と｜の間にある○が B，右にある｜より右側の○が C** と対応させることができます。

Check Point　重複組合せ

異なる n 個のものから，繰り返しとることを許して，r 個とる組合せの総数は，○を r 個，｜を $(n-1)$ 個並べる順列の総数に等しい

重複組合せは，「区別のないものを個数の指定なしに分ける」(p.190 参照)問題のときによく用いる考え方です。

演習問題 16

次の問いに答えよ。

(1) 青玉と赤玉と白玉が無数にあるとする。この 3 色の玉を用いて 10 個入りの袋をつくりたい。何種類の袋がつくれるか。なお，すべての色の玉を用いなくてもよい。

(2) 10 個のりんごを，A 君，B 君，C 君の 3 人に分けたい。何通りの分け方があるか。ただし，少なくとも 1 つはもらうものとする。

考え方〉区別のないものを個数の指定なしに分けるので，○と｜の並べ方を用います。

解答▶別冊 57 ページ

3 組分け問題

組分けの問題は，様々な条件が考えられ，その条件によって求め方が変わります。いくつかの玉をいくつかの箱に入れる箱玉問題で，おおまかに分類してみましょう。

● 箱の区別がある場合の具体例

		箱に入る玉の個数の指定	
		あり	なし
玉の区別	あり	異なる6個の玉を箱A，B，Cに2個ずつ分ける場合 → ${}_nC_r$ を用いる→(i)	異なる6個の玉を箱A，B，Cに分ける場合(玉0個の箱があってもよい) →玉の立場で考える(**重複順列**)→(ii)
	なし	区別ができない6個の玉を箱A，B，Cに2個ずつ分ける場合 →1通り	区別ができない6個の玉を箱A，B，Cに分ける場合(玉0個の箱があってもよい) →○と｜の順列で考える(**重複組合せ**) →(iii)

(i) ${}_6C_2 \times {}_4C_2 = 15 \times 6 = 90$(通り)

(ii) $3^6 = 729$(通り)

(iii) $\dfrac{8!}{6!2!} = 28$(通り)

● 箱の区別がない場合の具体例

		箱に入る玉の個数の指定	
		あり	なし
玉の区別	あり	異なる6個の玉を3つの箱に2個ずつ3組に分ける場合→箱の区別をつけて考えて，後で区別をなくす →(iv)	異なる6個の玉を3つの箱に分ける場合(玉0個の箱があってもよい)→箱に入る玉の個数の組合せを書き出し，入れる玉を考える→(v)
	なし	区別ができない6個の玉を3つの箱に2個ずつ分ける場合 →1通り	区別ができない6個の玉を3つの箱に分ける場合(玉0個の箱があってもよい) →箱に入る玉の個数の組合せを書き出す→(vi)

(iv) 2個ずつの3組に区別はないので(i)より，$\dfrac{90}{3!} = 15$(通り)

(v) 箱に入る玉の個数の組合せを考えて，

{6個，0個，0個}…1通り

{5個，1個，0個}…${}_6C_1 = 6$(通り)

{4個，2個，0個}…${}_6C_2 = 15$(通り)

$\{4$ 個，1 個，1 個$\}\cdots\dfrac{{}_6C_1\times{}_5C_1}{2!}=15$(通り)

↑1 個と 1 個の組の区別は不要

$\{3$ 個，3 個，0 個$\}\cdots\dfrac{{}_6C_3}{2!}=10$(通り)

↑3 個と 3 個の組の区別は不要

$\{3$ 個，2 個，1 個$\}\cdots{}_6C_1\times{}_5C_2=60$(通り)

よって，$1+6+15+15+10+60=107$(通り)

(vi) (v)より，箱に入る玉の個数の組合せは，

{6 個，0 個，0 個}，{5 個，1 個，0 個}，

{4 個，2 個，0 個}，{4 個，1 個，1 個}，

{3 個，3 個，0 個}，{3 個，2 個，1 個}の 6 通り。

演習問題 17

異なる種類の犬 6 匹と異なる種類の猫 6 匹の計 12 匹を次のように分ける分け方は何通りあるか。

(1) 5 匹，4 匹，3 匹に分ける

(2) 4 匹ずつ A 組，B 組，C 組の 3 組に分ける

(3) 4 匹ずつ 3 組に分ける

(4) 犬 2 匹，猫 2 匹の組 3 つに分ける

(5) 4 匹ずつに分けるとき，特定の犬 A と猫 B が同じ組になる

(6) 6 匹，3 匹，3 匹に分ける

(7) 4 匹，4 匹，2 匹，2 匹に分ける

考え方 箱玉問題の表を思い出して考えましょう。

解答▶別冊 57 ページ

4 ${}_n\mathrm{C}_r$ の性質

${}_n\mathrm{C}_r$ には，いくつかの公式があります。

例えば，**あるチームの n 人の中から，試合の出場メンバーの r 人を選ぶことと，メンバーではない $(n-r)$ 人を選ぶことは同じこと**なので，次の式が成り立ちます。

Check Point ${}_n\mathrm{C}_r$ の性質 ①

$${}_n\mathrm{C}_r={}_n\mathrm{C}_{n-r}$$

例えば，${}_{10}\mathrm{C}_8$ は，C の右側の数字が小さいほうが計算は楽になるので，

$${}_{10}\mathrm{C}_8={}_{10}\mathrm{C}_2$$

とするのが良いでしょう。

${}_{10}\mathrm{C}_8=\dfrac{10\cdot9\cdot8\cdot7\cdot6\cdot5\cdot4\cdot3}{8\cdot7\cdot6\cdot5\cdot4\cdot3\cdot2\cdot1}$，${}_{10}\mathrm{C}_2=\dfrac{10\cdot9}{2\cdot1}$ ですね。

Check Point ${}_n\mathrm{C}_r$ の性質 ②

$${}_n\mathrm{C}_r={}_{n-1}\mathrm{C}_{r-1}+{}_{n-1}\mathrm{C}_r$$

例えば，あるチームの n 人の中から，試合の出場メンバーの r 人を選ぶとき，出場メンバーにウサウサを含む場合と含まない場合に分けて考えます。

(i) **メンバーにウサウサを含むとき**

ウサウサ以外の $(n-1)$ 人から，あと $(r-1)$ 人のメンバーを選ぶので，
選び方は ${}_{n-1}\mathrm{C}_{r-1}$ 通り。

(ii) **メンバーにウサウサを含まないとき**

ウサウサ以外の $(n-1)$ 人から，あと r 人のメンバーを選ぶので，
選び方は ${}_{n-1}\mathrm{C}_r$ 通り。

n 人の中から，出場メンバーの r 人を選ぶ選び方は，(i)と(ii)を合わせたものだから，

$${}_n\mathrm{C}_r={}_{n-1}\mathrm{C}_{r-1}+{}_{n-1}\mathrm{C}_r$$

Check Point　${}_n\mathrm{C}_r$ の性質 ③

$r\cdot{}_n\mathrm{C}_r=n\cdot{}_{n-1}\mathrm{C}_{r-1}$

例えば，あるチーム n 人の中から，試合の出場メンバーを r 人選び，さらにその r 人の中からキャプテンを 1 人選ぶ選び方を考えてみましょう。
キャプテンを選ぶタイミングは，次の 2 つの場合が考えられます。

(i) **出場メンバーを選んでからキャプテンを選ぶとき**

メンバーの選び方が ${}_n\mathrm{C}_r$ 通り，その r 人のメンバーからキャプテンを 1 人選ぶ選び方が

${}_r\mathrm{C}_1=r$(通り)

よって，$r\cdot{}_n\mathrm{C}_r$ 通り。

(ii) **キャプテンを選んでから残りの出場メンバーを選ぶとき**

キャプテンの選び方が ${}_n\mathrm{C}_1=n$(通り)
その後に残り $(n-1)$ 人から $(r-1)$ 人を選ぶ選び方が

${}_{n-1}\mathrm{C}_{r-1}$ 通り

よって，$n\cdot{}_{n-1}\mathrm{C}_{r-1}$ 通り。

(i)，(ii)の 2 つの選び方の総数は同じであるから，

$r\cdot{}_n\mathrm{C}_r=n\cdot{}_{n-1}\mathrm{C}_{r-1}$

演習問題 18

1 次の値を求めよ。

(1) ${}_{10}\mathrm{C}_8$　　(2) ${}_9\mathrm{C}_5+{}_9\mathrm{C}_6$

考え方〉${}_n\mathrm{C}_r$ の性質を活用します。

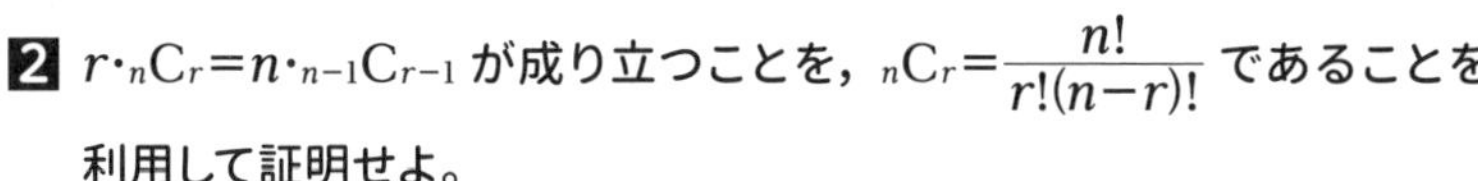

2 $r\cdot{}_n\mathrm{C}_r=n\cdot{}_{n-1}\mathrm{C}_{r-1}$ が成り立つことを，${}_n\mathrm{C}_r=\dfrac{n!}{r!(n-r)!}$ であることを利用して証明せよ。

考え方〉階乗の扱いに慣れておくことが重要です。

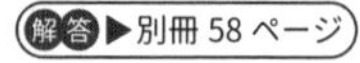
解答▶別冊 58 ページ

第4節　確　率

1　確率の基本

ある事柄が起こることの期待できる割合を確率といいます。
また，さいころを投げるときのように，同じ条件のもとで繰り返すことができる実験や観察などを試行といい，その試行によって起こる事柄を事象といいます。

ある試行において，起こりうるすべての場合の数が N 通り，事象 A の起こる場合の数を a 通りとするとき，**$\frac{a}{N}$ を事象 A の確率と定義します。**
なお，事象 A の起こる確率は $P(A)$ と表します。

Check Point　確　率

$$P(A)=\frac{a}{N}=\frac{\text{事象 }A\text{ の起こる場合の数}}{\text{起こりうるすべての場合の数}}$$

例えば事象 A の起こる確率が $\frac{1}{6}$ であるということは，試行回数を多くすればするほど，事象 A の起こる割合が $\frac{1}{6}$ に近づくということです。

ある事象 A の起こる場合の数は，必ず 0 以上であり，かつ起こりうるすべての場合の数を超えません。よって，確率は 0 以上 1 以下の値となることがわかります。

Check Point　確率のとりうる値の範囲

$0 \leqq P(A) \leqq 1$

ある試行において，起こりうる結果の全体を全事象といい，U で表します。また，決して起こらない事象を空事象といい，$\varnothing$ で表します。
ある事象 A が全事象 U そのものの場合，確率の式の分子も分母も同じ場合の数になりますから，確率は 1 になることがわかります。
逆に空事象 $\varnothing$ では，確率の式の分子が 0 ですから，確率が 0 になることがわかります。

Check Point 確率の値

$P(U)=1$, $P(\varnothing)=0$

演習問題 19

1 さいころを 2 回投げるとき，2 回とも奇数の目が出る，または 2 回とも偶数の目が出る確率を求めよ。

考え方〉まず，起こりうるすべての場合の数を求めます。

2 白玉 3 個，黒玉 5 個が入っている袋から，同時に 4 個を取り出す。このとき，次の確率を求めよ。

(1) 黒玉 4 個を取り出す確率

(2) 白玉 2 個と，黒玉 2 個を取り出す確率

考え方〉並べないので，組合せで考えます。

3 箱 X に白玉 6 個と黒玉 4 個が，箱 Y には白玉 5 個と黒玉 7 個が入っている。

箱 X，Y からそれぞれ 1 個ずつ取り出すとき，取り出した 2 個の玉の色が同色である確率を求めよ。

考え方〉「すべて白」と「すべて黒」の 2 つの場合を考えます。

4 トランプの絵札（ジャック，クイーン，キング）だけから 4 枚を抜き出すとき，以下の確率を求めよ。

(1) マーク（ハート，クラブ，スペード，ダイヤ）が全種類出る確率

(2) ジャックとクイーンとキング，すべてが出る確率

考え方〉(2)どの絵札が 2 枚出たかで場合を分けます。

5 A チーム 2 人，B チーム 2 人，C チーム 2 人の計 6 人の選手がくじ引きで順番を決めて 1 列に並ぶとき，次の確率を求めよ。

(1) 両端が A チームの選手である確率

(2) A チームの選手は隣り合わない確率

(3) 同じチームの選手はどのチームの選手も隣り合う確率

考え方〉(2)余事象の場合の数を利用します。

解答▶別冊 58 ページ

第1章 数と式
第2章 集合と命題
第3章 2次関数
第4章 図形と計量
第5章 データの分析
第6章 場合の数と確率
第7章 図形の性質
第8章 数学と人間の活動

2 余事象の確率

確率は場合の数をもとにしているわけですから，場合の数の考え方が確率にも適用できます。

問われている確率が複雑である場合，余事象の確率のほうが簡単に求まる場合があります。そのような場合は，次の余事象の確率の公式を利用しましょう。

Check Point 余事象の確率

事象 A に対して，A の余事象を $\overline{A}$ で表すとき，

$$P(A)=1-P(\overline{A})$$ （A でない確率を引いた残り）

$P(A)$：A の起こる確率　$P(\overline{A})$：$\overline{A}$ の起こらない確率

Advice 全事象の確率が 1 であることを利用しています。

演習問題 20

大中小 3 個のさいころを同時に投げるとき，次の確率を求めよ。

(1) 目の和が 5 以上である確率

(2) 出た目のうち少なくとも 2 つが等しくなる確率

(3) 目の積が偶数である確率

考え方〉余事象の確率が求めやすいことに着目しましょう。

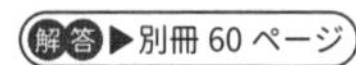

解答▶別冊 60 ページ

3 和事象の確率

2 つの事象 A, B について, A または B が起こることを A と B の**和事象**といい, $A \cup B$ で表します。A と B がともに起こる事象は A と B の**積事象**といい, $A \cap B$ で表します。

p.60 で学習した $n(A \cup B)=n(A)+n(B)-n(A \cap B)$（包除の原理）のように，2 つの事象 A, B の和事象 $A \cup B$ の確率について，次のことが成り立ちます。

Check Point 和事象の確率

$$P(A \cup B)=P(A)+P(B)-P(A \cap B)$$

また，特に事象 A と事象 B が互いに排反である（同時に起こらない）とき，$P(A \cap B)=0$ であるから，

$P(A \cup B)=P(A)+P(B)$

が成り立つことがわかります。

これを確率の**加法定理**といいます。

演習問題 21

1 から 150 までの番号が 1 つずつ書かれた 150 個の玉から，1 個の玉を取り出す。このとき，取り出した玉の番号が 3 の倍数，または 5 の倍数である確率を求めよ。

考え方 一般に「または」の確率より，「かつ」の確率のほうが求めやすいものです。

解答▶別冊 60 ページ

第5節 様々な確率

1 くじ引きの問題

くじ引きの確率の問題では，**引いたくじを「1列に並べる」と考えるところがポイントです。**

例題 9 20本中3本当たりのあるくじ引きで，1人1本ずつくじを引くとする。このとき，5番目に引いた人が当たる確率を求めよ。ただし，引いたくじはもとに戻さない。

解答 引いたくじを順に1列に並べて，

「並べたくじの左から5番目が当たりくじである確率」

を求めることを考える。

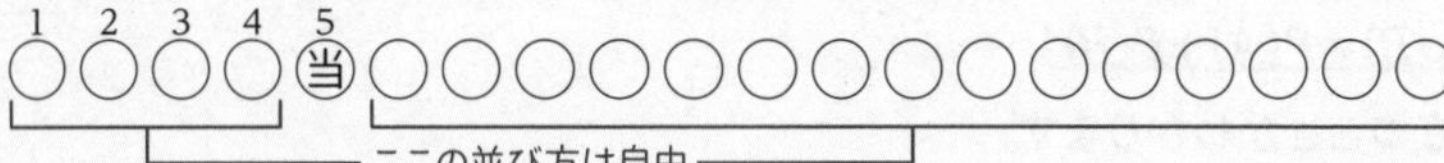

すべてのくじを区別して考えると，全体の並べ方は，

20! 通り。

3本の当たりくじのうち，5番目の当たりがどの当たりかで，

3通り。

それ以外の当たり2本，はずれ17本の計19本の並べ方は，

19! 通り。

よって，求める確率は，

$$\frac{3\cdot 19!}{20!}=\frac{3\cdot 19\cdots\cdots 1}{20\cdot 19\cdots\cdots 1}=\frac{3}{20}$$ … 答

1番目に引いた人が当たる確率も，くじの全本数が20本で当たりくじが3本なので，$\frac{3}{20}$ になります。実は，**当たりくじを引く確率は，引く順番に関係なく一定なのです。**つまり，特別な条件がない限り，何番目に引いても

$$\text{くじ引きで当たる確率}=\frac{\text{当たりくじの本数}}{\text{くじの全本数}}$$

となります。

演習問題 22

10 本中 2 本の当たりくじが入っているくじ引きがある。
次の確率を求めよ。

⑴ A と B の 2 人がこの順でくじを 1 本ずつ引くとき，A が当たりくじを引く確率

⑵ A と B の 2 人がこの順でくじを 1 本ずつ引くとき，B が当たりくじを引く確率

⑶ A と B の 2 人がこの順でくじを 1 本ずつ引くとき，A と B がともに当たりくじを引く確率

⑷ A がくじを同時に 2 本引くとき，少なくとも当たりくじを 1 本引く確率

考え方 くじを 1 列に並べると考えます。

解答▶別冊 61 ページ

2 じゃんけんの問題

じゃんけんの問題は，ルールが有名なのでよく問題に用いられます。

次の **Check Point** に着目して，問題を考えましょう。

Check Point じゃんけんの確率

① 勝つ確率＝$\dfrac{(\text{だれが勝つのか})\times(\text{どの手で勝つのか})}{\text{手の出し方}}$

② あいこは，勝者が出る場合の余事象

例題 10 4 人がじゃんけんを 1 回して，以下の状況になる確率をそれぞれ求めよ。

(1) 1 人が勝つ確率

(2) 2 人が勝つ確率

(3) あいこになる確率

解答 (1) **Check Point** の①の式を用いる。

4 人いるので手の出し方は全部で 3^4 通り，勝つ 1 人の選び方は ${}_4C_1$ 通り，勝つときの手はグー，チョキ，パーのいずれかから 1 つを選ぶので ${}_3C_1$ 通り。

よって，求める確率は，

$$\frac{{}_4C_1\times{}_3C_1}{3^4}=\mathbf{\frac{4}{27}}$$ … 答

(2) **Check Point** の①の式を用いる。

4 人いるので手の出し方は全部で 3^4 通り，勝つ 2 人の選び方は ${}_4C_2$ 通り，勝つときの手はグー，チョキ，パーのいずれかから 1 つを選ぶので ${}_3C_1$ 通り。

よって，求める確率は，

$$\frac{{}_4C_2\times{}_3C_1}{3^4}=\mathbf{\frac{2}{9}}$$ … 答

(3) 3 人が勝つ確率を考える。(1), (2)と同様にして，手の出し方は全部で 3^4 通り，勝つ 3 人の選び方は ${}_4C_3$ 通り，勝つときの手はグー，チョキ，パーのいずれかから 1 つを選ぶので ${}_3C_1$ 通り。よって，求める確率は，

$$\frac{{}_4C_3\times{}_3C_1}{3^4}=\frac{4}{27}$$

勝者が出る場合の余事象があいこの場合であるから，求める確率は，

$$1-\left(\frac{4}{27}+\frac{2}{9}+\frac{4}{27}\right)=\mathbf{\frac{13}{27}}$$ … 答

別解 あいこの確率だけを求めるならば，もう少し簡単に求めることができる。

勝者が出るということは，じゃんけんで出た手が 2 種類であるとき。

グー，チョキ，パーの中から 2 種類の手を選ぶときの選び方は，

$_3C_2$ 通り。

4 人がそれぞれ 2 種類の手のいずれかを選ぶときの選び方は 2^4 通りであるが，すべて同じ手になる場合を除かなければならないので，

(2^4-2) 通り。

以上より，勝者が出る確率は，

$$\frac{_3C_2\times(2^4-2)}{3^4}=\frac{14}{27}$$

余事象の確率を求めて，

$$1-\frac{14}{27}=\boldsymbol{\frac{13}{27}}$$ … 答

演習問題 23

3 人がじゃんけんをして，負けたものは次回から参加できないものとする。以下の状況になる確率をそれぞれ求めよ。ただし，あいこは 1 回と数えるものとする。

(1) 1 回のじゃんけんで 1 人が残る確率

(2) 2 回目のじゃんけんで初めて 1 人になる確率

(3) 2 回のじゃんけんで 2 人が残る確率

考え方 **Check Point** の①の式を利用して考えましょう。

解答▶別冊 62 ページ

3 反復試行の確率

同じ条件の下で同じ試行を繰り返し行うとします。1回1回の試行の結果が互いに影響を及ぼさない（**独立**であるといいます）とき，これらの試行を**反復試行**といいます。例えば，さいころ1個を3回繰り返し投げるとき，これらの試行は互いに影響を及ぼさないので，反復試行になります。

このとき，ちょうど2回6の目が出る確率を考えてみます。6の目がちょうど2回出る事象は，下の表のように3回中どの2回で6の目が出るのかを選ぶ選び方と考えると，$_3C_2$ 通り。

	1回目	2回目	3回目	確率
$_3C_2$ 通り	6	6	6以外	$\frac{1}{6}\times\frac{1}{6}\times\left(1-\frac{1}{6}\right)$
	6	6以外	6	$\frac{1}{6}\times\left(1-\frac{1}{6}\right)\times\frac{1}{6}$
	6以外	6	6	$\left(1-\frac{1}{6}\right)\times\frac{1}{6}\times\frac{1}{6}$

計算の順序は違っていますが，**どの事象も確率は，$\frac{1}{6}\times\frac{1}{6}\times\left(1-\frac{1}{6}\right)$ である**ことがわかります。以上より，求める確率は $_3C_2\times\frac{1}{6}\times\frac{1}{6}\times\left(1-\frac{1}{6}\right)$ ということになります。

一般に，反復試行について，次のことが成り立ちます。

Check Point 反復試行の確率

1回の試行で事象 A の起こる確率を p とすると，この試行を n 回繰り返し行うとき，事象 A がちょうど r 回起こる確率は，

$$_nC_r\times p^r\times(1-p)^{n-r}$$

↑ n 回中どこの r 回か　↑ r 回起こる確率　↑ $(n-r)$ 回起こらない確率

演習問題 24

1個のさいころを5回投げる試行を考える。6の目がちょうど3回出る確率を求めよ。

考え方 確率が一定である試行において，「●回中▲回起こる」確率は，反復試行の確率になります。

解答▶別冊 62 ページ

4 最大値・最小値の確率

最大値・最小値の確率は，直接求めることが簡単ではありません。
「～以上」や「～以下」の表現を用いて考えると簡単に求めることができます。

Check Point　最大値・最小値の確率

最大値 →「～以下の確率」を組み合わせて求める
最小値 →「～以上の確率」を組み合わせて求める

例題11 1個のさいころを繰り返し5回投げるとき，目の最大値が4となる確率を求めよ。

考え方〉「最大値が4以下となる確率」は簡単に求めることができます。

解答 最大値が4以下となる確率は，5回とも4以下の目を出すときでその確率は，

$$\left(\frac{4}{6}\right)^5=\left(\frac{2}{3}\right)^5$$

最大値が3以下となる確率は，5回とも3以下の目を出すときでその確率は，

$$\left(\frac{3}{6}\right)^5=\left(\frac{1}{2}\right)^5$$

「最大値が4以下となる確率」とは「最大値が1，2，3，4となる確率を合わせたもの」である。そして，「最大値が3以下となる確率」とは，「最大値が1，2，3となる確率を合わせたもの」である。つまり，この2つの差をとると「最大値が4となる確率」のみが残ることになる。

よって，求める確率は

$$\left(\frac{2}{3}\right)^5-\left(\frac{1}{2}\right)^5=\frac{781}{7776}$$ … 答

別解「～以上」での計算も不可能ではない。この場合は，「最大値が4以上となる確率」と「最大値が5以上となる確率」の差を求めることになる。
「最大値が4以上となる確率」とは
「最大値が4，5，6となる確率を合わせたもの」，
「最大値が5以上となる確率」とは
「最大値が5，6となる確率を合わせたもの」
であるから，差をとれば「最大値が4となる確率」だけを残せる。

最大値が 4 以上となる確率は，5 回のうち少なくとも 1 回 4 以上の目が出るときで，余事象「すべて 3 以下の目が出る」を利用すると，

$$1-\left(\frac{3}{6}\right)^5=1-\left(\frac{1}{2}\right)^5$$

同様にして，最大値が 5 以上となる確率は，5 回のうち少なくとも 1 回 5 以上の目が出るときで，余事象は「すべて 4 以下の目が出る」であるから，

$$1-\left(\frac{4}{6}\right)^5=1-\left(\frac{2}{3}\right)^5$$

よって，2 つの確率の差をとると，

$$\left\{1-\left(\frac{1}{2}\right)^5\right\}-\left\{1-\left(\frac{2}{3}\right)^5\right\}=\left(\frac{2}{3}\right)^5-\left(\frac{1}{2}\right)^5=\mathbf{\frac{781}{7776}}$$ … 答

演習問題 25

1 から 10 までの番号をつけた 10 枚のカードがそれぞれ入った袋が 2 つ，1 から 8 までの番号をつけた 8 枚のカードが入った袋が 1 つあり，それぞれの袋から 1 枚ずつカードを取り出す。

このとき，以下の確率を求めよ。

⑴ 3 枚のカードが，どれも 5 以上の番号である確率

⑵ 3 枚のカードが，どれも 6 以上の番号である確率

⑶ 3 枚のカードの番号の最小値が 5 である確率

考え方 最大値は「～以下」，最小値は「～以上」の確率を組み合わせて用います。

解答▶別冊 62 ページ

5 条件つき確率

例えば，猫が 3 匹の子猫を生みました。

「3 匹ともメスである確率」はいくつでしょうか。ただし，特に断りがない限り，オスが生まれる確率とメスが生まれる確率はどちらも $\frac{1}{2}$ と考えます。

右の表より，確率は $\frac{1}{8}$ とわかります。

全部で 8 通り

A	B	C
オス	オス	オス
メス	オス	オス
オス	メス	オス
オス	オス	メス
メス	メス	オス
メス	オス	メス
オス	メス	メス
メス	メス	メス

←この 1 通り

次に，「**3 匹の子猫のうち少なくとも 1 匹はメスであることがわかっている**とき，3 匹ともメスである確率」を考えてみましょう。

先ほどと同じように，$\frac{1}{8}$ とするのは誤りです。

少なくとも 1 匹はメスであることがわかっている点が考慮されていないからです。

右の表より，「3 匹の子猫のうち少なくとも 1 匹はメスであることがわかっているとき，3 匹ともメスである確率」は，$\frac{1}{7}$ とわかります。

全部で 7 通り

A	B	C
オス	オス	オス
メス	オス	オス
オス	メス	オス
オス	オス	メス
メス	メス	オス
メス	オス	メス
オス	メス	メス
メス	メス	メス

←この 1 通り

このように，ある事象 A が起こったことがわかったとき，事象 B の起こる確率を条件つき確率といい，$P_A(B)$ で表します。

確率は $\frac{\text{ある事象の場合の数}}{\text{全体の場合の数}}$ であるから，条件つき確率を求めるときのポイントは，

何を全体とみるのか？（何を分母とするのか？）

という点になります。

上の問題では，「3 匹の子猫のうち少なくとも 1 匹はメスであることがわかっているとき」が全体になるので，分母は 7 になります。

一般に事象 A が起こったとき，事象 B も起こる条件つき確率 $P_A(B)$ は，次のような式で表されます。

Check Point　条件つき確率

$$P_A(B)=\frac{\text{事象 } A\cap B \text{ の起こる場合の数}}{\text{事象 } A \text{ の起こる場合の数}}$$

←A も B も起こるときが分子
←A が起こるときが分母（全体）

また，分子・分母を全体の起こる場合の数で割ることにより，確率をもとに求めることもできます。

$$P_A(B)=\frac{\text{事象 } A\cap B \text{ の起こる確率}}{\text{事象 } A \text{ の起こる確率}}=\frac{P(A\cap B)}{P(A)}$$

演習問題 26

1 赤玉 2 個，黒玉 3 個が入った袋から，1 個ずつ順に 2 個の玉を取り出す。ただし，取り出した玉はもとに戻さない。2 番目の玉が黒玉のとき，1 番目の玉も黒玉である条件つき確率を求めよ。

考え方 「2 番目の玉が黒玉のとき」を全体（分母）と考えます。図をかくのも 1 つの手です。

2 ある工場では製品 A と製品 B の両方を製造している。
製品 A は不良品の現れる確率が 5%，製品 B は不良品の現れる確率が 8%である。また，製品 A は製品全体の 60%，製品 B は製品全体の 40%を占めている。

(1) 製品 A と B を合わせて 10000 個製造すると，不良品は何個存在するか。

(2) 製品の中から 1 個を取り出す。それが不良品であったとき，それが製品 A である確率を求めよ。

考え方 (2)「不良品であったとき」を全体（分母）と考えます。

解答▶別冊 63 ページ

6 期待値

目が 1，5，5，5，5，5 であるさいころを 1 回投げたとき，出た目の数だけりんごがもらえるとしましょう。

それぞれの目の出る確率は $\frac{1}{6}$ で等しいことがわかります。とはいえ，もらえるりんごの数は等しくありません。1 の目を出せば 1 個もらえますが，5 の目を出せば 5 個ももらえます。

さいころの目の平均について考えてみます。さいころの目は 1 または 5 なので平均値は，

$$\frac{1+5}{2}=3$$

としがちですが，5 の目が 5 つもあるさいころなので平均値はもっと高いはず（ほとんどがりんご 5 個のはず）です。

この場合，5 つある 5 をすべて数えるべきなので，

$$\frac{1+5+5+5+5+5}{6}=\frac{26}{6}\fallingdotseq 4.3$$

となります。この 4.3（個）は，さいころを 1 回投げたときの期待できるりんごの個数と見なすことができます。

ここで，先ほどの平均の式を

$$\begin{aligned}\frac{1+5+5+5+5+5}{6}&=\frac{1}{6}+\frac{5}{6}+\frac{5}{6}+\frac{5}{6}+\frac{5}{6}+\frac{5}{6}\\&=1\cdot\frac{1}{6}+5\cdot\frac{5}{6}\end{aligned}$$

と変形すると，「(さいころの目)×(その目が出る確率)の和」と考えることができます。

この，数量とその確率の積の和を期待値といいます。

Check Point 期待値

ある試行において，起こる事象の数量が x_1，x_2，x_3，…，x_n で，その確率がそれぞれ p_1，p_2，p_3，…，p_n であるとき，この数量の期待値は，

$$x_1\cdot p_1+x_2\cdot p_2+x_3\cdot p_3+\cdots+x_n\cdot p_n$$

例題12 箱の中に，10，20，30，40，50と書かれたカードがそれぞれ2枚，3枚，3枚，1枚，1枚の計10枚が入っている。

カードを箱から1枚取り出したときの数字の期待値を求めよ。

解答 カードを取り出したときの数字とその確率は以下の表のようになる。

数字	10	20	30	40	50	計
確率	$\frac{2}{10}$	$\frac{3}{10}$	$\frac{3}{10}$	$\frac{1}{10}$	$\frac{1}{10}$	1

よって，求める期待値は，

$$10\cdot\frac{2}{10}+20\cdot\frac{3}{10}+30\cdot\frac{3}{10}+40\cdot\frac{1}{10}+50\cdot\frac{1}{10}$$

$$=\frac{20+60+90+40+50}{10}$$

$=26$ … 答

数量とその確率をまとめた表を「確率分布表」といいます。確率分布表では期待値の計算で通分する目的で，**確率を約分せずに書いておくのがポイントです。**

演習問題 27

2つのさいころを同時に投げるとき，目の差の絶対値の期待値を求めよ。

考え方 2つのさいころの目の差を表にまとめて考えるとよいでしょう。

解答▶別冊63ページ

図形の性質

第1節 | 三角形の性質 …… 210

第2節 | 円の性質 …… 226

第3節 | 作　図 …… 238

第4節 | 空間図形 …… 241

第1節 三角形の性質

1 辺と角の大小関係

三角形において，**大きい辺に向かい合う角は，小さい辺に向かい合う角より大きくなります。**

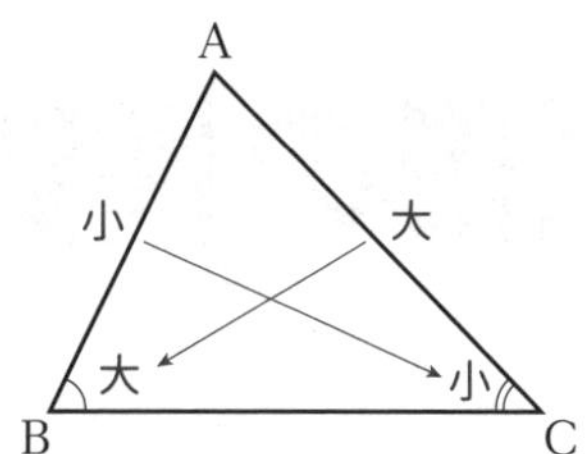

Check Point 辺と角の大小関係 ①

△ABC において，AB<AC ならば，∠C<∠B

証明 辺 AC 上に AB=AB′ となる点 B′ をとる。つまり，

∠ABB′=∠AB′B ←△ABB′ は二等辺三角形

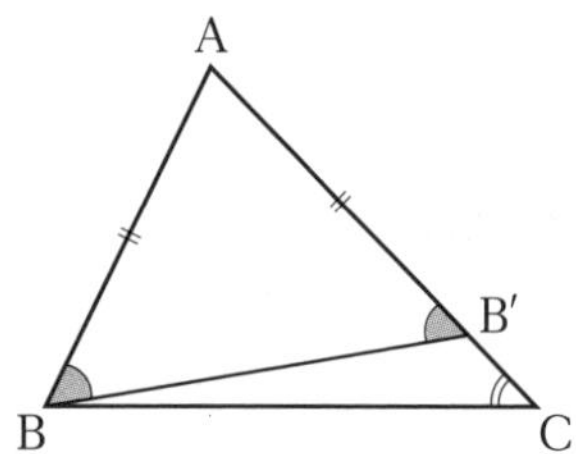

△BCB′ の内角と外角の関係より，∠AB′B=∠C+∠CBB′ であるから，

∠AB′B>∠C つまり，∠ABB′>∠C

さらに，∠B>∠ABB′ であるから，

∠B>∠C 〔証明終わり〕

この関係は，逆も成り立つことが知られています。

つまり，三角形において，**大きい角に向かい合う辺は，小さい角に向かい合う辺より大きくなります。**

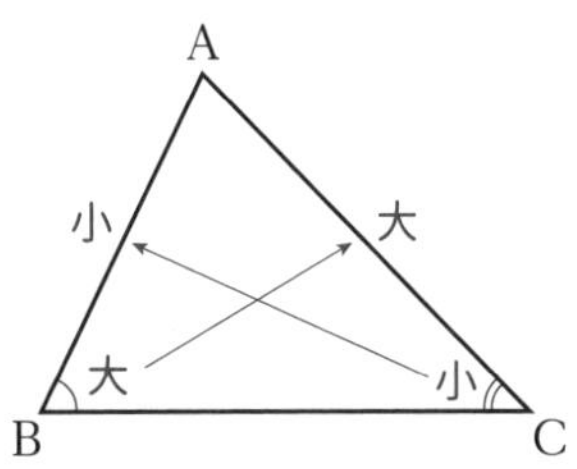

Check Point　辺と角の大小関係 ②

$\triangle ABC$ において，$\angle B > \angle C$ ならば，$AC > AB$

証明　図のように，$\angle B > \angle C$ である三角形を考える。

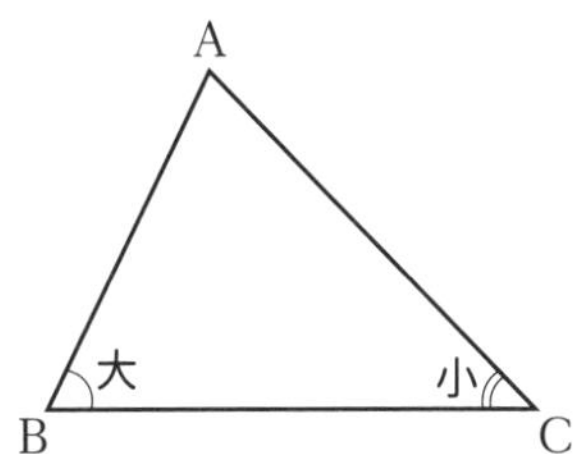

このとき，$AC > AB$ ではないと仮定すると，$AC = AB$，または，$AC < AB$ である。
$AC = AB$ とすると，$\triangle ABC$ は二等辺三角形であり，$\angle B = \angle C$ であるから矛盾する。
$AC < AB$ とすると，前ページで証明した「辺と角の大小関係①」より，$\angle B < \angle C$ であるから矛盾する。
ともに矛盾するので仮定が正しくないことがわかる。
よって，$AC > AB$ が成り立つ。　〔証明終わり〕

演習問題 1

$AB < AC$ である $\triangle ABC$ において，辺 BC 上に B，C と一致しない点 P をとる。このとき，$AC > AP$ が成り立つことを示せ。

考え方　「辺の長さの大小⇔向かい合う角の大小」です。

2 三角形の成立条件

三角形が成立するためには，3 辺の長さに次のような関係が必要です。

Check Point　三角形の成立条件 ①

3 辺の長さが a，b，c である三角形の成立条件は，

$$\begin{cases} a<b+c \\ b<c+a \\ c<a+b \end{cases}$$

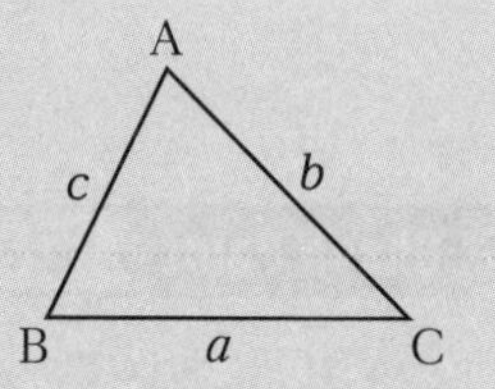

つまり，「1 辺の長さ＜他の 2 辺の長さの和」ということです。

上の **Check Point** の 3 つの不等式は，次のように 1 つの式にまとめることができます。

$$\begin{cases} a<b+c \quad \cdots\cdots ① \\ b<c+a \quad \cdots\cdots ② \\ c<a+b \quad \cdots\cdots ③ \end{cases}$$

とする。

②より，$a>b-c$　③より，$-a<b-c$

よって，$-a<b-c<a$ であるから，$|b-c|<a$ ……④

①，④より，$|b-c|<a<b+c$

Check Point　三角形の成立条件 ②

3 辺の長さが a，b，c である三角形の成立条件は，

$|b-c|<a<b+c$

演習問題 2

△ABC において，∠A>∠B>∠C とし，AB=6，BC=x，CA=8 とするとき，x のとりうる値の範囲を求めよ。

考え方〉「| 他の 2 辺の差 |<1 辺<他の 2 辺の和」です。

解答▶別冊 64 ページ

3 角の二等分線の定理

線分 AB 上に点 P があり，

$AP:PB=m:n$

が成り立つとき，P は AB を $m:n$ に**内分**するといいます。

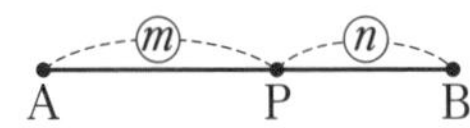

また，線分 AB の延長上に点 Q があり，

$AQ:QB=m:n$

が成り立つとき，Q は AB を $m:n$ に**外分**するといいます。

（$m>n$ のとき）　　　（$m<n$ のとき）

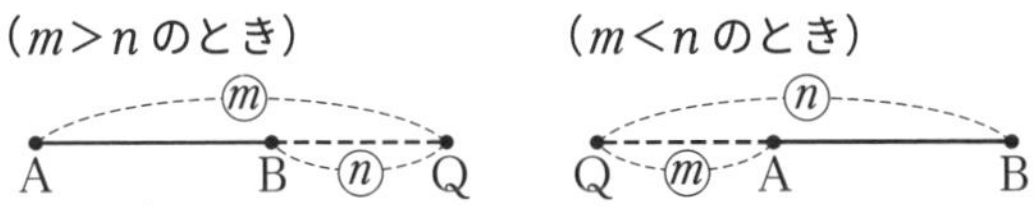

三角形の角の二等分線について，次の定理が成り立ちます。

Check Point　角の二等分線の定理

次の[1]，[2]の図のいずれの場合についても，

$AB:AC=BD:CD$

ただし，[2]の図は $AB \neq AC$ とする。←AB=AC のとき，外角の二等分線は辺 BC と平行になります

[1] 頂点 A における内角の二等分線　[2] 頂点 A における外角の二等分線

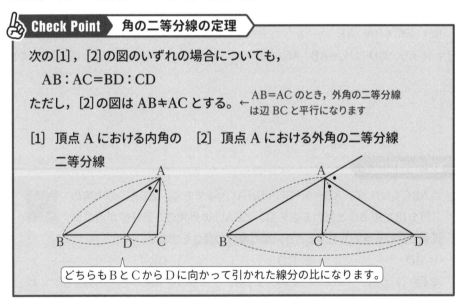

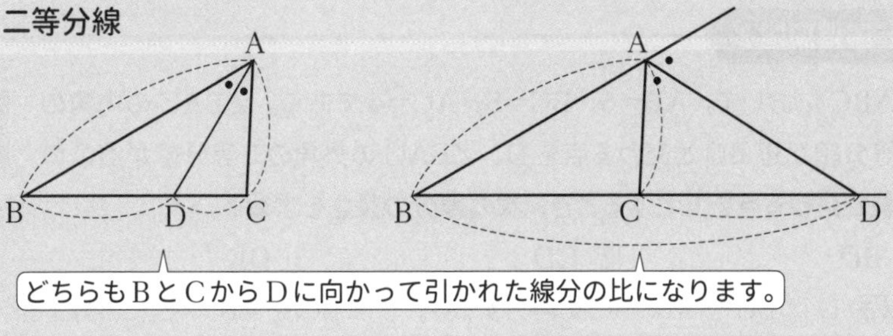

内角の二等分線では，「2 辺の比」＝「残りの 1 辺を内分する辺の比」
外角の二等分線では，「2 辺の比」＝「残りの 1 辺を外分する辺の比」
とイメージします。

証明 図のように，△ABC において∠A の二等分線を AD とする。C から AD に平行な直線を引き，BA の延長との交点を E とする。

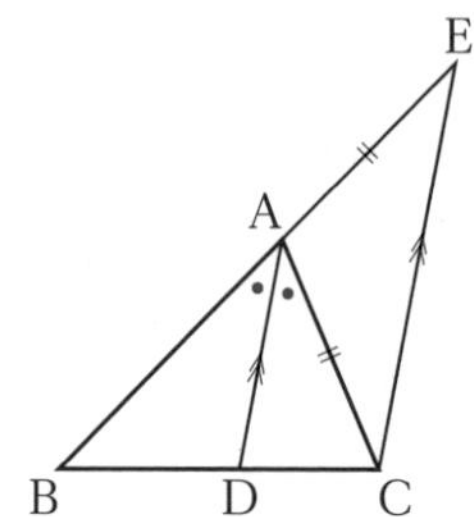

AD∥EC であるから，∠BAD=∠AEC(同位角)

∠DAC=∠ACE(錯角)

∠BAD=∠DAC であるから，∠AEC=∠ACE

よって，△ACE は二等辺三角形とわかるので，

AE=AC ……①

△BCE に着目すると AD∥EC であるから，

BD：DC=BA：AE ……②

①，②より，BD：DC=AB：AC 〔証明終わり〕

演習問題 3

△ABC において，AB=6，BC=5，AC=4 である。∠BAC の内角の二等分線が辺 BC と交わる点を D，∠BAC の外角の二等分線が BC の延長と交わる点を E とするとき，次の線分の長さを求めよ。

(1) BD (2) CD (3) DE

考え方 D は BC を AB：AC に内分する点，E は BC を AB：AC に外分する点です。

4 中線定理

三角形の頂点とそれに向かい合う辺の中点を結ぶ線分を**中線**といいます。

Check Point 中線定理

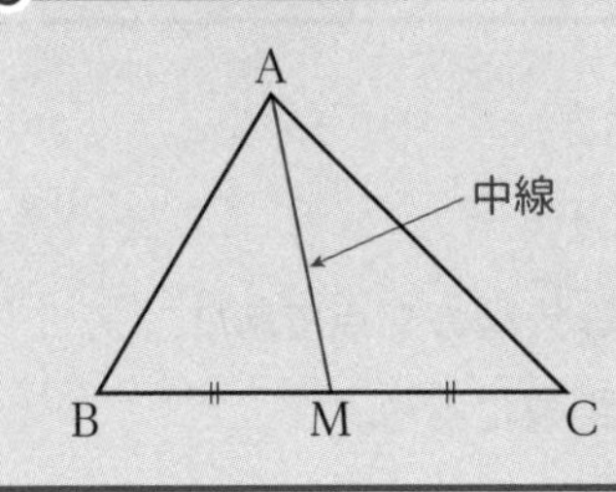

△ABC の辺 BC の中点を M とするとき，

$$AB^2+AC^2=2(AM^2+BM^2)$$

↑

斜め^2＋斜め^2＝2(中線^2＋底辺の半分^2)

証明 A から BC に下ろした垂線との交点を H とする。

図より，$BH=BM-HM$，$CH=CM+HM$

三平方の定理より，

$AB^2=BH^2+AH^2$，$AC^2=CH^2+AH^2$

よって，

$$\begin{aligned}AB^2+AC^2&=(\underline{BH}^2+AH^2)+(\underline{CH}^2+AH^2)\\&=(\underline{BM-HM})^2+AH^2+(\underline{CM+HM})^2+AH^2\\&=2(\underline{AH^2+HM^2})+(BM^2+\underset{\uparrow BM^2}{CM^2})-2BM\cdot HM+2\underset{\uparrow BM}{CM}\cdot HM\\&=2\underline{AM}^2+2BM^2\\&=2(AM^2+BM^2)\end{aligned}$$

〔証明終わり〕

演習問題 4

次の平行四辺形 ABCD において，対角線 BD の長さを求めよ。

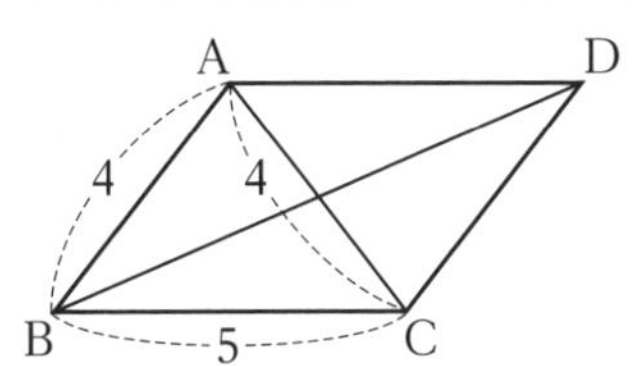

考え方 平行四辺形の対角線はそれぞれの中点で交わります。

解答▶別冊 65 ページ

5 外　心

三角形の外接円の中心を外心といいます。**外心は 3 辺の垂直二等分線の交点**になります。

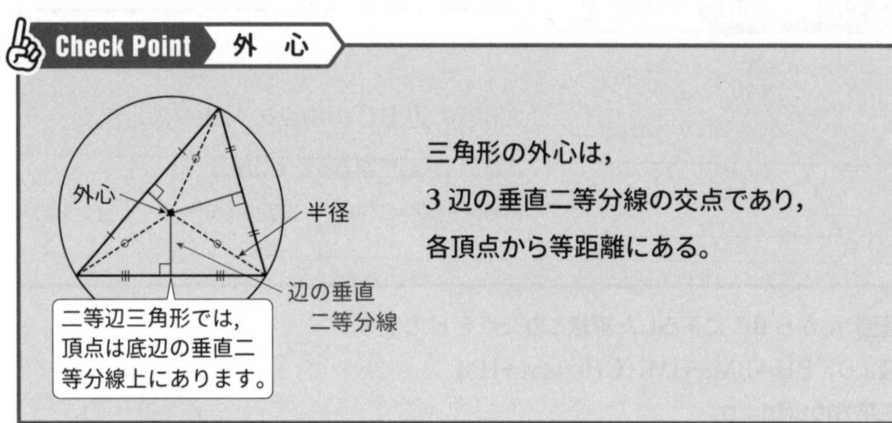

Check Point
外　心
外心
半径
辺の垂直
二等分線
二等辺三角形では，
頂点は底辺の垂直二
等分線上にあります。
三角形の外心は，
3 辺の垂直二等分線の交点であり，
各頂点から等距離にある。

演習問題 5

1 △ABC の外心を O とするとき，次のことを証明せよ。ただし，中心 O は∠BAC の内部にあるものとする。

(1) ∠BOC=2∠A

(2) ∠A=90°ならば，点 O は辺 BC の中点

考え方 図をかいて考えましょう。

2 点 O は△ABC の外心である。α，βの角の大きさを求めよ。

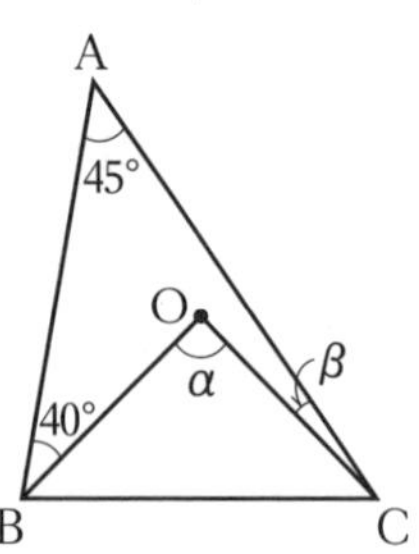

考え方 外接円をかいて考えます。

6 内　心

三角形の内接円の中心を内心といいます。**内心は内角の二等分線の交点**になります。

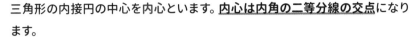

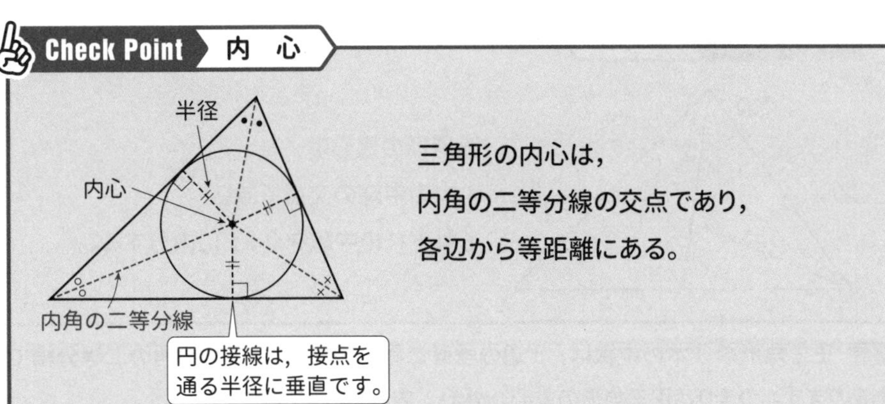

Check Point　内　心
半径
内心
内角の二等分線
円の接線は，接点を通る半径に垂直です。
三角形の内心は，
内角の二等分線の交点であり，
各辺から等距離にある。

参考　三角形の 3 つの頂点から向かい合う辺に引いた垂線の交点を垂心といいます。

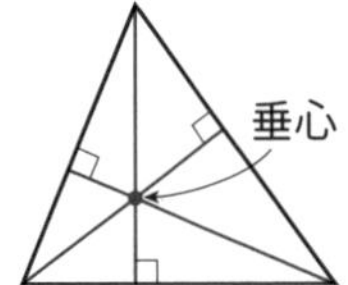

点 I は△ABC の内心である。(1)はα，β，(2)はαの角の大きさを求めよ。

(1)

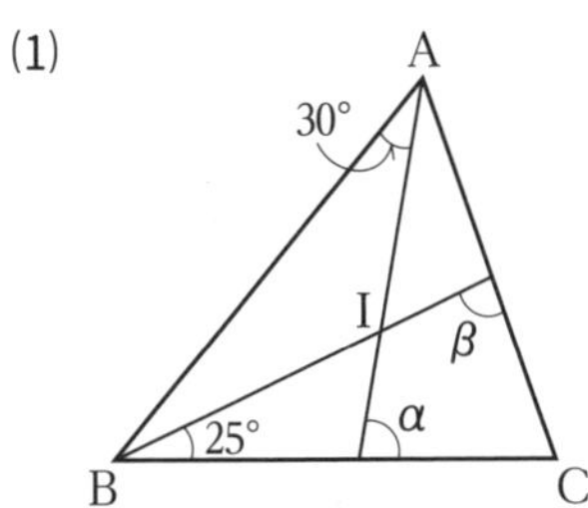

(2)

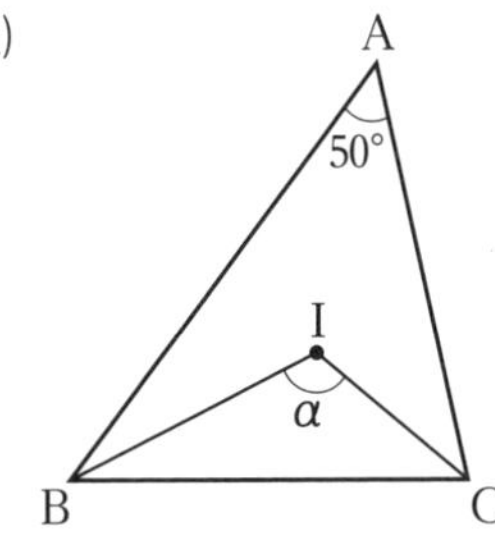

考え方　内心は内角の二等分線の交点であることを利用します。

7 重　心

三角形の 3 本の中線の交点を重心といいます。**重心はそれぞれの中線を 2：1 に内分する点**です。

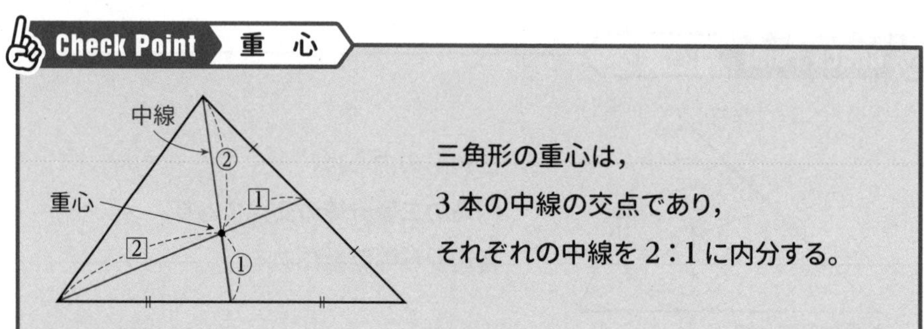

Check Point 重　心
中線
重心
②
①
1
2
三角形の重心は，
3 本の中線の交点であり，
それぞれの中線を 2：1 に内分する。

参考 正三角形の 3 本の中線は，3 辺の垂直二等分線であり，3 つの角の二等分線でもあります。つまり，正三角形の重心，外心，内心は一致します。

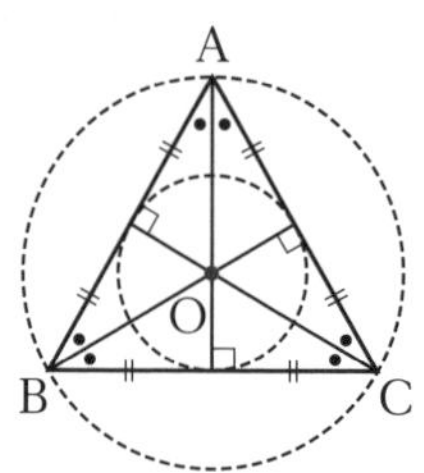

演習問題 7

図において，以下の線分の長さを求めよ。ただし，点 G は△ABC の重心である。

(1) BD　　(2) DG　　(3) CG

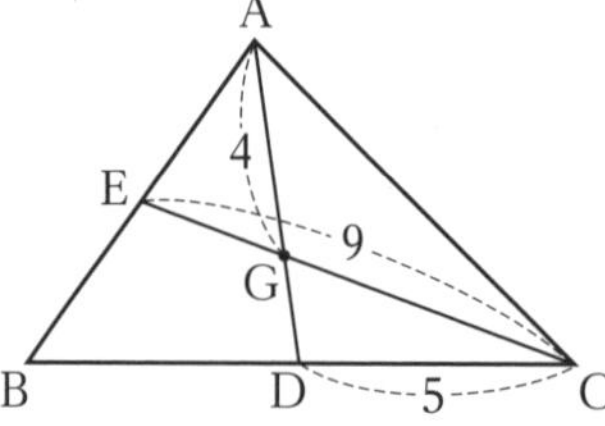

考え方 重心は 3 本の中線の交点です。

解答▶別冊 66 ページ

8 面積比と辺の比

三角形の面積は「$\frac{1}{2}$×底辺×高さ」で求まります。これをもとに考えると，2つの三角形の面積比は次のようになります。

Check Point 三角形の面積比

・高さが同じ三角形の面積比 → 底辺の比
・底辺が同じ三角形の面積比 → 高さの比
・底辺の比が $a:b$，高さの比が $m:n$ の三角形の面積比
　→ $(a\times m):(b\times n)$

例題 1 次のそれぞれの三角形の組における面積の比 $S:T$ を求めよ。

(1)

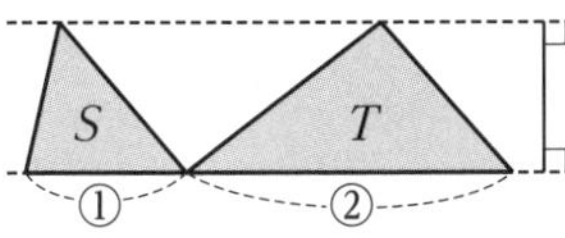

(2)

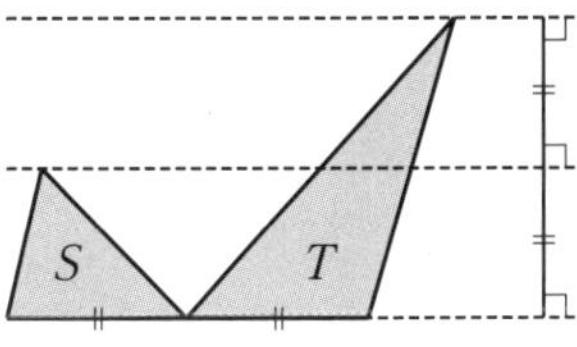

(3)

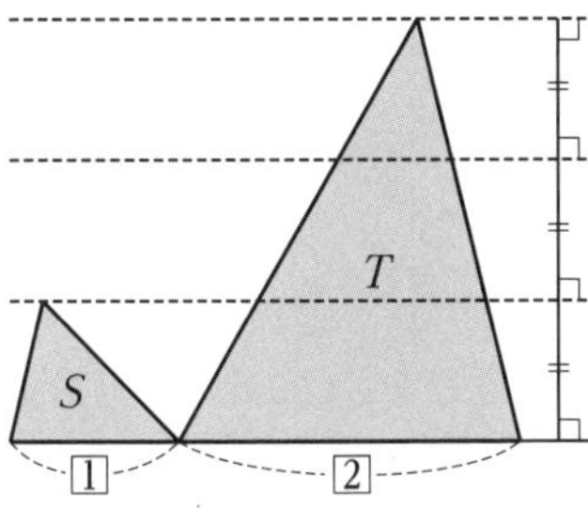

解答 (1) 高さが等しいので，面積比は底辺の比に等しく，

$S:T=1:2$ … 答

(2) 底辺の長さが等しいので，面積比は高さの比に等しく，

$S:T=$**1：2** … 答

(3) 底辺の比が 1：2，高さの比が 1：3 であるから，面積比はそれぞれを掛けた値の比に等しく，

$S:T=(1\times1):(2\times3)=$**1：6** … 答

演習問題 8

△ABC の辺 BC を 2：1 に内分する点を D とし，AD を 3：2 に内分する点を E とするとき，三角形の面積の比

△ABE：△BCE：△ECA

を求めよ。

考え方 高さが等しい 2 つの三角形を見つけます。

9 メネラウスの定理

三角形の頂点から向かい合う辺に引かれた直線が２本ある場合，メネラウスの定理が適用できます。

Check Point　メネラウスの定理

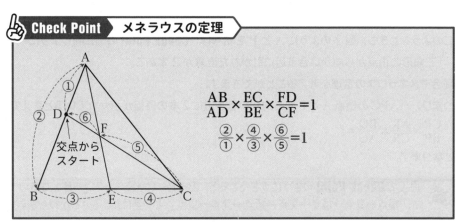

$$\frac{AB}{AD}\times\frac{EC}{BE}\times\frac{FD}{CF}=1$$

$$\frac{②}{①}\times\frac{④}{③}\times\frac{⑥}{⑤}=1$$

交点からスタート

証明　図のように，D を通り AE に平行な線分 DG を引いて考える。

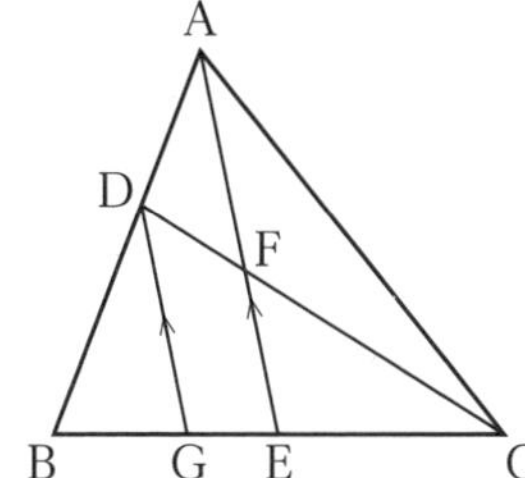

△CFE∽△CDG より，

$$\frac{AB}{AD}\times\frac{EC}{BE}\times\frac{FD}{CF}=\frac{AB}{AD}\times\frac{EC}{BE}\times\frac{EG}{CE}$$

$$=\frac{AB}{AD}\times\frac{EG}{BE}$$

△ABE∽△DBG より，

$$\frac{AB}{AD}\times\frac{EG}{BE}=\frac{AB}{AD}\times\frac{AD}{AB}$$

$$=1$$

〔証明終わり〕

一般に，メネラウスの定理は，次の図１のように，

「三角形の３つの辺またはその延長が，頂点を通らない直線と交わる」

場合で示されています。

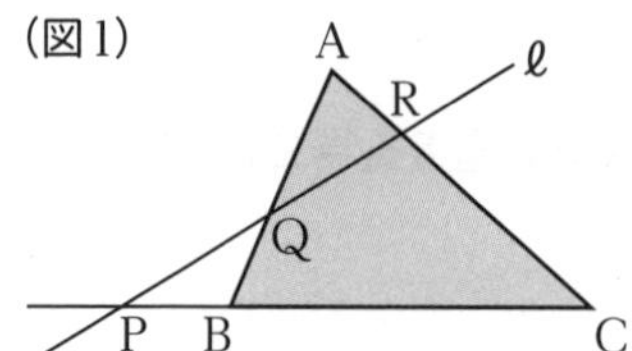

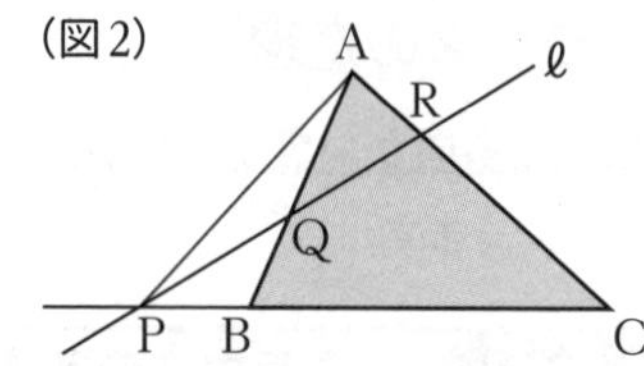

このようなときも，図 2 のように A と P を結べば，**Check Point** の図と同じように

「三角形の頂点から向かい合う辺に引かれた直線が 2 本ある」

場合でメネラウスの定理を考えることができます。

つまり，△APC の頂点 A と P から向かい合う辺に 2 本の直線が引かれていると考えて，

$$\frac{CP}{BP}\times\frac{AR}{CR}\times\frac{BQ}{AQ}=1$$

となります。

図 1 で **Check Point** のように点をたどると，B→P→C→R→A→Q→B となるので,「頂点→交点→頂点→交点→頂点→交点→頂点」と交互にたどることがわかります。

演習問題 9

1 図において，BQ：QA の比を求めよ。

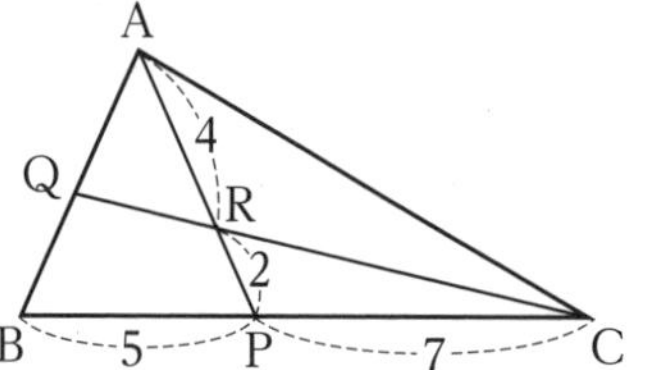

考え方〉頂点から向かい合う辺に引かれた直線が 2 本あるとき，メネラウスの定理の利用を考えます。

2 △ABC の辺 BC の延長上に点 P があり，辺 CA 上に点 Q がある。直線 PQ と辺 AB との交点を R，BC：CP=1：2，CQ：QA=1：2 のときの AR：RB を求めよ。

考え方〉A と P を結ぶと**1**と同じように考えることができます。

解答▶別冊 67 ページ

10 チェバの定理

三角形の頂点から向かい合う辺に引かれた直線が 3 本あり，かつその 3 本が 1 点で交わっている場合，チェバの定理が適用できます。

Check Point　チェバの定理

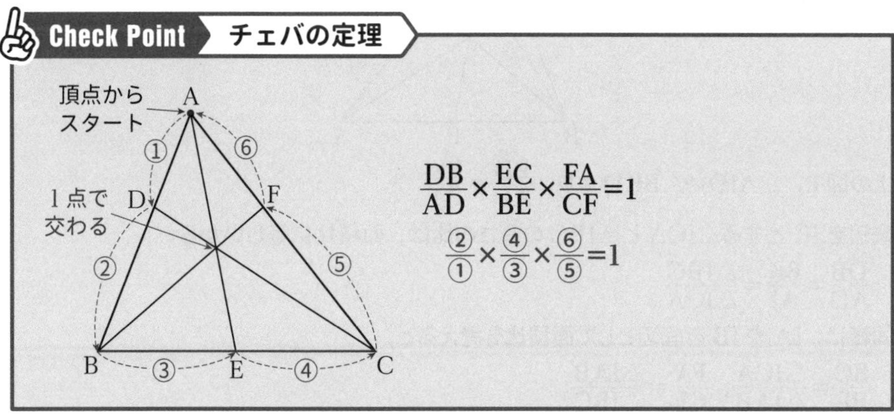

$$\frac{DB}{AD}\times\frac{EC}{BE}\times\frac{FA}{CF}=1$$

$$\frac{②}{①}\times\frac{④}{③}\times\frac{⑥}{⑤}=1$$

Advice 点をたどると，A→D→B→E→C→F→A となるので，チェバの定理でも，「頂点→交点→頂点→交点→頂点→交点→頂点」と交互にたどることがわかります。

証明　図のように，A を通り BC に平行な直線と CD，BF の延長との交点をそれぞれ G，H とする。

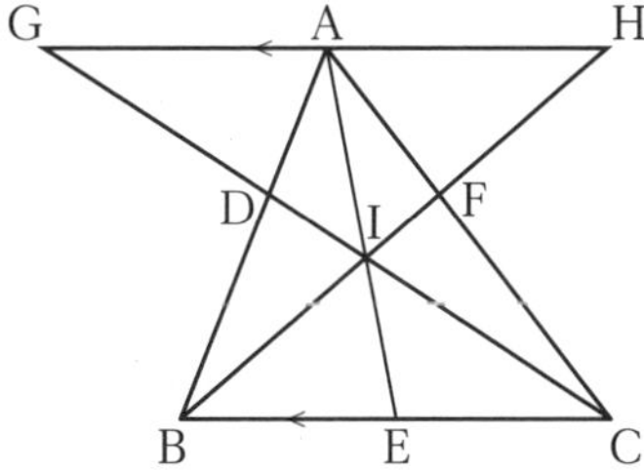

△DBC∽△DAG，△FBC∽△FHA より，

$$\frac{DB}{AD}\times\frac{EC}{BE}\times\frac{FA}{CF}=\frac{BC}{AG}\times\frac{EC}{BE}\times\frac{HA}{BC}$$
$$=\frac{EC}{AG}\times\frac{HA}{BE}$$

△IEC∽△IAG，△IHA∽△IBE より，

$$\frac{EC}{AG}\times\frac{HA}{BE}=\frac{IE}{IA}\times\frac{IA}{IE}$$
$$=1$$

〔証明終わり〕

別解 面積比を用いて証明することもできます。

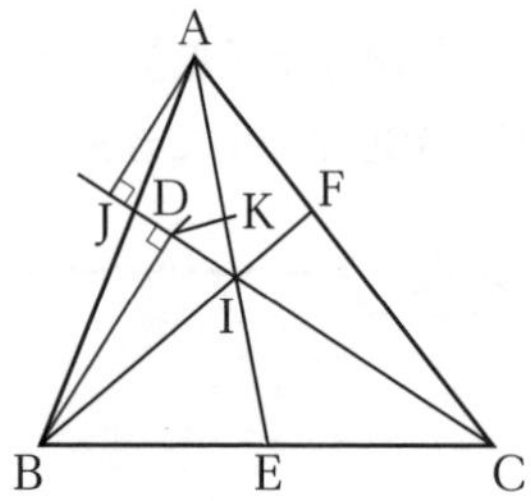

上の図で，△AJD∽△BKD より，$\frac{BD}{AD}=\frac{BK}{AJ}$

底辺を IC とする△ICA と△IBC の高さの比は，面積比に等しいから，

$\frac{DB}{AD}=\frac{BK}{AJ}=\frac{\triangle IBC}{\triangle ICA}$

同様に，IA や IB を底辺として面積比を考えると，

$\frac{EC}{BE}=\frac{\triangle ICA}{\triangle IAB}$，$\frac{FA}{CF}=\frac{\triangle IAB}{\triangle IBC}$

以上より，$\frac{DB}{AD}\times\frac{EC}{BE}\times\frac{FA}{CF}=\frac{\triangle IBC}{\triangle ICA}\times\frac{\triangle ICA}{\triangle IAB}\times\frac{\triangle IAB}{\triangle IBC}$

$=1$

〔証明終わり〕

ちなみに，チェバの定理の図には，メネラウスの定理の図も含まれているので，メネラウスの定理を適用することもできます。問題の図を見る際には気をつけましょう。

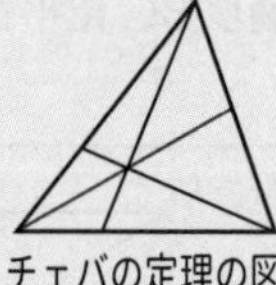
チェバの定理の図

→

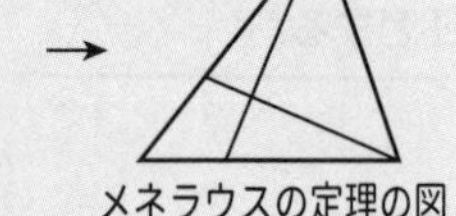
メネラウスの定理の図

また，下の図のように，**頂点から引かれた 3 つの直線が三角形の外で交点をもつ**場合もチェバの定理は成り立ちます。つまり，**Check Point** と同じように，

$\frac{DB}{AD}\times\frac{EC}{BE}\times\frac{FA}{CF}=1$

の式が成り立ちます。

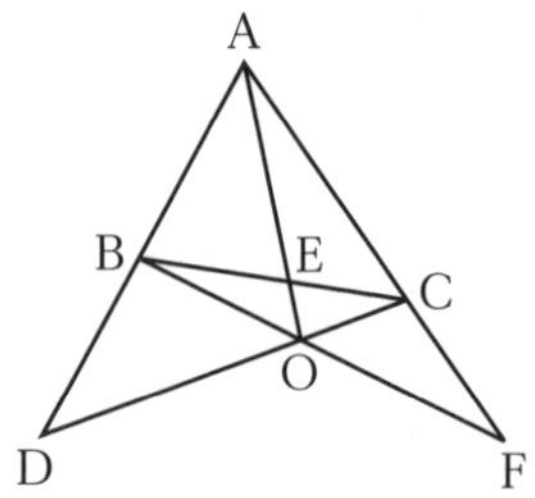

演習問題 10

1 △ABC の 3 辺 BC，CA，AB 上にそれぞれ点 P，Q，R があり，かつ AP，BQ，CR が 1 点で交わるときを考える。

Q が CA を 1：3 に内分し，R が AB を 2：3 に内分するとき，BP：PC を求めよ。

考え方〉頂点から向かい合う辺に 3 本の直線が引かれていて，かつその 3 本が 1 点で交わっているので，チェバの定理が適用できます。

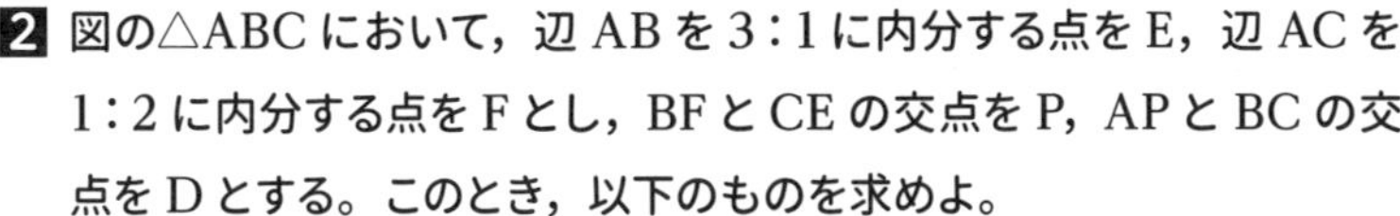

2 図の△ABC において，辺 AB を 3：1 に内分する点を E，辺 AC を 1：2 に内分する点を F とし，BF と CE の交点を P，AP と BC の交点を D とする。このとき，以下のものを求めよ。

(1) BD：DC　　(2) AP：PD

(3) BP：PF　　(4) △ABP：△ABC

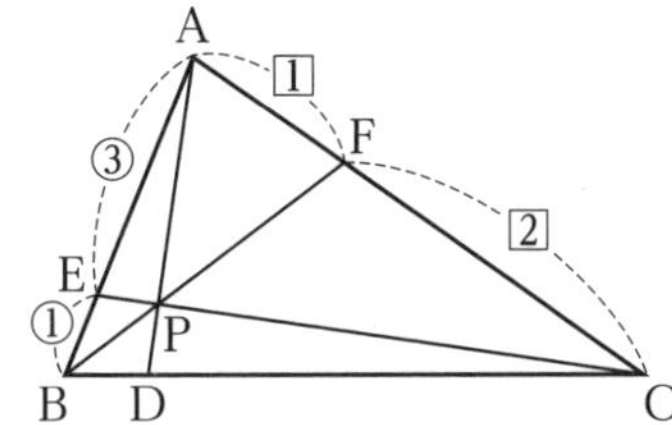

考え方〉メネラウスの定理とチェバの定理の両方を使い分けます。

解答▶別冊 67 ページ

第2節 円の性質

1 円周角の定理

1つの弧に対する中心角の大きさは，その弧に対する円周角の大きさの2倍になります。

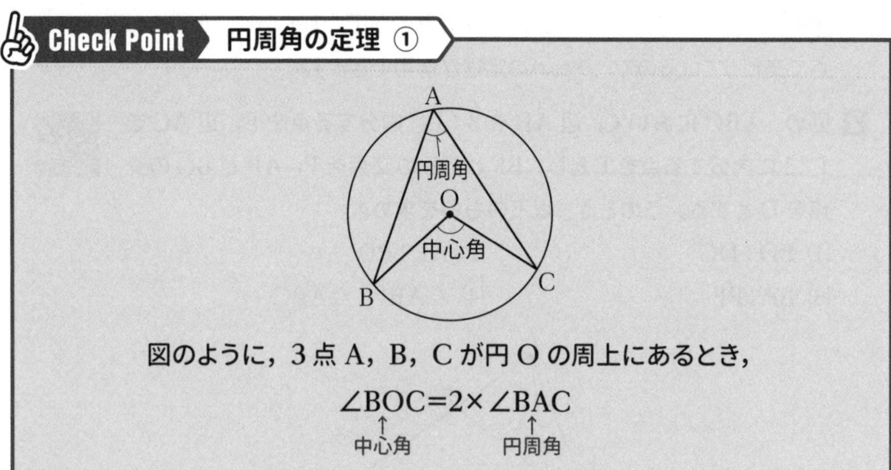

図のように，3点 A，B，C が円 O の周上にあるとき，

$$\angle BOC = 2 \times \angle BAC$$

↑中心角　　↑円周角

証明は，**p.216** の**演習問題 5** でしていますね。

1つの弧に対する円周角の大きさはすべて等しくなります。

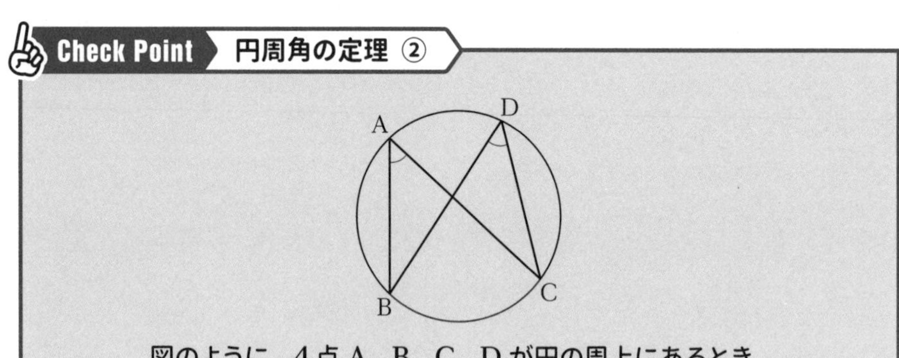

図のように，4点 A，B，C，D が円の周上にあるとき，

$$\angle BAC = \angle BDC$$

証明 円の中心を O，弧 BD に対する中心角を 2θとおく。

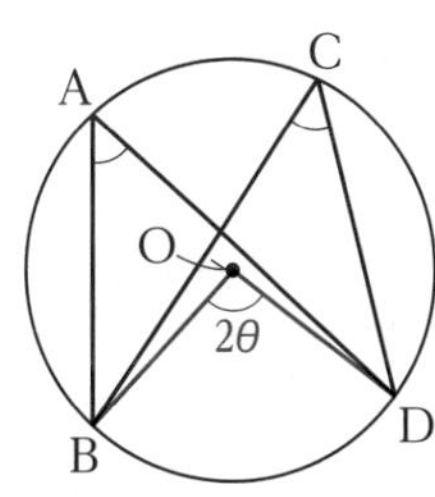

∠BAD は弧 BD に対する円周角であるから，

∠BAD$=\theta$

∠BCD は弧 BD に対する円周角であるから，

∠BCD$=\theta$

以上より，∠BAD=∠BCD である。　　　　〔証明終わり〕

演習問題 11

1 次の図において，角α，βの大きさを求めよ。ただし，A～E の各点は円 O の周上の点である。

(1)

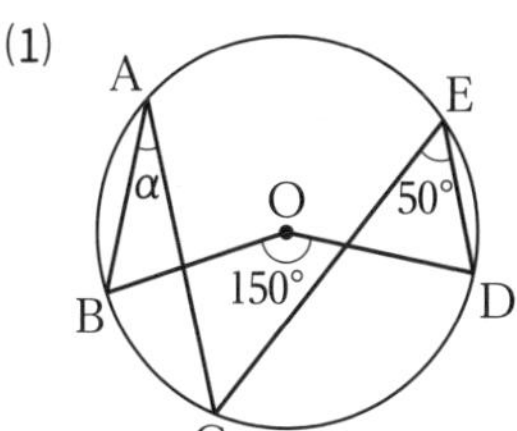

(2)

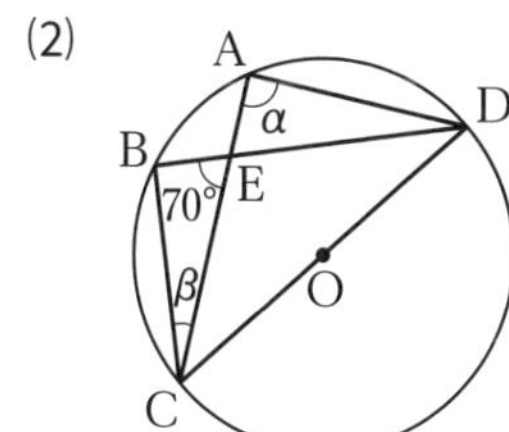

考え方 円周角の定理を用います。また，中心角が 180°のとき，円周角は 90°です。

2 次の図において，角 x の大きさを求めよ。ただし，A～D の各点は円 O の周上の点である。

(1)

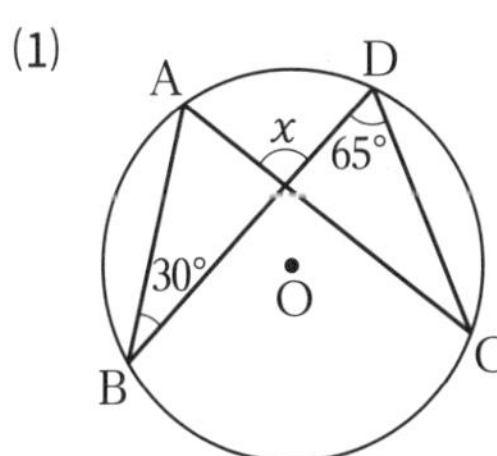

(2)

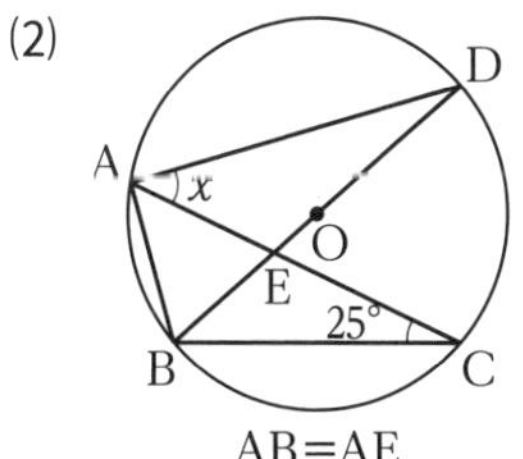

考え方 (2) AB=AE であるから，△ABE は二等辺三角形です。

解答▶別冊 68 ページ

2 円周角の定理の逆

円周角の定理は，その逆も成り立ちます。

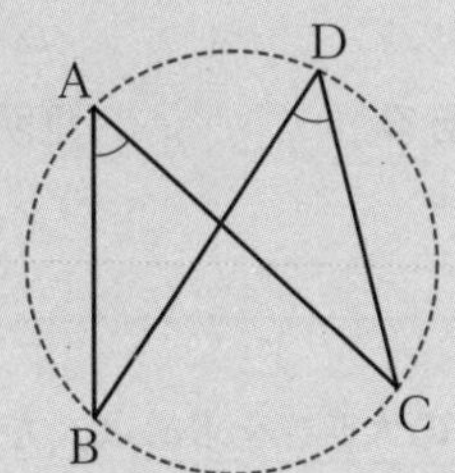

図のように，4 点 A，B，C，D について，

∠BAC=∠BDC ならば

4 点 A，B，C，D は同一円周上にある。

演習問題 12

図において，角 x の大きさを求めよ。

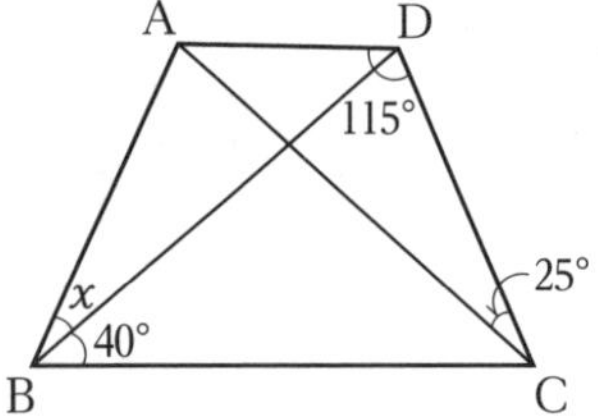

考え方 等しい角を見つけます。

3 円に内接する四角形

円に内接する四角形では，対角(向かい合う角)の和は 180°になります。

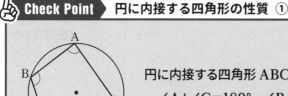

Check Point 円に内接する四角形の性質 ①

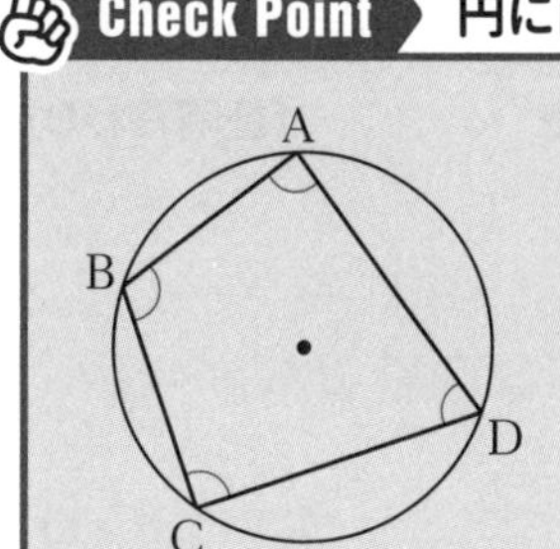

円に内接する四角形 ABCD において，

$\angle A+\angle C=180°$，$\angle B+\angle D=180°$

証明 図のように，円に内接する四角形の対角をそれぞれα，βとする。

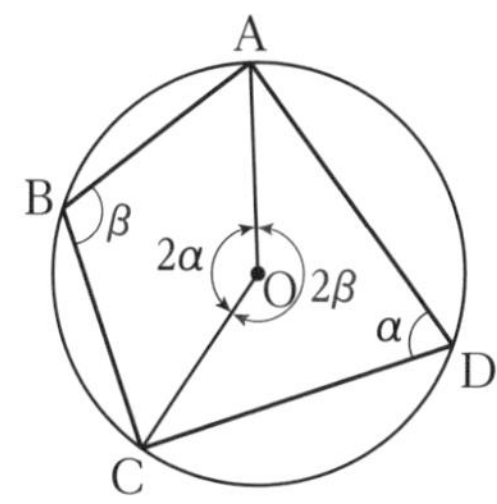

中心角に着目すると，$2\alpha+2\beta=360°$

この式の両辺を 2 で割ると，$\alpha+\beta=180°$

これは，対角の和が 180°であることを示している。 〔証明終わり〕

また，**円に内接する四角形では，外角はそれと隣り合う内角の対角に等しくなります。**

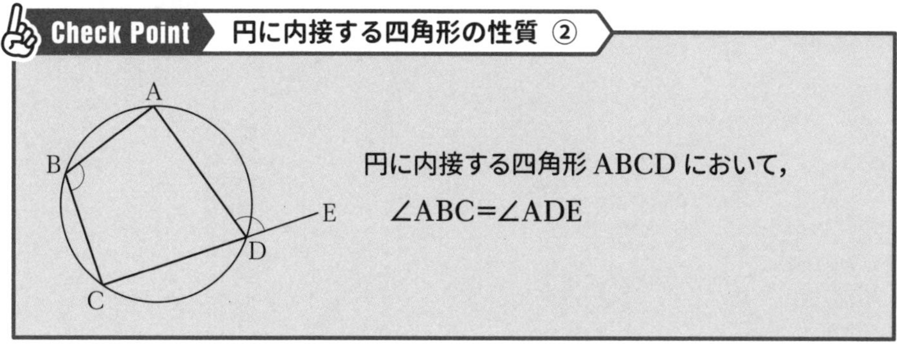

Check Point 円に内接する四角形の性質 ②

円に内接する四角形 ABCD において，

$\angle ABC=\angle ADE$

証明 **Check Point** の図で，対角の和は 180°であるから，

$\angle ABC+\angle ADC=180°$

C，D，E は一直線上に並ぶので，

$\angle ADE+\angle ADC=180°$

よって，$\angle ABC=\angle ADE$ 〔証明終わり〕

演習問題 13

次の図において，角θの大きさを求めよ。なお，4 点 A，B，C，D は円 O の周上の点である。

(1)

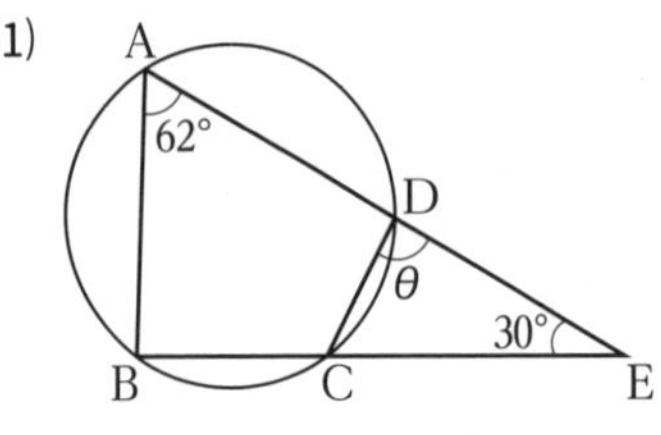

(2)

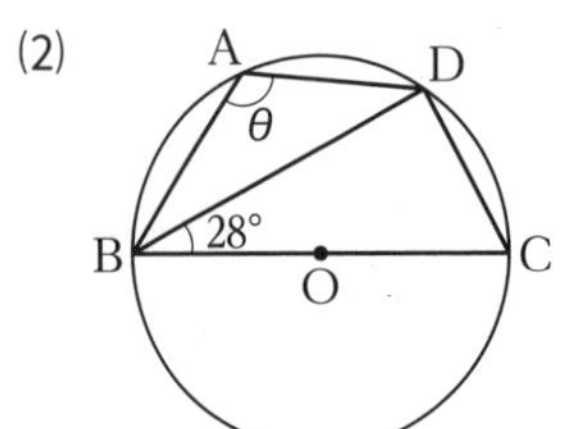

考え方 円に内接する四角形では，対角の和＝180°です。

解答▶別冊 69 ページ

4 円の接線

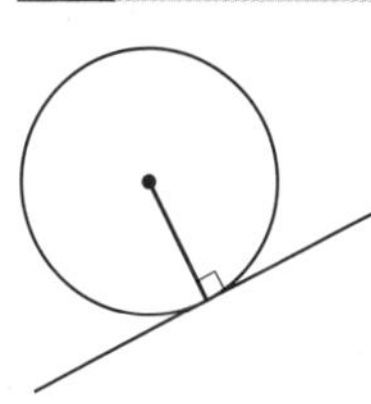

円の接線は，接点を通る半径に垂直になります。

円の外部の点から，円に引いた 2 本の接線の長さは等しくなります。

Check Point 円の接線の長さ

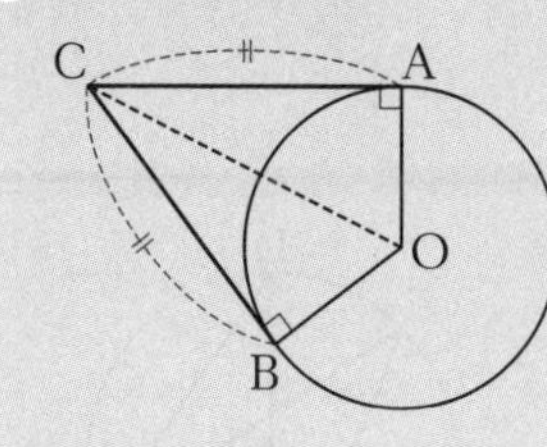

AC, BC がそれぞれ点 A，点 B で円 O に接する接線であるとき，

AC＝BC

証明 直角三角形 OAC と OBC において，

OC が共通，かつ OA＝OB(半径)

斜辺と他の 1 辺の長さがそれぞれ等しいので，△OAC≡△OBC

よって，AC＝BC 〔証明終わり〕

演習問題 14

1 右の図において，O を中心とする円は△ABC の内接円である。また，P, Q, R は接点である。このとき，BP の長さを求めよ。

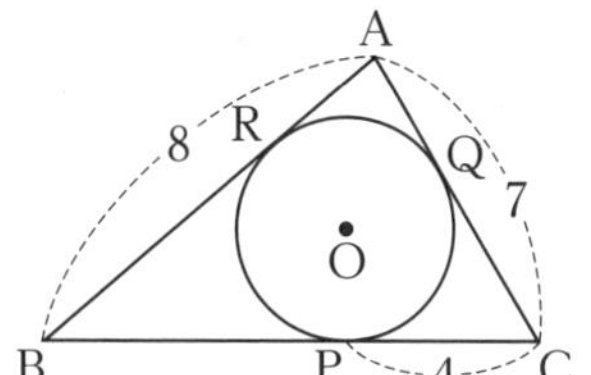

考え方 長さが等しいところが複数あります。

2 四角形 ABCD に円が内接するとき，AB＋CD＝AD＋BC であることを証明せよ。

考え方 接線の長さが等しいことに着目します。

解答▶別冊 69 ページ

5 接線と弦のつくる角（接弦定理）

円に内接する三角形の辺と接線のつくる角は，その辺に向かい合う角に等しくなります。

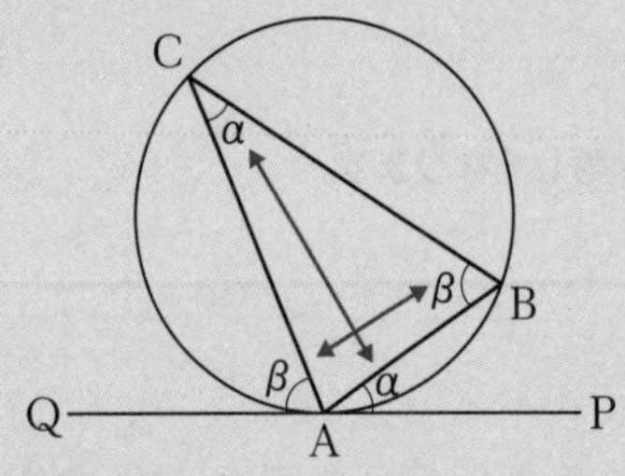

PQ が点 A で円に接する接線であるとき，

$\angle BAP = \angle BCA$，$\angle CAQ = \angle CBA$

証明 $\angle CAQ$ が鋭角の場合，図のように直径 AD を引くと，円周角の定理より，

$\angle CAD = \angle CBD$

また，

$\angle CAQ = 90° - \angle CAD$

$\angle CBA = 90° - \angle CBD$

よって，$\angle CAQ = \angle CBA$

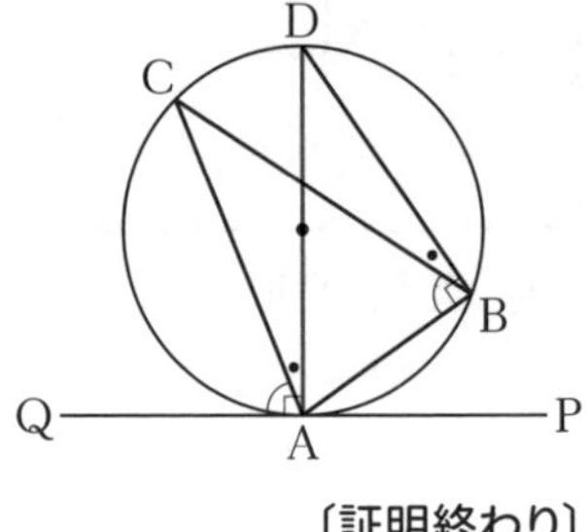

〔証明終わり〕

演習問題 15

以下の図において，角θの大きさを求めよ。ただし，A，B，C，D は円 O の周上の点である。さらに，l は点 A における円の接線である。

(1)

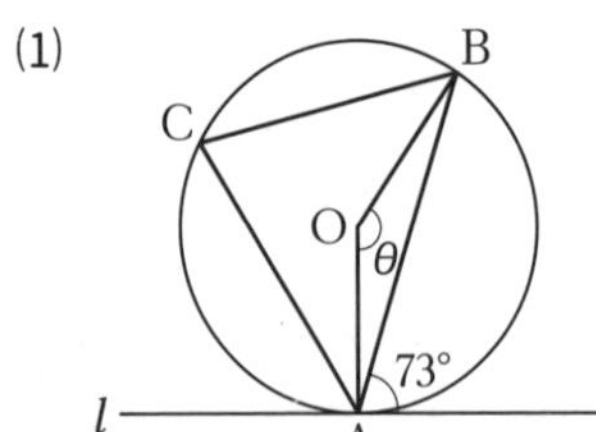

(2)

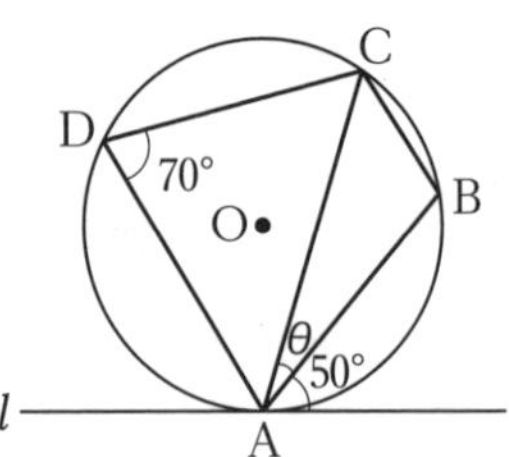

考え方 円と接線の問題で角度を問われたら，接弦定理の利用を考えます。

6 方べきの定理

2 直線が円と交わるとき，次の方べきの定理が成り立ちます。

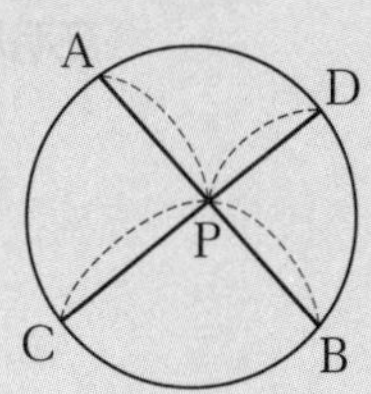

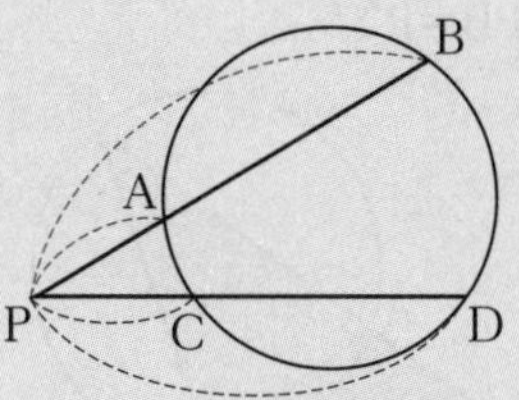

どちらも，交点から円周上の点までの距離の積が等しいということです。

点 P を通る 2 直線が，円とそれぞれ 2 点 A，B と 2 点 C，D で交わっているとき，

PA・PB=PC・PD

証明 右の図 1，図 2 の△PAC と△PDB において，図 1 ならば円周角の定理，図 2 ならば円に内接する四角形の性質より，

∠PAC=∠PDB ……①

∠APC=∠DPB ……②

①，②より，2 組の角がそれぞれ等しいので，

△PAC∽△PDB である。

これより，相似比を考えると，

PA：PC=PD：PB ⟺ PA・PB=PC・PD

〔証明終わり〕

（図 1）

（図 2）

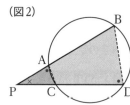

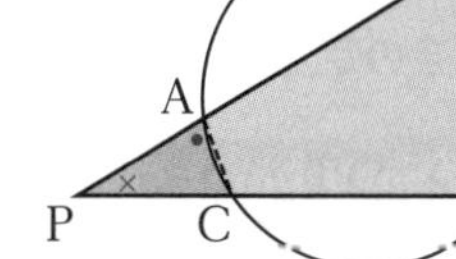

方べきの定理は，1 つの直線が接線の場合でも成り立ちます。

Check Point 方べきの定理 ②

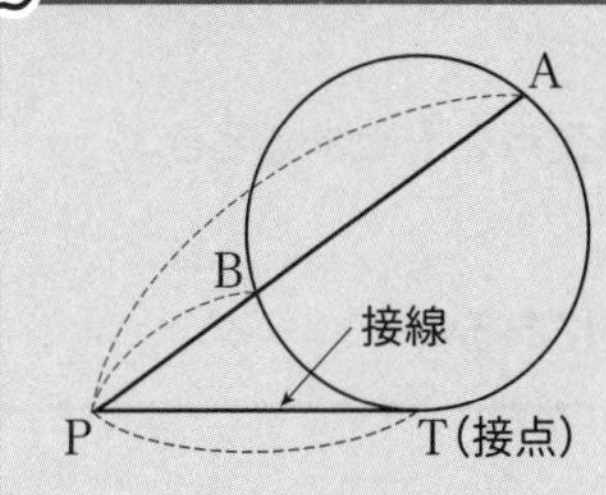

円外の点 P を通る 2 直線の一方が円と 2 点 A，B で交わり，もう一方が点 T で接しているとき，

$PA・PB=PT^2$

証明 下の図の△PTAと△PBTにおいて，

　∠PTA=∠PBT(接弦定理)，∠Pは共通

2組の角がそれぞれ等しいので，△PTA∽△PBTである。

これより，相似比を考えると，

　$PA : PT = PT : PB \iff PA \cdot PB = PT^2$　〔証明終わり〕

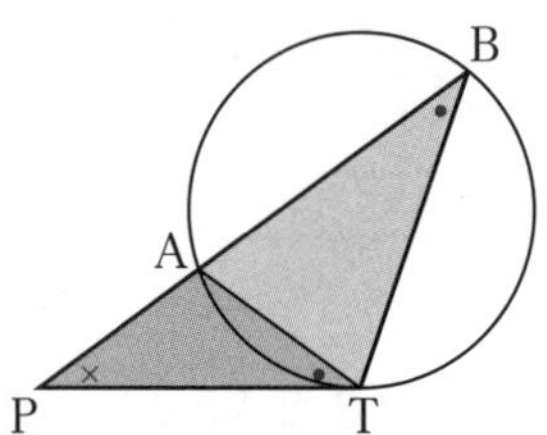

接線型の方べきの定理は，下の図のように，一方の直線の2交点が互いにだんだん近づいて，1つの接点になってしまった形，と考えると覚えやすいでしょう。

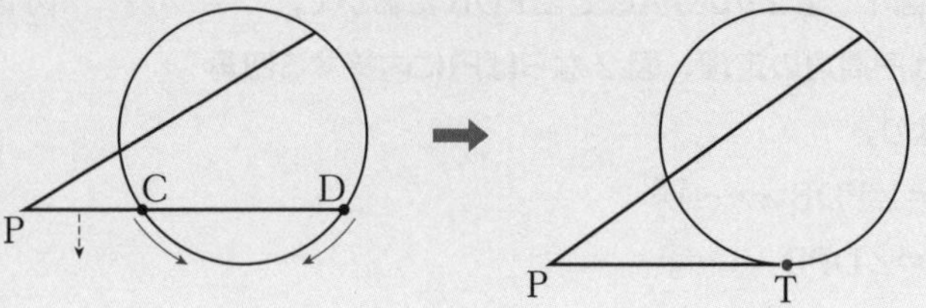

方べきの定理は，その逆も成り立ちます。

Check Point　方べきの定理①の逆

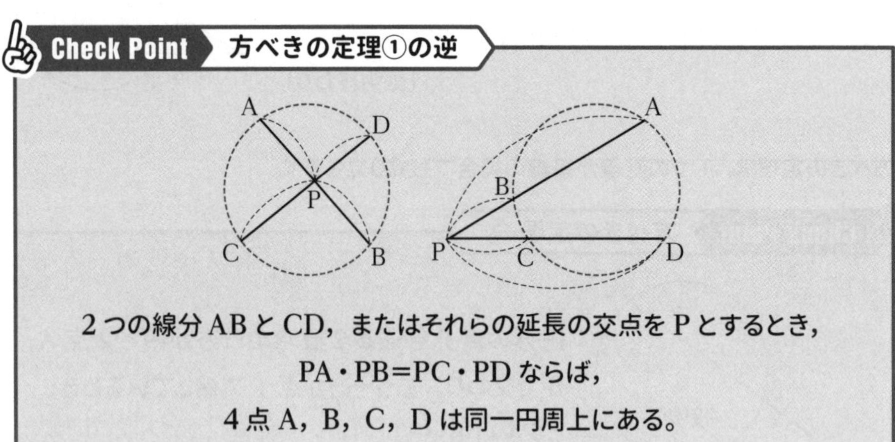

2つの線分ABとCD，またはそれらの延長の交点をPとするとき，

$PA \cdot PB = PC \cdot PD$ ならば，

4点A，B，C，Dは同一円周上にある。

証明 下の図1，図2の△PADと△PCBにおいて，

PA・PB＝PC・PDより，PA：PC＝PD：PB ……①

図1ならば対頂角の性質，図2ならば共通な角より，

∠APD＝∠CPB ……②

①，②より，2組の辺の比とその間の角がそれぞれ等しいので，

△PAD∽△PCB

この結果より，∠PAD＝∠PCBが成り立ち，図1では円周角の定理の逆，図2では円に内接する四角形の性質から，いずれも4点A，B，C，Dが同一円周上にあることを表している。〔証明終わり〕

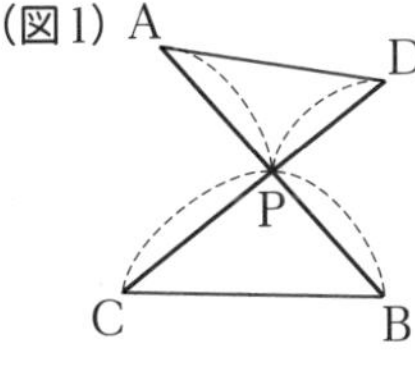

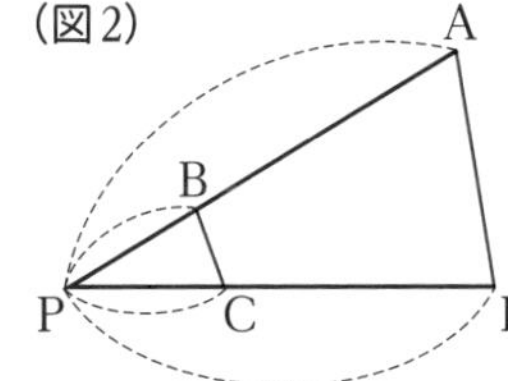

演習問題 16

次の図において，xの値を求めよ。ただし，点A，B，C，Dは円Oの周上の点，PTはTにおける円の接線である。

(1)

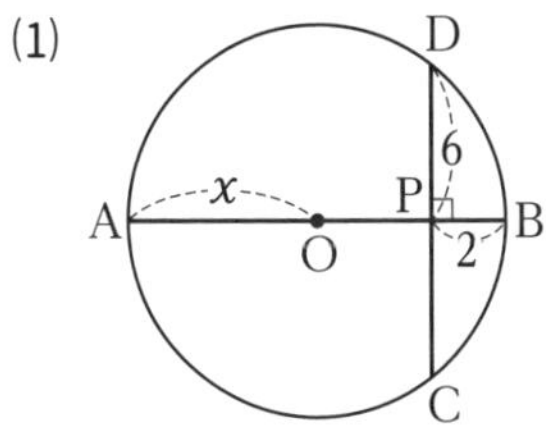

(2)

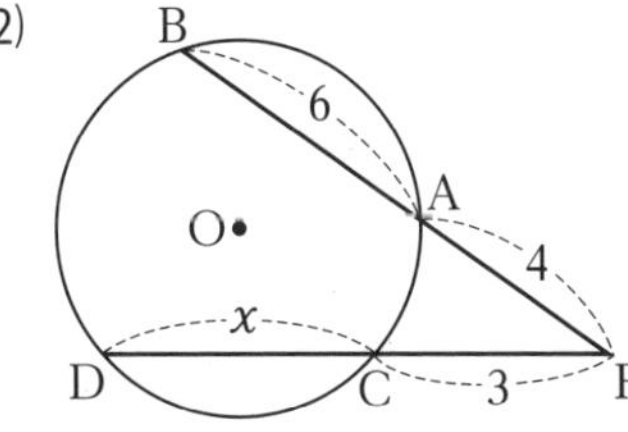

(3)

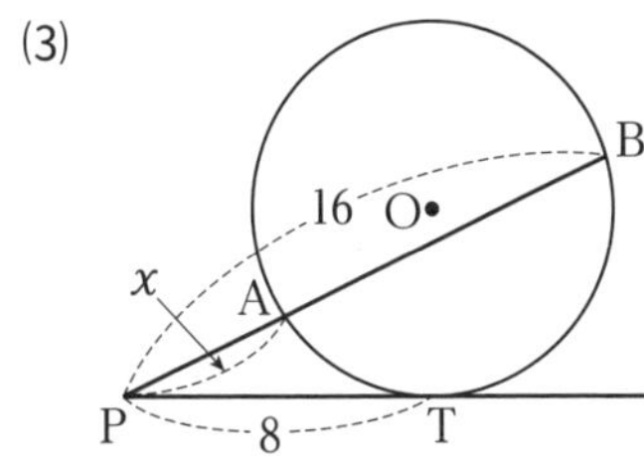

考え方 円と交わる2直線がある図で，長さを求めるときは，方べきの定理の利用を考えます。

解答▶別冊70ページ

7 2円の位置関係

2つの円の位置関係を考える際には，2円の半径と，中心間の距離を比較して考えます。特に，**2円が接する場合は，外接する場合と内接する場合がある**ので注意が必要です。

Check Point 2円の位置関係

2円の半径を r，r' $(r>r')$，中心間の距離を d とする。

①共有点をもたない
（一方が他方の外部にある）

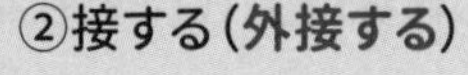

②接する（外接する）

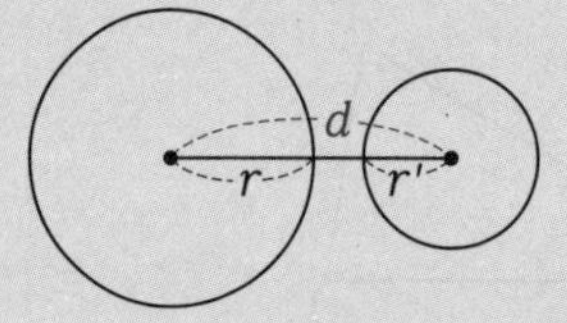

$d>r+r'$

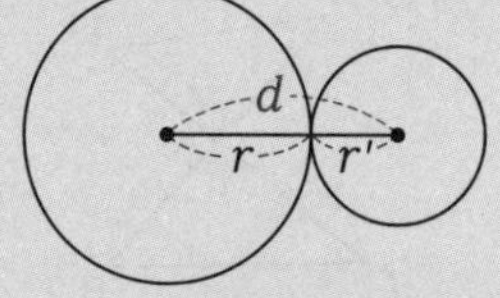

$d=r+r'$

③共有点を2つもつ

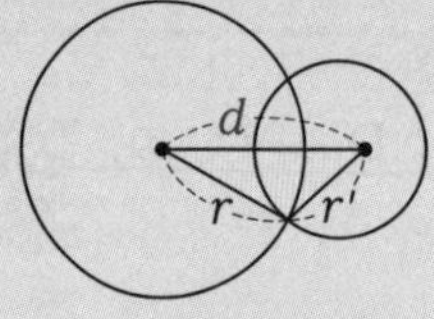

$r-r'<d<r+r'$
↑色のついた三角形の成立条件と同じです

④接する（内接する）

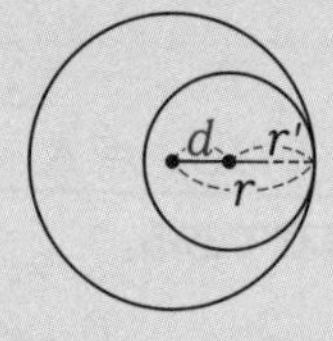

$d=r-r'$

⑤共有点をもたない
（一方が他方の内部にある）

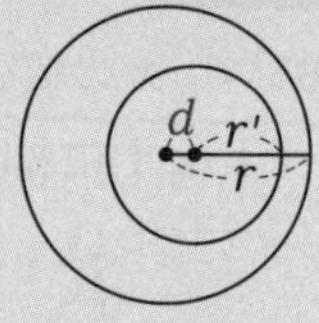

$d<r-r'$

2円の位置関係は「接する」「共有点を2つもつ」「共有点をもたない」の3つに分類されます。ですから，その3つのうち「接する」「共有点を2つもつ」の2つをしっかり理解しておけば残りが「共有点をもたない」場合だと判断できます。

演習問題 17

点O，O′を中心とする2つの円がOO′=10のとき外接し，OO′=4のとき内接する。2つの円の半径をそれぞれ求めよ。ただし，円O′の半径よりも円Oの半径のほうが大きいものとする。

考え方 2円の位置関係で重要なものは，半径と中心間の距離です。 解答▶別冊71ページ

8 共通接線

2円の両方に接している直線を**共通接線**といいます。

共通接線には，その接線に対して同じ側に2円がある**共通外接線**と，反対側に2円がある**共通内接線**の2種類があります。

2円の共通接線の問題では，円の接線が接点を通る半径に垂直であることを利用します。

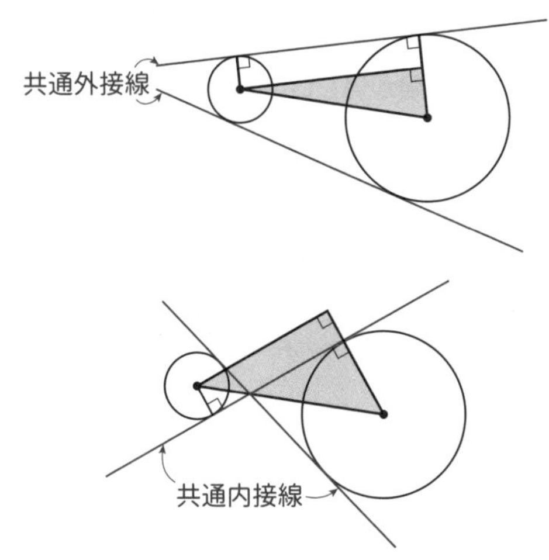

上の図のように，直角三角形(色のついた部分)を見つければ，三平方の定理が適用できますね。

演習問題 18

点Oを中心とする半径7の円と，点O′を中心とする半径3の円がある。$OO'=12$のとき，共通外接線と共通内接線の場合に分けて，1つの共通接線の接点間の距離をすべて求めよ。

考え方 三平方の定理を利用します。

解答▶別冊 71 ページ

第3節 作　図

1 垂直二等分線の作図

作図とは，定規とコンパスのみで条件を満たす図形をかくことです。このとき，**定規は与えられた 2 点を通る直線を引くための道具，コンパスは与えられた点を中心として，与えられた半径をかくための道具**としてのみ用いることが許されています。

垂直二等分線は，2 点からの距離が等しい点の集合であることを利用します。

Check Point 垂直二等分線の作図

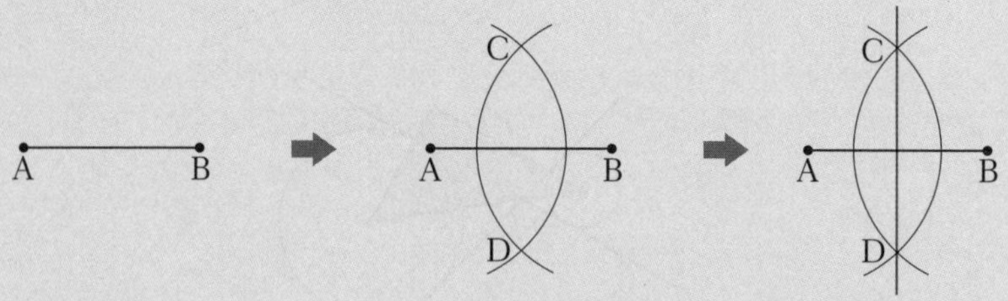

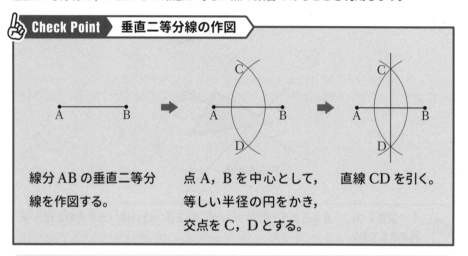

線分 AB の垂直二等分線を作図する。 → 点 A，B を中心として，等しい半径の円をかき，交点を C，D とする。 → 直線 CD を引く。

Advice 垂直二等分線の作図は，線分の中点を求めるときにも利用することができます。

演習問題 19

図の△ABC の重心 G の位置を作図で求めよ。

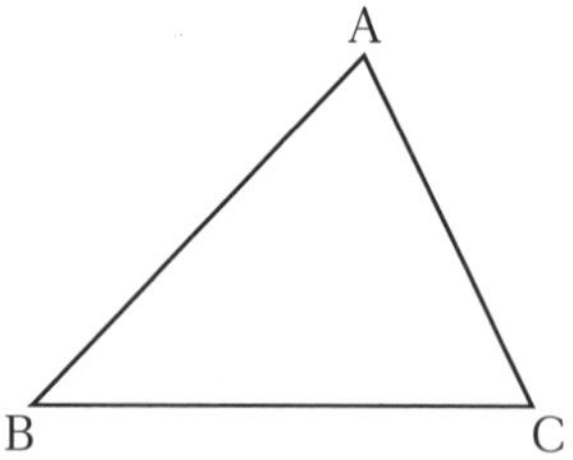

考え方 中線の交点が重心です。

解答 ▶別冊 71 ページ

2 平行線の作図

ある直線に平行な直線を作図するためには，ひし形を利用します。

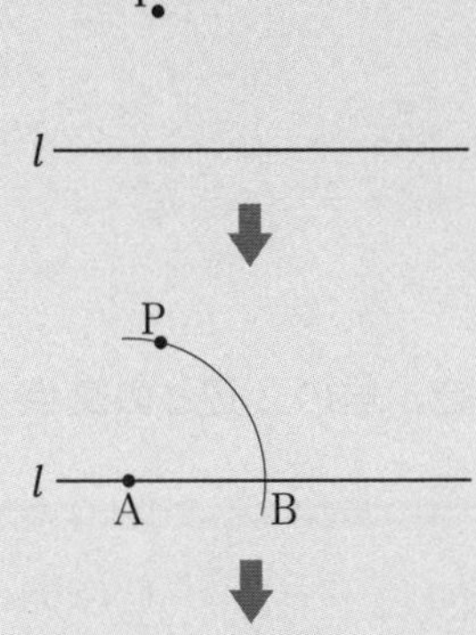

点 P を通り，直線 l に平行な直線を作図する。

① 直線 l 上の点 A を中心とする半径 AP の円をかき，直線 l との交点を B とする。

② 点 P，B を中心として，半径 AP の円をかき，A と異なる交点を C とする。

③ 直線 PC を引く。

四角形 ABCP はひし形になっています。ひし形の対辺はそれぞれ平行なので，直線 l と直線 PC は平行です。

演習問題 20

図の線分 AB を利用して AB：BC=2：1 となる平行四辺形 ABCD を図示せよ。

考え方〉まず，BC(AD)の長さを求めます。

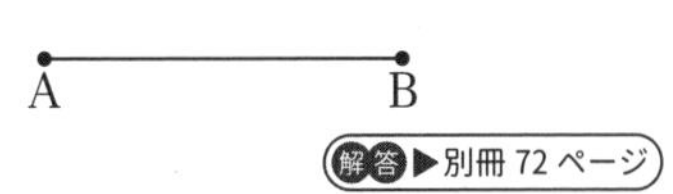

解答▶別冊 72 ページ

3 角の二等分線の作図

角の二等分線は，3 組の辺がそれぞれ等しい三角形が合同であることを利用します。

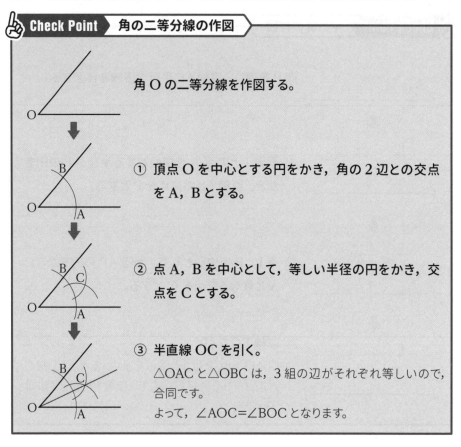

Check Point 角の二等分線の作図

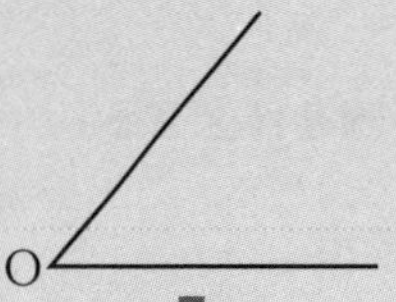

角 O の二等分線を作図する。

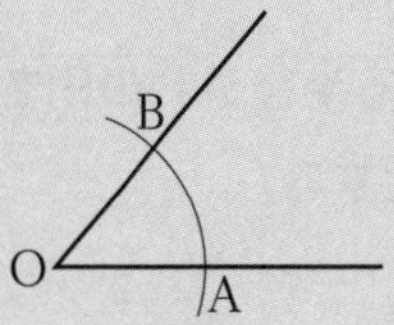

① 頂点 O を中心とする円をかき，角の 2 辺との交点を A，B とする。

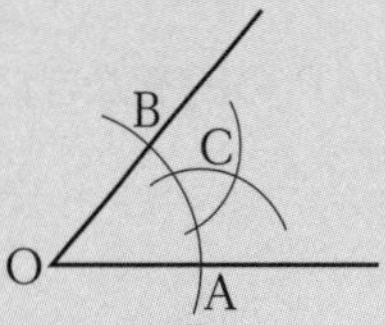

② 点 A，B を中心として，等しい半径の円をかき，交点を C とする。

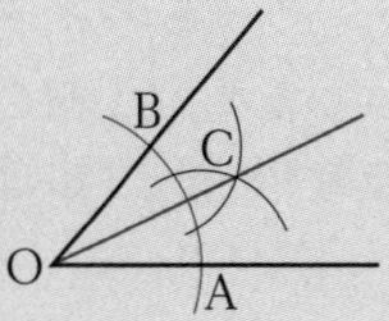

③ 半直線 OC を引く。

△OAC と△OBC は，3 組の辺がそれぞれ等しいので，合同です。

よって，∠AOC=∠BOC となります。

演習問題 21

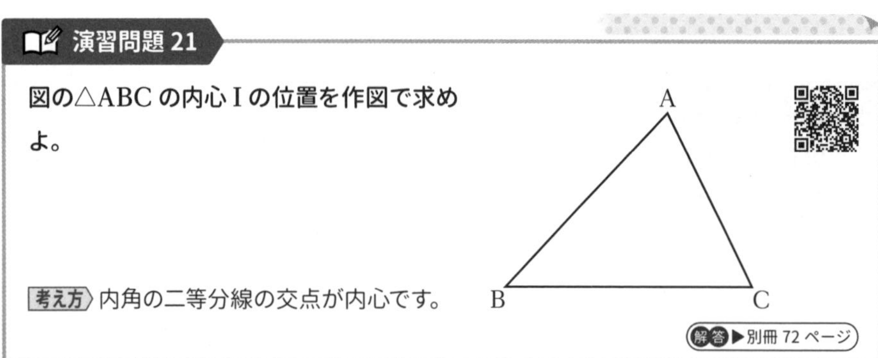

図の△ABC の内心 I の位置を作図で求めよ。

考え方 内角の二等分線の交点が内心です。

解答▶別冊 72 ページ

第4節　空間図形

1　平面と直交する直線，三垂線の定理

空間における平面は以下の条件のいずれかを満たすとき，ただ1つに決定できます。

Check Point　平面の決定

① 1直線上にない3点を通る
② 1つの直線とその直線上にない1点を含む
③ 交わる2つの直線を含む
④ 平行な2直線を含む

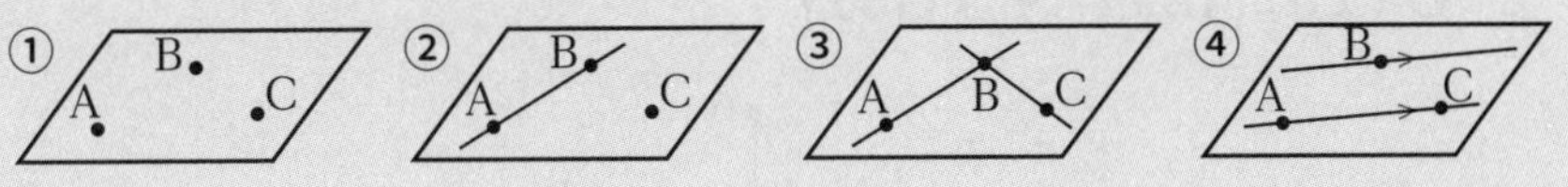

図より，②～④も①と同じように1直線上にない3点を通るので，平面がただ1つに決定していることがわかります。

直線 l が平面 α 上のすべての直線に垂直であるとき，l は α に垂直である（l は α と直交する）といいます。「平面の決定」より，交わる2直線によって平面がただ1つ決定されるから，直線と平面の垂直について，次のことが成り立ちます。

Check Point　平面と直交する直線

直線 l が，平面 α 上の交わる2直線に垂直ならば，直線 l は平面 α に垂直である。

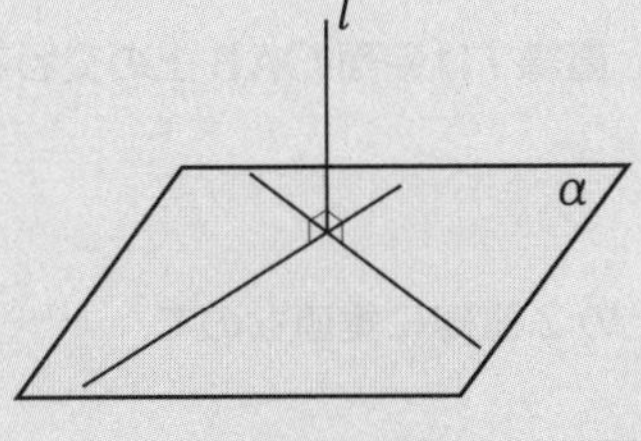

ある平面α上の直線lと，α上にない点 A，l上の点 B，α上にあるがl上にない点 O について，次の三垂線の定理が成り立つことがわかっています。

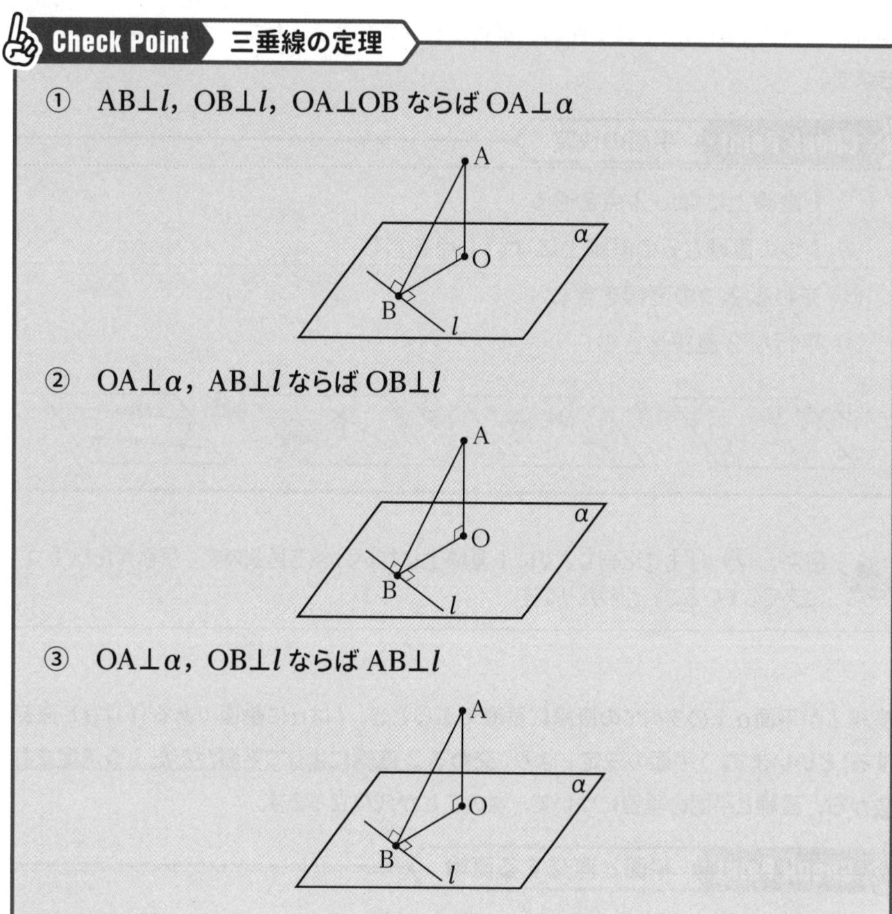

Check Point
三垂線の定理
① $AB \perp l$，$OB \perp l$，$OA \perp OB$ ならば $OA \perp \alpha$
A
α
O
B
l
② $OA \perp \alpha$，$AB \perp l$ ならば $OB \perp l$
A
α
O
B
l
③ $OA \perp \alpha$，$OB \perp l$ ならば $AB \perp l$
A
α
O
B
l

①の 証明

仮定より，$OA \perp OB$ ……㋐

また，$AB \perp l$，$OB \perp l$ より，直線 l は平面 OAB 上の交わる 2 直線に垂直なので，

　平面 $OAB \perp l$

よって，$OA \perp l$ ……㋑

㋐，㋑より，OA は平面α上の 2 直線に垂直なので，

　$OA \perp \alpha$　　〔証明終わり〕

②の 証明

仮定より，$AB \perp l$ ……㋒

また，$OA \perp \alpha$であるから，$OA \perp l$ ……㋓

㋒，㋓より l は平面 OAB 上の交わる 2 直線に垂直なので，平面 $OAB \perp l$

よって，$OB \perp l$ 〔証明終わり〕

③の 証明

仮定より，$OB \perp l$ ……㋔

また，$OA \perp \alpha$であるから，$OA \perp l$ ……㋕

以上㋔，㋕より l は平面 OAB 上の交わる 2 直線に垂直なので，平面 $OAB \perp l$

よって，$AB \perp l$ 〔証明終わり〕

Advice 三垂線の定理そのものよりも，その証明方法をしっかり理解しておくことが大切です。

演習問題 22

図のような直方体 ABCD-EFGH において，頂点 B から線分 EG に下ろした垂線を BK とする。

(1) $EG \perp FK$ であることを証明せよ。

(2) BK の長さを求めよ。

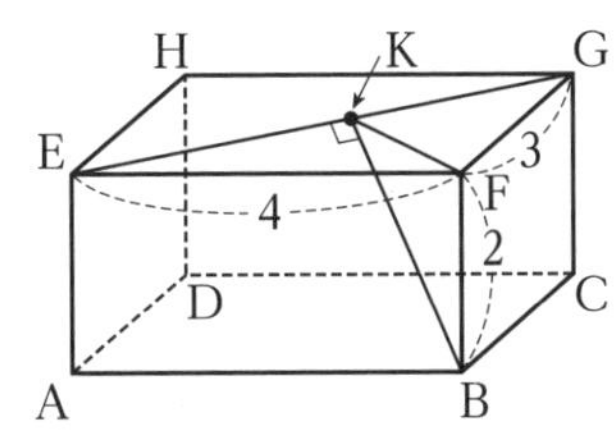

考え方 (1)三垂線の定理が利用できます。

2 なす角

空間における 2 直線の位置関係は，以下の通りになります。

Check Point　2 直線の位置関係

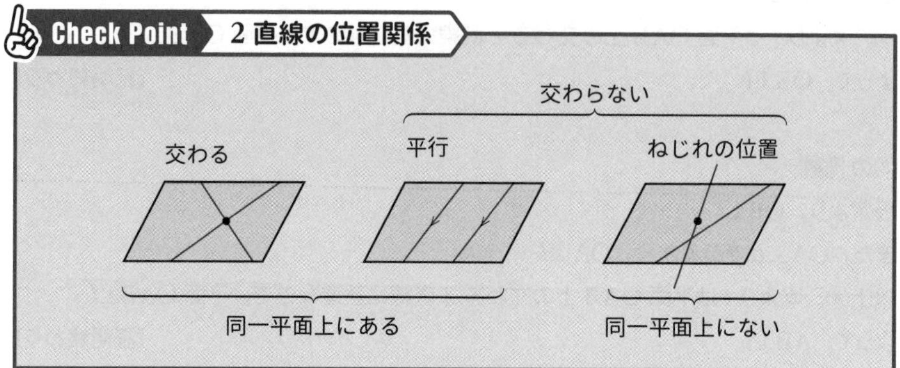

ねじれの位置にある 2 直線 l，m のなす角とは，**2 直線 l，m にそれぞれ平行で，ある 1 点をともに通る 2 直線 l'，m' のなす角**のことをいいます。

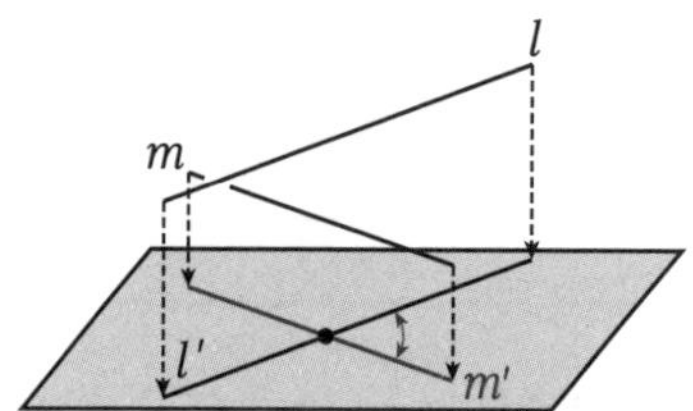

2 平面 α と β のなす角とは，**2 平面の交線上の点から，各平面上に，交線に垂直に引いた 2 直線 m，n のなす角**のことをいいます。

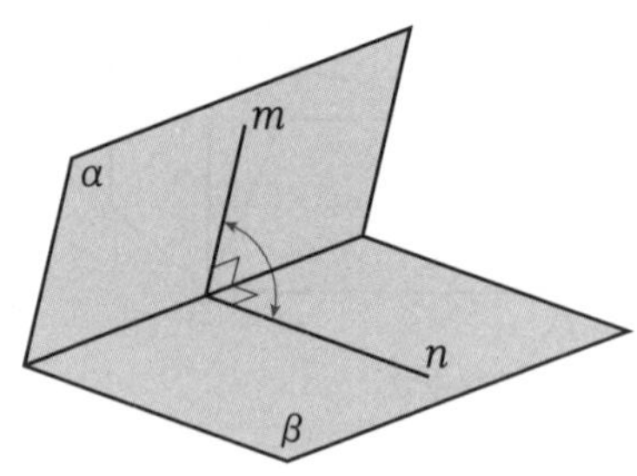

演習問題 23

1 図のような，すべての辺の長さが 2 である正六角柱 ABCDEF-GHIJKL において，各 2 直線の組のなす角のうち鋭角であるほうを答えよ。

(1) AB と IJ　　(2) AB と EJ　　(3) DE と HL

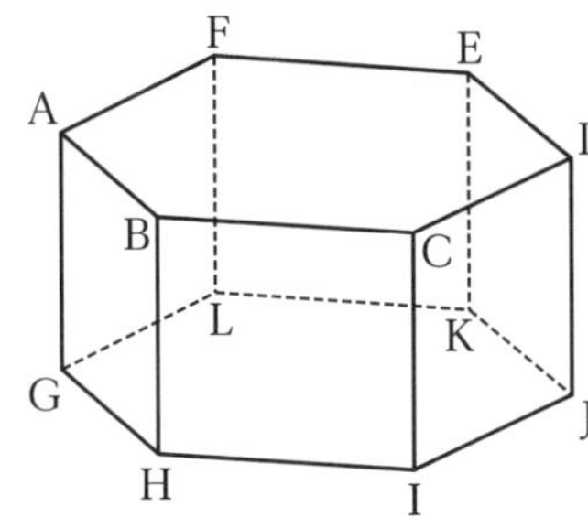

考え方 ねじれの位置にある 2 直線は，平行移動して同一平面上で考えます。

2 図のような，すべての辺の長さが 2 である正六角柱 ABCDEF-GHIJKL において，各 2 平面の組のなす角のうち鋭角であるほうを答えよ。

(1) 平面 ABHG と平面 BHJD　　(2) 平面 ABHG と平面 CDJI

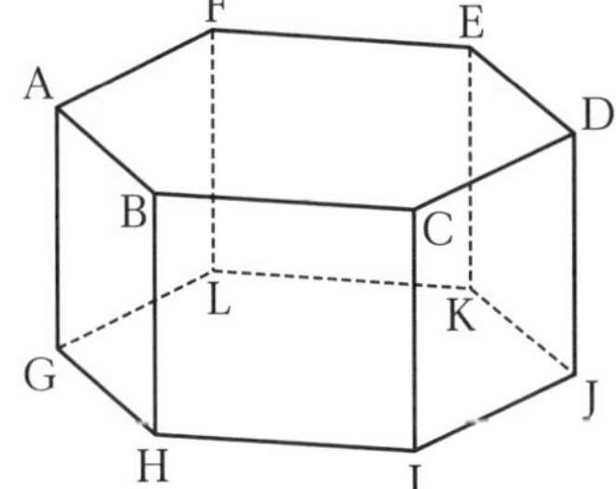

考え方 2 平面のなす角は，どの 2 直線のなす角に着目するとよいかを考えます。

解答▶別冊 73 ページ

3 オイラーの多面体定理

凸多面体(凹んでいない立体のことです)の頂点の数，辺の数，面の数について，次のオイラーの多面体定理が成り立ちます。

Check Point オイラーの多面体定理

凸多面体で，頂点の数を v，辺の数を e，面の数を f とするとき，

$v-e+f=2$

頂点－辺＋面＝2

実際に直方体で確かめてみましょう。

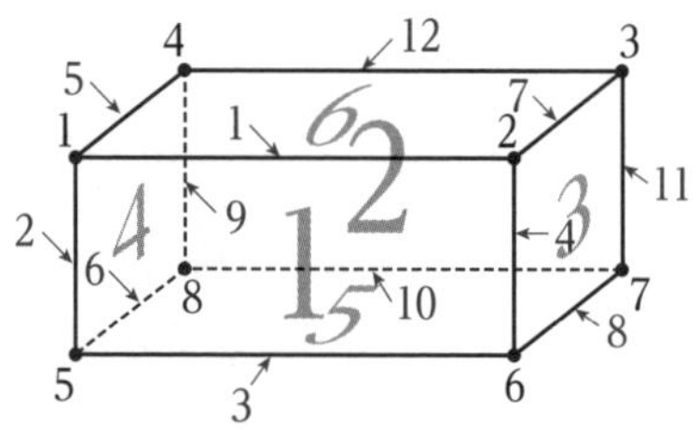

図より，$v=8$，$e=12$，$f=6$ であるから，

$v-e+f=8-12+6=2$

確かに成り立っていることがわかりますね！

演習問題 24

図のような正二十面体について，次の問いに答えよ。

(1) 辺の数を数えよ。　　(2) 頂点の数を求めよ。

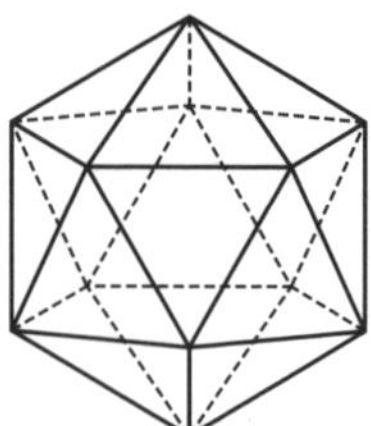

考え方 頂点の数は，オイラーの多面体定理より求まります。

第8章

数学と人間の活動

第1節 | 倍数・約数 248

第2節 | 不定方程式 259

第3節 | 合同式 265

第4節 | n 進法 268

第5節 | 測量・座標 280

第6節 | パズルとゲーム 286

第1節 倍数・約数

1 素因数分解

2 以上の自然数で，1 とその数自身のほかに約数がない数を**素数**といい，2 以上の自然数で，素数でない数を**合成数**といいます。

1 は素数でも合成数でもありません。

整数がいくつかの整数の積で表されているとき，その 1 つ 1 つの整数をもとの整数の**因数**といいます。その中でも，素数の因数を**素因数**といい，自然数を素数だけの積の形に表すことを**素因数分解**といいます。

自然数の素因数分解は，積の順序を考えなければただ 1 通りに定まります。これを素因数分解の一意性といいます。

1 を素数に含めてしまうと，素因数分解が何通りもつくれてしまいますね。
例えば 15 では，

$15=3\times5$
$15=1\times3\times5$
$15=1\times1\times3\times5$
$\vdots$

となり，1 通りに定まりません。

演習問題 1

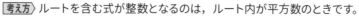

1 $\sqrt{54000n}$ が整数となる最小の自然数 n を求めよ。

考え方 ルートを含む式が整数となるのは，ルート内が平方数のときです。

2 100! を素因数分解したとき，素因数 3 の個数を求めよ。

考え方 1 から 100 までの自然数の 3 の倍数に着目します。

解答▶別冊 74 ページ

2 最大公約数と最小公倍数

2 つの整数 a，b において，整数 k を用いて，

$a=bk$

と表せるとき，a を b の倍数，b を a の約数といいます。倍数や約数には負の数も含みます。また，倍数の中でも 2 の倍数を**偶数**，2 の倍数でないものを**奇数**といいます。

2 つ以上の整数について，共通する約数をそれらの**公約数**といい，公約数の中で最も大きいものを**最大公約数**といいます。また，2 つ以上の整数について，共通する倍数をそれらの**公倍数**といい，公倍数の中で最も小さい自然数を**最小公倍数**といいます。

例えば，36 と 48 の最大公約数は，

36 の正の約数が 1，2，3，4，6，9，12，18，36
48 の正の約数が 1，2，3，4，6，8，12，16，24，48

ですから，**公約数のうち最大の 12** であることがわかります。

ところが，84 と 180 の最大公約数を求めるとなると，約数を書き出すのは大変ですね。
このようなときは，素因数分解を利用します。
ある数の因数とは約数と同様にその数を割り切れる数のことです。
よって，次のように 2 数をそれぞれ素因数分解し，**共通な素因数をすべて掛けた数が，最大公約数になります。**

$84=2\cdot2\cdot3\cdot7$
$180=2\cdot2\cdot3\cdot3\cdot5$
↑ ↑ ↑
共通な素因数

84 と 180 の最大公約数は，$2\cdot2\cdot3=12$ になります。

Check Point 最大公約数の求め方

それぞれの数を素因数分解して，共通な素因数をすべて掛ける。

第1章 数と式
第2章 集合と命題
第3章 2次関数
第4章 図形と計量
第5章 データの分析
第6章 場合の数と確率
第7章 図形の性質
第8章 数学と人間の活動

次に，最小公倍数について考えます。

例えば，36 と 48 の最小公倍数は，

36 の倍数が 36，72，108，144，180，…

48 の倍数が 48，96，144，192，…

ですから，**公倍数の中で最も小さい自然数 144** であることがわかります。

しかし，これまた 84 と 108 の最小公倍数を求めるとなると，書き出すのは大変です。

ここでも，素因数分解が利用できます。

2 数をそれぞれ素因数分解し，2 数にできるだけ少ない素数を掛けて，2 数の素因数を一致させることを考えると，

$$84=2\cdot2\cdot3\cdot7 \xrightarrow{3\cdot5\text{ を掛ける}} \quad 180=2\cdot2\cdot3\cdot3\cdot5 \xrightarrow{7\text{ を掛ける}} \quad \rightarrow 2\cdot2\cdot3\cdot3\cdot5\cdot7=1260$$

この 1260 が 84 と 180 の最小公倍数になります。

実際に求めるときは「**各因数の指数が大きいほうを選んで掛けた数が最小公倍数になる**」と考えます。

どちらでもよい

$$84=2\cdot2\cdot3\cdot7 \quad =2^2\cdot3^1\cdot5^0\cdot7^1$$
$$180=2\cdot2\cdot3\cdot3\cdot5=2^2\cdot3^2\cdot5^1\cdot7^0$$
$$\downarrow\quad\downarrow\quad\downarrow\quad\downarrow$$
$$\underbrace{2^2\cdot3^2\cdot5^1\cdot7^1}_{\text{指数の大きいほう}}=1260$$

Check Point　最小公倍数の求め方

それぞれの数を素因数分解して，各因数の指数が大きいほうを選んで掛ける。

演習問題 2

次の数の組の最大公約数と，最小公倍数を求めよ。

60，126，450

考え方〉まずは，それぞれの数を素因数分解することから考えます。

解答▶別冊 75 ページ

3 互いに素

2 つの整数 a，b の**両方を割り切る正の整数が 1 のみ**のとき，a と b は互いに素といいます。「2 つの整数が互いに素」とは，2 つの整数が素数であることを意味しているわけではない点に注意しましょう。

例えば，4 と 9 は互いに素ですが，それぞれは素数ではないですね！

「互いに素」は，「**公約数を 1 以外にもたない**」や「**共通な素因数をもたない**」などと言い換えることができます。これらは，**否定的な意味を持つので，証明では背理法が有効**です。

例題 1 2 つの整数 m と $m+1$ が互いに素であることを示せ。

考え方 背理法で示します。

解答 m と $m+1$ の両方が共通の 2 以上の素因数 g をもつと仮定する。

よって，$m=ag$，$m+1=bg$（a と b は互いに素な整数）とおくことができる。

この 2 式より，m を消去すると，

$$ag=bg-1$$

$$(b-a)g=1$$

$b-a$ は整数であるから，g は 1 または -1 となる。これは，g が 2 以上の素因数であることと矛盾する。よって，m と $m+1$ は互いに素である。　〔証明終わり〕

互いに素である 2 つの整数について，以下のような大切な性質があります。

Check Point 互いに素である 2 つの整数の性質

互いに素である 2 つの整数 a，b と，整数 x，y について，$ax=by$ が成り立つとき，x は b の倍数，y は a の倍数である。

演習問題 3

a，b を $a<b$ を満たす正の整数とする。a，b について，最大公約数が 12 で，最小公倍数が 420 であるとき，a，b の組をすべて求めよ。

考え方 最大公約数を決めるところから始めましょう。

解答▶別冊 75 ページ

4 最小公倍数と十干十二支

「十二支」は各年に 12 種類の漢字(動物)を当てはめたもので,

子,丑,寅,卯,辰,巳,午,未,申,酉,戌,亥

を 12 年ごとに繰り返すことになっています。

十二支は時間や方角を表すのにも用いられます。図 1 のように「子の刻」を午後 11 時～午前 1 時として 2 時間ごとに十二支を当てはめます。そして,各 2 時間の中間を「正刻」といいます。

ですから,**午の刻の正刻は午前 12 時(午後 0 時)なので「正午」という**わけです。

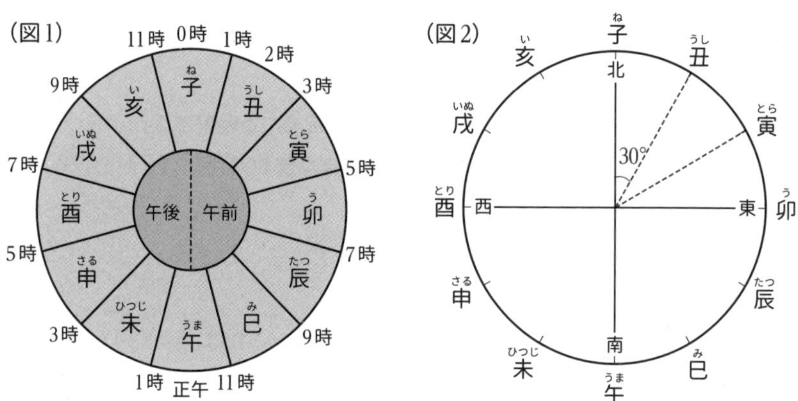

方角の場合,図 2 のように真北を「子の方角」として,30 度ずつに十二支を当てはめていきます。このとき,真南を指す方角は「子の方角」から 180 度先の方角,つまり「午の方角」になります。

ですから,**南北を結ぶ線を「子午線」**というわけです。

またそれとは別に,「十干」という言葉があります。十干は各年に 10 種類の漢字を当てはめたもので,

甲,乙,丙,丁,戊,己,庚,辛,壬,癸

を 10 年ごとに繰り返すことになっています。

順序を表すときに十干はよく用いられます。順序をつけがたいことを「甲乙つけがたい」などと言いますよね。

「十干十二支（まとめて干支（えと）ともいいます）」とは，「十干」と「十二支」を組にした暦（こよみ）（年代の表し方）の一種であり，歴史上の出来事などのときによく用いられます。例えば，

「壬申の乱」（672 年）や「戊辰戦争」（1868 年）

などが有名です。あの兵庫県にある「甲子園球場」の名称も竣工した年（1924 年）に由来しています。
この「十干」と「十二支」の組み合わせが再び同じものになるのは何年後でしょうか？
十干は 10 年ごとに同じ漢字となり，十二支は 12 年ごとに同じ漢字になるので，
$10(=2\cdot5)$ と $12(=2^2\cdot3)$ の最小公倍数を求めて，

$$2^2\cdot3\cdot5=60$$

つまり，60 年後です。

Advice 暦が 60 年で戻ってくるので 60 歳を「還暦」として祝うんですね。

演習問題 4

甲子園球場の竣工した年が 1924 年で，このときの十干十二支は「甲子」である。

(1) 1924 年より後で最初に十干十二支が「甲子」となるのは西暦何年か。

(2) 1995 年の十干十二支は何か。

考え方 12 年で十二支は一回り，10 年で十干は一回りします。

5 最大公約数の求め方の工夫

最大公約数を素因数分解せずに求めることを考えてみましょう。

84 と 180 の最大公約数を考えます。

84 と 180 の公約数を g とすると，整数 a，b を用いて，

$84=ag$，$180=bg$

と表せます。このとき，2 数の差を考えると，

$$\begin{aligned}180-84&=bg-ag\\&=(b-a)g\end{aligned}$$

となり，**g は差 (180−84) と 84 の公約数でもある**とわかります。……①

もちろん「差 (180−84) と 180 の公約数である」と考えることもできます。

また，差 (180−84) と 84 の公約数が l であったとき，整数 c，d を用いて，

$180-84=cl$，$84=dl$

このとき，

$180=cl+84=cl+dl=(c+d)l$

となり，**l は 180 と 84 の公約数でもある**ことがわかります。……②

以上より，84 と 180 の公約数と差 (180−84) と 84 の公約数は**すべて一致することがわかります。** ←①，②より，必要十分であることを示しました

このことから，公約数のうち最も大きい数，つまり最大公約数も一致することがわかります。

Check Point　最大公約数の求め方の工夫

正の整数 m，$n(m>n)$ において，

「m と n の最大公約数」＝「$m-n$ と n の最大公約数」

演習問題 5

最大公約数の求め方の工夫を利用して，84 と 180 の最大公約数を素因数分解せずに求めよ。

考え方 最大公約数の求め方の工夫でまとめた結論を繰り返し用いることを考えます。

6 ユークリッドの互除法

84 と 180 の最大公約数を，**p.254** で学んだ最大公約数の求め方の工夫で考えてみます。

そうすると，

「84 と 180 の最大公約数」＝「180−84=96 と 84 の最大公約数」

さらに，

「96 と 84 の最大公約数」＝「$(\underbrace{180-84}_{96})-84=12$ と 84 の最大公約数」

となり，このときの 12 とは「180 を 84 で割った余り」といえるので，

結局

「84 と 180 の最大公約数」＝「『180 を 84 で割った余り』と 84 の最大公約数」

がいえたことになります。

(180−84)−84=12 より，180=84·2+12 なので，12 が「180 を 84 で割った余り」であることがわかりますね。

このようにして求める最大公約数の求め方を**ユークリッドの互除法**または，略して**互除法**といいます。

Check Point　ユークリッドの互除法の原理

2 つの自然数 a，b において，a を b で割ったときの商が q，余りが r であるとき，a と b の最大公約数は b と r の最大公約数に等しい。

a と b の最大公約数

$$a=b\times q+r$$

b と r の最大公約数

等しい

Advice　a と b より，b と r のほうが数が小さいので，最大公約数が求めやすいですね。

2 つの整数について，ユークリッドの互除法の原理を繰り返すことで，いずれ余りは 0 となります。そのときの**割った数が 2 つの整数の最大公約数である**といえます。

例題 2 ユークリッドの互除法を用いて，667 と 299 の最大公約数を求めよ。

解答 $667 \div 299 = 2$ 余り 69　$\leftarrow 667 = 299 \cdot 2 + 69$

であるから，ユークリッドの互除法より 667 と 299 の最大公約数は 299 と 69 の最大公約数に等しくなる。

さらに，

$299 \div 69 = 4$ 余り 23　$\leftarrow 299 = 69 \cdot 4 + 23$

であるから，ユークリッドの互除法より 69 と 23 の最大公約数に等しくなる。

さらに，

$69 \div 23 = 3$ 余り 0　$\leftarrow 69 = 23 \cdot 3$

であるから，ユークリッドの互除法より 69 と 23 の最大公約数は，

23 … 答

演習問題 6

ユークリッドの互除法を用いて，次の 2 つの数の最大公約数を求めよ。

(1) 638，261

(2) 1595，714

考え方 ユークリッドの互除法の原理を繰り返し用います。

解答 ▶別冊 76 ページ

7 タイルの敷き詰め問題とユークリッドの互除法

縦 165 cm，横 360 cm である床があったとします。この床に同じ大きさの正方形のタイルをすき間なく敷き詰めたいと考えます。タイルの 1 辺の長さは自然数であるとき，考えられる最も大きいタイルの 1 辺の長さは何 cm でしょうか？

実際に作図して考えてみます。

まず，1 辺の長さが 165 cm の正方形を考えます。

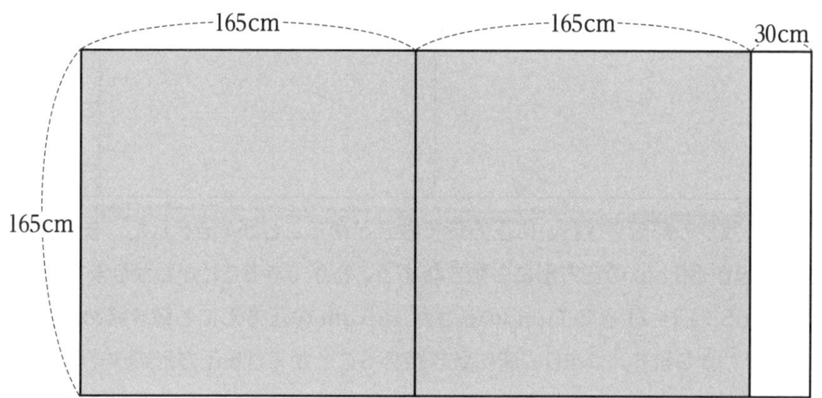

見てわかる通り，1 辺の長さが 165 cm の正方形では敷き詰めることができないことがわかります。

次に，残った長方形（縦 165 cm，横 30 cm）について短い辺の長さが 30 cm なので，1 辺の長さが 30 cm の正方形を考えてみます。

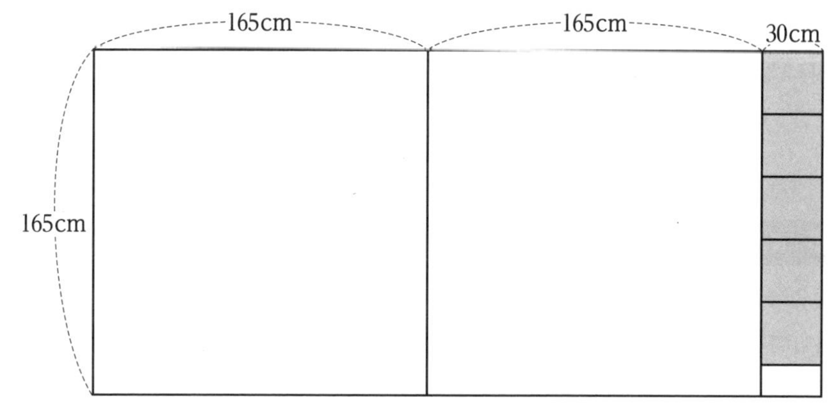

そうすると，1 辺の長さが 30 cm の正方形でも敷き詰めることができないことがわかります。

さらに，残った長方形(縦 15 cm，横 30 cm)について短い辺の長さが 15 cm なので，1 辺の長さが 15 cm の正方形を考えてみます。

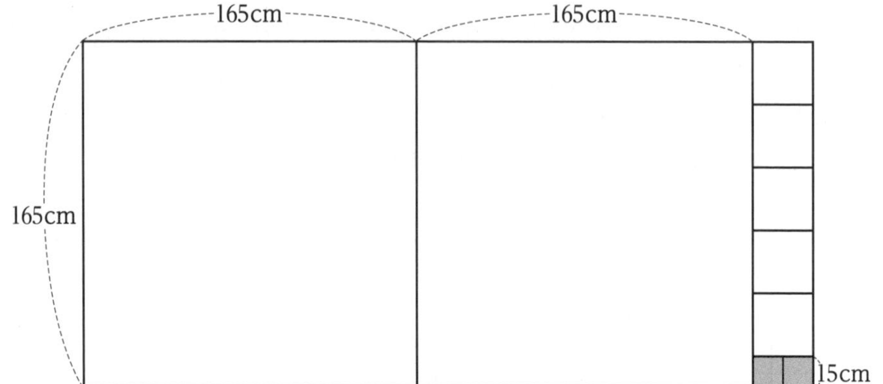

このとき，残りの部分をきれいに正方形で敷き詰めることができました。また，この正方形は 1 辺が 30 cm の正方形にも敷き詰めることができることがわかります。
さらに，165÷15=11 なので 1 辺の長さが 165 cm の正方形にも敷き詰めることができることがわかります。つまり，床に敷き詰めることができる正方形のタイルの 1 辺の長さの最大値は 15 cm になります。
この 15 cm を求める手順は

「360 cm を 165 cm で割って余りの 30 cm を求める」
→「165 cm を 30 cm で割って余りの 15 cm を求める」
→「30 cm は 15 cm で割り切れるので，答えは 15 cm」

であるから，**ユークリッドの互除法を用いて 360 と 165 の最大公約数を求める手順に対応しています。**

演習問題 7

縦 2261 mm，横 7854 mm の額縁がある。この額縁の縦と横の長さの最も簡単な整数比を求めよ。

考え方 タイルの敷き詰め問題と同様に考えます。敷き詰められる正方形の 1 辺の長さがわかれば，縦と横の長さの比が求まります。

第2節 不定方程式

1 2元1次不定方程式 ①

方程式の数よりも未知数の数が多い方程式を不定方程式といいます。方程式 $ax+by=c$（a，b，c は整数の定数）のように未知数の数が2つであり，その方程式の次数が1次である不定方程式を2元1次不定方程式といいます。

不定方程式の解（x，y）の組をすべて求めることを「不定方程式を解く」といいます。

「不定」とは，**解が存在しないのではなく，解は存在するものの1つに定まらない**ということです。解が存在しないことは，「不能」といいます。

例題 3 方程式 $4x+3y=67$ を満たす自然数 x，y の組をすべて求めよ。

考え方 x，y が自然数であることを利用して，x または y の範囲を絞り込むことを考えます。

解答 与式は $4x=67-3y$ と変形できる。ここで，左辺は正の値をとるので右辺も正の値でないといけない。よって，

$67-3y>0$ より，$1 \leqq y \leqq 22$

このとき，右辺は1以上64以下の値をとる。

左辺は4の倍数であるから右辺も4の倍数となるときを考えればよい。

つまり，

$67-3y=4, 8, 12, 16, 20, 24, 28, 32, 36, 40, 44, 48, 52, 56, 60, 64$

$\iff 3y=63, 59, 55, 51, 47, 43, 39, 35, 31, 27, 23, 19, 15, 11, 7, 3$

のときである。このうち，自然数となる y は $y=21$，17，13，9，5，1 であるから，求める（x，y）の組は，

$(x, y)=(1, 21), (4, 17), (7, 13), (10, 9), (13, 5), (16, 1)$ … 答

演習問題 8

方程式 $5x+2y=42$ を満たす自然数 x，y の組をすべて求めよ。

考え方 x または y の範囲を絞り込みます。

解答▶別冊 76 ページ

2 2元1次不定方程式 ②

x，y についての2元1次不定方程式

$ax+by=c$（a，b，c は整数の定数）

を満たす整数 x，y の組を，この方程式の整数解といいます。

p.259 では x，y は「自然数」でしたが，今度は「整数」である点に注意しましょう。

2元1次不定方程式の整数解を求めるときは，次のように考えます。

Check Point　2元1次不定方程式の整数解（一般解）の求め方

2元1次不定方程式 $ax+by=c$ の整数解は，

① 整数解を1つ見つける

② もとの方程式と差をとり，「$=0$」の形を作る

③「互いに素である2つの整数の性質（p.251 参照）」を利用する

例題 4　2元1次不定方程式 $4x+3y=1$ のすべての整数解を求めよ。

解答　$4x+3y=1$ の解のひとつに $x=1$，$y=-1$ がある。　←整数解を見つける

つまり，$4\cdot1+3\cdot(-1)=1$ であるから，もとの方程式と差をとると，

$$\begin{array}{rrrr} & 4x & +3y & =1 \\ -) & 4\cdot1 & +3\cdot(-1) & =1 \\ \hline & 4(x-1) & +3(y+1) & =0 \end{array}$$

←もとの方程式と差をとる

よって，

$4(x-1)=-3(y+1)$ ……①

ここで，4と3は互いに素であるから，$x-1$ は3の倍数である。　←「互いに素である2つの整数の性質」を利用する

このとき，k を整数として，

$x-1=3k$　つまり，$x=3k+1$

これを①に代入して，

$4\cdot3k=-3(y+1)$

$y=-4k-1$

以上より，求める解は k を整数として，$x=3k+1$，$y=-4k-1$（k は整数） … 答

└このような解を「一般解」といいます。

別解　$4x+3y=1$ を y について解くと，$y=-\frac{4}{3}x+\frac{1}{3}$

この式を直線の方程式とみて図示すると整数解が楽に求まる。

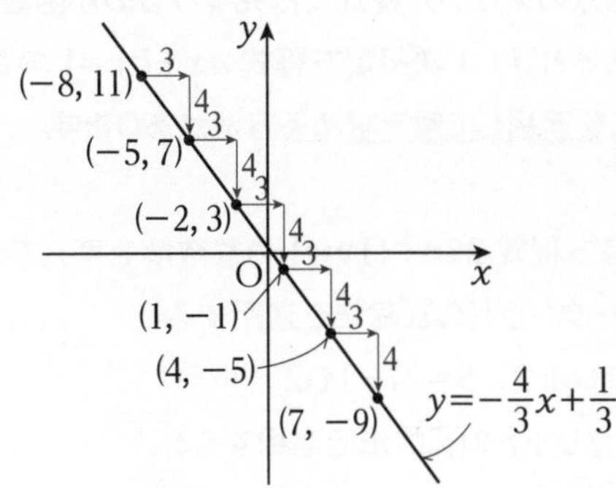

なぜかというと，図のように直線上の点で x 座標と y 座標がともに整数となる点が 1 つ求まれば，あとは直線の傾きから x 座標と y 座標が整数になる点を見つけることができるからである。

つまり，整数解を 1 つ求めれば，グラフを利用することであとの整数解を見つけることができる。傾きが $-\frac{4}{3}$ であるから，通る点の x 座標が 3 ずつ増加するとき，y 座標は 4 ずつ減少する。通る点の 1 つが $(1,\ -1)$ であることから，

$x=1+3k$，$y=-1-4k$（k は整数） … 答

とわかる。通る点を $(-2,\ 3)$ で考えた場合は，

$x=-2+3k$，$y=3-4k$（k は整数） … 答

と表すことができる。もちろん，これらは同じものを表しており，どちらも正解である。

演習問題 9

2 元 1 次不定方程式 $9x-7y=1$ の整数解をすべて求めよ。

考え方 2 元 1 次不定方程式の整数解の求め方を確認しましょう。

解答▶別冊 77 ページ

3 2元1次不定方程式の整数解とユークリッドの互除法

2元1次不定方程式の整数解を求めるときは，まず整数解の1つを見つける必要がありますが，係数の大きい方程式では見つけるのが困難になる場合があります。a と b が互いに素であるとき，1次不定方程式 $ax+by=1$ の整数解は，**2つの係数にユークリッドの互除法を適用して解を求める**方法があります。

例えば，2元1次不定方程式 $27x+11y=1$ の整数解を考えてみます。

係数の27と11にユークリッドの互除法を適用すると，

$27 \div 11=2$ 余り5　つまり，$5=27-11\cdot 2$ ……①

さらに11と5にユークリッドの互除法を適用すると，

$11 \div 5=2$ 余り1　つまり，$1=11-5\cdot 2$ ……②

②の式の「5」に①の式を代入すると，

$$
\begin{aligned}
1&=11-(27-11\cdot 2)\cdot 2\\
&=11-2\cdot 27+4\cdot 11\\
&=-2\cdot 27+5\cdot 11
\end{aligned}
$$

よって，$27\cdot(-2)+11\cdot 5=1$ となります。これは，**$x=-2$，$y=5$ が $27x+11y=1$ の整数解の1つである**ことを表しています。

このように，互除法の作業を逆にたどると，2元1次不定方程式の整数解の1つを求められることがわかります。

2つの係数が互いに素であるとき，2つの係数の最大公約数は1であるので互除法の計算から1が導かれるのは当然のこととなります。つまり，このことから「**a，b が互いに素である2元1次不定方程式 $ax+by=1$ は必ず整数解をもつ**」ことがわかります。

演習問題 10

2元1次不定方程式 $3x+6y=1$ は整数解をもたないことを証明せよ。

考え方 整数解をもつと仮定する，つまり背理法を利用して考えます。

解答▶別冊77ページ

4 詰め合わせのつくり方と不定方程式

15 g のクッキーと 29 g のゼリーを詰め合わせて合計 1000 g の詰め合わせをつくりたいので，クッキーとゼリーをそれぞれいくつずつ詰め合わせればよいかを考えます。

クッキーを x 個，ゼリーを y 個用意すると考えます。
このとき，合計の重さの式は，

$$15x+29y=1000$$

となります。

Advice 数値が大きいので，x または y の範囲を絞り込むのはちょっと難しいですね。

15 と 29 は互いに素であるから，まず $15x+29y=1$ の解を考えます。
解の 1 つに $x=2$，$y=-1$ があるから，

$$15\cdot2+29\cdot(-1)=1$$

が成り立ちます。この両辺を 1000 倍して，

$$15\cdot2000+29\cdot(-1000)=1000$$

もとの方程式と差をとると，

$$\begin{array}{rlll} & 15x & +29y & =1000 \\ -) & 15\cdot2000 & +29\cdot(-1000) & =1000 \\ \hline & 15(x-2000) & +29(y+1000) & =0 \end{array}$$

よって，

$$15(x-2000)=-29(y+1000) \quad \cdots\cdots①$$

15 と 29 は互いに素であるから $x-2000$ は 29 の倍数である。
よって，k を整数として，

$$x-2000=29k \quad つまり，x=29k+2000$$

これを①に代入して，

$$15\cdot29k=-29(y+1000) \quad つまり，y=-15k-1000$$

ここで，x，y は 0 以上の整数なので，

$x=29k+2000 \geqq 0$ かつ，$y=-15k-1000 \geqq 0$

これを k について解くと，

$$-\frac{2000}{29} \leqq k \leqq -\frac{1000}{15}$$

これを満たす整数 k は，$k=-67$，-68

$k=-67$ のとき，$x=57$，$y=5$

$k=-68$ のとき，$x=28$，$y=20$

よって，**クッキーを 57 個とゼリーを 5 個，または，クッキーを 28 個とゼリーを 20 個**のとき，合計 1000 g の詰め合わせをつくることができます。

演習問題 11

13 kg の荷物と 40 kg の荷物がたくさんある。これらの荷物を 1 t トラック（1 t まで載せることができるトラック）にぴったり 1 t 積み込むとき，それぞれの荷物は何個ずつ積めばよいか。

考え方〉不定方程式 $13x+40y=1$ を考えます。

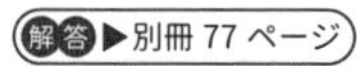
解答▶別冊 77 ページ

第3節 合同式

1 合同式

2つの整数 a, b と自然数 m に対して，a を m で割った余りと，b を m で割った余りが等しいとき，a と b は m を法として合同であるといい，

$a \equiv b \pmod{m}$

と表します。このような式を合同式といいます。

Advice 余りが同じ数を，同じものと見るわけです。

合同式には，以下の性質が成り立ちます。

Check Point 合同式の性質 ①

$a \equiv b$, $c \equiv d \pmod{m}$ ならば，$a \pm c \equiv b \pm d \pmod{m}$

証明 $a \equiv b \pmod{m}$, $c \equiv d \pmod{m}$ のとき，

$a = mk + r$, $b = ml + r$ （m, k, l は自然数，r は0以上の整数）

$c = mk' + s$, $d = ml' + s$ （m, k', l' は自然数，s は0以上の整数）

とおくことができるので，$a \pm c = (mk + r) \pm (mk' + s) = m(k \pm k') + r \pm s$

$b \pm d = (ml + r) \pm (ml' + s) = m(l \pm l') + r \pm s$

よって，$a \pm c \equiv b \pm d \pmod{m}$ 〔証明終わり〕

Check Point 合同式の性質 ②

$a \equiv b$, $c \equiv d \pmod{m}$ ならば，$a \times c \equiv b \times d \pmod{m}$

証明 $a \equiv b \pmod{m}$, $c \equiv d \pmod{m}$ のとき，

$a = mk + r$, $b = ml + r$ （m, k, l は自然数，r は0以上の整数）

$c = mk' + s$, $d = ml' + s$ （m, k', l' は自然数，s は0以上の整数）

とおくことができるので，$a \times c = (mk + r) \times (mk' + s) = m(mkk' + ks + k'r) + rs$

$b \times d = (ml + r) \times (ml' + s) = m(mll' + ls + l'r) + rs$

よって，$a \times c \equiv b \times d \pmod{m}$ 〔証明終わり〕

Check Point 合同式の性質 ③

n を自然数とするとき，$a \equiv b \pmod{m}$ ならば，$a^n \equiv b^n \pmod{m}$

合同式の性質②で，c を a，d を b にそれぞれ変えると，$a^2 \equiv b^2 \pmod{m}$

また，$a^2 \equiv b^2$，$a \equiv b$ ならば，

$a^2 \times a \equiv b^2 \times b \pmod{m}$　つまり，$a^3 \equiv b^3 \pmod{m}$

この操作を繰り返すことで，$a^n \equiv b^n$ が成り立つことがわかります。

参考 合同式では，割る数が法と互いに素であるときだけ，両辺を割ることができます。

a と m が互いに素であるとき，

$ab \equiv ac \pmod{m}$ ならば，$b \equiv c \pmod{m}$

例題 5 8^{10} を 7 で割った余りを求めよ。

考え方 割った余りなら，合同式の出番です。

解答 $8 \equiv 1 \pmod{7}$ であるから，

$8^{10} \equiv 1^{10} \pmod{7}$

$8^{10} \equiv 1 \pmod{7}$

以上より，8^{10} を 7 で割った余りは **1** … 答

演習問題 12

1 整数 n が 7 で割って 3 余るような数であるとき，$3n^4+2n^2$ を 7 で割った余りを求めよ。

考え方 割った余りを求めるときは合同式が有効です。

2 14^{81} を 5 で割った余りを求めよ。

考え方 累乗があるときは 1 と合同な形をつくるのがポイントです。

3 37^{2015} の一の位を求めよ。

考え方 一の位とは，10 で割った余りのことです。

2 カレンダー計算と合同式

1月1日が日曜日の場合，4月1日は何曜日でしょうか。うるう年ではないとします。

実際に1月1日からの日数とその曜日を表に表すと，右のようになります。ただし，日数は1月1日も含めているので，1月1日からの日数が2日であれば，その日は1月2日となります。

曜日	1月1日からの日数
月	2，9，16，23，…
火	3，10，17，24，…
水	4，11，18，25，…
木	5，12，19，26，…
金	6，13，20，27，…
土	7，14，21，28，…
日	8，15，22，29，…

これら1月1日からの日数の特徴を考えてみると，同じ曜日のものは**すべて7で割った余りが等しい，つまり7を法として合同である**ことがわかります。

つまり，表は右のように書き加えることができます。

曜日	1月1日からの日数	7で割った余り
月	2，9，16，23，…	2
火	3，10，17，24，…	3
水	4，11，18，25，…	4
木	5，12，19，26，…	5
金	6，13，20，27，…	6
土	7，14，21，28，…	0
日	8，15，22，29，…	1

1月1日から4月1日までの日数は91日なので，

　91÷7=13 余り 0

表より，4月1日は土曜日とわかります。

演習問題 13

次の問いに答えよ。なお，うるう年ではないとする。

⑴ 1月1日が水曜日である年では，5月5日は何曜日か。

⑵ 7月29日が日曜日のとき，次の年の7月29日は何曜日か。

考え方 mod 7で考えます。

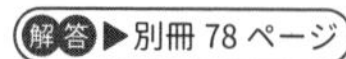
解答▶別冊 78 ページ

第4節 n 進法

1 古代エジプト時代の記数法

文字がなかった時代，人々は棒や骨に印を刻んだり，紐の結び目をつくることで，狩りで捕らえた獲物や育てた食物の数を数えたり，比べたりしていました。しかし，数が大きくなるにつれて印や結び目をつくるだけでは，数を表すことができなくなってきます。

紀元前 3000 年頃の古代エジプトでは，物の形をかたどった**象形文字**といわれる文字が考え出され，次のように数を表していました。

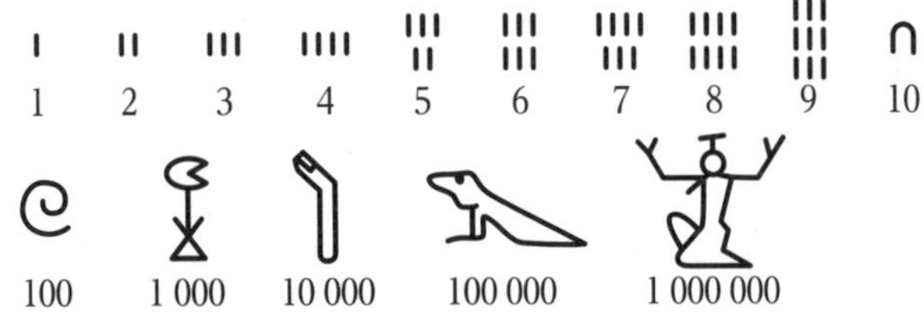

ちなみに，10 は放牧した牛をつなぐ道具，100 は測量に用いる綱，1000 は蓮の花，10000 は指，100000 はオタマジャクシ，1000000 は驚いた人（またはヘフという神）を表しているといわれています。

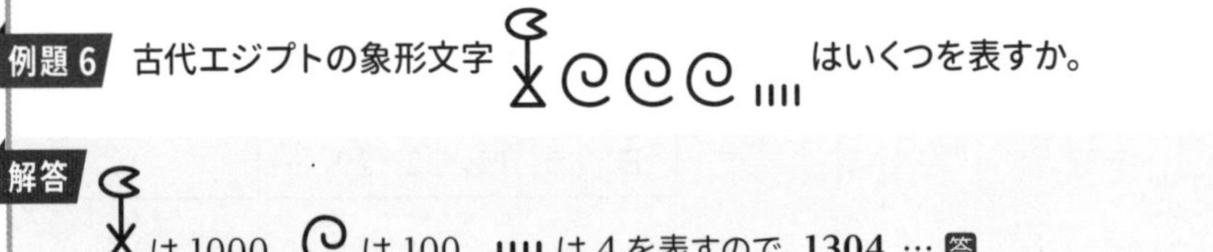

例題 6 古代エジプトの象形文字 はいくつを表すか。

解答 は 1000， は 100， は 4 を表すので，**1304** … 答

演習問題 14

(1) 古代エジプトの象形文字 はいくつを表すか。

(2) 2022 を古代エジプトの象形文字で表せ。

考え方 それぞれ，上の図を参考にして考えましょう。

解答 ▶別冊 78 ページ

2 古代ローマ時代の記数法

イタリア半島を中心とした古代ローマでは，紀元前 1 世紀頃に次のようなローマ数字を用いた記数法が使用されていました。

Ⅰ	Ⅱ	Ⅲ	Ⅳ	Ⅴ	Ⅵ	Ⅶ	Ⅷ	Ⅸ	X	L	C	D	M
1	2	3	4	5	6	7	8	9	10	50	100	500	1000

ローマ数字も古代エジプトの象形文字と同様に記号を組み合わせて数を表しますが，足し算だけでなく引き算も使って数を表す特徴があります。

基本は，Ⅷのように，**大きい記号の後ろに小さい記号が並ぶ場合は，大きい記号と小さい記号を足して，**

Ⅷ$=5+3=8$

となります。

しかし，Ⅸのように，**小さい記号の後ろに大きい記号が並ぶ場合は，大きい記号から小さい記号を引いて，**

Ⅸ$=10-1=9$

となります。

例題 7 次のローマ数字で表された数はいくつを表すか。

(1) XIII

(2) XLIV

(3) CCXCIX

解答 (1) XIII$=10+3=$**13** … 答

(2) XLIV$=(50-10)+4=$**44** … 答

(3) CCXCIX$=100+100+(100-10)+9=$**299** … 答

演習問題 15

(1) 2069 をローマ数字で表せ。

(2) ローマ数字で表された数「CDXCIV」はいくつを表すか。

考え方 ローマ数字の並び方のルールに気をつけましょう。

解答▶別冊 79 ページ

3 n 進法と位取り記数法

古代エジプトの象形文字も，古代ローマのローマ数字も，数が大きくなるたびに新しい文字を用意する必要がありました。

これらとは別に，バビロニア（現在のイラク南部）では，次のような楔形（くさびがた）文字が使用されていました。

	10	20	30	40	50
1	11	21	31	41	51
2	12	22	32	42	52
3	13	23	33	43	53
4	14	24	34	44	54
5	15	25	35	45	55
6	16	26	36	46	56
7	17	27	37	47	57
8	18	28	38	48	58
9	19	29	39	49	59

60 は再び 𒁹 を用います。ですので,「61」は「2」と区別するため少し間を空けて 𒁹 𒁹 と表し，「62」は 𒁹 𒈫 と表します。また，𒌋𒁹 は「10+1=11」を表しますが，文字の左右を入れ換えた 𒁹𒌋 は「60+10=70」を表します。

このように，書く文字の位置によって異なる大きさの数を表す方法を**位取り記数法**といいます。バビロニアの楔形文字は，60 をひとまとまりとして考えています。このような数の表し方を **60 進法**といいます。

n 種類の記号や文字を用いて数を表す方法を **n 進法**といい，n 進法で表された数を **n 進数**といいます。

n 進法では，

小数点から左へ順に，n^0 の位，n^1 の位，n^2 の位，n^3 の位…

となります。

普段，我々が用いている数は，0 から 9 までの 10 種類の数字を用いて表しているので，10 進法といいます。

10 進法では，小数点から左へ順に，$10^0(=1)$ の位，10^1 の位，10^2 の位，…となっているので，例えば，「123」という数は

1　2　3

10^2 が 1 つ↗　↑　↖1 が 3 つ

10^1 が 2 つ

という意味になります。

10 進法では 10 をひとまとまりとして考えるので，10 が 10 個集まれば，それを新しく 1 つにまとめます。なので，10 の位の次は 10×10＝100 の位というわけです。

現在でも 10 進法だけでなく，様々な n 進法が使用されています。例えば，時間は 60 秒で 1 分，60 分で 1 時間という様に，60 進法になっていますね。

りんごを使った具体例で考えてみましょう。

14 個のりんごを 10 進法の考え方で袋にまとめることを考えます。

10 個で 1 つにまとめるので，

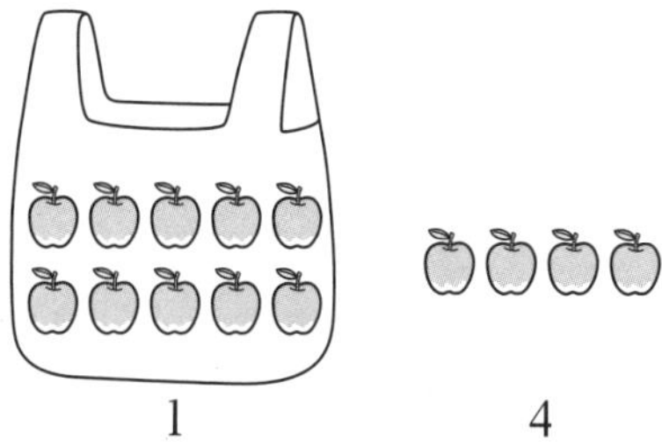

「10 個の袋(10 の位)1 つ」と「ばらばらのりんご(1 の位)が 4 つ」なので「14」という表し方になります。

次に，14 個のりんごを 3 進法の考え方でまとめることを考えてみましょう。3 進法は 3 をひとまとまりとして考えるので，3 個で 1 袋になる点に注意すると，

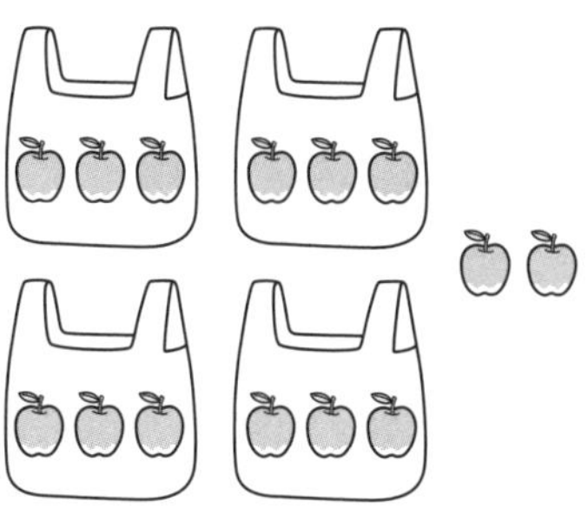

このままではいけません！

なぜならば，3 個入りの袋が「4 個」あるからです。この 3 個入りの袋も 3 個でさらにまとめると，

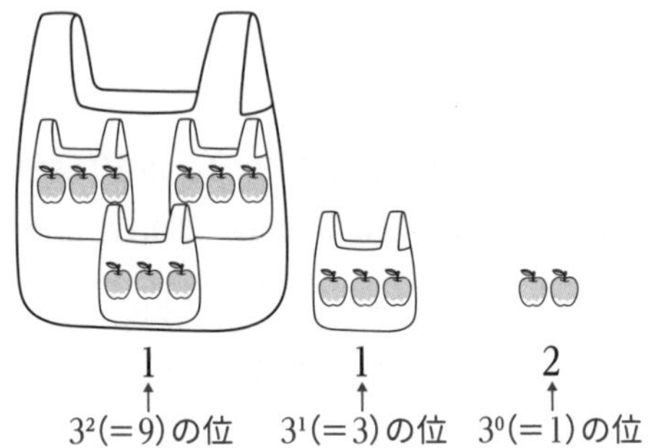

となり，3 進法では「112」と表せることがわかります。このとき，3 進法で表された 112 は，10 進法で表された数と区別するために，「$112_{(3)}$」と表します。

例題 8　7 進法で表された数字 $465_{(7)}$ を 10 進法で表せ。

考え方〉右から左へ順に 1，7，7^2 の位になります。

解答　$465_{(7)}=4\times7^2+6\times7+5\times1$

$=243$ … 答

演習問題 16

次の数を 10 進法で表せ。

(1) $11101_{(2)}$　　(2) $24011_{(5)}$

考え方〉それぞれの数字が何の位を表しているかを確認しましょう。

解答▶別冊 79 ページ

4 10進法を n 進法で表す

10 進法で表された数 59 を 3 進法で表すことを考えてみます。
各位の数字を文字で表すと,

$$59=a\times3^3+b\times3^2+c\times3+d$$

とできるはずです(説明上,最初から 4 桁とわかっていることになっていますが,実際は何桁かわからなくても解けます)。このとき,**d だけ 3 が掛けられていないことに着目する**と,d 以外の $a\times3^3+b\times3^2+c\times3$ は 3 で割り切れることがわかります。
つまり,**d は 59 を 3 で割ったときの余り**と考えることができます。実際に割り算をすると,

$$59\div3=19 \text{ あまり } 2$$

となり,$d=2$ と求まります。これより,

$$59=a\times3^3+b\times3^2+c\times3+2$$
$$57=a\times3^3+b\times3^2+c\times3$$
$$19=a\times3^2+b\times3+c$$

両辺を 3 で割る

となり,次に **c だけ 3 が掛けられていないことに着目する**と,c 以外の $a\times3^2+b\times3$ は 3 で割り切れることがわかります。
つまり,**c は 19 を 3 で割ったときの余り**と考えることができます。実際に割り算をすると,

$$19\div3=6 \text{ あまり } 1$$

となり,$c=1$ と求まります。

$$19=a\times3^2+b\times3+1$$
$$18=a\times3^2+b\times3$$
$$6=a\times3+b$$

両辺を 3 で割る

同様にして **b は 6 を 3 で割った余り**に等しく,6 は 3 で割り切れるので $b=0$ です。
つまり,

$$6=a\times3$$

ですから,**最後は 3 で割った商が a** となり,$a=2$ とわかります。以上より,

$$59=2\times3^3+0\times3^2+1\times3+2$$

とできるので 3 進法では $2012_{(3)}$ と表せることになります。

例題 9 10 進法で表された数 178 を 3 進法で表せ。

考え方 前の説明の方法では桁数が増えると記述量が増えてしまいます。そこで，下のように 3 で割り続けて，矢印の順に商と余りを書き並べる方法をおすすめします。

解答

```
3) 178
3)  59…1 ↑
3)  19…2
3)   6…1
     2…0
```

よって，**20121**$_{(3)}$ … **答**

演習問題 17

次の問いに答えよ。

⑴ 188 を 3 進法で表せ。

⑵ 2276 を 7 進法で表せ。

考え方 n 進法に直す際は n で割り続ける方法を利用します。

解答▶別冊 79 ページ

5 指数えと 2 進法

2 進法は 0 と 1 の 2 つをひとまとまりとして考える数の表し方です。10 進数と 2 進数を並べて表に表すと，次のようになります。

10 進法	0	1	2	3	4	5	6	7	8	9	10	11	12	13	14	15
2 進法	0	1	10	11	100	101	110	111	1000	1001	1010	1011	1100	1101	1110	1111

16	17	18	19	20	21	22	23	24	25	26	27	28
10000	10001	10010	10011	10100	10101	10110	10111	11000	11001	11010	11011	11100

29	30	31
11101	11110	11111

ここで，1 の位を（右手の）親指，2 の位を人差し指，$2^2(=4)$ の位を中指，$2^3(=8)$ の位を薬指，$2^4(=16)$ の位を小指で表すことを考えます。「0」のとき伸ばし，「1」のとき折り曲げると考えると，以下のように 0 から 31 までの 32 種類の数を片手で表すことができます。

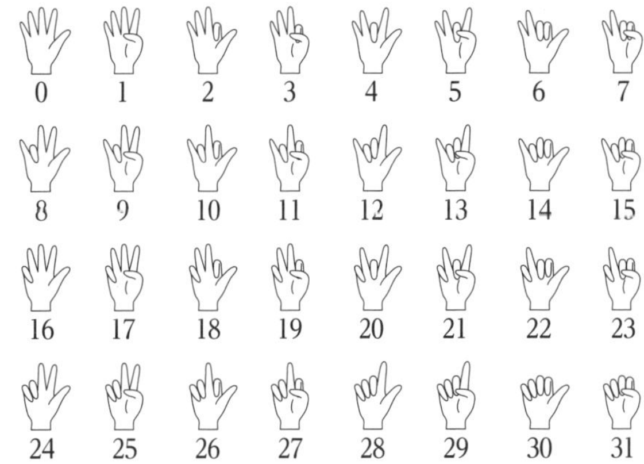

例えば，10 進法で表された 11 は 2 進法で表すと 1011 です。

$$1011_{(2)} = \underset{\text{薬指}}{\underset{\uparrow}{1}} \times 2^3 + \underset{\text{中指}}{\underset{\uparrow}{0}} \times 2^2 + \underset{\text{人差し指}}{\underset{\uparrow}{1}} \times 2 + \underset{\text{親指}}{\underset{\uparrow}{1}} \times 1$$

ですから，右手の親指と人差し指と薬指を折り曲げて表すことができます。

2 進法は，2 つの数をひとまとまりとして考えるので，「指を伸ばす (0)」と「指を折り曲げる (1)」という 2 つの動作で対応させることができるのです。

仮に指を「伸ばす」「90 度だけ曲げる」「完全に折り曲げる」の 3 通りが扱えるならば 3 進法にも対応できるので 242 までの数を表せることができるようになります！でも，指がつりそうですね。

演習問題 18

次の図は，両手を使って 2 進数を表している。この 2 進数を 10 進法で表せ。ただし，右手の親指が 1 の位を表し，左へ順に位が上がっていくものとする。また，「0」のとき伸ばし，「1」のとき折り曲げると考える。

考え方　左手は小指から 2^5 の位，2^6 の位…となります。

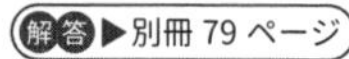

6 年齢当てマジックと 2 進法

2 進法は 2 つの事柄しかないものを表すのに当てはめることができます。そのような性質を利用したマジック（手品）があります。

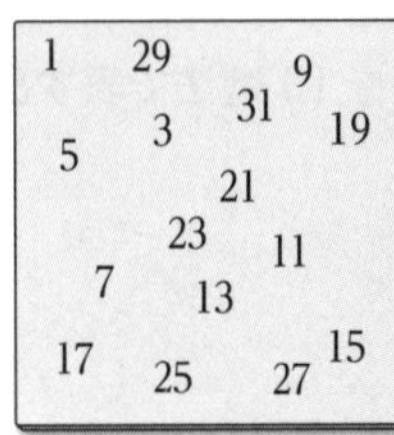

2 30 3 22
6 15 7
31 10 26
27
11 18 19 14
23

4 5
28 7
29 12
6
23 20 31 22
13 14
30 21 15

8 10 13
9 11 30
12 14
24 26 27
25 29
31 15 28

16 18 20
21 22 23
17 28 25
24
19 30 26
27 31 29

5 枚のカードに，それぞれ 1 から 31 までの数字の一部が書いてあります。31 歳までの年齢の人（年齢はわからない）にこの 5 枚のカードを見てもらい，自分の年齢と同じ数字が書いてあるカードをすべて選んでもらいます。そうすると，カードを選んだ人の年齢がわかるのです。

例えば，ある人が以下の 3 枚のカードを選んだとしましょう。

1 29 9
31 19
5 3
21
23 11
7 13
17 25 27 15

2 30 3 22
6 15 7
31 10 26
27
11 18 19 14
23

8 10 13
9 11 30
12 14
24 26 27
25 29
31 15 28

このとき，この人の年齢は 11 歳です！

どのようにして求めたのかというと，**カードの左上の隅にある数字を足した**のです。

なぜ，左上の隅の数字を足すことで求まるのでしょうか？

それは各カードの左上の隅の数字を並べると，

1，2，4，8，16

となります。これは**「2 進法の位を表した数」**です。**p.275** の 2 進法の数字の表と，カードに書かれている数字を見比べると，左上の隅の数字が 1 のカードには，2 進法で表したときの 1 の位が 1 である数がすべて書いてあることがわかります。同様に左上の隅の数字が 2 のカードには，2 の位が 1 である数がすべて書いてあります。よって，**左上の隅の数字が 1 と 2 と 8 の数字のカードを選んだ人は，1 の位と 2 の位と 8($=2^3$)の位が 1 である数である**ことがわかるのです。「$1011_{(2)}$」を 10 進法で表すと，

2 のカードは選ぶ　8 のカードは選ぶ

$$1\cdot1+1\cdot2+0\cdot2^2+1\cdot2^3=1+2+8=11$$

1 のカードは選ぶ　4 のカードは選ばない

となります。

なぜ，2 進法が有効なのかというと，カードを「選ぶ，選ばない」の 2 択が 2 進法の「1，0」に対応するからです。

演習問題 19

A～E の 5 枚のカードに，それぞれ 1 から 31 までの数字の一部が書いてある。31 歳までの年齢の人（年齢はわからない）にこの 5 枚のカードを見てもらい，自分の年齢と同じ数字が書いてあるカードをすべて選んでもらった。B，D，E のカードを選んだ人の年齢は何歳か。

A

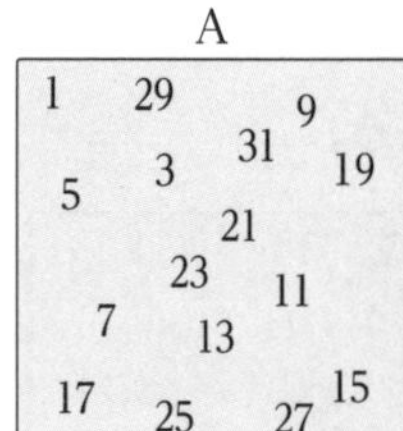

B

2 30 3 22
6 15 7
31 10 26
27
11 18 14
23 19

C

4 5
28 7
29 12
6
23 20 31 22
13 14
30 21 15

D

8 10 13
9 11 30
12 14
24 26 27
25 29
31 15 28

E

16 18 20
21 22 23
17 28
25
24
19 30 26
27 31 29

考え方　カードの左上の数に着目します。

解答▶別冊 79 ページ

7 偽コインと2進法

次のような問題を考えてみましょう。A，B，C，D，Eの5つの袋にコインがたくさん入っているとします。5つの袋には，重さがすべて100 gの正しいコインで満たされている袋と，重さがすべて90 gの偽コインで満たされている袋があります。
では，偽コインの入った袋はどれかを，1回重さを測るだけで判断するにはどうすればいいでしょうか？その手順は以下の通りです。

まず，**Aから1枚，Bから2枚，Cから4枚，Dから8枚，Eから16枚の計31枚を取り出します。**もしすべてが本物のコインであれば3100 gであるはずです。
このとき，31枚の合計で3000 gだったとしましょう。偽コインは1枚あたり10 g軽いので，偽コインの枚数は，

$(3100-3000)\div10=100\div10=10$（枚）

であることがわかります。この10を2進法で表すと，

$10=1010_{(2)}$

2の位と8の位が1，つまり2枚取り出した袋Bと8枚取り出した袋Dが偽コインの入った袋だとわかります。

「偽コインが10枚」の10をつくることができる組み合わせが2進法では1通りしかない点に着目したわけですね。「袋の中は偽コイン」「袋の中は本物のコイン」の2通りだから2進法が有効であるということです。

演習問題 20

A，B，C，D，Eの5つの袋にコインがたくさん入っている。5つの袋には，重さがすべて100 gの正しいコインで満たされている袋と，重さがすべて90 gの偽コインで満たされている袋がある。Aから1枚，Bから2枚，Cから4枚，Dから8枚，Eから16枚のコインを取り出したところ，合計の重さは2880 gとなった。このとき，偽コインが入っている袋をすべて答えよ。

考え方 すべて本物のコインの場合は3100 gです。

第5節 測量・座標

1 座席表

大きな劇場や競技場での座席を表すのに数字を並べただけでは目的の座席を探すのが大変です。そこで，多くの座席の位置を表すために縦と横の位置にそれぞれに番号を振り，その組み合わせによって座席の位置を決定する方法が用いられています。

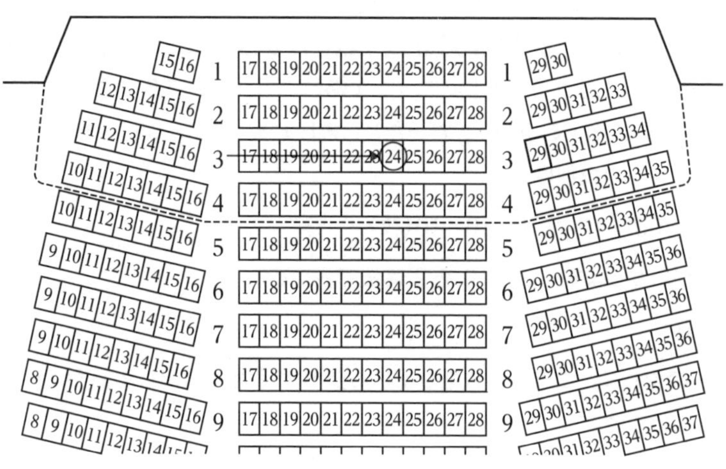

【東京国際フォーラムの座席表の例】

上の図の場合では，「(3 − 24)」と表された座席は○で表された座席になります。

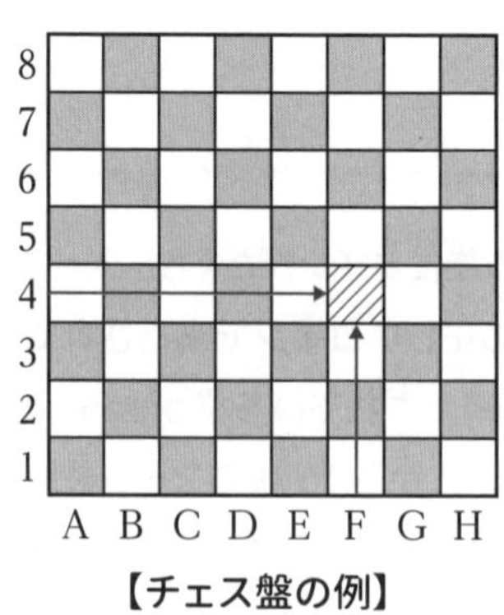

【チェス盤の例】

上の図の場合では，斜線部を「F4」と表します。

このように位置を表す方法は座標の考え方を用いたものです。

2つの数の組み合わせで平面上の点を表すという座標の考え方は，フランスのルネ・デカルト（1596〜1650）によって考え出されたといわれています。

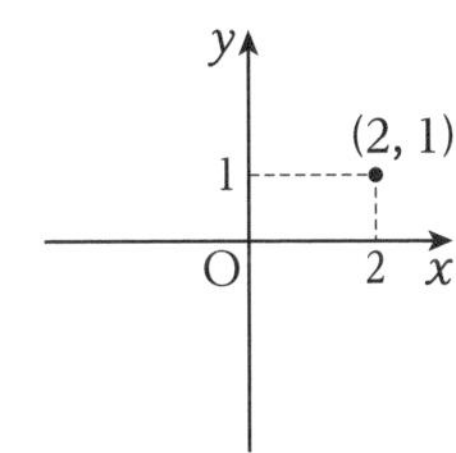

直交する2本の数直線を座標軸といい，横に伸びる直線を横軸（ここでは x 軸），縦に伸びる直線を縦軸（ここでは y 軸）といいます。また，座標軸の交点を原点といい，このような座標が定められた平面を座標平面といいます。

空間でも同様のことが成り立ちます。

空間内に原点Oをとり，Oで互いに直交する3本の直線をそれぞれ x 軸，y 軸，z 軸とする。このときの3本の直線を座標軸といいます。

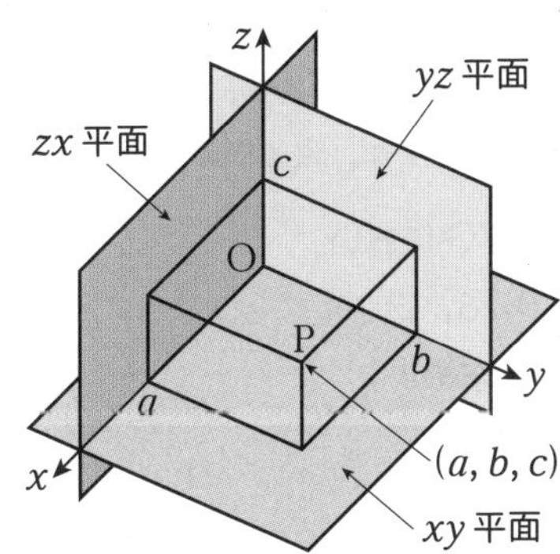

図より，それぞれ

x 軸と y 軸で定まる平面を「xy 平面」

y 軸と z 軸で定まる平面を「yz 平面」

z 軸と x 軸で定まる平面を「zx 平面」

といいます。そして，空間上の点Pを通って各座標軸に垂直な平面が x 軸，y 軸，z 軸と交わる点をそれぞれ a，b，c とするとき，その3つの数字の組 (a, b, c) を点Pの座標といいます。この a，b，c がそれぞれ点Pの x 座標，y 座標，z 座標となります。また，このような座標が定められた空間を座標空間といいます。

演習問題 21

1

教卓

	1	2	3	4	5	6	7	8	9	10
A										
B										
C										
D										
E										
F										
G							花子			
H										
I										
J										

図のような教室の座席表がある。例えば，1 番上の 1 番左の席は「A1」のように表すことにする。このとき，以下の問い に答えよ。

(1) 花子さんの座っている席の位置を答えよ。

(2) 太郎さんは，花子さんとの間に縦，または横に 2 人はさんで座っているという。考えられる位置をすべて答えよ。

考え方 〉座標の考え方と同様ですが，縦と横の対応を間違えないようにしましょう。

2 図の直方体 OABC-DEFG において，A(5，0，0)，G(0，6，2) であるとき，点 F の座標を求めよ。

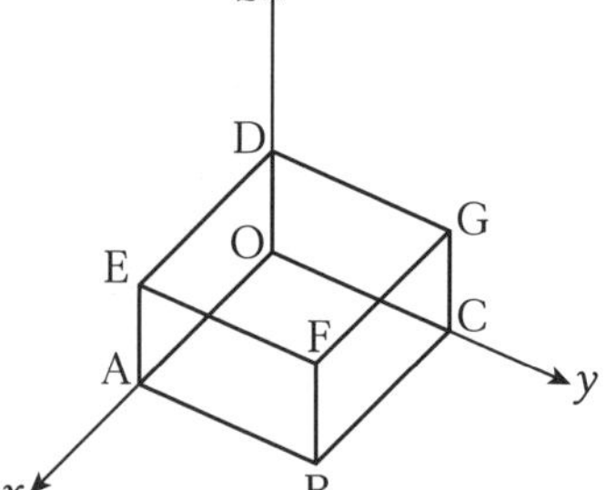

考え方 〉直方体の向かい合う辺の長さはすべて等しい点に着目しましょう。

解答 ▶別冊 79 ページ

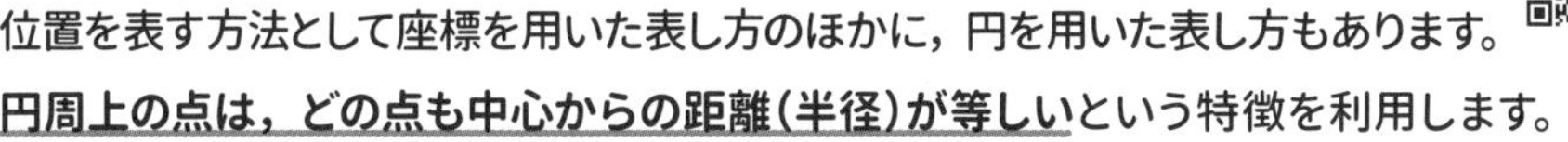

2 平面上の位置の表し方

位置を表す方法として座標を用いた表し方のほかに，円を用いた表し方もあります。
円周上の点は，どの点も中心からの距離（半径）が等しいという特徴を利用します。

携帯電話やスマートフォンなどは，様々な場所に設置されたアンテナを利用して通信を行います。例えば，アンテナからの距離がわかるとき，複数のアンテナからの距離で自分の位置が特定できます。

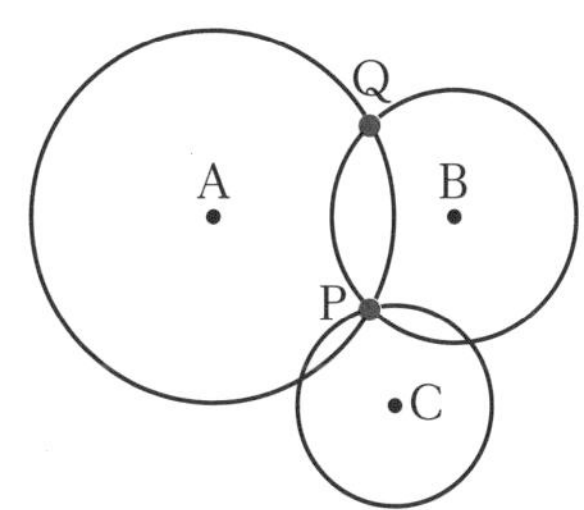

図のように，アンテナ A からの距離とアンテナ B からの距離がわかると，現在地は A を中心とした円と B を中心とした円の交点である P または Q にいることがわかります。さらに，アンテナ C からの距離がわかれば，自分の位置は P だと特定することができます。

演習問題 22

図のような地図で，アンテナのある A 地点と B 地点が存在する。ある場所（地上）で携帯電話を使用すると，A 地点からの距離と B 地点からの距離は地図の右にある長さとわかった。自分の位置はどこになるか。作図して求めよ。

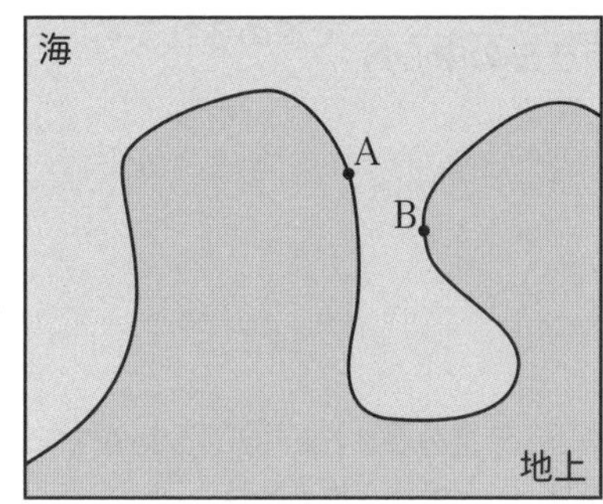

A 地点からの距離

B 地点からの距離

考え方 A 地点と B 地点を中心とした円を考えます。

解答▶別冊 79 ページ

3 地球の周の長さ

古代ギリシャ人であるエラトステネス（紀元前 3 世紀ごろ）は，アレクサンドリアから南に 925km 離れたシエネ（現在のエジプトのアスワン）では，夏至の正午に太陽の光が深い井戸の水面にまで届くことを知りました。このことから，エラトステネスは地球の周の長さを計算しました。

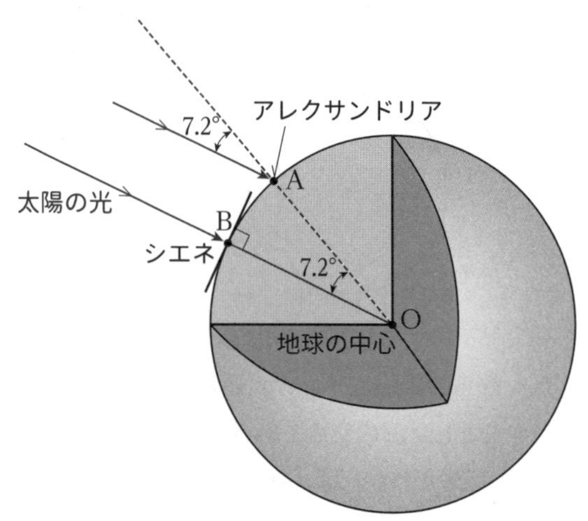

図のように，シエネでは，正午に太陽の光が真上から差し込んでいました。アレクサンドリアでは，正午に太陽の光は真上から 7.2°傾いた方向から差し込んでいました。このことから，平行線の同位角は等しいので，∠AOB も 7.2°とわかります。

おうぎ形の弧の長さ＝円周×$\dfrac{\text{おうぎ形の中心角}}{360°}$ であるから，

円周＝おうぎ形の弧の長さ×$\dfrac{360°}{\text{おうぎ形の中心角}}$ で求められます。

よって，地球の周の長さは，

$$925\times\frac{360}{7.2}=46250\text{(km)}$$

とわかります。

現在わかっている地球の周の長さ（赤道の長さ）は 40075 km ですから，紀元前の時代の計算としては非常に正確だったと考えられますね。
誤差としては 15％程度です。

演習問題 23

エラトステネスの計算により，地球の周の長さから地球の半径が約 6300 km とわかります。

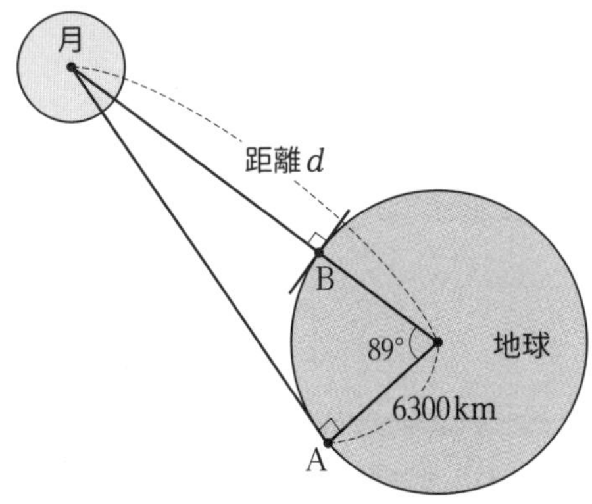

次に，同時刻に月が地平線に見える地点 A と南中に見える地点 B の緯度の差が 89°とわかったとき，地球と月の中心間の距離 d を求めよ。ただし，**p.293** の三角比の表を用いて計算せよ。

考え方 三角比の表の余弦の値を利用します。

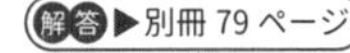
解答▶別冊 79 ページ

第6節 パズルとゲーム

1 畳敷き詰め問題

図1のような正方形2つでできている畳を，図2のような部屋にすき間なく敷き詰めることができるかを考えてみましょう。

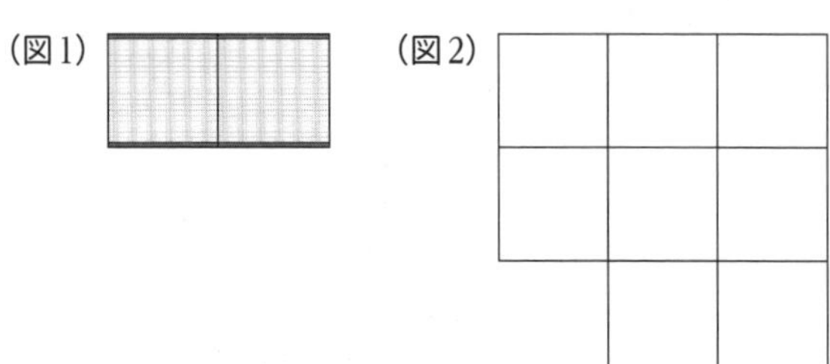

実際に並べると次のようになり，すき間なく敷き詰めることができます。

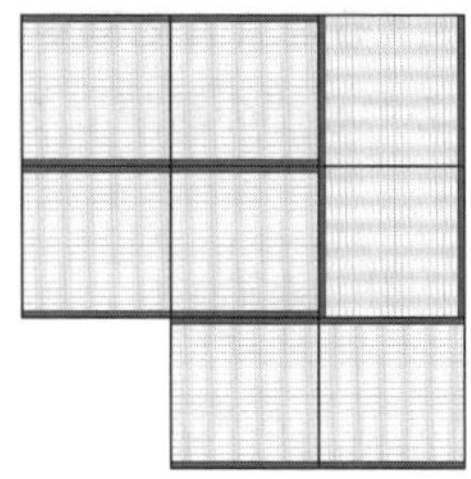

では，次のような部屋ではどうでしょうか？

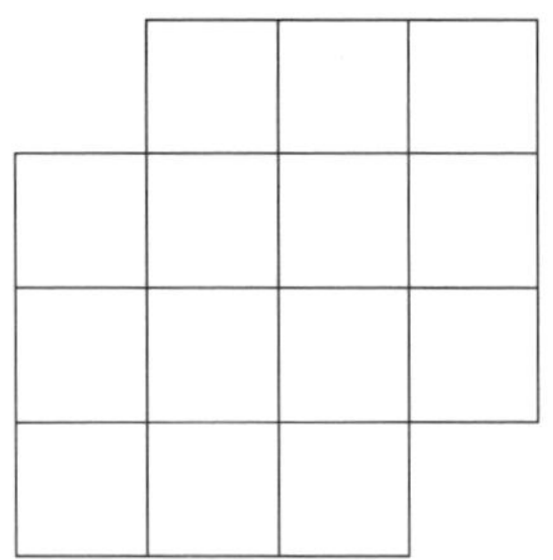

奇数個の正方形の列に着目して並べてみます。次ページの図3のように畳を置くと，「X」の部分の置き方がただ1通りに決まります。

そこで，図4のように畳を置くと，再びただ1通りに決まる「X」の場所が出てきます。

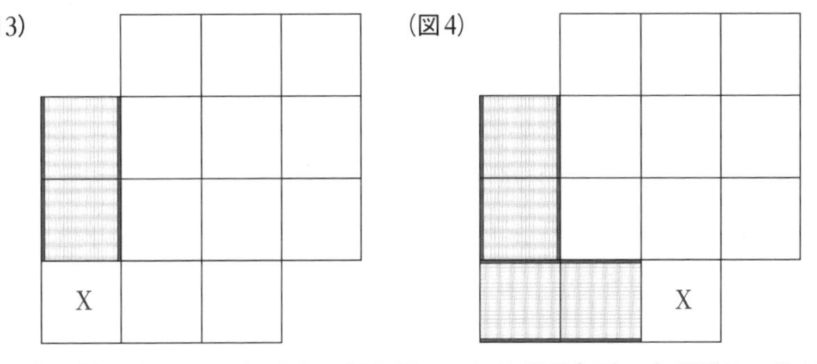

そのあとは次の図のように，どのように畳を置いても必ず正方形の穴が残り，敷き詰められないことがわかります。

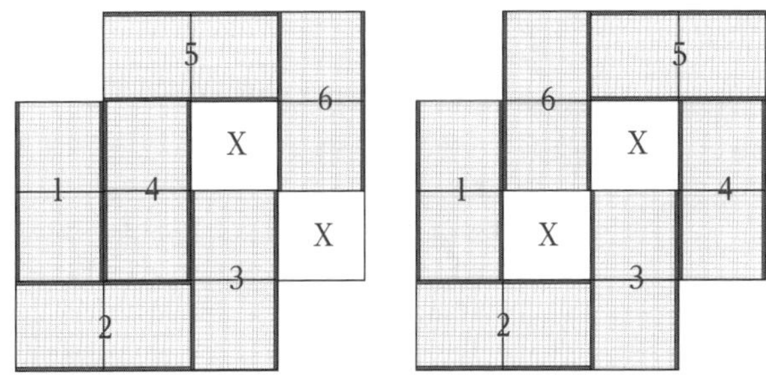

初めの「1」の畳を横においても同様に敷き詰められません。対称な図形であるから畳の置き方はそれですべてになります。よって，すき間なく畳を敷き詰めることができないことがわかります。

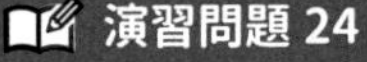

演習問題 24

図 1 のような正方形 2 つでできている畳を，図 2 のような白と黒の市松模様で塗られた床に敷き詰めていく。このとき，畳ですき間なく敷き詰めることができないことを色の関係を利用して示せ。

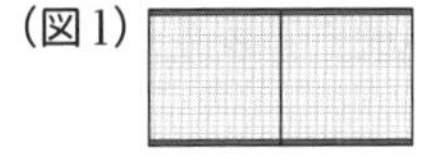

考え方 畳が隠す床の色に着目しましょう。

解答▶別冊 80 ページ

2 くじ引きゲーム

くじ引きといっても当たりを引くのではなく，A と B の 2 人が交互にくじを引いていき,「相手に最後の 1 本を引かせたら勝ち」というルールのゲームを考えます。ただし，一度に引くことができるくじの数は 1 本から 3 本までのいずれかで A から引くことにします。このゲームには必勝法があります。その必勝法が何かを考えてみましょう。

くじの数が 5 本のときのくじの取り方を，いろいろと場合分けして考えてみましょう。

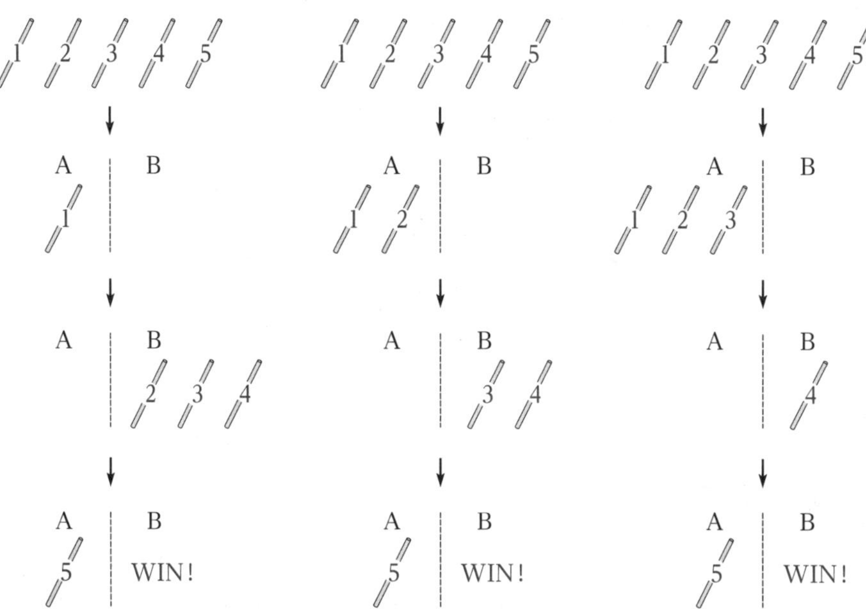

上の図は，すべて B が勝つときの 3 パターンです。B が引くとき，引いた後のくじを必ず 1 本にすることができます。つまり, **5 本の場合は後手である B が必ず勝てる方法がある**ということです。

では，くじが 6 本の場合はどうでしょう?先ほど 5 本の場合は，5 本のときに引かない人(先ほどの例では B)に必勝法がありました。よって, **A が 1 本引けば必ず B が 5 本の状態から引くことになるので A に必勝法が存在する**ことになります。

このようにして，少ない数で必勝法が見つかれば，順に数を大きくして必勝法を考えることができますね。

演習問題 25

AとBの2人が交互にくじを引いていき，「相手に最後の1本を引かせたら勝ち」というルールのくじ引きゲームをするとき，次の問いに答えよ。ただし，一度に引くことができるくじの数は1本から3本までのいずれかでAから引くことにする。

(1) くじが7本の場合はAとBどちらに必勝法が存在するか。また，その方法はどのようなものか。

(2) くじが9本の場合はどちらに必勝法が存在するか。また，その方法はどのようなものか。

考え方 くじが5本の場合を参考にしましょう。

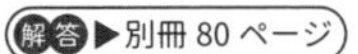
解答▶別冊 80 ページ

3 ハノイの塔

ハノイの塔とは有名なパズルの名称です。

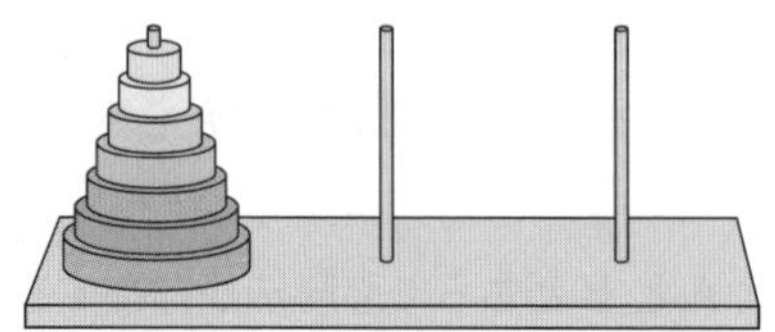

図のように，直径の異なる円盤が，いちばん左の棒に，下から直径の大きい円盤の順に積み重なっています。このパズルのルールは以下のようなものです。

① 1回につき，円盤を1つ別の柱に移動させることができる
② 円盤を重ねるとき，上に直径の大きい円盤を重ねることはできない

このルールに従って，なるべく少ない回数で円盤の山を別の柱に移動させる方法を考えていきます。
実際に，3枚の円盤の場合を考えてみましょう。

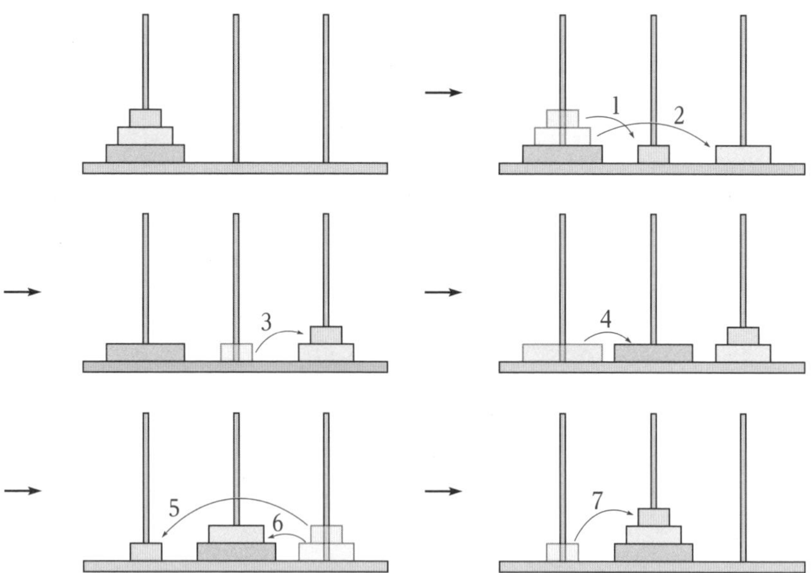

図のように，7回で移動できることがわかります。

では，4 枚の円盤ではどうでしょうか？

一から数えるのは大変です。そこで，3 枚の円盤の結果を用いることを考えます。

先ほどの結果より，3 枚の円盤を別の柱に移動させるには 7 回の移動が必要でした。

ですから，**3 枚の円盤を別の柱に移動させて，いちばん下の円盤を別の柱に移動し，再び 3 枚の円盤を上に移動させると考えればよい**わけです。

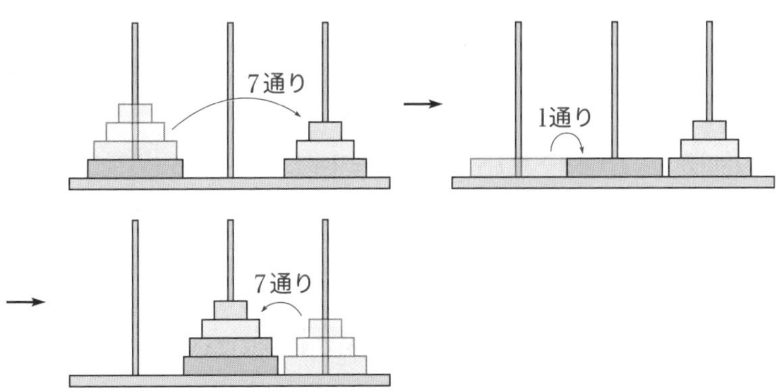

よって，合計 7+1+7=15 から，15 回の移動が必要であるとわかります。この仕組みがわかれば，4 枚の円盤の結果から 5 枚の円盤の場合の移動の回数がわかり，その結果から 6 枚の円盤の場合……と順に求めることができることがわかります。

演習問題 26

次のルールに従って，なるべく少ない回数で円盤の山を別の柱に移動させる方法を考える。

① 1 回につき，円盤を 1 つ別の柱に移動させることができる

② 円盤を重ねるとき，上に直径の大きい円盤を重ねることはできない

下の図のような，6 枚の円盤の場合は何回で移動できるか求めよ。

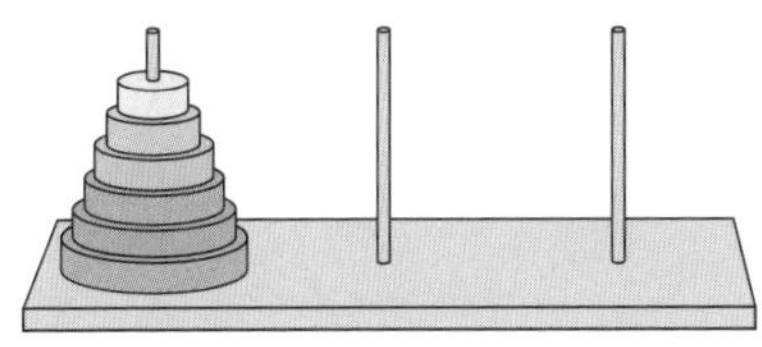

考え方 ハノイの塔の規則性を利用しましょう。

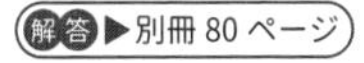
解答▶別冊 80 ページ

4 魔方陣

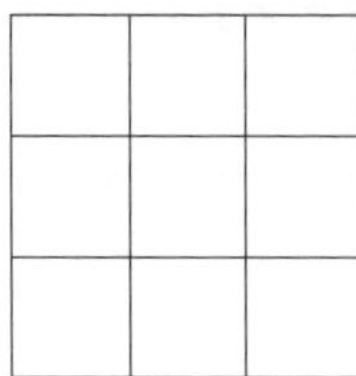

図のような 9 つの空欄に，1 から 9 までの整数を並べて縦，横，斜めのどの和も等しくなるようなパズルを考えます。このようなパズルは**魔方陣**といいます。

まず，すべての整数の和は，

1+2+3+4+5+6+7+8+9=45

45÷3=15 であるから 1 列の和は 15 になります。15 になる 3 つの整数の組み合わせを書き上げると，

1+5+9=15　　1+6+8=15　　2+4+9=15　　2+5+8=15

2+6+7=15　　3+4+8=15　　3+5+7=15　　4+5+6=15

の 8 通りが考えられます。この 8 通りが魔方陣の縦，横，斜めに対応します。この 8 通りの中で**唯一「5」だけが 4 回用いられています**。つまり，**魔方陣の真ん中の数は「5」であることがわかります。**　←真ん中は縦・横・斜めで 4 回用いています

そこに気を付けて数字の並びを考えると以下のようになります。

2	9	4
7	5	3
6	1	8

演習問題 27

図の○の中には，1 から 10 までの異なる整数が 1 つずつ入る。どの三角形の頂点の数字の和も 14 となるように○の中の数字を定めよ。

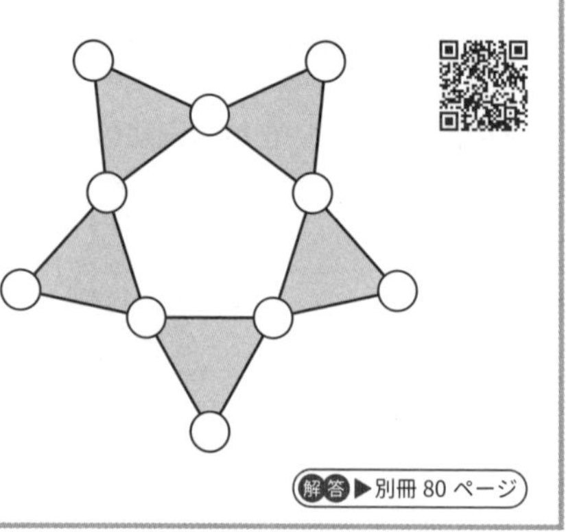

考え方 10 の位置から考えるとよいでしょう。

解答▶別冊 80 ページ

資料

三角比の表

角	正弦 (sin)	余弦 (cos)	正接 (tan)
0°	0.0000	1.0000	0.0000
1°	0.0175	0.9998	0.0175
2°	0.0349	0.9994	0.0349
3°	0.0523	0.9986	0.0524
4°	0.0698	0.9976	0.0699
5°	0.0872	0.9962	0.0875
6°	0.1045	0.9945	0.1051
7°	0.1219	0.9925	0.1228
8°	0.1392	0.9903	0.1405
9°	0.1564	0.9877	0.1584
10°	0.1736	0.9848	0.1763
11°	0.1908	0.9816	0.1944
12°	0.2079	0.9781	0.2126
13°	0.2250	0.9744	0.2309
14°	0.2419	0.9703	0.2493
15°	0.2588	0.9659	0.2679
16°	0.2756	0.9613	0.2867
17°	0.2924	0.9563	0.3057
18°	0.3090	0.9511	0.3249
19°	0.3256	0.9455	0.3443
20°	0.3420	0.9397	0.3640
21°	0.3584	0.9336	0.3839
22°	0.3746	0.9272	0.4040
23°	0.3907	0.9205	0.4245
24°	0.4067	0.9135	0.4452
25°	0.4226	0.9063	0.4663
26°	0.4384	0.8988	0.4877
27°	0.4540	0.8910	0.5095
28°	0.4695	0.8829	0.5317
29°	0.4848	0.8746	0.5543
30°	0.5000	0.8660	0.5774
31°	0.5150	0.8572	0.6009
32°	0.5299	0.8480	0.6249
33°	0.5446	0.8387	0.6494
34°	0.5592	0.8290	0.6745
35°	0.5736	0.8192	0.7002
36°	0.5878	0.8090	0.7265
37°	0.6018	0.7986	0.7536
38°	0.6157	0.7880	0.7813
39°	0.6293	0.7771	0.8098
40°	0.6428	0.7660	0.8391
41°	0.6561	0.7547	0.8693
42°	0.6691	0.7431	0.9004
43°	0.6820	0.7314	0.9325
44°	0.6947	0.7193	0.9657
45°	0.7071	0.7071	1.0000

角	正弦 (sin)	余弦 (cos)	正接 (tan)
45°	0.7071	0.7071	1.0000
46°	0.7193	0.6947	1.0355
47°	0.7314	0.6820	1.0724
48°	0.7431	0.6691	1.1106
49°	0.7547	0.6561	1.1504
50°	0.7660	0.6428	1.1918
51°	0.7771	0.6293	1.2349
52°	0.7880	0.6157	1.2799
53°	0.7986	0.6018	1.3270
54°	0.8090	0.5878	1.3764
55°	0.8192	0.5736	1.4281
56°	0.8290	0.5592	1.4826
57°	0.8387	0.5446	1.5399
58°	0.8480	0.5299	1.6003
59°	0.8572	0.5150	1.6643
60°	0.8660	0.5000	1.7321
61°	0.8746	0.4848	1.8040
62°	0.8829	0.4695	1.8807
63°	0.8910	0.4540	1.9626
64°	0.8988	0.4384	2.0503
65°	0.9063	0.4226	2.1445
66°	0.9135	0.4067	2.2460
67°	0.9205	0.3907	2.3559
68°	0.9272	0.3746	2.4751
69°	0.9336	0.3584	2.6051
70°	0.9397	0.3420	2.7475
71°	0.9455	0.3256	2.9042
72°	0.9511	0.3090	3.0777
73°	0.9563	0.2924	3.2709
74°	0.9613	0.2756	3.4874
75°	0.9659	0.2588	3.7321
76°	0.9703	0.2419	4.0108
77°	0.9744	0.2250	4.3315
78°	0.9781	0.2079	4.7046
79°	0.9816	0.1908	5.1446
80°	0.9848	0.1736	5.6713
81°	0.9877	0.1564	6.3138
82°	0.9903	0.1392	7.1154
83°	0.9925	0.1219	8.1443
84°	0.9945	0.1045	9.5144
85°	0.9962	0.0872	11.4301
86°	0.9976	0.0698	14.3007
87°	0.9986	0.0523	19.0811
88°	0.9994	0.0349	28.6363
89°	0.9998	0.0175	57.2900
90°	1.0000	0.0000	―――

索　引

あ行

移項 …… 47
因果関係 …… 157
因数 …… 23, 248
因数分解 …… 23
裏 …… 65
鋭角 …… 137
n 進数 …… 270
n 進法 …… 270
円周角の定理 …… 226
円周角の定理の逆 …… 228
円順列 …… 178
円に内接する四角形 …… 229
円の接線の長さ …… 231
オイラーの多面体定理 …… 246

か行

解（2 次方程式） …… 91
解（不等式） …… 52
解（方程式） …… 41
階級 …… 146
階級値 …… 146
階乗 …… 176
外心 …… 216
外接円 …… 133
外接する …… 236
回転の中心 …… 75
解の公式 …… 91
解の配置問題 …… 109
外分 …… 213
角の二等分線の定理 …… 213
確率 …… 194
加減法 …… 48
仮説検定 …… 162
加法定理 …… 197
関数 …… 70
偽 …… 61
奇数 …… 249
期待値 …… 207
基本対称式 …… 45
逆 …… 65
逆数 …… 46
共通因数 …… 23
共通外接線 …… 237
共通接線 …… 237
共通内接線 …… 237
共通部分 …… 56
共分散 …… 160
空事象 …… 194
空集合 …… 57
偶数 …… 249
楔形文字 …… 270
組合せ …… 186
位取り記数法 …… 270
係数 …… 10
原点 …… 281
項 …… 11
合成数 …… 248
合同 …… 265
合同式 …… 265
公倍数 …… 249
公約数 …… 249
コサイン …… 115
互除法 …… 255
根号 …… 32

さ行

最小公倍数 …… 249
最小値 …… 79
最大公約数 …… 249
最大値 …… 79
最短経路 …… 184
最頻値 …… 152
サイン …… 115
作図 …… 238
座標 …… 281
座標空間 …… 281
座標軸 …… 281
座標平面 …… 281
三角形の面積 …… 139
三角測量 …… 144
三角比 …… 115
三角比の相互関係 …… 121
三角比の表 …… 115, 293
三垂線の定理 …… 242
散布図 …… 157
軸 …… 71
試行 …… 194
事象 …… 194
指数 …… 10
次数 …… 11, 12
指数法則 …… 14, 15, 16
10 進法 …… 270
実数 …… 29
四分位数 …… 153
四分位範囲 …… 153
四分位偏差 …… 153
重解 …… 93
集合 …… 56
重心 …… 218
十分条件 …… 63
数珠順列 …… 180
循環小数 …… 29
循環節 …… 29
順列 …… 174
象形文字 …… 268
条件つき確率 …… 205
真 …… 61
垂心 …… 217
正弦 …… 115
正弦定理 …… 133
整式 …… 12
整数解 …… 260
正接 …… 115
正の相関関係 …… 157
積事象 …… 197
積集合 …… 56

積の法則 …… 167
接弦定理 …… 232
絶対値 …… 39
全事象 …… 194
素因数 …… 248
素因数分解 …… 248
相関係数 …… 160
相対度数 …… 146
属する …… 56
素数 …… 248

た行

対偶 …… 65
対称移動 …… 75
対称式 …… 45
対称の軸 …… 75
代入法 …… 48
代表値 …… 152
互いに素 …… 251
多項式 …… 11
たすき掛け …… 27
単項式 …… 10
タンジェント …… 115
値域 …… 80
チェバの定理 …… 223
中央値 …… 150
中線 …… 215
中線定理 …… 215
頂点 …… 71
重複組合せ …… 189
重複順列 …… 181
定義域 …… 80
定数項 …… 11
データ …… 146
展開 …… 19
点対称移動 …… 75
等式の性質 …… 47
同値 …… 63
同類項 …… 11
独立 …… 202
度数 …… 146
度数分布表 …… 146
ド・モルガンの法則 …… 59
鈍角 …… 137

な行

内心 …… 217
内接円 …… 140
内接する …… 236
内分 …… 213
なす角 …… 244
2元1次方程式 …… 259
2次方程式 …… 91
2重根号 …… 35

は行

倍数 …… 249
排反 …… 167
背理法 …… 68
箱ひげ図 …… 154
外れ値 …… 150
ハノイの塔 …… 290
反復試行 …… 202
判別式 …… 93
反例 …… 61
ヒストグラム …… 148
必要十分条件 …… 63
必要条件 …… 63
否定 …… 62
標準偏差 …… 156
不定方程式 …… 259
不等式 …… 52
不等式の性質 …… 52
負の相関関係 …… 157
部分集合 …… 57
分散 …… 155
分母の有理化 …… 33
平均値 …… 149
平行移動 …… 71
平方 …… 24
平方完成 …… 74
平方根 …… 31
偏差 …… 155
ベン図 …… 56
変量 …… 146
包除の原理 …… 60
方程式 …… 41
放物線 …… 71
方べきの定理 …… 233
方べきの定理の逆 …… 234
補角 …… 126
補集合 …… 57

ま行

魔方陣 …… 292
無限小数 …… 29
無理数 …… 29, 33
命題 …… 61
メジアン …… 150
メネラウスの定理 …… 221
モード …… 152

や行

約数 …… 249
ユークリッドの互除法 …… 255
有限小数 …… 29
有理化 …… 33
有理数 …… 29, 33
要素 …… 56
余角 …… 125
余弦 …… 115
余弦定理 …… 135
余事象 …… 172

ら行

累積相対度数 …… 146
累積度数 …… 146
ルート …… 31
連立不等式 …… 53
連立方程式 …… 48
ローマ数字 …… 269
60進法 …… 270

わ行

y 切片 …… 77
和事象 …… 197
和集合 …… 56
和の法則 …… 167

記号

$x \in P$ …… 56
$A \cap B$ …… 56, 197
$A \cup B$ …… 56, 197
$\varnothing$ …… 57, 194
$\overline{A}$ …… 57
$B \subset A$ …… 57
$n(A)$ …… 60
$n(A \cup B)$ …… 60
$a \Rightarrow b$ …… 61
$\overline{p}$ …… 62
$a \Leftrightarrow b$ …… 63
$y=f(x)$ …… 70
D …… 93
cos …… 115
sin …… 115
tan …… 115
${}_n\mathrm{P}_r$ …… 175
$n!$ …… 176
${}_n\mathrm{C}_r$ …… 187
$P(A)$ …… 194
U …… 194

装丁・本文デザイン　ブックデザイン研究所
図　版　デザインスタジオ エキス.

※QRコードは㈱デンソーウェーブの登録商標です。

高校 基本大全 数学I・Aベーシック編

監修者　中森泰樹
編著者　香川　亮
発行者　岡本明剛

発行所　受験研究社

〒550-0013 大阪市西区新町 2—19—15
注文・不良品などについて：(06)6532-1581(代表)／本の内容について：(06)6532-1586(編集)

Printed in Japan　ユニックス・高廣製本
落丁・乱丁本はお取り替えします。

Mastery of Mathematics I・A

数学I・A

Basic編

基本大全

解答編

受験研究社

解答編

第1章 数と式

第1節 文字式の計算

演習問題1 p.12

1

(1) x^2 の係数は **2** …答　x の係数は **3** …答
定数項は **6** …答

(2) x^2 の係数は **−1** …答
x の係数は $\boldsymbol{-\frac{1}{2}}$ …答
定数項は **−3** …答

2

Point 特定の文字で考える場合，その文字の次数の高い項から順に並べ直すと処理が楽になります。そのような表し方を**降べきの順**といいます。

(1) y について降べきの順に直すと，
$y^2-3y+(x^2+2x+1)$
y の最高次数は y^2 の 2 であるから，
この整式の次数は **2** …答
定数項は $\boldsymbol{x^2+2x+1}$ …答
（↑y のない項）

(2) x，y について降べきの順に直すと，
$2x^2y^2+x^2y+2xy+x-7y+3$
x，y の最高次数は x^2y^2 の 4 であるから，
この整式の次数は **4** …答
定数項は **3** …答
（↑x，y のない項）

演習問題2 p.13

1

$x^2+2x-3-(-x^2+3x+6)$
$=(x^2+x^2)+(2x-3x)+(-3-6)$
$=\boldsymbol{2x^2-x-9}$ …答

2

(1) $A-B+C$
$=(2x+3)-(2x^2-x+4)+(3x^2+5x+1)$
$=2x+3-2x^2+x-4+3x^2+5x+1$
$=(-2+3)x^2+(2+1+5)x+3-4+1$
$=\boldsymbol{x^2+8x}$ …答

(2) Point すぐに代入せずに，まず大文字の計算をしておきます。

$2A-2\{B-(A+C)\}$
$=2A-2(B-A-C)$
$=2A-2B+2A+2C$
$=(2+2)A-2B+2C$
$=4A-2B+2C$
ここに，与えられた各式を代入すると，
$4(2x+3)-2(2x^2-x+4)+2(3x^2+5x+1)$
$=8x+12-4x^2+2x-8+6x^2+10x+2$
$=(-4+6)x^2+(8+2+10)x+12-8+2$
$=\boldsymbol{2x^2+20x+6}$ …答

演習問題3 p.16

(1) $2x^2y\times(-5xy^3)=2\times(-5)\times x^2\times x\times y\times y^3$
$=-10\times x^{2+1}\times y^{1+3}$
$=-10\times x^3\times y^4$
$=\boldsymbol{-10x^3y^4}$ …答

(2) $(-2x^2y^2)^3\times(-2x^3y)$
$=(-2)^3\times(x^2)^3\times(y^2)^3\times(-2)\times x^3\times y$
$=-8\times x^{2\times3}\times y^{2\times3}\times(-2)\times x^3\times y$
$=-8\times x^6\times y^6\times(-2)\times x^3\times y$
$=-8\times(-2)\times x^{6+3}\times y^{6+1}$
$=16\times x^9\times y^7$
$=\boldsymbol{16x^9y^7}$ …答

(3) $36x^4y^3\div9x^2y^2=(36\div9)\times x^{4-2}\times y^{3-2}$
$=\boldsymbol{4x^2y}$ …答

演習問題 4 p.18

1

(1) $(3x+4)(2x+5)$
$=3x\times 2x+3x\times 5+4\times 2x+4\times 5$
$=6x^2+15x+8x+20$
$=\mathbf{6x^2+23x+20}$ …答

(2) $(2x+y)(x-3y)$
$=2x\times x+2x\times(-3y)+y\times x+y\times(-3y)$
$=2x^2-6xy+xy-3y^2$
$=\mathbf{2x^2-5xy-3y^2}$ …答

(3) $(-x+y)(4x-2y)$
$=(-x)\times 4x+(-x)\times(-2y)$
$\quad+y\times 4x+y\times(-2y)$
$=-4x^2+2xy+4xy-2y^2$
$=\mathbf{-4x^2+6xy-2y^2}$ …答

2

(1) $(x^3-3x^2-2x+1)(x^2-3y)$
$=\{x^3+(-3x^2)+(-2x)+1\}\{x^2+(-3y)\}$
$=x^3\times x^2+x^3\times(-3y)+(-3x^2)\times x^2$
$\quad+(-3x^2)\times(-3y)+(-2x)\times x^2$
$\quad+(-2x)\times(-3y)+1\times x^2+1\times(-3y)$
$=\mathbf{x^5-3x^4-3x^3y-2x^3}$
$\quad\mathbf{+9x^2y+x^2+6xy-3y}$ …答

(2) $(x^2-3x-5)(2x^2+3x-4)$
$=x^2\times 2x^2+x^2\times 3x+x^2\times(-4)$
$\quad+(-3x)\times 2x^2+(-3x)\times 3x+(-3x)\times(-4)$
$\quad+(-5)\times 2x^2+(-5)\times 3x+(-5)\times(-4)$
$=2x^4+3x^3-4x^2-6x^3-9x^2$
$\quad+12x-10x^2-15x+20$
$=\mathbf{2x^4-3x^3-23x^2-3x+20}$ …答

第2節 展開

演習問題 5 p.19

1

(1) $(x+3)(x+2)=x^2+(3+2)x+3\cdot 2$
$=\mathbf{x^2+5x+6}$ …答

(2) $(x+3)(x-2)$
$=(x+3)\{x+(-2)\}$
$=x^2+\{3+(-2)\}x+3\cdot(-2)$
$=\mathbf{x^2+x-6}$ …答

(3) $(x-4)(x+1)$
$=\{x+(-4)\}(x+1)$
$=x^2+(-4+1)x+(-4)\cdot 1$
$=\mathbf{x^2-3x-4}$ …答

(4) $(x-2)(x-5)$
$=\{x+(-2)\}\{x+(-5)\}$
$=x^2+\{-2+(-5)\}x+(-2)\cdot(-5)$
$=\mathbf{x^2-7x+10}$ …答

2

Point 2文字ある場合は，どちらかの文字に着目し，残りの文字を定数扱いして考えます。(1)では b，(2)では y を定数と見て計算しています。

(1) $(a+3b)(a-4b)$
$=(a+3b)\{a+(-4b)\}$
$=a^2+\{3b+(-4b)\}a+3b\cdot(-4b)$
$=\mathbf{a^2-ab-12b^2}$ …答

(2) $(x-y)(x-2y)$
$=\{x+(-y)\}\{x+(-2y)\}$
$=x^2+\{-y+(-2y)\}x+(-y)\cdot(-2y)$
$=\mathbf{x^2-3xy+2y^2}$ …答

演習問題 6 p.20

1

(1) $(x+5)^2=x^2+2\cdot x\cdot 5+5^2$
$=\mathbf{x^2+10x+25}$ …答

(2) $(x-3)^2=x^2-2\cdot x\cdot 3+3^2$
$=\mathbf{x^2-6x+9}$ …答

(3) $\left(x+\frac{3}{2}\right)^2=x^2+2\cdot x\cdot\frac{3}{2}+\left(\frac{3}{2}\right)^2$
$=\mathbf{x^2+3x+\frac{9}{4}}$ …答

(4) $\left(x-\frac{4}{3}\right)^2=x^2-2\cdot x\cdot\frac{4}{3}+\left(\frac{4}{3}\right)^2$
$=\mathbf{x^2-\frac{8}{3}x+\frac{16}{9}}$ …答

2

Point (1)では $3y$ をひとかたまり，(2)では $2x$ や $\frac{5}{2}y$ をひとかたまりと見て，公式に当てはめます。

(1) $(x+3y)^2=x^2+2\cdot x\cdot(3y)+(3y)^2$
$=\boldsymbol{x^2+6xy+9y^2}$ …答

(2) $\left(2x-\frac{5}{2}y\right)^2=(2x)^2-2\cdot(2x)\cdot\frac{5}{2}y+\left(\frac{5}{2}y\right)^2$
$=\boldsymbol{4x^2-10xy+\frac{25}{4}y^2}$ …答

演習問題 7 p.21

(1) $(x+2)(x-2)=x^2-2^2$
$=\boldsymbol{x^2-4}$ …答

(2) $(x+2y)(x-2y)=x^2-(2y)^2$
$=\boldsymbol{x^2-4y^2}$ …答

(3) $(3x+y)(3x-y)=(3x)^2-y^2$
$=\boldsymbol{9x^2-y^2}$ …答

(4) $(4x+7y)(4x-7y)=(4x)^2-(7y)^2$
$=\boldsymbol{16x^2-49y^2}$ …答

演習問題 8 p.22

(1) $(x+2y+z)^2$
$=x^2+(2y)^2+z^2+2\cdot x\cdot 2y+2\cdot 2y\cdot z+2\cdot z\cdot x$
$=\boldsymbol{x^2+4y^2+z^2+4xy+4yz+2zx}$ …答

(2) $(x-y-z)^2$
$=x^2+(-y)^2+(-z)^2+2\cdot x\cdot(-y)$
$+2\cdot(-y)\cdot(-z)+2\cdot(-z)\cdot x$
$=\boldsymbol{x^2+y^2+z^2-2xy+2yz-2zx}$ …答

(3) $(x-3y+2)^2$
$=x^2+(-3y)^2+2^2+2\cdot x\cdot(-3y)$
$+2\cdot(-3y)\cdot 2+2\cdot 2\cdot x$
$=x^2+9y^2+4-6xy-12y+4x$
$=\boldsymbol{x^2+9y^2-6xy+4x-12y+4}$ …答

Point 解答は降べきの順に整理しておくと，見やすいです。

第3節 因数分解

演習問題 9 p.23

1

(1) $5x^2y+20x^2y^2=5\cdot x^2\cdot y+5\cdot 4\cdot x^2\cdot y\cdot y$
$=\boldsymbol{5x^2y(1+4y)}$ …答

(2) $9x^3y+3x^2y^2-3xy^3$
$=3\cdot 3\cdot x\cdot x^2\cdot y+3\cdot x\cdot x\cdot y\cdot y-3\cdot x\cdot y\cdot y^2$
$=\boldsymbol{3xy(3x^2+xy-y^2)}$ …答

Point 慣れてきたら，途中式は省略して直接 答 が出せるようになりましょう。

2

(1) $x(y+z)+x^2=x\{(y+z)+x\}$
$=\boldsymbol{x(x+y+z)}$ …答

(2) $x(z+w)+y(z+w)$
$=\boldsymbol{(x+y)(z+w)}$ …答 ← $z+w$ でくくる

(3) $2x(z-3)-y(3-z)$
$=2x(z-3)+y(z-3)$
$=\boldsymbol{(2x+y)(z-3)}$ …答 ← $z-3$ でくくる

演習問題 10 p.24

Point x^2 の係数と定数項が平方数(2乗でできた数)であることから，$(\quad)^2$ の形に因数分解できるのではないかとイメージします。

(1) $x^2+4x+4=x^2+2\cdot x\cdot 2+2^2$
$=\boldsymbol{(x+2)^2}$ …答

(2) $x^2-12x+36=x^2-2\cdot x\cdot 6+6^2$
$=\boldsymbol{(x-6)^2}$ …答

(3) $9x^2-6x+1=(3x)^2-2\cdot 3x\cdot 1+1^2$
$=\boldsymbol{(3x-1)^2}$ …答

(4) $x^2+x+\frac{1}{4}=x^2+2\cdot x\cdot\frac{1}{2}+\left(\frac{1}{2}\right)^2$
$=\boldsymbol{\left(x+\frac{1}{2}\right)^2}$ …答

演習問題 11 p.25

1

(1) $x^2-25=x^2-5^2$

$=\boldsymbol{(x+5)(x-5)}$ …答

(2) $4x^2-9=(2x)^2-3^2$

$=\boldsymbol{(2x+3)(2x-3)}$ …答

2

(1) $4x^2y^2-49z^2$

$=(2xy)^2-(7z)^2$

$=\boldsymbol{(2xy+7z)(2xy-7z)}$ …答

(2) $(x+1)^2-25=(x+1)^2-5^2$

$=\{(x+1)+5\}\{(x+1)-5\}$

$=\boldsymbol{(x+6)(x-4)}$ …答

別解 (2)は先に展開をしてから考えても因数分解できます。

与式$=(x^2+2x+1)-25$

$=x^2+2x-24$

$=\boldsymbol{(x+6)(x-4)}$ …答

演習問題 12 p.26

1

(1) $x^2+5x+6=x^2+(2+3)x+2\cdot3$

$=\boldsymbol{(x+2)(x+3)}$ …答

(2) x^2-5x+6

$=x^2+\{(-2)+(-3)\}x+(-2)\cdot(-3)$

$=\boldsymbol{(x-2)(x-3)}$ …答

(3) $x^2+5x-6=x^2+\{6+(-1)\}x+6\cdot(-1)$

$=\boldsymbol{(x+6)(x-1)}$ …答

(4) $x^2-5x-6=x^2+\{1+(-6)\}x+1\cdot(-6)$

$=\boldsymbol{(x+1)(x-6)}$ …答

2

Point yを定数と見て因数分解を考えます。

(1) $x^2+17xy+60y^2$

$=x^2+(17y)x+60y^2$

$=x^2+(12y+5y)x+12y\cdot5y$

$=\boldsymbol{(x+12y)(x+5y)}$ …答

(2) $x^2+6xy-72y^2$

$=x^2+(6y)x-72y^2$

$=x^2+(12y-6y)x+12y\cdot(-6y)$

$=\boldsymbol{(x+12y)(x-6y)}$ …答

演習問題 13 p.28

(1)
```
1 ╲╱ 1 ⟶ 4
4 ╱╲ 1 ⟶ 1
──────────────
           5
```

$4x^2+5x+1=\boldsymbol{(x+1)(4x+1)}$ …答

(2)
```
1 ╲╱ 1 ⟶ 3
3 ╱╲ 2 ⟶ 2
──────────────
           5
```

$3x^2+5x+2=\boldsymbol{(x+1)(3x+2)}$ …答

(3)
```
2 ╲╱ −1 ⟶ −3
3 ╱╲ −4 ⟶ −8
─────────────────
            −11
```

$6x^2-11x+4=\boldsymbol{(2x-1)(3x-4)}$ …答

(4)
```
2 ╲╱ −3 ⟶ −9
3 ╱╲  2 ⟶  4
─────────────────
             −5
```

$6x^2-5x-6=\boldsymbol{(2x-3)(3x+2)}$ …答

第4節 実数

演習問題 14 p.30

(1) $N=0.\dot{5}=0.555\cdots$とおく。

$10N=5.555\cdots$ ←1桁ずらす

$-)\quad N=0.555\cdots$

$9N=5$

$N=\boldsymbol{\frac{5}{9}}$ …答

(2) $N=0.\dot{1}0\dot{1}=0.101101101\cdots$とおく。

$1000N=101.101101\cdots$ ←3桁ずらす

$-)\quad N=\quad 0.101101\cdots$

$999N=101$

$N=\boldsymbol{\frac{101}{999}}$ …答

演習問題 15 p.31

(1)**正しくない** …答

(理由)**「16 の平方根」とは 2 乗して 16 となる数のことである。正しくは±4 である。**…答

(2)**正しくない** …答

(理由)**$\sqrt{9}$ とは 2 乗して 9 となる正の数のことである。正しくは$\sqrt{9}=3$ である。**…答

(3)**正しくない** …答

(理由)**$\sqrt{a^2}$とは 2 乗して a^2 となる正の数のことである。$a \geqq 0$ であれば$\sqrt{a^2}=a$ でよいが，$a<0$ のときは$\sqrt{a^2}=-a$ が正しい。**…答

(4)**正しい** …答

演習問題 16 p.32

1

(1)$\sqrt{75}-\sqrt{12}+\sqrt{27}$

$=\sqrt{5^2\cdot3}-\sqrt{2^2\cdot3}+\sqrt{3^2\cdot3}$ ←$a>0$ のとき，$\sqrt{a^2}=a$

$=5\sqrt{3}-2\sqrt{3}+3\sqrt{3}$

$=(5-2+3)\sqrt{3}$

$=\mathbf{6\sqrt{3}}$ …答

(2)$\sqrt{27}\div\sqrt{15}\times\sqrt{10}$

$=\dfrac{\sqrt{27}\times\sqrt{10}}{\sqrt{15}}=\sqrt{\dfrac{27\cdot10}{15}}$

$=\sqrt{9\cdot2}=\sqrt{3^2\cdot2}$ ←$a>0$ のとき，$\sqrt{a^2}=a$

$=\mathbf{3\sqrt{2}}$ …答

(3)$\sqrt{5}(\sqrt{90}+\sqrt{20})$

$=\sqrt{5}(3\sqrt{10}+2\sqrt{5})$

$=3\sqrt{5^2\cdot2}+2\cdot5$ ←$a>0$ のとき，$\sqrt{a^2}=a$

$=\mathbf{15\sqrt{2}+10}$ …答

2

(1) Point 公式

$(a+b+c)^2$

$=a^2+b^2+c^2+2ab+2bc+2ca$

を用います。

$(1+\sqrt{2}-\sqrt{3})^2$

$=1^2+(\sqrt{2})^2+(-\sqrt{3})^2+2\cdot1\cdot\sqrt{2}$

$+2\cdot\sqrt{2}\cdot(-\sqrt{3})+2\cdot(-\sqrt{3})\cdot1$

$=1+2+3+2\sqrt{2}-2\sqrt{6}-2\sqrt{3}$

$=\mathbf{6+2\sqrt{2}-2\sqrt{6}-2\sqrt{3}}$ …答

(2) $(\sqrt{5}-\sqrt{7})(\sqrt{28}+\sqrt{20})$

$=(\sqrt{5}-\sqrt{7})(2\sqrt{7}+2\sqrt{5})$

$=(\sqrt{5}-\sqrt{7})\cdot2(\sqrt{7}+\sqrt{5})$

$=2\{(\sqrt{5})^2-(\sqrt{7})^2\}$ ←$(a-b)(a+b)=a^2-b^2$

$=2\cdot(5-7)=\mathbf{-4}$ …答

(3) $(2+\sqrt{3}+\sqrt{5})(2+\sqrt{3}-\sqrt{5})$

$=\{(2+\sqrt{3})+\sqrt{5}\}\{(2+\sqrt{3})-\sqrt{5}\}$

$=(2+\sqrt{3})^2-(\sqrt{5})^2$ ←$(a+b)(a-b)=a^2-b^2$

$=(4+4\sqrt{3}+3)-5$

$=\mathbf{2+4\sqrt{3}}$ …答

演習問題 17 p.34

1

(1) $\dfrac{1}{3\sqrt{7}}=\dfrac{\sqrt{7}}{3\sqrt{7}\cdot\sqrt{7}}=\mathbf{\dfrac{\sqrt{7}}{21}}$ …答

(2) $\dfrac{1}{\sqrt{2}-1}=\dfrac{\sqrt{2}+1}{(\sqrt{2}-1)(\sqrt{2}+1)}$

$=\dfrac{\sqrt{2}+1}{2-1}$

$=\mathbf{\sqrt{2}+1}$ …答

(3) $\dfrac{\sqrt{5}+\sqrt{3}}{\sqrt{5}-\sqrt{3}}=\dfrac{(\sqrt{5}+\sqrt{3})^2}{(\sqrt{5}-\sqrt{3})(\sqrt{5}+\sqrt{3})}$

$=\dfrac{5+2\sqrt{15}+3}{5-3}$

$=\mathbf{4+\sqrt{15}}$ …答

2

(1) $\dfrac{1}{1+\sqrt{2}+\sqrt{3}}$

$=\dfrac{1+\sqrt{2}-\sqrt{3}}{(1+\sqrt{2}+\sqrt{3})(1+\sqrt{2}-\sqrt{3})}$

$=\dfrac{1+\sqrt{2}-\sqrt{3}}{(1+\sqrt{2})^2-3}$ ←$(a+b)(a-b)=a^2-b^2$

$=\dfrac{1+\sqrt{2}-\sqrt{3}}{(3+2\sqrt{2})-3}=\dfrac{1+\sqrt{2}-\sqrt{3}}{2\sqrt{2}}$

$=\dfrac{(1+\sqrt{2}-\sqrt{3})\cdot\sqrt{2}}{2\sqrt{2}\cdot\sqrt{2}}$

$=\mathbf{\dfrac{\sqrt{2}+2-\sqrt{6}}{4}}$ …答

(2) $\dfrac{\sqrt{6}}{\sqrt{3}+\sqrt{2}}+\dfrac{3\sqrt{2}}{\sqrt{6}+\sqrt{3}}-\dfrac{4\sqrt{3}}{\sqrt{6}+\sqrt{2}}$

$=\dfrac{\sqrt{6}(\sqrt{3}-\sqrt{2})}{(\sqrt{3}+\sqrt{2})(\sqrt{3}-\sqrt{2})}$

$+\dfrac{3\sqrt{2}(\sqrt{6}-\sqrt{3})}{(\sqrt{6}+\sqrt{3})(\sqrt{6}-\sqrt{3})}$

$-\dfrac{4\sqrt{3}(\sqrt{6}-\sqrt{2})}{(\sqrt{6}+\sqrt{2})(\sqrt{6}-\sqrt{2})}$

$=\dfrac{3\sqrt{2}-2\sqrt{3}}{3-2}+\dfrac{3(2\sqrt{3}-\sqrt{6})}{6-3}$

$-\dfrac{4(3\sqrt{2}-\sqrt{6})}{6-2}$

$=(3\sqrt{2}-2\sqrt{3})+(2\sqrt{3}-\sqrt{6})$

$-(3\sqrt{2}-\sqrt{6})$

$=\mathbf{0}$ …答

演習問題 18 p.36

(1) $\sqrt{4+2\sqrt{3}}=\sqrt{(3+1)+2\sqrt{3\cdot1}}$

$=\sqrt{3}+\sqrt{1}=\boldsymbol{\sqrt{3}+1}$ …答

(2) $\sqrt{9-2\sqrt{14}}=\sqrt{(7+2)-2\sqrt{7\cdot2}}$

$=\boldsymbol{\sqrt{7}-\sqrt{2}}$ …答

(3) $\sqrt{15-6\sqrt{6}}=\sqrt{15-2\sqrt{54}}$

$=\sqrt{(9+6)-2\sqrt{9\cdot6}}$

$=\sqrt{9}-\sqrt{6}=\boldsymbol{3-\sqrt{6}}$ …答

(4) $\sqrt{6+\sqrt{20}}=\sqrt{6+2\sqrt{5}}$

$=\sqrt{(5+1)+2\sqrt{5\cdot1}}$

$=\sqrt{5}+\sqrt{1}=\boldsymbol{\sqrt{5}+1}$ …答

(5)

Point 内側のルートから 2 を外に出せない場合，分子・分母に 2 を掛けます。

$\sqrt{4-\sqrt{15}}=\sqrt{\dfrac{8-2\sqrt{15}}{2}}$

$=\dfrac{\sqrt{(5+3)-2\sqrt{5\cdot3}}}{\sqrt{2}}$ ←$\sqrt{\dfrac{b}{a}}=\dfrac{\sqrt{b}}{\sqrt{a}}$

$=\dfrac{\sqrt{5}-\sqrt{3}}{\sqrt{2}}$

$=\dfrac{(\sqrt{5}-\sqrt{3})\cdot\sqrt{2}}{\sqrt{2}\cdot\sqrt{2}}$

$=\boldsymbol{\dfrac{\sqrt{10}-\sqrt{6}}{2}}$ …答

演習問題 19 p.37

(1) $\dfrac{1}{2-\sqrt{3}}=\dfrac{2+\sqrt{3}}{(2-\sqrt{3})(2+\sqrt{3})}$

$=\dfrac{2+\sqrt{3}}{4-3}$

$=2+\sqrt{3}$

ここで，$1<\sqrt{3}<2$ であるから，

$3<2+\sqrt{3}<4$

よって，$2+\sqrt{3}$ の整数部分は $a=3$ である。

小数部分は $b=(2+\sqrt{3})-3=\sqrt{3}-1$

したがって，

$a+2b+b^2=3+2(\sqrt{3}-1)+(\sqrt{3}-1)^2$

$=3+2\sqrt{3}-2+(4-2\sqrt{3})$

$=\mathbf{5}$ …答

別解 $a+2b+b^2$

$=a+b(2+b)$

$=3+(\sqrt{3}-1)(\sqrt{3}+1)$ ←$(a-b)(a+b)=a^2-b^2$

$=3+3-1$

$=\mathbf{5}$ …答

(2) $\sqrt{6+\sqrt{20}}=\sqrt{6+2\sqrt{5}}$

$=\sqrt{(5+1)+2\sqrt{5\cdot1}}$

$=\sqrt{5}+1$

ここで，$2<\sqrt{5}<3$ であるから，

$3<\sqrt{5}+1<4$

よって，$\sqrt{5}+1$ の整数部分は $a=3$ である。

小数部分は $b=(\sqrt{5}+1)-3=\sqrt{5}-2$

$\dfrac{1}{a+b+1}+\dfrac{1}{a-b-3}$

$=\dfrac{1}{3+(\sqrt{5}-2)+1}+\dfrac{1}{3-(\sqrt{5}-2)-3}$

$=\dfrac{1}{2+\sqrt{5}}+\dfrac{1}{2-\sqrt{5}}$

$=\dfrac{(2-\sqrt{5})+(2+\sqrt{5})}{(2+\sqrt{5})(2-\sqrt{5})}$

$=\dfrac{4}{4-5}=\mathbf{-4}$ …答

演習問題 20 p.38

(1) $(1+2\sqrt{3})x+(1+3\sqrt{3})y=-1$

$(x+y)+(2x+3y)\sqrt{3}=-1$

$\sqrt{3}$ が無理数であるから有理数と無理数の部分を比較すると，

$x+y=-1$，$2x+3y=0$

この連立方程式を解くと，

$\boldsymbol{x=-3}$，$\boldsymbol{y=2}$ …答

参考 連立方程式の解き方は本冊 **p.48〜49** を参考にして下さい。

(2) $(1+\sqrt{5})(x+y\sqrt{5})=5+\sqrt{5}$

$(x+5y)+(x+y)\sqrt{5}=5+\sqrt{5}$

$\sqrt{5}$ が無理数であるから有理数と無理数の部分を比較すると，

$x+5y=5$，$x+y=1$

この連立方程式を解くと，

$\boldsymbol{x=0}$，$\boldsymbol{y=1}$ …答

演習問題 21 p.40

1

(1) $x=\sqrt{2}$ のとき，$x-2=\sqrt{2}-2<0$

$|x-2|=|\sqrt{2}-2|=-(\sqrt{2}-2)$

$=\boldsymbol{2-\sqrt{2}}$ …答

(2) $x=4$ のとき，$x-3=4-3=1>0$，

$x-5=4-5=-1<0$

$|x-3|+|x-5|=|4-3|+|4-5|$

$=(4-3)-(4-5)$

$=\boldsymbol{2}$ …答

2

Point 絶対値の中身が 0 以上か負かで場合を分けます。

(1)(i) $x-3\geqq 0$ つまり，$x\geqq 3$ のとき，

$|x-3|=x-3$

(ii) $x-3<0$ つまり，$x<3$ のとき，

$|x-3|=-(x-3)$

以上より，

$$|x-3|=\begin{cases}\boldsymbol{x-3} & (\boldsymbol{x\geqq 3})\\ \boldsymbol{-x+3} & (\boldsymbol{x<3})\end{cases} \cdots 答$$

(2) Point 複数の絶対値をはずす際には，表の利用が便利です。

x	$x<-1$	-1	$-1<x<1$	1	$x>1$
$\|x+1\|$	$-(x+1)$	0	$x+1$	2	$x+1$
$\|x-1\|$	$-(x-1)$	2	$-(x-1)$	0	$x-1$

(i)　(ii)　(iii)

(i) $x<-1$ のとき，

$|x+1|+|x-1|=-(x+1)-(x-1)$

$=-2x$

(ii) $-1\leqq x<1$ のとき，

$|x+1|+|x-1|=x+1-(x-1)=2$

(iii) $x\geqq 1$ のとき，

$|x+1|+|x-1|=x+1+(x-1)=2x$

以上より，

$$|x+1|+|x-1|=\begin{cases}\boldsymbol{-2x} & (\boldsymbol{x<-1})\\ \boldsymbol{2} & (\boldsymbol{-1\leqq x<1})\\ \boldsymbol{2x} & (\boldsymbol{x\geqq 1})\end{cases} \cdots 答$$

演習問題 22 p.42

Point $|X|=a \Longleftrightarrow X=\pm a$ をもとに解きます。

(1) $|x-3|=4$

$x-3=\pm 4$　$\boldsymbol{x=7,\ -1}$ …答

(2) $|x+2|=7$

$x+2=\pm 7$　$\boldsymbol{x=5,\ -9}$ …答

(3) $|2x+1|=3$

$2x+1=\pm 3$　$\boldsymbol{x=1, -2}$ …答

演習問題 23 p.43

$x=a^2+4$ であるから，

$\sqrt{x+4a}+\sqrt{x-4}$

$=\sqrt{a^2+4+4a}+\sqrt{a^2+4-4}$

$=\sqrt{(a+2)^2}+\sqrt{a^2}$

$=|a+2|+|a|$　$\leftarrow \sqrt{A^2}=|A|$

a	$a<-2$	-2	$-2<a<0$	0	$a>0$
$\|a+2\|$	$-(a+2)$	0	$a+2$	2	$a+2$
$\|a\|$	$-a$	2	$-a$	0	a

(i)　(ii)　(iii)

第1章 数と式　第2章 集合と命題　第3章 2次関数　第4章 図形と計量　第5章 データの分析　第6章 場合の数と確率　第7章 図形の性質　第8章 数学と人間の活動

(i) $a<-2$ のとき，

$|a+2|+|a|=-(a+2)-a=-2a-2$

(ii) $-2\leqq a<0$ のとき，

$|a+2|+|a|=a+2-a=2$

(iii) $a\geqq 0$ のとき，

$|a+2|+|a|=a+2+a=2a+2$

以上より，

$\sqrt{x+4a}+\sqrt{x-4}=|a+2|+|a|$

$$=\begin{cases}\boldsymbol{-2a-2} & (\boldsymbol{a<-2})\\ \boldsymbol{2} & (\boldsymbol{-2\leqq a<0})\\ \boldsymbol{2a+2} & (\boldsymbol{a\geqq 0})\end{cases}\ \cdots 答$$

演習問題 24 p.44

(1) $y=|2x-1|$ のグラフは，$y=2x-1$ のグラフの $y<0$ の部分を x 軸に関して折り返したものである。

$y=2x-1$ の x 切片（$y=0$ のときの x の値）が $x=\frac{1}{2}$ であることに注意すると，グラフは図の実線部分。

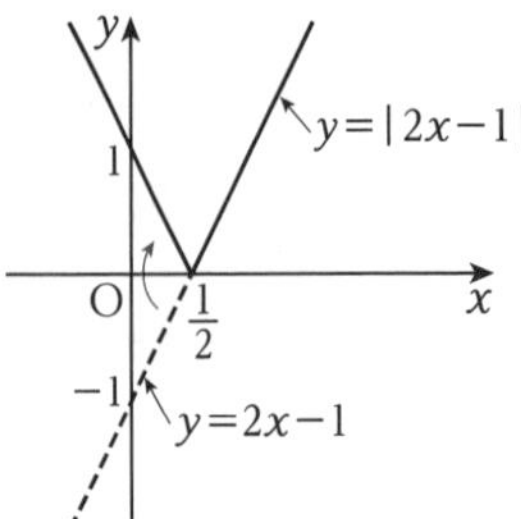

(2) $x<0$，$x\geqq 0$ で場合分けをします。

$y=|x|+2x$

$$=\begin{cases}-x+2x & (x<0)\\ x+2x & (x\geqq 0)\end{cases}=\begin{cases}x & (x<0)\\ 3x & (x\geqq 0)\end{cases}$$

以上より，グラフは図の実線部分。

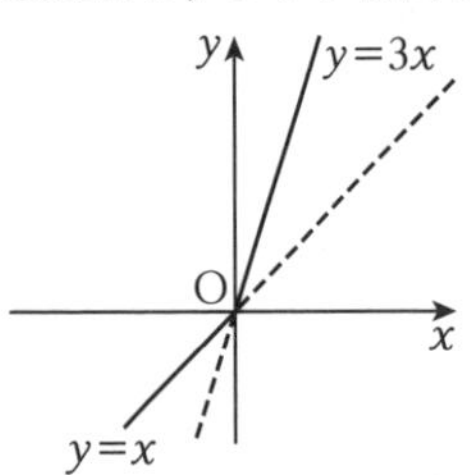

演習問題 25 p.45

$$x=\frac{4}{\sqrt{6}+\sqrt{2}}$$

$$=\frac{4(\sqrt{6}-\sqrt{2})}{(\sqrt{6}+\sqrt{2})(\sqrt{6}-\sqrt{2})}\quad \leftarrow 有理化$$

$$=\frac{4(\sqrt{6}-\sqrt{2})}{6-2}$$

$$=\sqrt{6}-\sqrt{2}$$

$$y=\frac{4}{\sqrt{6}-\sqrt{2}}$$

$$=\frac{4(\sqrt{6}+\sqrt{2})}{(\sqrt{6}-\sqrt{2})(\sqrt{6}+\sqrt{2})}\quad \leftarrow 有理化$$

$$=\frac{4(\sqrt{6}+\sqrt{2})}{6-2}$$

$$=\sqrt{6}+\sqrt{2}$$

(1) $x+y=(\sqrt{6}-\sqrt{2})+(\sqrt{6}+\sqrt{2})$

$=\boldsymbol{2\sqrt{6}}$ …答

別解　分母に着目すると，x と y の分母を有理化せずに直接通分してから計算してもいいことに気がつきます。

$$x+y=\frac{4(\sqrt{6}-\sqrt{2})+4(\sqrt{6}+\sqrt{2})}{(\sqrt{6}+\sqrt{2})(\sqrt{6}-\sqrt{2})}$$

$$=\frac{8\sqrt{6}}{4}$$

$=\boldsymbol{2\sqrt{6}}$ …答

(2) $xy=(\sqrt{6}-\sqrt{2})(\sqrt{6}+\sqrt{2})=6-2$

$=\boldsymbol{4}$ …答

(3) $x^2+y^2=(x+y)^2-2xy$

$=(2\sqrt{6})^2-2\cdot 4$

$=24-8=\boldsymbol{16}$ …答

(4) $(x-y)^2=(x+y)^2-4xy$

$=(2\sqrt{6})^2-4\cdot 4$

$=24-16=\boldsymbol{8}$ …答

演習問題 26 p.46

1

(1) $x^2+\frac{1}{x^2}=\left(x+\frac{1}{x}\right)^2-2x\cdot\frac{1}{x}$

$=(2\sqrt{2})^2-2\cdot 1$

$=\boldsymbol{6}$ …答

(2) $\left(x-\frac{1}{x}\right)^2=\left(x+\frac{1}{x}\right)^2-4x\cdot\frac{1}{x}$

$=(2\sqrt{2})^2-4$

$=4$

よって，$x-\dfrac{1}{x}=\pm 2$ …答

2

$a^2+\dfrac{9}{a^2}=a^2+\left(\dfrac{3}{a}\right)^2$

$=\left(a+\dfrac{3}{a}\right)^2-2a\cdot\dfrac{3}{a}$

$=5^2-6$

$=\mathbf{19}$ …答

第5節 1次方程式と不等式

演習問題27 p.47

(1) $(x+3)(x-3)-x(x-5)=1-5x$

$x^2-9-x^2+5x=1-5x$

$5x-9=1-5x$

$5x+5x=1+9$

$10x=10$

$x=\mathbf{1}$ …答

(2)まず，両辺に100を掛ける。

$30(4x+0.6)=90x+63$

$120x+18=90x+63$

$120x-90x=63-18$

$30x=45$

$x=\mathbf{\dfrac{3}{2}}$ …答

(3)まず，両辺に18を掛ける。

$6(x-2)=9(4x+1)-16$

$6x-12=36x-7$

$6x-36x=-7+12$

$-30x=5$

$x=\mathbf{-\dfrac{1}{6}}$ …答

演習問題28 p.49

(1) $\begin{cases} 5x-2y=8 & \cdots\cdots① \\ -x+5y=3 & \cdots\cdots② \end{cases}$ とする。

②を変形して，

$-x=-5y+3$

$x=5y-3$ ……③

これを①に代入して，

$5(5y-3)-2y=8$

$23y-15=8$

$23y=23$

$y=1$

これを③に代入して，

$x=5-3=2$

以上より，$\mathbf{x=2,\ y=1}$ …答

(2) $\begin{cases} 3x-2y=10 & \cdots\cdots① \\ 4x+3y=2 & \cdots\cdots② \end{cases}$ とする。

①×3+②×2より，

$9x-6y=30$

$+)\ 8x+6y=4$

$17x \qquad =34$

$x=2$

これを①に代入して，

$3\cdot 2-2y=10$

$-2y=4$

$y=-2$

以上より，$\mathbf{x=2,\ y=-2}$ …答

(3) $1=5x-2y=4x+y$ を

$\begin{cases} 1=5x-2y & \cdots\cdots① \\ 5x-2y=4x+y & \cdots\cdots② \end{cases}$ とする。

②を変形して，

$5x-2y=4x+y$

$x=3y$……③

これを①に代入して，

$1=5\cdot 3y-2y$

$1=13y$

$y=\dfrac{1}{13}$

これを③に代入して，

$x=3\cdot\dfrac{1}{13}=\dfrac{3}{13}$

以上より，$\mathbf{x=\dfrac{3}{13},\ y=\dfrac{1}{13}}$ …答

演習問題 29 p.51

(1) $\begin{cases} x+2y-2z=4 \cdots\cdots ① \\ x-4y+2z=4 \cdots\cdots ② \\ x+3y-2z=2 \cdots\cdots ③ \end{cases}$ とする。

①+②より，z を消去すると，

$$\begin{array}{rl} & x+2y-2z=4 \\ +) & x-4y+2z=4 \\ \hline & 2x-2y \quad\ =8 \end{array} \cdots\cdots ④$$

②+③より，z を消去すると，

$$\begin{array}{rl} & x-4y+2z=4 \\ +) & x+3y-2z=2 \\ \hline & 2x-\ y \quad\ =6 \end{array} \cdots\cdots ⑤$$

④−⑤より，x を消去すると，

$$\begin{array}{rl} & 2x-2y=8 \\ -) & 2x-\ y=6 \\ \hline & -y=2 \end{array}$$

$y=-2$

これを⑤に代入して，

$2x-(-2)=6$

$2x=4$

$x=2$

$x=2$，$y=-2$ を①に代入して，

$2+2\cdot(-2)-2z=4$

$-2-2z=4$

$-2z=6$

$z=-3$

以上より，

$\boldsymbol{x=2,\ y=-2,\ z=-3}$ …答

(2) $\begin{cases} 2x+y+z=1 \cdots\cdots ① \\ x+2y+z=2 \cdots\cdots ② \\ x+y+2z=3 \cdots\cdots ③ \end{cases}$ とする。←循環形

①+②+③より，←すべて加える

$$\begin{array}{rl} & 2x+\ y+\ z=1 \\ & x+2y+\ z=2 \\ +) & x+\ y+2z=3 \\ \hline & 4x+4y+4z=6 \end{array}$$

$x+\ y+\ z=\dfrac{3}{2}$ ……④

①−④より，

$$\begin{array}{rl} & 2x+y+z=1 \\ -) & x+y+z=\dfrac{3}{2} \\ \hline & x=-\dfrac{1}{2} \end{array}$$

②−④より，

$$\begin{array}{rl} & x+2y+z=2 \\ -) & x+\ y+z=\dfrac{3}{2} \\ \hline & y=\dfrac{1}{2} \end{array}$$

③−④より，

$$\begin{array}{rl} & x+y+2z=3 \\ -) & x+y+\ z=\dfrac{3}{2} \\ \hline & z=\dfrac{3}{2} \end{array}$$

以上より，

$\boldsymbol{x=-\dfrac{1}{2},\ y=\dfrac{1}{2},\ z=\dfrac{3}{2}}$ …答

演習問題 30 p.52

(1) $4x+8>x-1$

$4x-x>-1-8$

$3x>-9$

$x>\boldsymbol{-3}$ …答

(2) $5x+10\geqq 7x$

$5x-7x\geqq -10$

$-2x\geqq -10$

$x\leqq \boldsymbol{5}$ …答

↑向きが逆になる

(3)まず，両辺に 4 を掛ける。

$3<\dfrac{1}{4}x+\dfrac{5}{2}$

$12<x+10$

$12-10<x$

$x>\boldsymbol{2}$ …答

(4)まず，両辺に 12 を掛ける。

$\dfrac{x+5}{3}-\dfrac{2x-1}{4}\leqq 2$

$4(x+5)-3(2x-1)\leqq 24$

$4x+20-6x+3\leqq 24$

$-2x+23\leqq 24$

$$-2x \leqq 1$$

$$x \geqq -\frac{1}{2} \quad \cdots \text{答}$$

↑向きが逆になる

演習問題 31 p.53

(1) $3-4x \geqq 1+2x$

$-4x-2x \geqq 1-3$

$-6x \geqq -2$

$x \leqq \frac{1}{3}$ ……①

↑向きが逆になる

また，

$3(x-1) > -2x-4$

$3x-3 > -2x-4$

$3x+2x > -4+3$

$5x > -1$

$x > -\frac{1}{5}$ ……②

①と②の共通部分をとると，

$\boldsymbol{-\frac{1}{5} < x \leqq \frac{1}{3}}$ …答

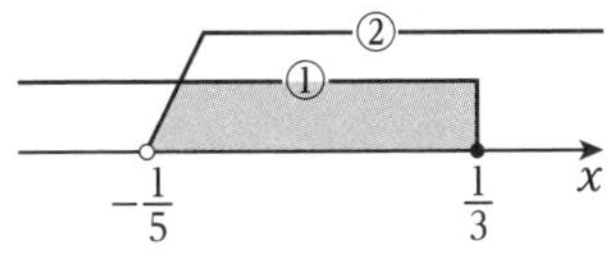

(2) $2(x-1) \leqq 3x-5$

$2x-2 \leqq 3x-5$

$2x-3x \leqq -5+2$

$-x \leqq -3$

$x \geqq 3$ ……①

↑向きが逆になる

$\frac{x}{2}-1 < \frac{x+1}{3}$

$3x-6 < 2(x+1)$

$3x-6 < 2x+2$

$3x-2x < 2+6$

$x < 8$ ……②

①と②の共通部分をとると，

$\boldsymbol{3 \leqq x < 8}$ …答

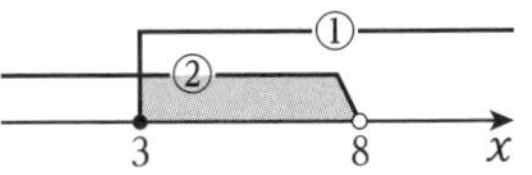

(3)与式より，$\begin{cases} 3x-4 \leqq 2x \\ 2x < x+3 \end{cases}$ を解く。

$3x-4 \leqq 2x$

$3x-2x \leqq 4$

$x \leqq 4$ ……①

$2x < x+3$

$2x-x < 3$

$x < 3$ ……②

①と②の共通部分をとると，

$\boldsymbol{x < 3}$ …答

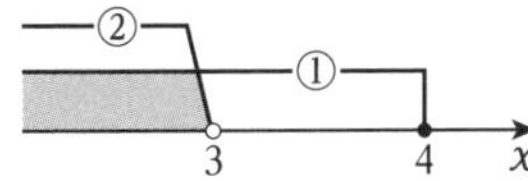

演習問題 32 p.54

(1) $|x-3| > 2$

$x-3 < -2,\ 2 < x-3$

$\boldsymbol{x < 1,\ 5 < x}$ …答

(2) $|2x+1| \leqq 3$

$-3 \leqq 2x+1 \leqq 3$

$-3-1 \leqq 2x \leqq 3-1$

$-4 \leqq 2x \leqq 2$

$\boldsymbol{-2 \leqq x \leqq 1}$ …答

(3) $|-3x-2| = |-(3x+2)| = |3x+2|$

だから，問題の不等式は，

$|3x+2| \leqq 1$

よって，$-1 \leqq 3x+2 \leqq 1$

$-1-2 \leqq 3x \leqq 1-2$

$-3 \leqq 3x \leqq -1$

$\boldsymbol{-1 \leqq x \leqq -\frac{1}{3}}$ …答

別解 $-3x-2$ のままでも解けます。

$|-3x-2| \leqq 1$

$-1 \leqq -3x-2 \leqq 1$

$-1+2 \leqq -3x \leqq 1+2$

$1 \leqq -3x \leqq 3$

$\boldsymbol{-\frac{1}{3} \geqq x \geqq -1}$ …答

↑↑向きが逆になる

第2章 集合と命題

第1節 集　合

演習問題1 p.58

1

集合 A の要素は，n を自然数としたときに $n(n-2)$ で表される数である。

$0=2\cdot(2-2)$，$15=5\cdot(5-2)$ と表すことができるので，**0，15** …答

2

ベン図で表すと以下の通り。

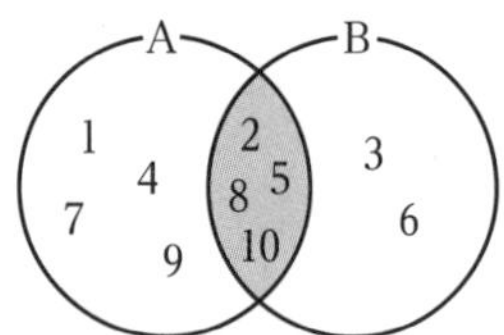

図より，$A\cap B=\{\mathbf{2,\ 5,\ 8,\ 10}\}$ …答

3

集合 E，F を要素を書き並べる形に直すと，

$E=\{1,\ 2,\ 3,\ 6\}$

$F=\{1,\ 3\}$

であるから，A の部分集合となるのは，

$\boldsymbol{B,\ D,\ F,\ G}$ …答

Point 集合 A 自身も A の部分集合であり，$A=D$ であるから，D も A の部分集合です。
また，空集合 $\varnothing$ はすべての集合の部分集合であるから，A の部分集合でもあります。

演習問題2 p.59

A と B の表す x の範囲を数直線で表すと以下のようになる。

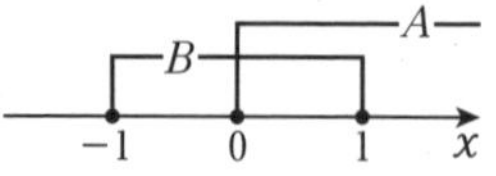

図より，

(1) $A\cup B=\{\boldsymbol{x|x\geqq -1}\}$ …答

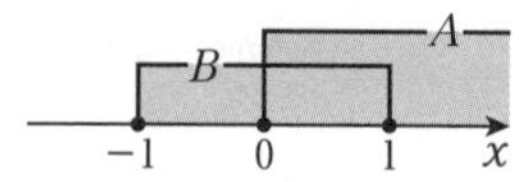

(2) $\overline{A}\cap B=\{\boldsymbol{x|-1\leqq x<0}\}$ …答

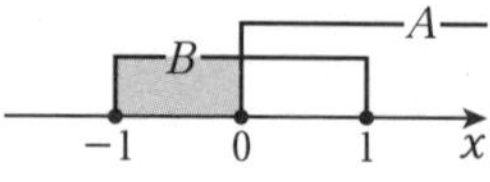

(3)ド・モルガンの法則より，

$\overline{A}\cap\overline{B}=\overline{A\cup B}=\{\boldsymbol{x|x<-1}\}$ …答

↑(1)の $A\cup B$ が利用できる

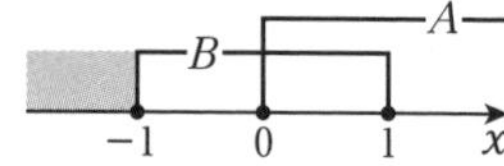

演習問題3 p.60

2 で割り切れる数の集合を A，3 で割り切れる数の集合を B とする。

$A=\{2\times1,\ 2\times2,\ 2\times3,\ \cdots,\ 2\times50\}$

より，$n(A)=50$

$B=\{3\times1,\ 3\times2,\ 3\times3,\ \cdots,\ 3\times33\}$

より，$n(B)=33$

(1) 2 でも 3 でも割り切れる数，つまり 6 の倍数は $A\cap B$ のことで，

$A\cap B=\{6\times1,6\times2,6\times3,\cdots,6\times16\}$

より，$n(A\cap B)=16$

よって，**16 個** …答

(2)(1)より $n(A\cap B)=16$ であるから，

$$n(A\cup B)=n(A)+n(B)-n(A\cap B)$$
$$=50+33-16$$
$$=67$$

よって，**67 個** …答

(3)

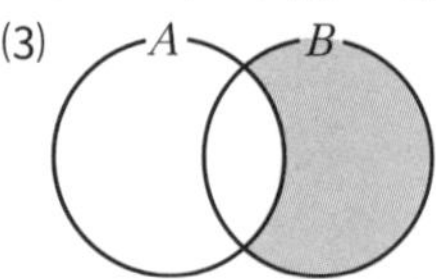

図より，

$n(\overline{A}\cap B)=n(B)-n(A\cap B)$

$=33-16$

$=17$

よって，**17 個** …答

第2節 命　題

演習問題 4 p.61

(1)**偽である** …答

(反例)$x=1$，$y=-1$ **など**

(2)**偽である** …答

(反例)$x=1$，$y=0$ **など**

(3)**偽である** …答

(反例)$x=\sqrt{2}$ **など**

(4)**真である** …答

正方形はひし形の特別な形である

(5)**偽である** …答

(反例)$x=-3$ **など**

演習問題 5 p.62

1

(1)**「x，y はともに無理数である」** …答

(2)**「m，n の少なくとも一方は奇数である」** …答

(3)**「$x=0$ または，$y \leqq 0$」** …答

(4)**「すべての x で $x>4$ である」** …答

2

(1)**「ある x について $x^2 \leqq 2x$ である」** …答

また真偽は**真である** …答

(2)**「すべての x について $x^2+1>0$ である」** …答

また真偽は**真である** …答

Point 関数のグラフ(「第３章 ２次関数」で学習します)をイメージするとわかりやすいです。

(1)では

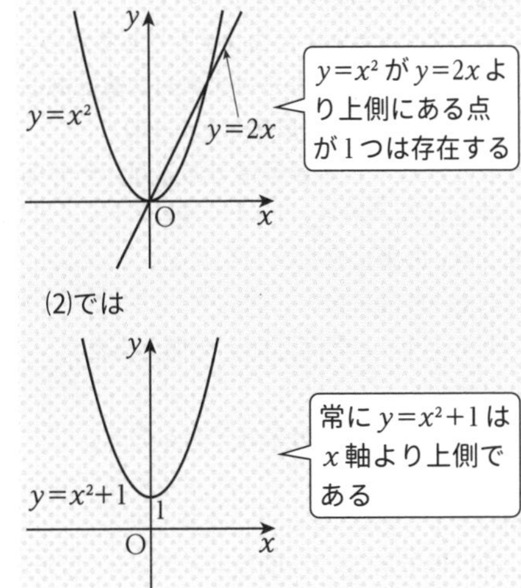

演習問題 6 p.64

(1)「$x=3$，$y=7$ ならば $3x-y=2$」は真である。

逆は偽である。(反例：$x=2$，$y=4$ など)

よって，十分条件であるが，必要条件ではないので，**(ウ)** …答

(2)連立方程式を解くと $x=y=2$ であるから，

「$x=y=2$ ならば $\begin{cases} 2x-y=2 \\ 2y-x=2 \end{cases}$」と

「$\begin{cases} 2x-y=2 \\ 2y-x=2 \end{cases}$ ならば $x=y=2$」はともに真である。

よって，必要十分条件であるので，

(ア) …答

(3)方程式を解くと，

$(x-2)(x-3)=0$ つまり，$x=2$ または 3

よって「$x=2$ ならば $x^2-5x+6=0$」は真である。

逆は偽である。(反例：$x=3$)

したがって，必要条件であるが，十分条件ではないので，**(イ)** …答

(4)　$x^2+x-12 \neq 0$

$(x+4)(x-3) \neq 0$
よって，$x \neq -4$ かつ $x \neq 3$ であるから，
「$x^2+x-12 \neq 0$ ならば $x \neq 3$」は真である。
逆は偽である。（反例：$x=-4$）
したがって，必要条件であるが，十分条件ではないので，**(イ)** …答

(5) $x=y$ の両辺から z を引くと，

$x-z=y-z$

$x-z=y-z$ の両辺に z を加えると，

$x=y$

よって，必要十分条件であるので，
(ア) …答

(6)「$x=y$ ならば $x^2=y^2$」は真である。
逆は偽である。（反例：$x=-1, y=1$ など）
よって，必要条件であるが，十分条件ではないので，**(イ)** …答

(7)「$0 \leqq x \leqq y$ ならば $x^2 \leqq y^2$」は真である。
逆は偽である。（反例：$x=-1$，$y=2$）
よって，十分条件であるが，必要条件ではないので，**(ウ)** …答

(8)「$x^2<y^2$ ならば $x<y$」は偽である。
（反例：$x=1$，$y=-2$）
「$x<y$ ならば $x^2<y^2$」も偽である。
（反例：$x=-3$，$y=1$）
よって，必要条件でも十分条件でもないので，**(エ)** …答

(9)「x，y が有理数ならば xy と $x+y$ は有理数」は真である。
逆は偽である。（反例：$x=\sqrt{2}$，$y=-\sqrt{2}$ など）
よって，必要条件であるが，十分条件ではないので，**(イ)** …答

(10)「$xy=0$ かつ $x \neq 0$ ならば $y=0$」は真である。
逆は偽である。（反例：$x=0$）
よって，十分条件であるが，必要条件ではないので，**(ウ)** …答

(11)「$a=b$ ならば $a=\sqrt{b^2}$」は真である。
逆は偽である。（反例：$a=1$，$b=-1$ など）
よって，必要条件であるが，十分条件ではないので，**(イ)** …答

(12) $m=3a$，$n=3b$ とすると，

$$m^3+n^3=27a^3+27b^3$$
$$=3(9a^3+9b^3)$$

よって，「m，n がともに 3 の倍数ならば m^3+n^3 は 3 の倍数である」は真である。
逆は偽である。（反例：$m=2$，$n=1$ など）
したがって，十分条件であるが，必要条件ではないので，**(ウ)** …答

(13) $A \cap B=A$ のとき，$A \subset B$
$A \cup B=B$ のとき，$A \subset B$
よって，必要十分条件であるので，**(ア)** …答

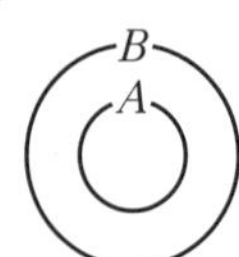

第 3 節　命題と証明

演習問題 7　p.66

命題の真偽は**偽である** …答
（反例：$x=1$，$y=21$ など）
命題の逆は
「$x=3$ かつ $y=7$ ならば $xy=21$ である」 …答
これは**真である** …答
命題の裏は
「$xy \neq 21$ ならば $x \neq 3$ または $y \neq 7$ である」 …答
これは逆が真であるから，**真である** …答
命題の対偶は
「$x \neq 3$ または $y \neq 7$ ならば $xy \neq 21$ である」 …答
これは命題が偽であるから，**偽である** …答

Point 裏や対偶の真偽は直接考えると難しいので，命題と対偶，逆と裏は真偽が一致することを利用します。

演習問題 8　p.67

(1)命題 P の対偶は

「x，y，z のすべてが奇数ならば，$x^2+y^2+z^2$ は奇数である」…答

(2)(1)で求めた対偶が真であることを示せばよい。

x，y，z のすべてが奇数であるとき，l，m，n を整数として

$x=2l-1$，$y=2m-1$，$z=2n-1$

とおくことができる。このとき，

$$
\begin{aligned}
&x^2+y^2+z^2\\
&=(2l-1)^2+(2m-1)^2+(2n-1)^2\\
&=4l^2-4l+1+4m^2-4m+1\\
&\quad+4n^2-4n+1\\
&=2(2l^2-2l+2m^2-2m+2n^2-2n+1)\\
&\quad+1
\end{aligned}
$$

l，m，n が整数のとき，$2l^2-2l+2m^2-2m+2n^2-2n+1$ は整数であるから，$x^2+y^2+z^2$ は奇数である。

命題 P の対偶が真であることが示せたので，命題 P も真である。〔証明終わり〕

演習問題 9　p.68

(1)対偶は

「n が奇数ならば n^2 も奇数である」

これを示せばよい。

n が奇数のとき，a を整数として

$n=2a-1$ とおける。よって，

$$
\begin{aligned}
n^2&=(2a-1)^2\\
&=4a^2-4a+1\\
&=2(2a^2-2a)+1
\end{aligned}
$$

a が整数のとき，$2a^2-2a$ は整数であるから，$2(2a^2-2a)+1$ は奇数である。すなわち，n^2 は奇数である。よって，対偶が真であることが示された。

したがって，もとの命題も真である。

〔証明終わり〕

(2)$\sqrt{2}$ が無理数でないと仮定すると，$\sqrt{2}$ は有理数である。

$\sqrt{2}=\dfrac{n}{m}$（m，n は 1 以外の公約数をもたない自然数）とおくと，

$\sqrt{2}m=n$

両辺を 2 乗すると，

$2m^2=n^2$ ……①

ここで左辺は偶数であるから右辺の n^2 も偶数であり，(1)の結果より n も偶数である。よって，$n=2b$（b は整数）とおける。これを①に代入すると，

$$
\begin{aligned}
2m^2&=(2b)^2\\
&=4b^2\\
m^2&=2b^2
\end{aligned}
$$

よって，m^2 は偶数であり，(1)の結果より m も偶数である。

m，n がともに偶数となることは，m と n が 1 以外の公約数をもたないことに矛盾する。よって，$\sqrt{2}$ は無理数である。〔証明終わり〕

第3章 2次関数

第1節 2次関数とグラフ

演習問題1 p.70

(1) $f(0)=3\cdot0-2=\mathbf{-2}$ …答

$f(-1)=3\cdot(-1)-2=\mathbf{-5}$ …答

$f(a-1)=3(a-1)-2=\mathbf{3a-5}$ …答

(2) $f(0)=0^2-2\cdot0+3=\mathbf{3}$ …答

$f(2)=2^2-2\cdot2+3=\mathbf{3}$ …答

$f(a+1)=(a+1)^2-2(a+1)+3$

$=a^2+2a+1-2a-2+3$

$=\mathbf{a^2+2}$ …答

演習問題2 p.72

1

(1) $y=2x^2+1 \Longleftrightarrow y-1=2x^2$

であるから，**$y=2x^2$ のグラフを y 軸方向に 1 平行移動したグラフである。**…答

(2) $y=2(x-3)^2$

は，**$y=2x^2$ のグラフを x 軸方向に 3 平行移動したグラフである。**…答

(3) $y=2(x+1)^2-4$

$\Longleftrightarrow y-(-4)=2\{x-(-1)\}^2$

であるから，**$y=2x^2$ のグラフを x 軸方向に -1，y 軸方向に -4 平行移動したグラフである。**…答

2

(1) $y-2=-5(x-3)^2$

$\mathbf{y=-5(x-3)^2+2}$
$\mathbf{y=-5x^2+30x-43}$ …答

参考 答えは $y=-5(x-3)^2+2$ でも，展開した $y=-5x^2+30x-43$ でも，どちらでも構いませんが，$y=$～の形にしておきましょう。

(2) $y-(-3)=-5\{x-(-2)\}^2$

$\mathbf{y=-5(x+2)^2-3}$
$\mathbf{y=-5x^2-20x-23}$ …答

(3) $y=-5x^2$ の頂点は $(0,\ 0)$ であるから，x 軸方向に 1，y 軸方向に -4 平行移動したグラフを考えればよい。

$y-(-4)=-5(x-1)^2$

$\mathbf{y=-5(x-1)^2-4}$
$\mathbf{y=-5x^2+10x-9}$ …答

演習問題3 p.73

(1) $y=2(x-1)^2+3$ の頂点の座標は

$\mathbf{(1,\ 3)}$ …答

軸は直線 $\mathbf{x=1}$ …答

(2) $y=-(x-2)^2-4=-(x-2)^2+(-4)$

であるから，頂点の座標は $\mathbf{(2,\ -4)}$ …答

軸は直線 $\mathbf{x=2}$ …答

(3) $y=3\left(x+\dfrac{1}{2}\right)^2-\dfrac{3}{4}$

$=3\left\{x-\left(-\dfrac{1}{2}\right)\right\}^2+\left(-\dfrac{3}{4}\right)$

であるから，頂点の座標は

$\mathbf{\left(-\dfrac{1}{2},\ -\dfrac{3}{4}\right)}$ …答

軸は直線 $\mathbf{x=-\dfrac{1}{2}}$ …答

演習問題4 p.74

Point 2次関数の頂点の座標は，平方完成で求めます。

(1) $y=x^2-4x$

$=(x-2)^2-2^2$

$=(x-2)^2+(-4)$

よって，頂点の座標は $\mathbf{(2,\ -4)}$ …答

(2) $y=x^2+2x+3$

$=(x+1)^2-1^2+3$

$=\{x-(-1)\}^2+2$

よって，頂点の座標は $\mathbf{(-1,\ 2)}$ …答

(3) $y=-x^2+6x+5$

$=-(x^2-6x)+5$

$=-\{(x-3)^2-3^2\}+5$

$=-(x-3)^2+14$

よって，頂点の座標は **(3，14)** …答

(4) $y=-2x^2+3x-2$

$=-2\left(x^2-\dfrac{3}{2}x\right)-2$

$=-2\left\{\left(x-\dfrac{3}{4}\right)^2-\left(\dfrac{3}{4}\right)^2\right\}-2$

$=-2\left(x-\dfrac{3}{4}\right)^2+\left(-\dfrac{7}{8}\right)$

よって，頂点の座標は $\left(\boldsymbol{\dfrac{3}{4}},\ \boldsymbol{-\dfrac{7}{8}}\right)$ …答

(5) $y=-\dfrac{1}{3}x^2-x-\dfrac{3}{4}$

$=-\dfrac{1}{3}(x^2+3x)-\dfrac{3}{4}$

$=-\dfrac{1}{3}\left\{\left(x+\dfrac{3}{2}\right)^2-\left(\dfrac{3}{2}\right)^2\right\}-\dfrac{3}{4}$

$=-\dfrac{1}{3}\left(x+\dfrac{3}{2}\right)^2$

よって，頂点の座標は $\left(\boldsymbol{-\dfrac{3}{2}},\ \boldsymbol{0}\right)$ …答

演習問題 5 p.76

(1) y を $-y$ に変えればよい。

$-y=2x^2+3x-4$

$\boldsymbol{y=-2x^2-3x+4}$ …答

(2) x を $-x$ に変えればよい。

$y=2(-x)^2+3(-x)-4$

$\boldsymbol{=2x^2-3x-4}$ …答

(3) x を $-x$，y を $-y$ に変えればよい。

$-y=2(-x)^2+3(-x)-4$

$\boldsymbol{y=-2x^2+3x+4}$ …答

演習問題 6 p.78

Point 2 次関数のグラフをかくときは，平方完成して頂点の座標を求めます。また，y 切片の値も利用します。

(1) $y=x^2-2x+2$

$=(x-1)^2-1^2+2$

$=(x-1)^2+1$

以上より，下に凸，頂点の座標は (1, 1)，y 切片は 2 であるから，グラフは以下の通り。

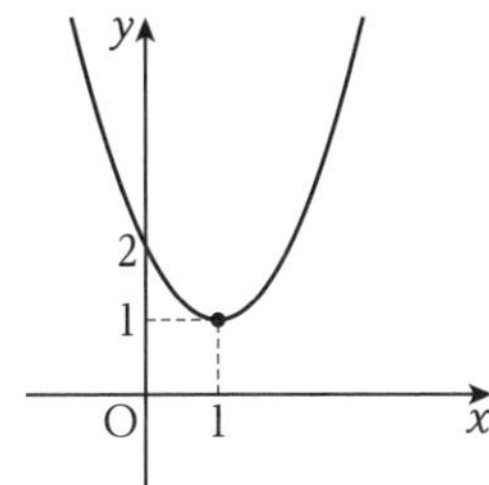

(2) $y=x^2+3x-3$

$=\left(x+\dfrac{3}{2}\right)^2-\left(\dfrac{3}{2}\right)^2-3$

$=\left(x+\dfrac{3}{2}\right)^2-\dfrac{21}{4}$

以上より，下に凸，頂点の座標は $\left(-\dfrac{3}{2},\ -\dfrac{21}{4}\right)$，$y$ 切片は -3 であるから，グラフは以下の通り。

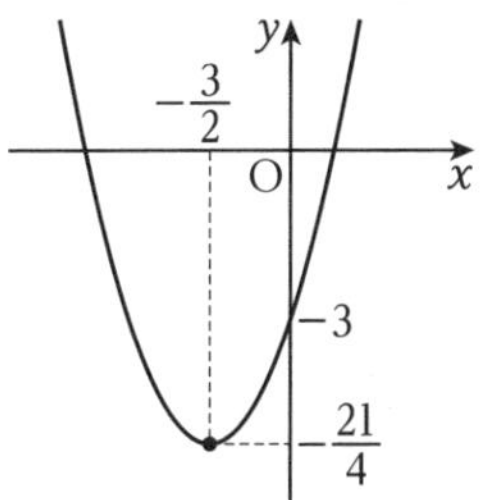

(3) $y=2x^2+8x+9$

$=2(x^2+4x)+9$

$=2\{(x+2)^2-2^2\}+9$

$=2(x+2)^2+1$

以上より，下に凸，頂点の座標は $(-2,1)$，y 切片は9であるから，グラフは以下の通り。

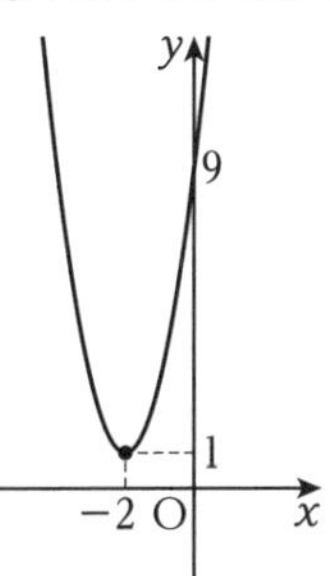

(4) $y=-x^2+4x-4$

$=-(x^2-4x)-4$

$=-\{(x-2)^2-(-2)^2\}-4$

$=-(x-2)^2$

以上より，上に凸，頂点の座標は $(2,\ 0)$，y 切片は -4 であるから，グラフは以下の通り。

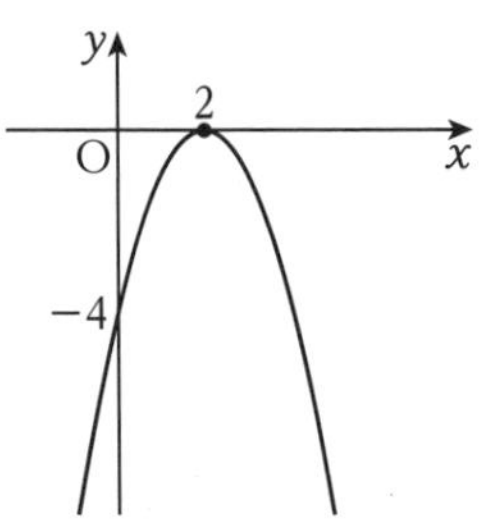

第2節 2次関数の最大・最小と決定

演習問題7 p.79

(1) $y=x^2-4x$

$=(x-2)^2-2^2$

$=(x-2)^2-4$

以上より，下に凸，頂点の座標は $(2,\ -4)$，y 切片は 0 であるから，グラフは以下の通り。

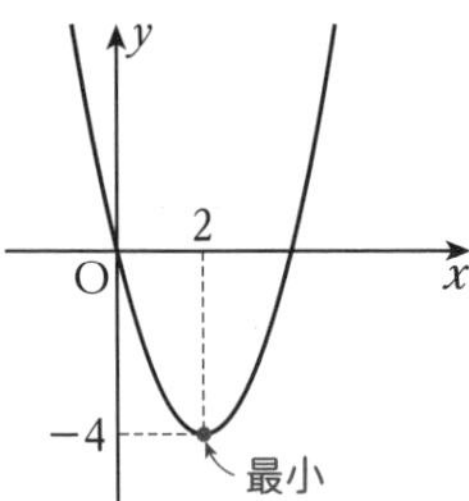

グラフより，

$x=2$ のとき最小値 -4，
最大値はない …答

(2) $y=x^2-2x+3$

$=(x-1)^2-1^2+3$

$=(x-1)^2+2$

以上より，下に凸，頂点の座標は $(1,\ 2)$，y 切片は 3 であるから，グラフは以下の通り。

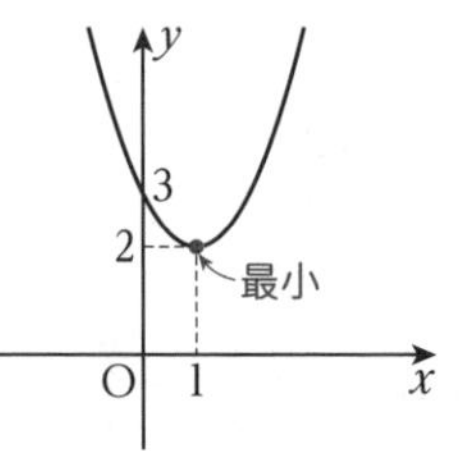

グラフより，

$x=1$ のとき最小値 2，
最大値はない …答

(3) $y=-2x^2-4x-1$

$=-2(x^2+2x)-1$

$=-2\{(x+1)^2-1^2\}-1$

$=-2(x+1)^2+1$

以上より，上に凸，頂点の座標は $(-1,\ 1)$，y 切片は -1 であるから，グラフは以下の通り。

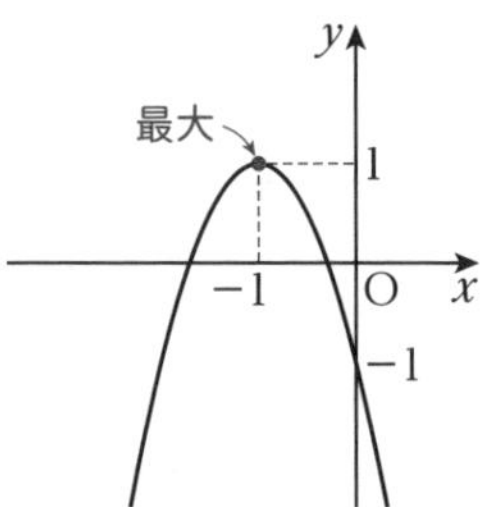

グラフより，

$x=-1$ のとき最大値 1，
最小値はない …答

(4) $y=-4x^2+12x-9$

$=-4(x^2-3x)-9$

$=-4\left\{\left(x-\dfrac{3}{2}\right)^2-\left(\dfrac{3}{2}\right)^2\right\}-9$

$=-4\left(x-\dfrac{3}{2}\right)^2$

以上より，上に凸，頂点の座標は $\left(\dfrac{3}{2},\ 0\right)$，$y$ 切片は -9 であるから，グラフは以下の通り。

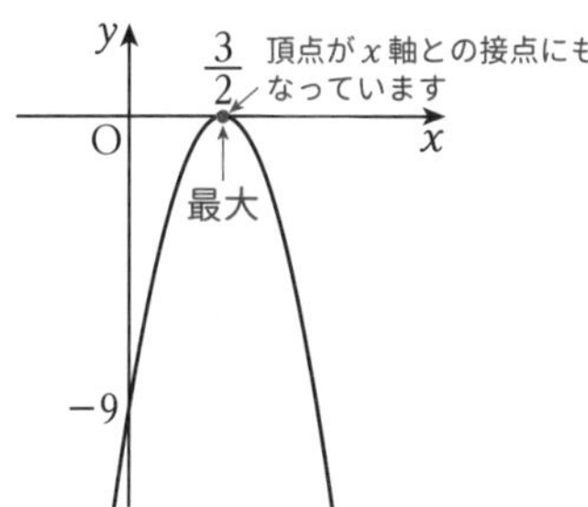

グラフより，**$x=\frac{3}{2}$ のとき最大値 0，最小値はない** …答

演習問題 8 p.81

1

(1) $y=x^2-4x-4$

$=(x-2)^2-2^2-4$

$=(x-2)^2-8$

以上より，下に凸，頂点の座標は $(2,\ -8)$，y 切片は -4 であるから，グラフは以下の通り。

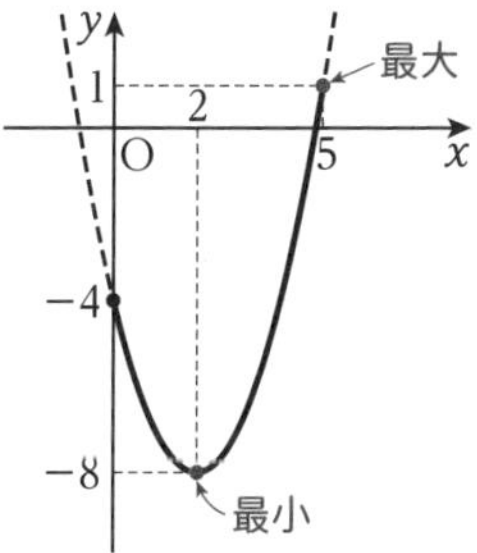

グラフより，**$x=5$ のとき最大値 1，$x=2$ のとき最小値 -8** …答

Point $x=0$ よりも $x=5$ のほうが軸 $x=2$ から離れているから，$x=5$ のとき最大値をとります。つまり，$x=0$ のときの y の値は求めなくてもよいことがわかりますね。

(2) $y=2x^2+6x+5$

$=2(x^2+3x)+5$

$=2\left\{\left(x+\frac{3}{2}\right)^2-\left(\frac{3}{2}\right)^2\right\}+5$

$=2\left(x+\frac{3}{2}\right)^2+\frac{1}{2}$

以上より，下に凸，頂点の座標は $\left(-\frac{3}{2},\ \frac{1}{2}\right)$，$y$ 切片は 5 であるから，グラフは以下の通り。

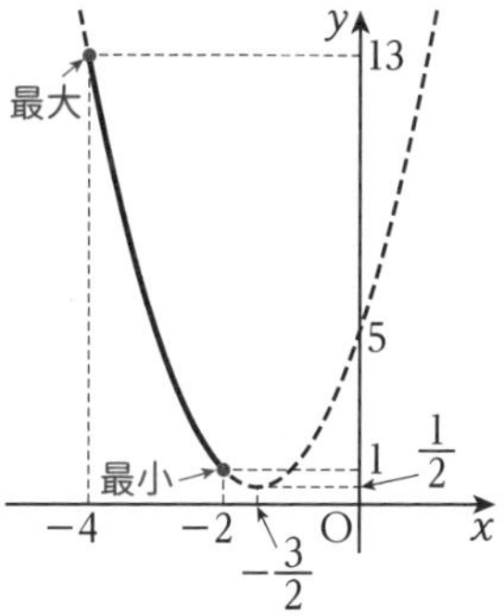

グラフより，**$x=-4$ のとき最大値 13，$x=-2$ のとき最小値 1** …答

(3) $y=-2x^2+3x-1$

$=-2\left(x^2-\frac{3}{2}x\right)-1$

$=-2\left\{\left(x-\frac{3}{4}\right)^2-\left(\frac{3}{4}\right)^2\right\}-1$

$=-2\left(x-\frac{3}{4}\right)^2+\frac{1}{8}$

以上より，上に凸，頂点の座標は $\left(\frac{3}{4},\ \frac{1}{8}\right)$，$y$ 切片は -1 であるから，グラフは以下の通り。

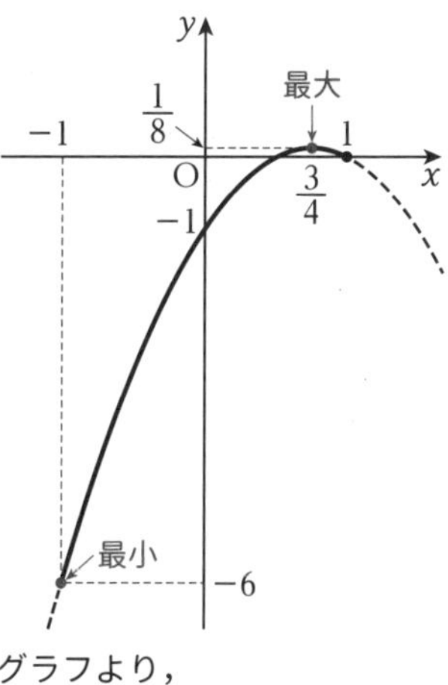

グラフより，

$x=\frac{3}{4}$ のとき最大値 $\frac{1}{8}$，

$x=-1$ のとき最小値 -6 …答

Point $x=1$ よりも $x=-1$ のときのほうが軸 $x=\frac{3}{4}$ から離れているから，$x=-1$ のとき最小値をとります。

(4) $y=-\frac{1}{2}x^2+x$

$=-\frac{1}{2}(x^2-2x)$

$=-\frac{1}{2}\{(x-1)^2-1^2\}$

$=-\frac{1}{2}(x-1)^2+\frac{1}{2}$

以上より，上に凸，頂点の座標は $\left(1, \frac{1}{2}\right)$，$y$ 切片は 0 であるから，グラフは以下の通り。

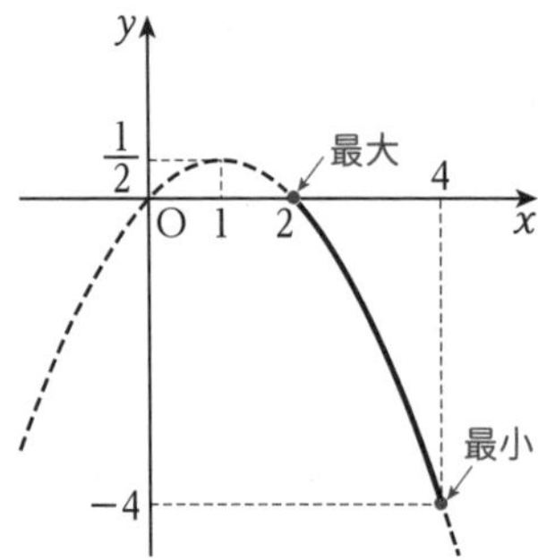

グラフより，

$x=2$ のとき最大値 0，

$x=4$ のとき最小値 -4 …答

2

(1) $y=2x^2-10x+13$

$=2(x^2-5x)+13$

$=2\left\{\left(x-\frac{5}{2}\right)^2-\left(\frac{5}{2}\right)^2\right\}+13$

$=2\left(x-\frac{5}{2}\right)^2+\frac{1}{2}$

以上より，下に凸，頂点の座標は $\left(\frac{5}{2}, \frac{1}{2}\right)$，$y$ 切片は 13 であるから，グラフは以下の通り。

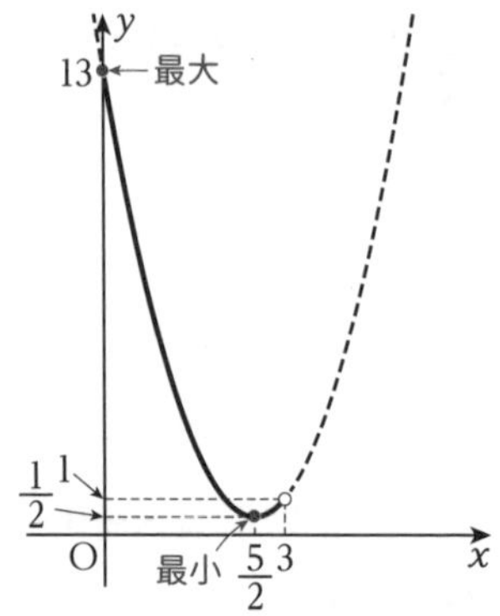

グラフより，**$x=0$ のとき最大値 13，**

$x=\frac{5}{2}$ のとき最小値 $\frac{1}{2}$ …答

(2) $y=4x^2-12x+5=4(x^2-3x)+5$

$=4\left\{\left(x-\frac{3}{2}\right)^2-\left(\frac{3}{2}\right)^2\right\}+5$

$=4\left(x-\frac{3}{2}\right)^2-4$

以上より，下に凸，頂点の座標は $\left(\frac{3}{2}, -4\right)$，$y$ 切片は 5 であるから，グラフは以下の通り。

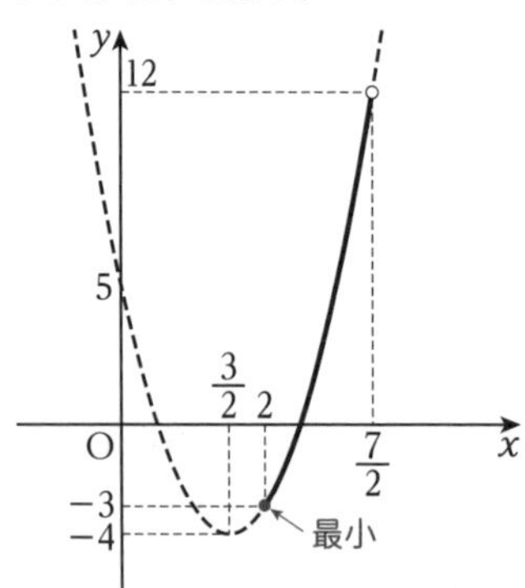

グラフより，**最大値はない，**

$x=2$ のとき最小値 -3 …答

Point 右端の $x=\frac{7}{2}$ は定義域に含まれないので，最大値はありません。

(3) $y=-3x^2+12x-10$

$=-3(x^2-4x)-10$

$=-3\{(x-2)^2-2^2\}-10$

$=-3(x-2)^2+2$

以上より，上に凸，頂点の座標は $(2,\ 2)$，y 切片は -10 であるから，グラフは以下の通り。

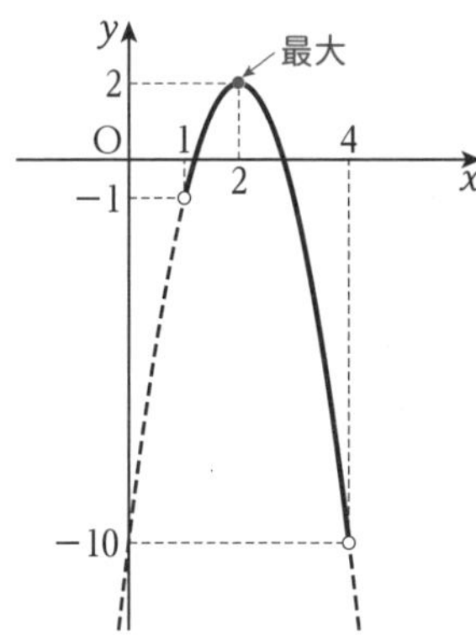

グラフより，

$x=2$ のとき最大値 2，

最小値はない …答

Point 右端の $x=4$ は定義域に含まれないので，最小値はありません。

(4) $y=-2x^2-4x+3$

$=-2(x^2+2x)+3$

$=-2\{(x+1)^2-1^2\}+3$

$=-2(x+1)^2+5$

以上より，上に凸，頂点の座標は $(-1,\ 5)$，y 切片は 3 であるから，グラフは以下の通り。

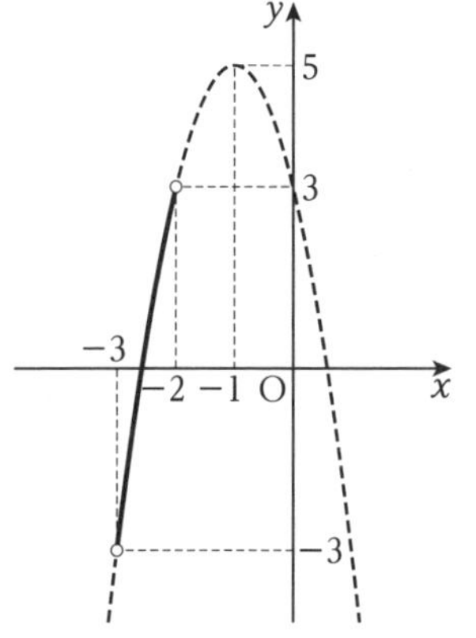

グラフより，

最大値も最小値もない …答

Point 両端ともに定義域に含まれないので，最大値も最小値もありません。

演習問題 9 p.83

$y=x^2-2ax+2$

$=(x-a)^2-a^2+2$ 平方完成

軸の方程式は $x=a$ であるから，軸と定義域の位置関係で場合を分ける。

(i) $a<0$ のとき

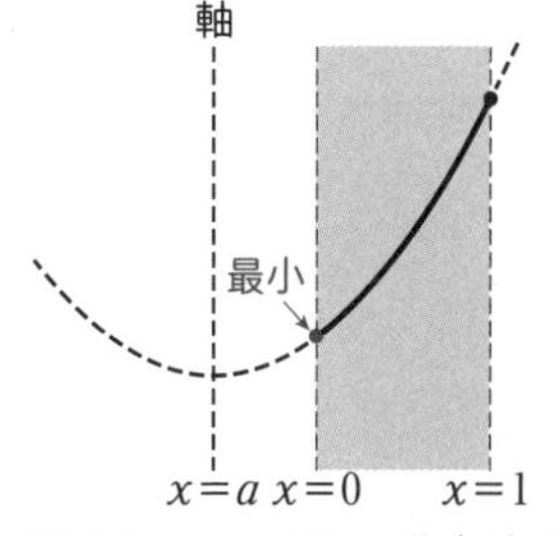

図より，$x=0$ で，最小値 2 をとる。

(ii) $0\leqq a\leqq 1$ のとき

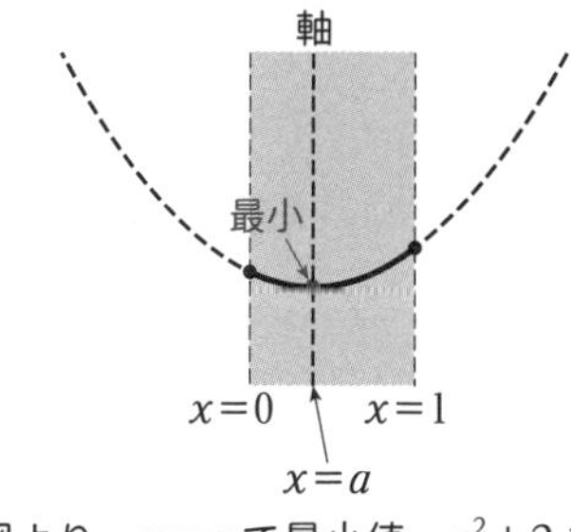

図より，$x=a$ で最小値 $-a^2+2$ をとる。

(iii) $1<a$ のとき

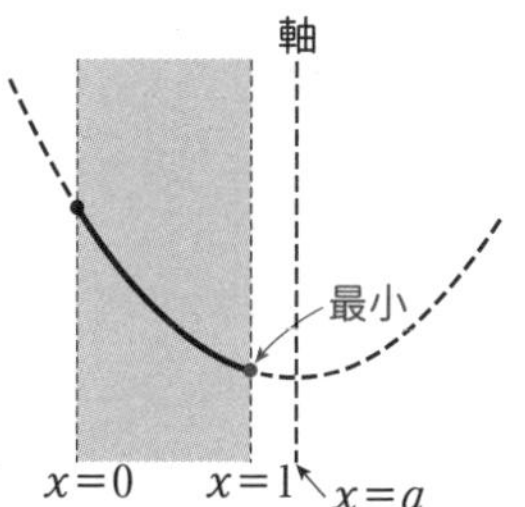

図より，

$x=1$ で最小値 $-2a+3$ をとる。

以上より，

$$\begin{cases} a<0 \text{ のとき，} x=0 \text{ で最小値 } 2 \\ 0\leqq a\leqq 1 \text{ のとき，} x=a \text{ で最小値 } -a^2+2 \\ 1<a \text{ のとき，} x=1 \text{ で最小値 } -2a+3 \end{cases}$$

…答

演習問題 10 p.85

$y=x^2+2ax-a^2$

$=(x+a)^2-a^2-a^2$

$=(x+a)^2-2a^2$

軸の方程式は $x=-a$ であるから，軸と定義域の位置関係で場合を分ける。

定義域の中央の値は，$x=\dfrac{-1+1}{2}=0$

(i) $-a<0$ つまり，$a>0$ のとき

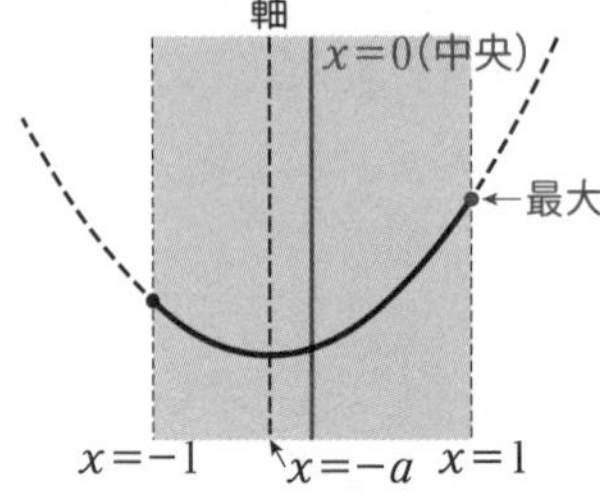

図より，

$x=1$ で最大値 $-a^2+2a+1$ をとる。

(ii) $0\leqq -a$ つまり，$a\leqq 0$ のとき

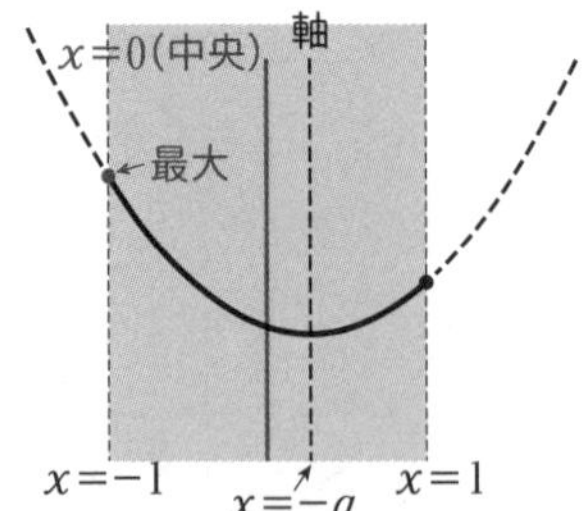

図より，

$x=-1$ で最大値 $-a^2-2a+1$ をとる。

以上より，

$$\begin{cases} a>0 \text{ のとき，} x=1 \text{ で最大値 } -a^2+2a+1 \\ a\leqq 0 \text{ のとき，} x=-1 \text{ で最大値 } -a^2-2a+1 \end{cases}$$

…答

演習問題 11 p.87

1

まず，最大値を考える。

$y=-x^2+2ax-a^2-2a-1$

$=-(x^2-2ax)-a^2-2a-1$

$=-\{(x-a)^2-a^2\}-a^2-2a-1$

$=-(x-a)^2-2a-1$

軸の方程式は $x=a$ であるから，軸と定義域の位置関係で場合を分ける。

(i) $a<0$ のとき

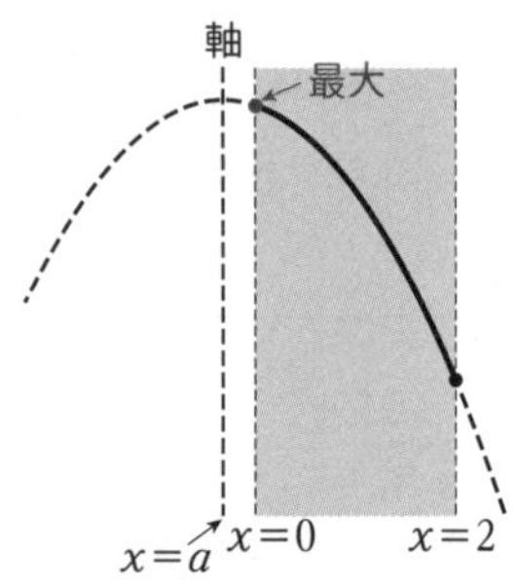

図より，

$x=0$ で最大値 $-a^2-2a-1$ をとる。

(ii) $0\leqq a\leqq 2$ のとき

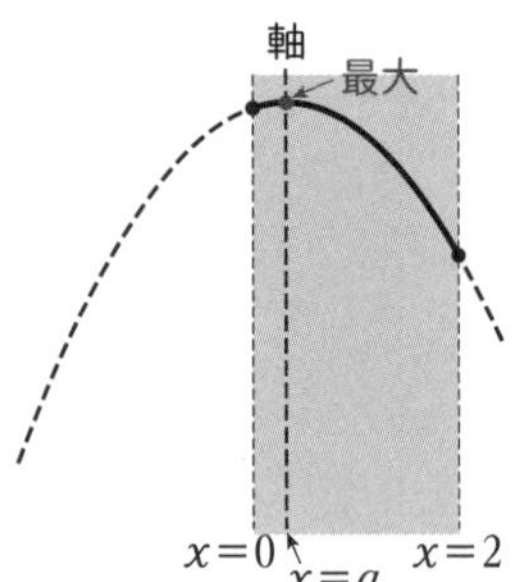

図より，

$x=a$ で最大値 $-2a-1$ をとる。

(iii) $2<a$ のとき

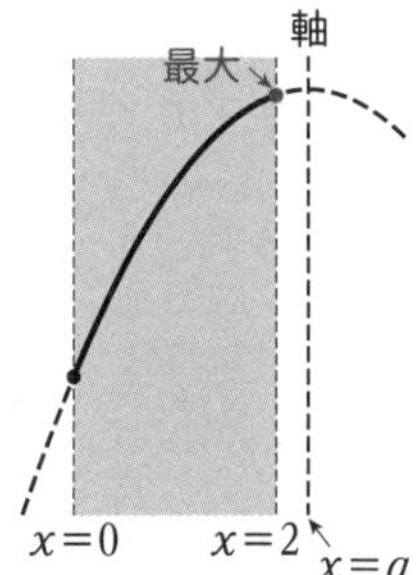

図より，$x=2$ で最大値 $-a^2+2a-5$ をとる。

以上より，

$$\begin{cases} a<0 \text{ のとき，} x=0 \text{ で最大値 } -a^2-2a-1 \\ 0 \leqq a \leqq 2 \text{ のとき，} x=a \text{ で最大値 } -2a-1 \\ a>2 \text{ のとき，} x=2 \text{ で最大値 } -a^2+2a-5 \end{cases}$$

…答

次に最小値を考える。定義域の中央の値は，

$$x=\frac{0+2}{2}=1$$

(i) $a<1$ のとき

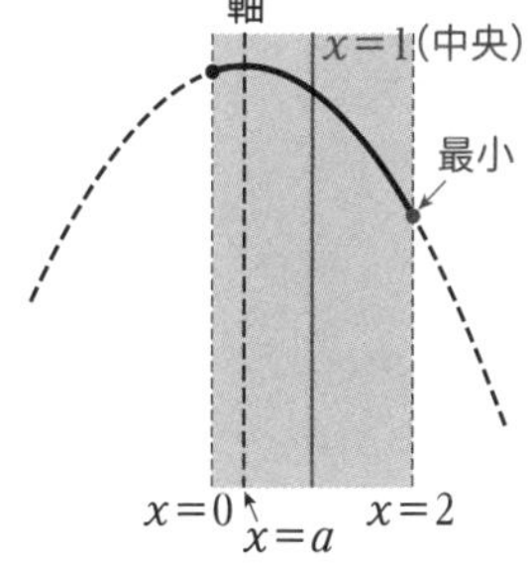

図より，

$x=2$ で最小値 $-a^2+2a-5$ をとる。

(ii) $a \geqq 1$ のとき

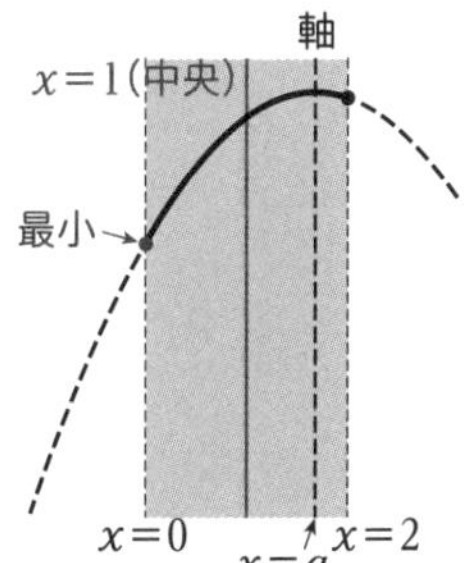

$x=0$ で最小値 $-a^2-2a-1$ をとる。

以上より，

$$\begin{cases} a<1 \text{ のとき，} x=2 \text{ で最小値 } -a^2+2a-5 \\ a \geqq 1 \text{ のとき，} x=0 \text{ で最小値 } -a^2-2a-1 \end{cases}$$

…答

2

$$f(x)=x^2-ax+3$$
$$=\left(x-\frac{a}{2}\right)^2-\frac{a^2}{4}+3$$

軸の方程式は $x=\dfrac{a}{2}$ であるから，軸と定義域の位置関係で場合を分ける。

(i) $\dfrac{a}{2}<0$ つまり，$a<0$ のとき

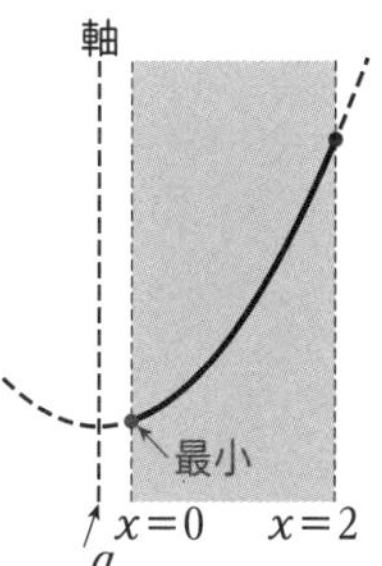

$x=0$ のとき，最小で，

$f(0)=3 \neq 2$

となり，成り立たないので不適。

(ii) $0 \leqq \dfrac{a}{2} \leqq 2$ つまり，$0 \leqq a \leqq 4$ のとき

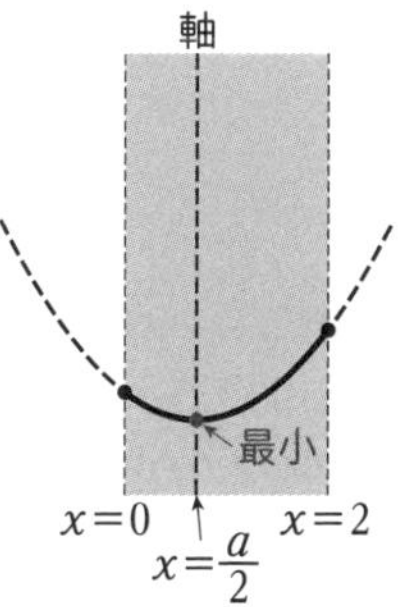

$x=\dfrac{a}{2}$ のとき，最小で，

$$f\left(\frac{a}{2}\right)=-\frac{a^2}{4}+3=2$$
$$a^2=4$$

$0 \leqq a \leqq 4$ であるから，$a=2$

(iii) $2<\dfrac{a}{2}$ つまり，$4<a$ のとき

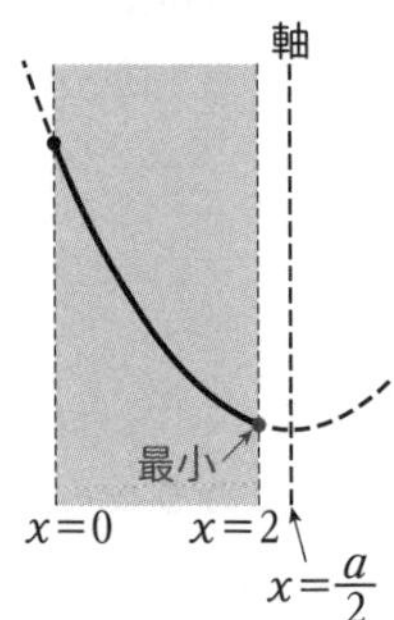

$x=2$ のとき，最小で，

$$f(2)=7-2a=2$$

$$a=\frac{5}{2}$$

となり，$4<a$ を満たさないので不適。

以上より，$\boldsymbol{a=2}$ …答

演習問題 12 p.88

1

(1)頂点が点 $(2,\ -3)$ であるから，求める2次関数は，

$$y=a(x-2)^2-3$$

とおける。

点 $(4,\ 5)$ を通るので代入すると，

$$5=a(4-2)^2-3$$
$$=4a-3$$
$$a=2$$

以上より，

$\boldsymbol{y=2(x-2)^2-3}$ …答

($\boldsymbol{y=2x^2-8x+5}$ でもよい。)

(2)軸の方程式が $x=-4$ であるから，頂点の x 座標が -4 とわかる。よって，求める2次関数は，

$$y=a(x+4)^2+q$$

とおける。

2点 $(1,\ 22)$，$(-2,\ 1)$ を通るのでそれぞれ代入すると，

$$22=a(1+4)^2+q$$
$$25a+q=22 \quad \cdots\cdots ①$$
$$1=a(-2+4)^2+q$$
$$4a+q=1 \quad \cdots\cdots ②$$

①，②より，$a=1$，$q=-3$

以上より，

$\boldsymbol{y=(x+4)^2-3}$ …答

($\boldsymbol{y=x^2+8x+13}$ でもよい。)

(3) x 軸と $x=3$ で接していることから，頂点は点 $(3,\ 0)$ とわかる。

よって，求める2次関数は，

$$y=a(x-3)^2$$

とおける。点 $(4,\ -2)$ を通るので代入すると，

$$-2=a(4-3)^2$$
$$a=-2$$

以上より，

$\boldsymbol{y=-2(x-3)^2}$ …

($\boldsymbol{y=-2x^2+12x-18}$ でもよい。)

2

(1) $x=2$ で最小値 -3 をとることから，放物線は下に凸で，頂点が点 $(2,\ -3)$ であるとわかる。

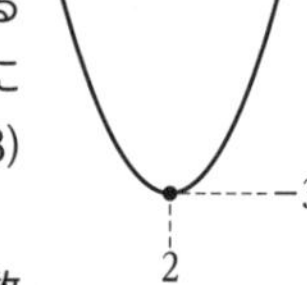

よって，求める2次関数は，

$$y=a(x-2)^2-3 \quad (a>0)$$

とおける。さらに，点 $(0,\ 3)$ を通るので代入すると，

$$3=a(0-2)^2-3$$
$$4a=6$$
$$a=\frac{3}{2}$$

これは $a>0$ を満たしている。

以上より，

$\boldsymbol{y=\dfrac{3}{2}(x-2)^2-3}$ …答

($\boldsymbol{y=\dfrac{3}{2}x^2-6x+3}$ でもよい。)

(2) $x=-1$ で最大値 5 をとることから，放物線は上に凸で，頂点が点 $(-1,\ 5)$ であるとわかる。

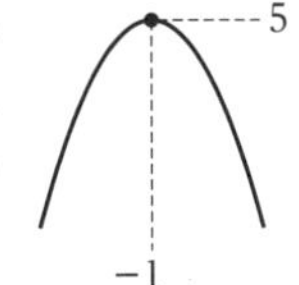

よって，求める 2 次関数は，

$y=a(x+1)^2+5\ \ (a<0)$

とおける。さらに，点 $(-3,\ 2)$ を通るので代入すると，

$2=a(-3+1)^2+5$

$4a=-3$

$a=-\dfrac{3}{4}$

これは $a<0$ を満たしている。

以上より，

$\boldsymbol{y=-\dfrac{3}{4}(x+1)^2+5}$ …答

$\left(\boldsymbol{y=-\dfrac{3}{4}x^2-\dfrac{3}{2}x+\dfrac{17}{4}}\right.$ でもよい。$\left.\right)$

(3) $x=3$ で最小値をとるので，求める 2 次関数は，

$y=(x-3)^2+q$

とおける。点 $(-1,\ 5)$ を通るので代入すると，

$5=(-1-3)^2+q$

$q=-11$

よって，

$y=(x-3)^2-11=x^2-6x-2$

これが，$y=x^2+ax+b$ と一致するので，

$\boldsymbol{a=-6,\ b=-2}$ …答

Point (3)は x^2 の係数が 1 であることに注意してください。

演習問題 13 p.89

$f(x)=ax^2-6ax+b$

$=a(x^2-6x)+b$

$=a\{(x-3)^2-3^2\}+b$

$=a(x-3)^2-9a+b$

よって，軸は $x=3$ である。x^2 の係数の符号で場合を分ける。$f(x)$ は 2 次関数なので，$a\neq0$ であることに注意する。

(i) $a>0$ のとき

2 次関数のグラフは下に凸である。

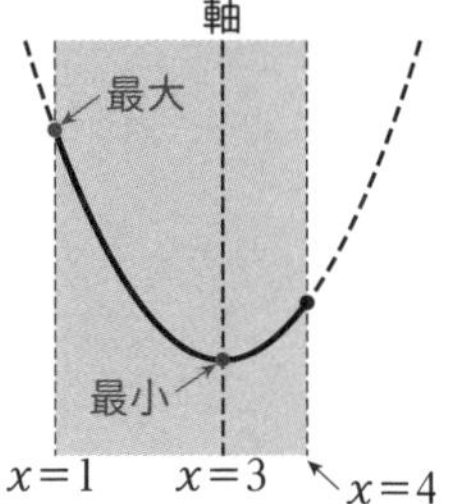

グラフより $x=1$ で最大，$x=3$ で最小となる。

$f(1)=-5a+b$ で，最大値が 3 であるから，

$-5a+b=3$ ……①

$f(3)=-9a+b$ で，最小値が -1 であるから，

$-9a+b=-1$ ……②

①，②より，$a=1,\ b=8$

これは，$a>0$ を満たしている。

(ii) $a<0$ のとき

2 次関数のグラフは上に凸である。

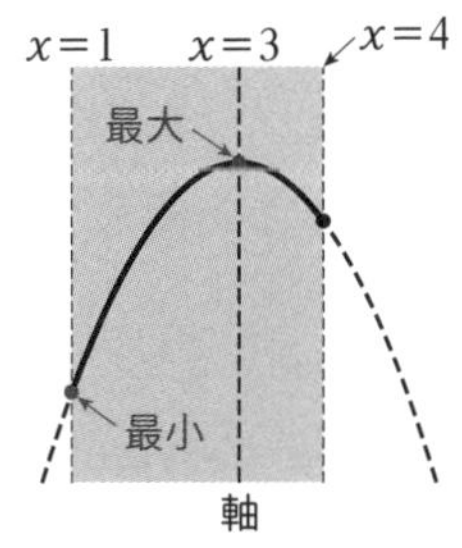

グラフより $x=1$ で最小，$x=3$ で最大となる。

$f(3)=-9a+b$ で，最大値が 3 であるから，

$-9a+b=3$ ……①

$f(1)=-5a+b$ で，最小値が -1 であるから，

$-5a+b=-1$ ……②

①，②より，$a=-1$，$b=-6$

これは，$a<0$ を満たしている。

以上より，

$(a,\ b)=(1,\ 8),\ (-1,\ -6)$ …答

Point a は場合分けの範囲内であるかどうかの確認を忘れないようにしましょう。

演習問題 14 p.90

(1)求める2次関数を $y=ax^2+bx+c$ とおく。3点 $(-1,\ 8)$，$(4,\ 3)$，$(1,\ 0)$ を通るので代入すると，

$$\begin{cases} 8=a-b+c & \cdots\cdots① \\ 3=16a+4b+c & \cdots\cdots② \\ 0=a+b+c & \cdots\cdots③ \end{cases}$$

②−①より，

$3a+b=-1$ ……④

②−③より，

$5a+b=1$ ……⑤

⑤−④より，$a=1$

$a=1$ を④に代入すると，

$b=-4$

$a=1$，$b=-4$ を③に代入すると，

$c=3$

以上より，$y=x^2-4x+3$ …答

(2) $(0,\ -2)$ を通るので，y 切片が -2 とわかる。よって，求める2次関数は $y=ax^2+bx-2$ とおける。

Point もちろん $y=ax^2+bx+c$ に $(0,\ -2)$ を代入して，$-2=c$ としても大丈夫です。

この2次関数が $(-1,\ 7)$，$(1,\ -5)$ を通るのでそれぞれ代入すると，

$$\begin{cases} 7=a-b-2 & \cdots\cdots① \\ -5=a+b-2 & \cdots\cdots② \end{cases}$$

①+②より，$a=3$

これを①に代入して，$b=-6$

以上より，$y=3x^2-6x-2$ …答

(3)与えられた座標より，x 切片が1と−1であるから，求める2次関数は

$y=a(x+1)(x-1)$ とおける。

また，$(2,\ 3)$ を通るので代入すると，

$a=1$

以上より，

$y=(x-1)(x+1)$ …答

($y=x^2-1$ でもよい。)

第3節 2次方程式

演習問題 15 p.92

(1) $6x^2-5x-6=0$

$(3x+2)(2x-3)=0$

$x=-\dfrac{2}{3},\ \dfrac{3}{2}$ …答

(2) $x^2+8x+16=0$

$(x+4)^2=0$

$x=-4$ …答

(3) $x^2+3x-2=0$

解の公式より，

$x=\dfrac{-3\pm\sqrt{3^2-4\cdot1\cdot(-2)}}{2}$

$=\dfrac{-3\pm\sqrt{17}}{2}$ …答

(4) $x^2-6x+7=0$

$(x-3)^2-3^2+7=0$ ←平方完成

$(x-3)^2=2$

$x-3=\pm\sqrt{2}$

$x=3\pm\sqrt{2}$ …答

(5) $3x^2-4x-5=0$

解の公式より，

$x=\dfrac{2\pm\sqrt{2^2-3\cdot(-5)}}{3}$

$=\dfrac{2\pm\sqrt{19}}{3}$ …答

(6) $x^2-x+1=0$

解の公式より，

$x=\frac{1\pm\sqrt{(-1)^2-4\cdot1\cdot1}}{2}$

ここで，ルート内の式が

$(-1)^2-4\cdot1\cdot1=-3<0$ なので，

実数解をもたない …答

演習問題 16 p.94

1

(1)判別式を D とすると，

$D=(-3)^2-4\cdot1\cdot1=5>0$

よって，**異なる 2 つの実数解をもつ** …答

(2)判別式を D とすると，

$\frac{D}{4}=(-3)^2-(-1)\cdot(-9)=0$

よって，**ただ 1 つの実数解をもつ** …答

(3)判別式を D とすると，

$D=5^2-4\cdot2\cdot7=-31<0$

よって，**実数解をもたない** …答

2

(1)判別式を D とすると，

$D=(-1)^2-4\cdot1\cdot(2a-2)=-8a+9$

$D>0$ のときであるから，$-8a+9>0$

$\boldsymbol{a<\frac{9}{8}}$ …答

(2)判別式を D とすると，

$D=a^2-4\cdot2\cdot a=a(a-8)$

$D=0$ のときであるから，$a(a-8)=0$

$\boldsymbol{a=0,\ 8}$ …答

(3)判別式を D とすると，

$\frac{D}{4}=(-2)^2-1\cdot(-a+1)=a+3$

$\frac{D}{4}<0$ のときであるから，$a+3<0$

$\boldsymbol{a<-3}$ …答

3

$x^2-4x+k-2=0$ ……①

$2x^2+3x-k=0$ ……②

とおく。

方程式①の判別式を D_1 とすると，

$\frac{D_1}{4}=(-2)^2-1\cdot(k-2)=6-k$

実数解をもつのは $\frac{D_1}{4}\geqq0$ のときだから，

$6-k\geqq0$

$k\leqq6$ ……③

方程式②の判別式を D_2 とすると，

$D_2=3^2-4\cdot2\cdot(-k)=9+8k$

実数解をもつのは $D_2\geqq0$ のときだから，

$9+8k\geqq0$

$k\geqq-\frac{9}{8}$ ……④

③，④を数直線上に図示すると，次のようになる。

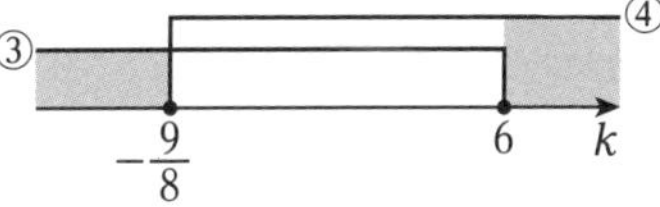

③，④のいずれか一方を満たす範囲は，

$\boldsymbol{k<-\frac{9}{8},\ 6<k}$ …答

Point 等号は③，④の両方が成立するときなので，含みません。

演習問題 17 p.95

(1)上の式より，$y=2x-1$ ……①

これを下の式に代入すると，

$x^2+2(2x-1)^2=2$

$9x^2-8x=0$

$x(9x-8)=0$

$x=0,\ \frac{8}{9}$

これを，それぞれ①に代入すると，

$x=0$ のとき $y=-1$

$x=\frac{8}{9}$ のとき $y=\frac{7}{9}$

以上より，

$\boldsymbol{(x,\ y)=(0,\ -1),\ \left(\frac{8}{9},\ \frac{7}{9}\right)}$ …答

(2)上の式より，$y=3-x$ ……②

これを下の式に代入すると，

$$x(3-x)=-4$$
$$x^2-3x-4=0$$
$$(x+1)(x-4)=0$$
$$x=-1,\ 4$$

これを，それぞれ②に代入すると，

$x=-1$ のとき $y=4$

$x=4$ のとき $y=-1$

以上より，

$\boldsymbol{(x,\ y)=(-1,\ 4),\ (4,\ -1)}$ …答

演習問題 18 p.96

1

共通解を α として，各方程式に代入すると，

$\alpha^2-3\alpha+k-1=0$ ……①

$\alpha^2+(k-2)\alpha-2=0$ ……②

②−①より，←α^2 を消去

$$(k+1)\alpha-(k+1)=0$$
$$(k+1)(\alpha-1)=0$$

(i) $k\neq-1$ のとき $\alpha=1$ であり，このとき①に代入すると，$k=3$

このとき，2 つの方程式は，

$x^2-3x+2=0 \Longleftrightarrow (x-1)(x-2)=0$

$x^2+x-2=0 \Longleftrightarrow (x-1)(x+2)=0$

となり，$x=1$ のみを共通解にもつので適している。

(ii) $k=-1$ のとき，2 つの方程式はともに $x^2-3x-2=0$ となり，2 つの実数解がともに一致するので，不適。

以上より，$\boldsymbol{k=3}$ …答

2

共通解を α として，各方程式に代入すると，

$2\alpha^2+k\alpha+4=0$ ……①

$\alpha^2+\alpha+k=0$ ……②

①−2×②より，←α^2 を消去

$$(k-2)\alpha+4-2k=0$$
$$(k-2)\alpha-2(k-2)=0$$
$$(k-2)(\alpha-2)=0$$

(i) $k=2$ のとき，2 つの方程式はともに $x^2+x+2=0$ となるが判別式を考えると，

$1^2-4\cdot1\cdot2=-7<0$

よって，実数解をもたないので不適。

(ii) $\alpha=2$ のとき，②に代入すると，

$$2^2+2+k=0$$
$$k=-6$$

このとき，2 つの方程式は，

$2x^2-6x+4=0 \Longleftrightarrow 2(x-1)(x-2)=0$

$x^2+x-6=0 \Longleftrightarrow (x+3)(x-2)=0$

であるから，実数解 $x=2$ を共通解にもつ。

以上より，$\boldsymbol{k=-6}$，**共通解は** $\boldsymbol{x=2}$ …答

演習問題 19 p.97

(1) x 軸との共有点は $y=0$ とすると，

$$x^2-5x+6=0$$
$$(x-2)(x-3)=0$$
$$x=2,\ 3$$

よって，x 軸との共有点をもち，その座標は，

$\boldsymbol{(2,\ 0),\ (3,\ 0)}$ …答

(2) x 軸との共有点は $y=0$ とすると，

$$2x^2+x-1=0$$
$$(2x-1)(x+1)=0$$
$$x=\frac{1}{2},\ -1$$

よって，x 軸との共有点をもち，その座標は，

$\boldsymbol{\left(\frac{1}{2},\ 0\right),\ (-1,\ 0)}$ …答

(3) x 軸との共有点は $y=0$ とすると，

$$3x^2+7x-3=0$$
$$x=\frac{-7\pm\sqrt{7^2-4\cdot3\cdot(-3)}}{2\cdot3}$$
$$=\frac{-7\pm\sqrt{85}}{6}$$

よって，x 軸との共有点をもち，その座標は，

$\boldsymbol{\left(\frac{-7-\sqrt{85}}{6},\ 0\right),\ \left(\frac{-7+\sqrt{85}}{6},\ 0\right)}$ …答

(4) x 軸との共有点は $y=0$ とすると，

$$9x^2+6x+1=0$$
$$(3x+1)^2=0$$
$$x=-\frac{1}{3}$$

よって，x 軸との共有点をもち，その座標は，

$\left(-\frac{1}{3},\ 0\right)$ …答

> **Point** 共有点が 1 つになるということは，その点が x 軸との接点であることを表しています。

(5) x 軸との共有点は $y=0$ とすると，

$$-x^2-x-2=0$$
$$x^2+x+2=0$$
$$x=\frac{-1\pm\sqrt{1^2-4\cdot1\cdot2}}{2}$$
$$=\frac{-1\pm\sqrt{-7}}{2}$$

ルート内が負なので，実数解をもたない。

共有点をもたない …答

演習問題 20 p.99

1

(1) 2 次方程式 $x^2+x+1=0$ の判別式を D とすると，

$$D=1^2-4\cdot1\cdot1=-3<0$$

よって，共有点の個数は **0 個** …答

(2) 2 次方程式 $2x^2-3x-5=0$ の判別式を D とすると，

$$D=(-3)^2-4\cdot2\cdot(-5)=49>0$$

よって，共有点の個数は **2 個** …答

(3) 2 次方程式 $-9x^2+6x-1=0$ の判別式を D とすると，

$$\frac{D}{4}=3^2-(-9)\cdot(-1)=0$$

よって，共有点の個数は **1 個** …答

2

(Ⅰ) 2 次方程式 $x^2-16x+2k=0$ の判別式を D とすると，

$$\frac{D}{4}=(-8)^2-1\cdot2k=64-2k$$

(i) x 軸との共有点の個数が 2 個になるのは $\frac{D}{4}>0$ のときであるから，

$64-2k>0$ つまり，$k<32$

(ii) x 軸との共有点の個数が 1 個になるのは $\frac{D}{4}=0$ のときであるから，

$64-2k=0$ つまり，$k=32$

(iii) x 軸との共有点の個数が 0 個になるのは $\frac{D}{4}<0$ のときであるから，

$64-2k<0$ つまり，$k>32$

以上より，

$k<32$ のとき，共有点の個数は 2 個
$k=32$ のとき，共有点の個数は 1 個
$k>32$ のとき，共有点の個数は 0 個

…答

(Ⅱ) $y=x^2-16x+2k$ を平方完成すると，

$$y=(x-8)^2-64+2k$$

(i) 右の図のように，x 軸との共有点が 2 個になるのは（頂点の y 座標）<0 のときであるから，

(8, −64+2k)　x

$-64+2k<0$ つまり，$k<32$

(ii) 右の図のように，x 軸との共有点の個数が 1 個になるのは（頂点の y 座標）$=0$ のときであるから，

(8, −64+2k)　x

$-64+2k=0$ つまり，$k=32$

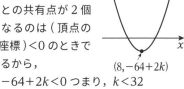

(iii) 右の図のように，x 軸との共有点が 0 個になるのは（頂点の y 座標）>0 のときであるから，

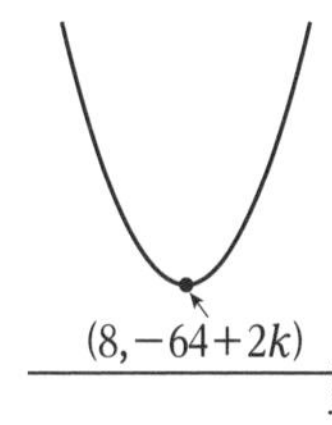

$-64+2k>0$

つまり，$k>32$

以上より，

$$\begin{cases} k<32 \text{ のとき，共有点の個数は 2 個} \\ k=32 \text{ のとき，共有点の個数は 1 個} \\ k>32 \text{ のとき，共有点の個数は 0 個} \end{cases}$$

…答

演習問題 21 p.101

(1) x 軸との共有点の x 座標は，

$x^2-8x+15=0$

$(x-3)(x-5)=0$

$x=3,\ 5$

よって，切り取る線分の長さは，

$5-3=\mathbf{2}$ …答

別解 公式より，

$\dfrac{\sqrt{(-8)^2-4\cdot1\cdot15}}{|1|}=\sqrt{4}=\mathbf{2}$ …答

(2) x 軸との共有点の x 座標は，

$-6x^2+13x-6=0$

$(3x-2)(2x-3)=0$

$x=\dfrac{2}{3},\ \dfrac{3}{2}$

よって，切り取る線分の長さは，

$\dfrac{3}{2}-\dfrac{2}{3}=\mathbf{\dfrac{5}{6}}$ …答

別解 公式より，

$\dfrac{\sqrt{13^2-4\cdot(-6)\cdot(-6)}}{|-6|}=\dfrac{\sqrt{25}}{6}$

$=\mathbf{\dfrac{5}{6}}$ …答

(3) x 軸との共有点の x 座標は，

2 次方程式 $x^2-2x-4=0$ に解の公式を用いて，

$x=\dfrac{-(-2)\pm\sqrt{(-2)^2-4\cdot1\cdot(-4)}}{2}$

$=\dfrac{2\pm\sqrt{20}}{2}$

$=1\pm\sqrt{5}$

よって，切り取る線分の長さは，

$(1+\sqrt{5})-(1-\sqrt{5})=\mathbf{2\sqrt{5}}$ …答

別解 公式より，

$\dfrac{\sqrt{(-2)^2-4\cdot1\cdot(-4)}}{|1|}=\sqrt{20}$

$=\mathbf{2\sqrt{5}}$ …答

演習問題 22 p.102

(1)連立して y を消去すると，

$x^2=-x+2$

$x^2+x-2=0$

$(x+2)(x-1)=0$

$x=-2,\ 1$

これを $y=-x+2$ にそれぞれ代入すると，共有点の座標は，

$\mathbf{(-2,\ 4),\ (1,\ 1)}$ …答

(2)連立して y を消去すると，

$x^2-5x+7=x-2$

$x^2-6x+9=0$

$(x-3)^2=0$

$x=3$

これを $y=x-2$ に代入すると，共有点の座標は，

$\mathbf{(3,\ 1)}$ …答

Point $y=x^2-5x+7$ と $y=x-2$ の接点の座標です。

(3)連立して y を消去すると，

$-x^2+2x=4x-4$

$x^2+2x-4=0$

解の公式を用いると，

$x=\dfrac{-1\pm\sqrt{1^2-1\cdot(-4)}}{1}=-1\pm\sqrt{5}$

これを $y=4x-4$ にそれぞれ代入すると，共有点の座標は，

$\mathbf{(-1+\sqrt{5},\ -8+4\sqrt{5})}$，

$\mathbf{(-1-\sqrt{5},\ -8-4\sqrt{5})}$ …答

演習問題 23 p.104

1

(1)連立して y を消去すると，

$x^2=-x+2$

$x^2+x-2=0$

この方程式の判別式を D とすると，

$D=1^2-4\cdot1\cdot(-2)=9>0$

よって，共有点の個数は **2 個** …答

(2)連立して y を消去すると，

$x^2-5x+7=x-2$

$x^2-6x+9=0$

この方程式の判別式を D とすると，

$\dfrac{D}{4}=(-3)^2-1\cdot 9=0$

よって，共有点の個数は **1 個** …答

(3)連立して y を消去すると，

$-x^2+2x=4x+2$

$x^2+2x+2=0$

この方程式の判別式を D とすると，

$\dfrac{D}{4}=1^2-1\cdot 2=-1<0$

よって，共有点の個数は **0 個** …答

2

(1)連立して y を消去すると，

$-x^2=x+k$

$x^2+x+k=0$

異なる 2 点で交わるとき，この方程式は異なる 2 つの実数解をもつ。つまり，判別式を D とすると，

$D=1^2-4\cdot 1\cdot k>0$

よって，$\boldsymbol{k<\dfrac{1}{4}}$ …答

(2)連立して y を消去すると，

$x^2+2x=-2x+m$

$x^2+4x-m=0$

接するとき，この方程式は重解をもつ。つまり，判別式を D とすると，

$\dfrac{D}{4}=2^2-1\cdot(-m)=0$

よって，$\boldsymbol{m=-4}$ …答

演習問題 24 p.106

$y=ax^2+bx+c=a\left(x+\dfrac{b}{2a}\right)^2-\dfrac{b^2-4ac}{4a}$

である。

(1)放物線は上に凸であるから，$\boldsymbol{a<0}$ …答

(2)頂点の x 座標は負であるから，

$-\dfrac{b}{2a}<0$

(1)より $a<0$ であるから，$\boldsymbol{b<0}$ …答

別解 $x=0$ における接線の方程式は $y=bx+c$ である。図よりその接線の傾きは負であることがわかるから，$\boldsymbol{b<0}$ …答

(3) y 切片は正であるから，$\boldsymbol{c>0}$ …答

(4) x 軸との共有点は $y=0$ としたときで，

$ax^2+bx+c=0$

グラフより，x 軸と異なる 2 つの共有点をもつので，この方程式は異なる 2 つの実数解をもつ。それは，方程式の判別式が正のときであるから，

$\boldsymbol{b^2-4ac>0}$ …答

(5) x 座標が 1 のときの y 座標は，

$a+b+c$

グラフより，この値は負であるから，

$\boldsymbol{a+b+c<0}$ …答

(6) x 座標が -1 のときの y 座標は，

$a-b+c$

グラフより，この値は正であるから，

$\boldsymbol{a-b+c>0}$ …答

第 4 節 2 次不等式

演習問題 25 p.107

1

(1) 2 次関数 $y=x^2-2x-3$ のグラフと x 軸の共有点の x 座標は，

$x^2-2x-3=0$

$(x+1)(x-3)=0$

$x=-1,\ 3$

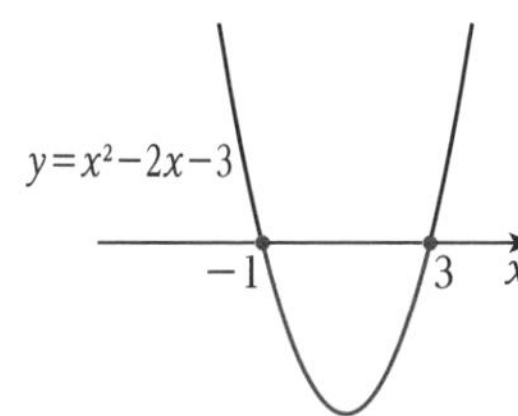

グラフより，y 座標が 0 以下となる x の範囲は，

$-1 \leqq x \leqq 3$ …答

(2) 2 次関数 $y=x^2-x-1$ のグラフと x 軸の共有点の x 座標は，

$$x^2-x-1=0$$

$$x=\frac{1\pm\sqrt{5}}{2}$$ ←解の公式を利用

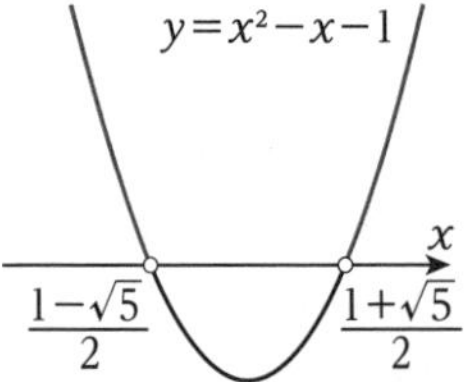

グラフより，y 座標が 0 より大きくなる x の範囲は，

$x<\frac{1-\sqrt{5}}{2}$，$\frac{1+\sqrt{5}}{2}<x$ …答

(3) 2 次関数 $y=-6x^2-5x+6$ のグラフと x 軸の共有点の x 座標は，

$$-6x^2-5x+6=0$$

$$6x^2+5x-6=0$$

$$(3x-2)(2x+3)=0$$

$$x=\frac{2}{3},\ -\frac{3}{2}$$

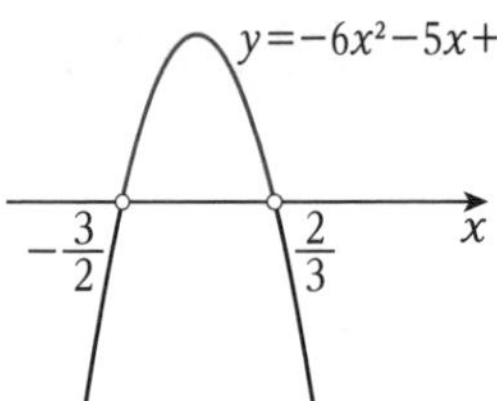

グラフより，y 座標が 0 より大きくなる x の範囲は，

$-\frac{3}{2}<x<\frac{2}{3}$ …答

2

(1) 2 次方程式 $x^2+2x+3=0$ の判別式を D とすると，

$$\frac{D}{4}=1^2-1\cdot3=-2<0$$

となるので，2 次関数 $y=x^2+2x+3$ のグラフと x 軸は共有点をもたない。

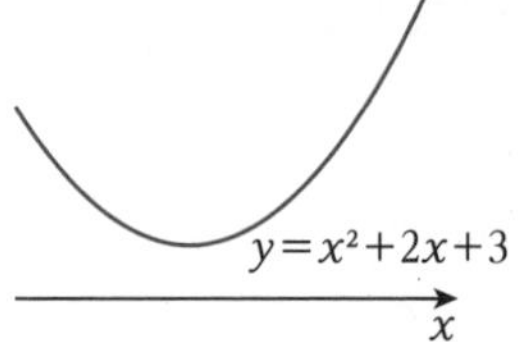

グラフより，y 座標が 0 より大きくなる x の範囲は，

すべての実数 …答

(2) $x^2-6x+9=0$

$$(x-3)^2=0$$

$$x=3$$

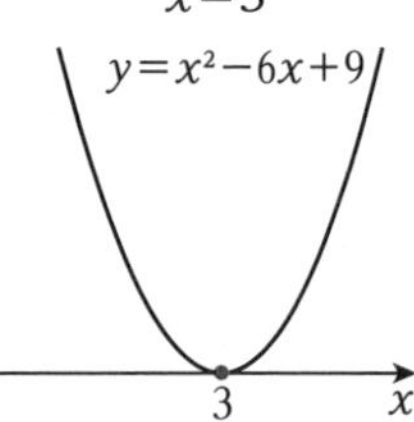

グラフより，y 座標が 0 以下となる x の範囲は，

$x=3$ …答

(3) $4x^2-12x+9=0$

$$(2x-3)^2=0$$

$$x=\frac{3}{2}$$

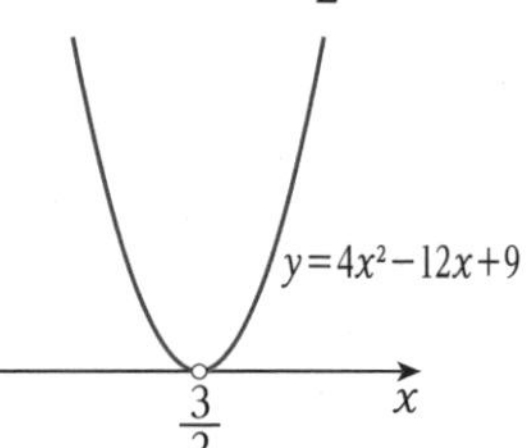

グラフより，y 座標が 0 より大きくなる x の範囲は，

$x=\frac{3}{2}$ 以外のすべての実数 …答

(4) 2 次方程式 $x^2+3x+3=0$ の判別式を D とすると，

$$D=3^2-4\cdot1\cdot3=-3<0$$

となるので，2 次関数 $y=x^2+3x+3$ と

x 軸は共有点をもたない。

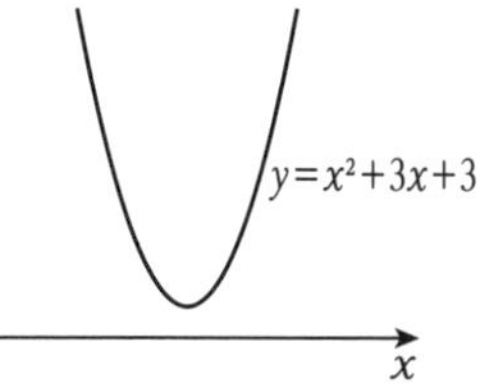

グラフより，y 座標が 0 以下となる x の値はないので，

解なし …答

演習問題 26 p.108

(1)　$x^2+6x+5\geqq 0$

$(x+1)(x+5)\geqq 0$

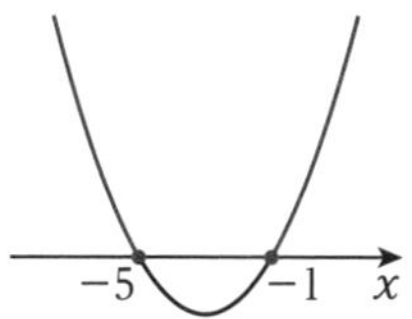

グラフより，

$x\leqq -5$，$-1\leqq x$ ……①

$x^2+2x-3\geqq 0$

$(x-1)(x+3)\geqq 0$

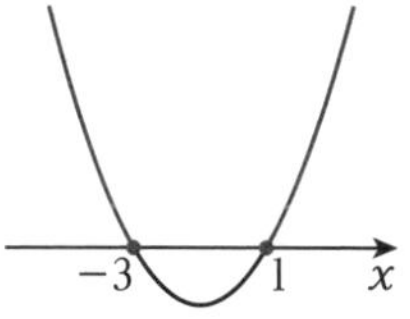

グラフより，

$x\leqq -3$，$1\leqq x$ ……②

①と②の共通部分を考えると，

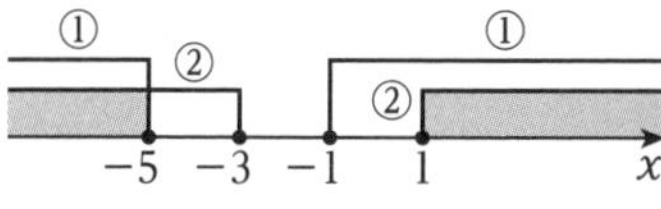

$x\leqq -5$，$1\leqq x$ …答

(2)与式より，

$$\begin{cases} x^2-x-8\leqq x+3 \\ x+3<x^2+1 \end{cases}$$

つまり，

$$\begin{cases} x^2-2x-11\leqq 0 & \cdots\cdots① \\ x^2-x-2>0 & \cdots\cdots② \end{cases}$$

である。

①について $y=x^2-2x-11$ と x 軸との共有点の x 座標を求める。

$x^2-2x-11=0$ に解の公式を用いて，

$$x=\frac{1\pm\sqrt{(-1)^2-1\cdot(-11)}}{1}=1\pm 2\sqrt{3}$$

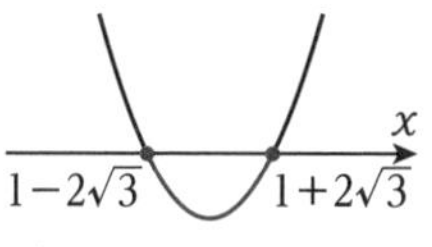

グラフより，

$1-2\sqrt{3}\leqq x\leqq 1+2\sqrt{3}$ ……③

②より，

$(x+1)(x-2)>0$

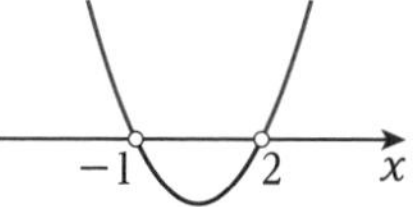

グラフより，

$x<-1$，$2<x$ ……④

③と④の共通部分を考えると，

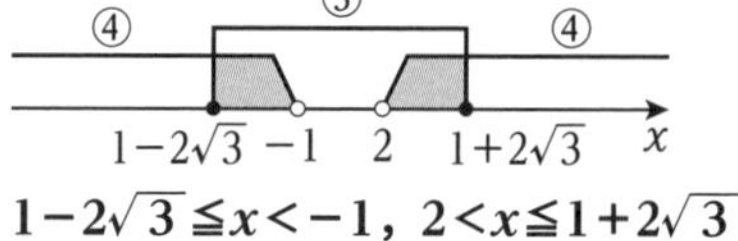

$1-2\sqrt{3}\leqq x<-1$，$2<x\leqq 1+2\sqrt{3}$

…答

演習問題 27 p.110

1

$f(x)=ax^2+(a-3)x+2a$ とおく。

「2 次方程式 $f(x)=0$ の解が -2 より大きい解と -2 より小さい解をもつ」は，

「関数 $y=f(x)$ と x 軸が $x<-2$ と $-2<x$ の範囲に共有点を 1 つずつもつ」と考えます。

$a<0$ であるから，上に凸であることに注意すると条件を満たすグラフは以下の通り。

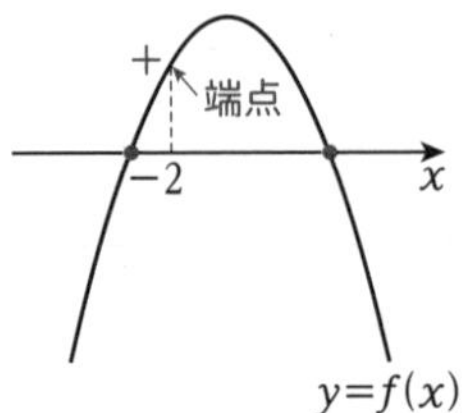

図より，

$f(-2)>0$

$4a+6>0$

$a>-\dfrac{3}{2}$

$a<0$ であるから，

$-\dfrac{3}{2}<a<0$ …答

2

$f(x)=x^2-2(a-1)x+(a-2)^2$ とおく。

「2 次方程式 $f(x)=0$ の 2 つの異なる実数解 α，β が $0<\alpha<1<\beta<2$ を満たす」は，「関数 $y=f(x)$ と x 軸が $0<x<1$ と $1<x<2$ の範囲に共有点を 1 つずつもつ」と考えます。

条件を満たすグラフは以下の通り。

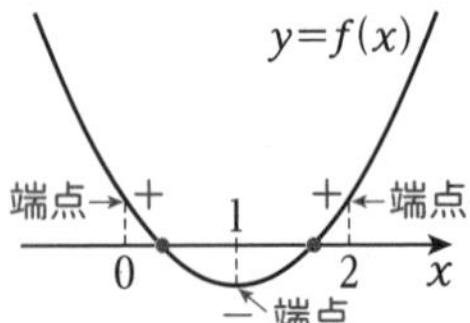

図より，

(i) $f(0)=(a-2)^2>0$

よって，$a \neq 2$（a は 2 以外のすべての実数）……①

(ii) $f(1)=a^2-6a+7<0$

よって，$3-\sqrt{2}<a<3+\sqrt{2}$ ……②

(iii) $f(2)=a^2-8a+12>0$

よって，$a<2$，$6<a$ ……③

①，②，③の共通部分を考えると，

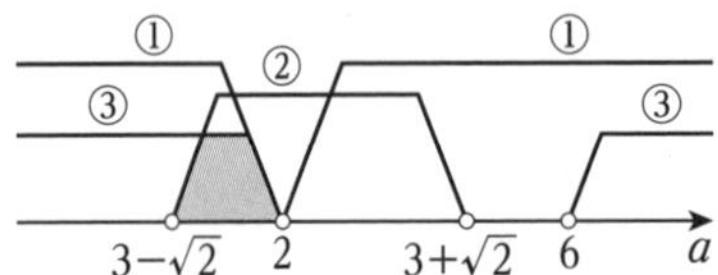

$3-\sqrt{2}<a<2$ …答

演習問題 28 p.112

1

$f(x)=x^2-ax+4$ とおく。

「2 次方程式 $f(x)=0$ の 2 解がともに 1 より大きい」は，

「関数 $y=f(x)$ と x 軸が $1<x$ の範囲にすべての共有点をもつ」と考えます。

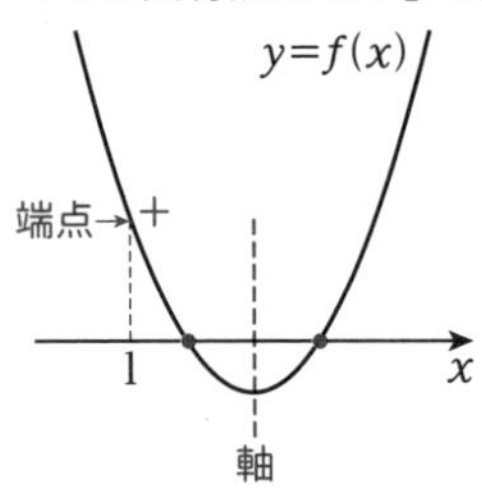

$$f(x)=x^2-ax+4$$
$$=\left(x-\frac{a}{2}\right)^2-\frac{a^2}{4}+4$$

であるから，

(i) $f(1)=1-a+4=5-a>0$

よって，$a<5$ ……①

(ii) (判別式) $=a^2-4\cdot4=a^2-16 \geqq 0$

よって，$a \leqq -4$，$4 \leqq a$ ……②

(iii) (軸) $=\dfrac{a}{2}>1$

よって，$a>2$ ……③

①〜③より，共通部分を考えると，

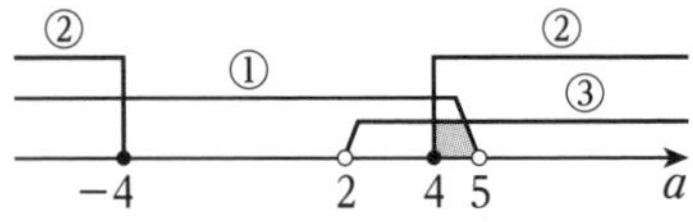

$4 \leqq a<5$ …答

Point 「異なる 2 つの実数解」と書かれているときは重解を除きますが，単に「2 つの実数解」と書かれているときは重解を含みます。
よって，(判別式) $\geqq 0$ となります。

2

$f(x)=x^2+ax+a$ とおく。

「2 次方程式 $f(x)=0$ の異なる 2 解の値が -1 以上 1 以下」は，

「関数 $y=f(x)$ と x 軸が $-1\leqq x\leqq 1$ の範囲に異なる 2 つの共有点をもつ」に等しい。

条件を満たすグラフは以下の通り。

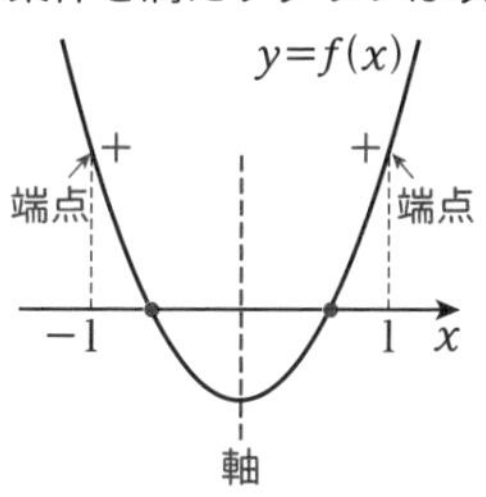

$$f(x)=x^2+ax+a$$
$$=\left(x+\frac{a}{2}\right)^2-\frac{a^2}{4}+a$$

であるから，

(i) $f(-1)=1-a+a=1\geqq 0$

よって，常に成り立つ

$f(1)=1+a+a=2a+1\geqq 0$

よって，$a\geqq -\frac{1}{2}$ ……①

(ii) (判別式) $=a^2-4a>0$

$a(a-4)>0$

よって，$a<0,\ 4<a$ ……②

(iii) $-1<$ (軸) <1

$-1<-\frac{a}{2}<1$

よって，$-2<a<2$ ……③

①～③より，共通部分を考えると，

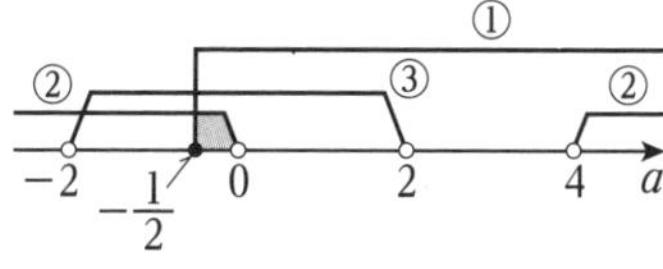

$-\frac{1}{2}\leqq a<0$ …答

第4章 図形と計量

第1節 三角比

演習問題 1 p.116

(1)

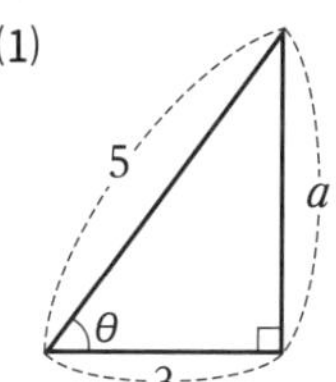

図のように残りの辺の長さを a として，三平方の定理を考えると，

$a^2+3^2=5^2$

$a^2=16$

$a>0$ であるから，$a=4$

よって，$\sin\theta=\frac{4}{5}$,

$\cos\theta=\frac{3}{5}$,

$\tan\theta=\frac{4}{3}$ …答

(2)

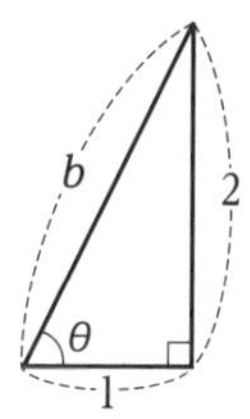

図のように残りの辺の長さを b として，三平方の定理を考えると，

$1^2+2^2=b^2$

$b^2=5$

$b>0$ であるから，$b=\sqrt{5}$

よって，$\sin\theta=\frac{2}{\sqrt{5}}$,

$\cos\theta=\frac{1}{\sqrt{5}}$,

$\tan\theta=\frac{2}{1}=2$ …答

(3)

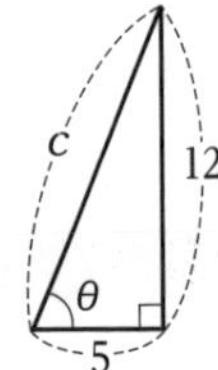

図のように残りの辺の長さを c として，三平方の定理を考えると，

$5^2+12^2=c^2$

$c^2=169$

$c>0$ であるから，$c=13$

よって，

$\sin\theta=\frac{12}{13}$，$\cos\theta=\frac{5}{13}$，$\tan\theta=\frac{12}{5}$ …答

演習問題 2 p.117

1

図より，

$\cos 27°=\frac{l}{5}$

$0.8910=\frac{l}{5}$

$l=4.455$

よって，$l=4.5$ …答

$\sin 27°=\frac{m}{5}$

$0.4540=\frac{m}{5}$

$m=2.27$

よって，$m=2.3$ …答

2

図のように直角三角形を考える。

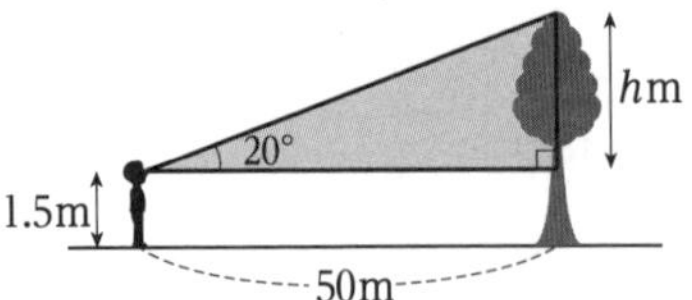

図より，目の高さから木の頂上までの長さを h m とすると，

$0.3640=\frac{h}{50}$

$h=18.2$

木の高さは，

$18.2+1.5=19.7$(m) …答

3

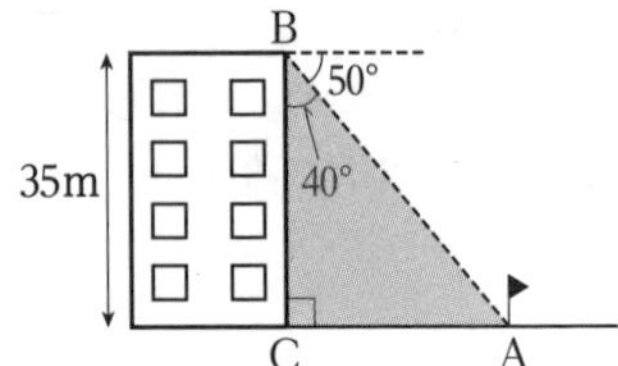

図より，

$\tan 40°=\frac{CA}{35}$

$0.8391=\frac{CA}{35}$

$CA=29.3685$

よって，**29.4 m** …答

演習問題 3 p.120

1

(1)

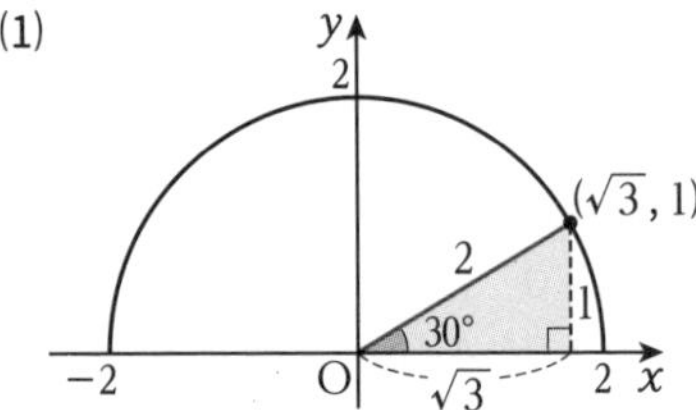

図より，

$\sin 30°=\frac{1}{2}$，$\cos 30°=\frac{\sqrt{3}}{2}$，

$\tan 30°=\frac{1}{\sqrt{3}}$ …答

(2)

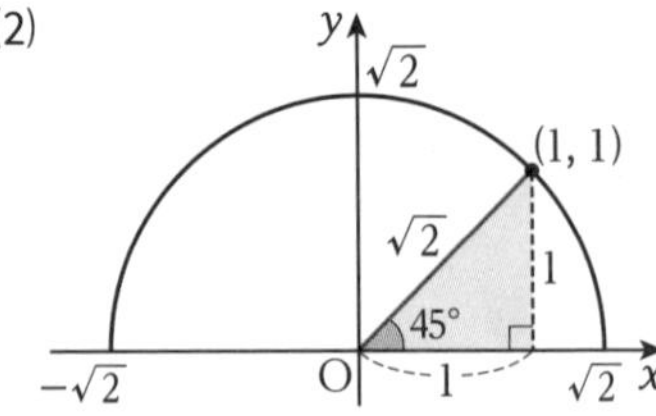

図より，

$\sin 45°=\frac{1}{\sqrt{2}}$，$\cos 45°=\frac{1}{\sqrt{2}}$，

$\tan 45°=1$ …答

(3)

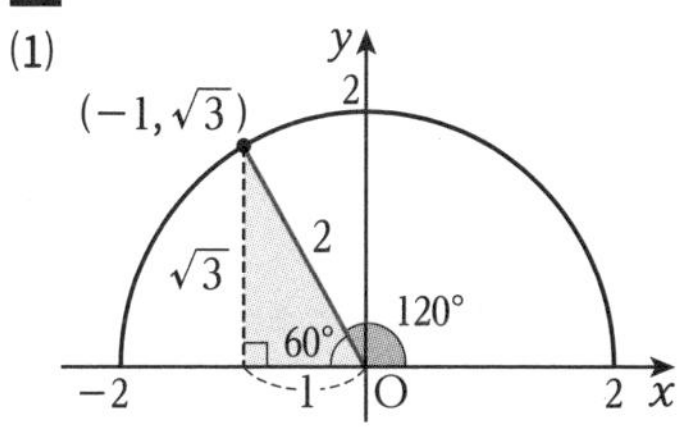

図より，

$$\sin 60^\circ=\frac{\sqrt{3}}{2},\ \cos 60^\circ=\frac{1}{2},$$

$$\tan 60^\circ=\sqrt{3}$$ …答

2

(1)

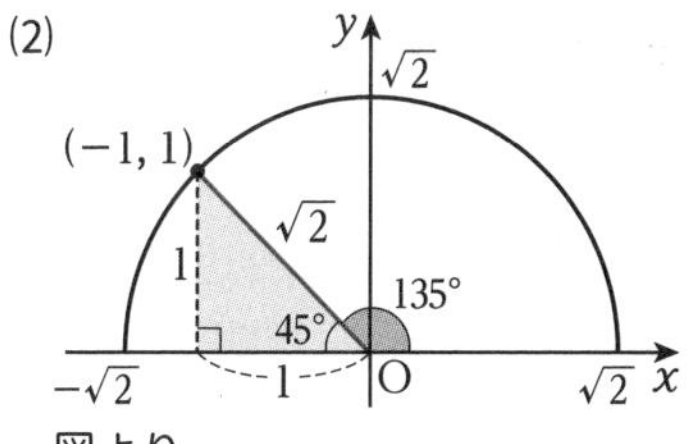

図より，

$$\sin 120^\circ=\frac{\sqrt{3}}{2},\ \cos 120^\circ=-\frac{1}{2},$$

$$\tan 120^\circ=-\sqrt{3}$$ …答

(2)

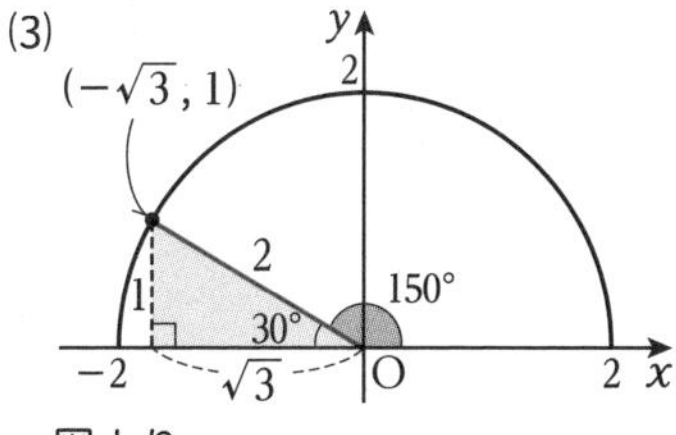

図より，

$$\sin 135^\circ=\frac{1}{\sqrt{2}},\ \cos 135^\circ=-\frac{1}{\sqrt{2}},$$

$$\tan 135^\circ=-1$$ …答

(3)

図より，

$$\sin 150^\circ=\frac{1}{2},\ \cos 150^\circ=-\frac{\sqrt{3}}{2},$$

$$\tan 150^\circ=-\frac{1}{\sqrt{3}}$$ …答

3

Point 三角比の値は，半径に関係なく角の大きさだけで定まるので，0°や90°や180°の場合，半径は適当に r とおいています。

(1)

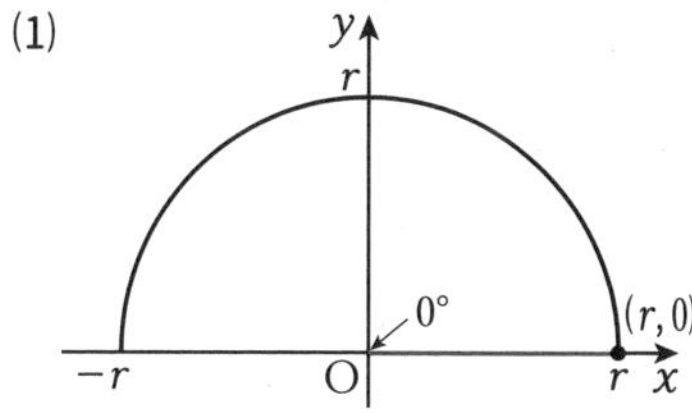

図より，

$$\sin 0^\circ=\frac{0}{r}=0,\ \cos 0^\circ=\frac{r}{r}=1,$$

$$\tan 0^\circ=\frac{0}{r}=0$$ …答

(2)

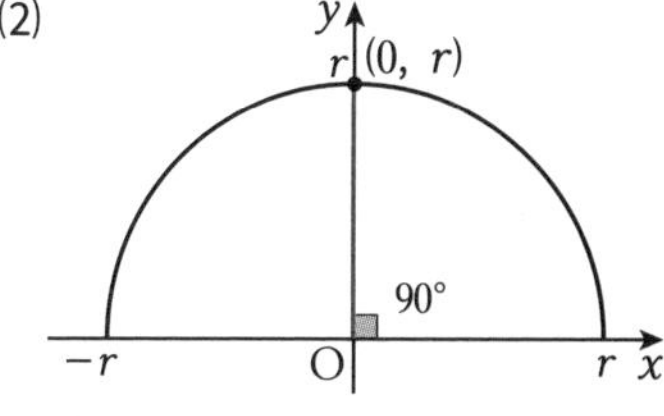

図より，

$$\sin 90^\circ=\frac{r}{r}=1,\ \cos 90^\circ=\frac{0}{r}=0,$$

tan90°は定義できない …答

Point 90°のとき x 座標は 0 であるから，$\tan 90^\circ=\dfrac{y\text{座標}}{x\text{座標}}$ は定義できない。

(3)

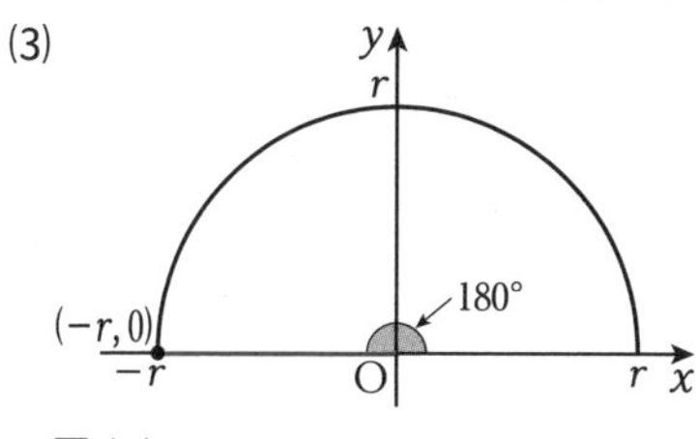

図より，

$$\sin 180^\circ=\frac{0}{r}=0,\ \cos 180^\circ=\frac{-r}{r}=-1,$$

$$\tan 180^\circ=\frac{0}{-r}=0$$ …答

4

(1) $\cos\theta=\dfrac{1}{2}$ より，半径 2，x 座標 1 となる点をとり，直角三角形をかくと，

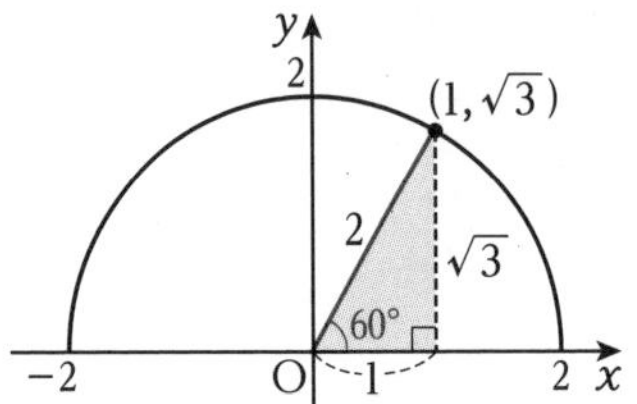

図より，$\boldsymbol{\theta=60°}$ …答

(2) $2\cos\theta+1=0$

$$\cos\theta=\frac{-1}{2}$$

よって，半径 2，x 座標-1 となる点をとり，直角三角形をかくと，

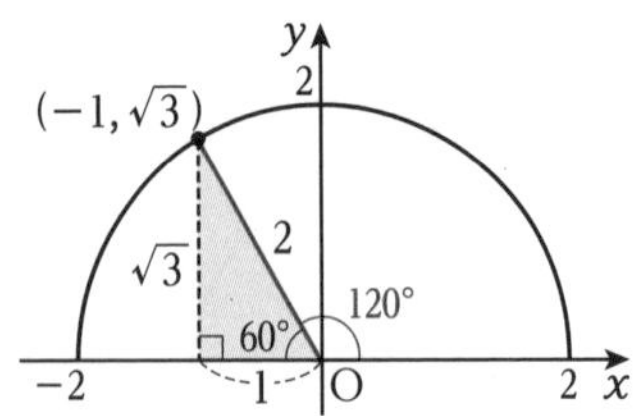

図より，$\boldsymbol{\theta=120°}$ …答

(3) $\sin\theta=\dfrac{1}{2}$ より，半径 2，y 座標 1 となる点をとり，直角三角形をかくと，

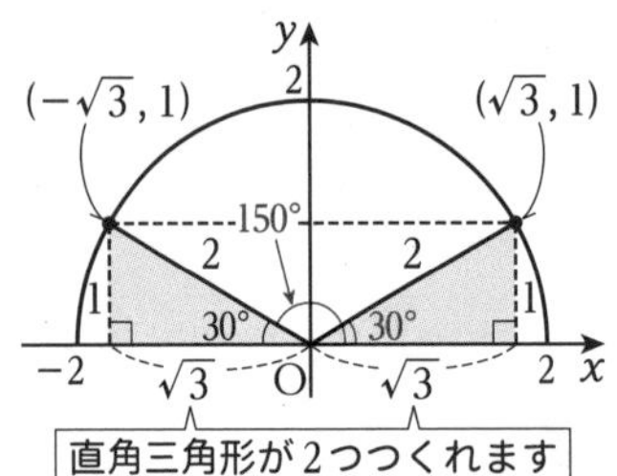

図より，$\boldsymbol{\theta=30°, 150°}$ …答

(4) $\sqrt{2}\sin\theta-1=0$

$$\sin\theta=\frac{1}{\sqrt{2}}$$

よって，半径$\sqrt{2}$，y 座標 1 となる点をとり，直角三角形をかくと，

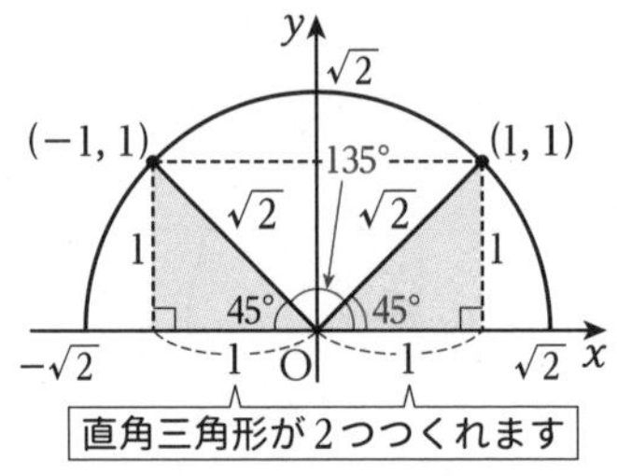

図より，$\boldsymbol{\theta=45°, 135°}$ …答

(5) $\tan\theta=-\sqrt{3}=\dfrac{\sqrt{3}}{-1}$

よって，x 座標-1，y 座標$\sqrt{3}$ となる点をとり，直角三角形をかくと，

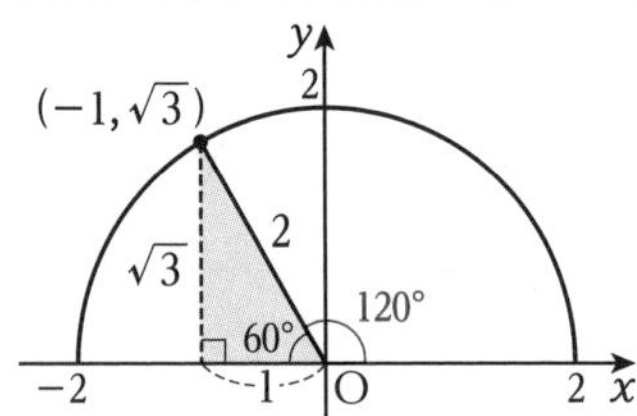

図より，$\boldsymbol{\theta=120°}$ …答

演習問題 4 p.123

1

Point $\sin\theta$，$\cos\theta$，$\tan\theta$ のどれか 1 つの値がわかれば，相互関係の公式を使って，他の 2 つの値も求めることができます。

(1) $\sin^2\theta+\cos^2\theta=1$ より，

$$\sin^2\theta=1-\cos^2\theta=1-\left(\frac{2}{3}\right)^2=\frac{5}{9}$$

$0°\leqq\theta\leqq180°$より，$\sin\theta\geqq0$ であるから，

$\boldsymbol{\sin\theta=\dfrac{\sqrt{5}}{3}}$ …答

また，

$$\tan\theta=\frac{\sin\theta}{\cos\theta}=\frac{\frac{\sqrt{5}}{3}}{\frac{2}{3}}$$

$$=\boldsymbol{\frac{\sqrt{5}}{2}}$$ …答

(2) $\cos^2\theta+\sin^2\theta=1$ より，

$$\cos^2\theta=1-\sin^2\theta=1-\left(\frac{1}{3}\right)^2=\frac{8}{9}$$

$90°\leqq\theta\leqq180°$ より，$\cos\theta\leqq0$ であるから，$\boldsymbol{\cos\theta=-\frac{2\sqrt{2}}{3}}$ …**答**

また，

$$\tan\theta=\frac{\sin\theta}{\cos\theta}=\frac{\frac{1}{3}}{-\frac{2\sqrt{2}}{3}}$$

$$=-\frac{1}{2\sqrt{2}}\ \cdots\text{答}$$

(3) $0°\leqq\theta\leqq180°$より，$\sin\theta\geqq0$

$\tan\theta=\frac{\sin\theta}{\cos\theta}$ で，$\tan\theta=-3<0$ より，$\cos\theta<0$

$$\frac{1}{\cos^2\theta}=1+\tan^2\theta$$
$$=1+(-3)^2$$
$$=10$$

$$\cos\theta=-\frac{1}{\sqrt{10}}\ \cdots\text{答}$$

また，$\tan\theta=\frac{\sin\theta}{\cos\theta}$ より，

$$\sin\theta=\tan\theta\cdot\cos\theta$$
$$=-3\cdot\left(-\frac{1}{\sqrt{10}}\right)$$
$$=\frac{3}{\sqrt{10}}\ \cdots\text{答}$$

2

(1) $0°\leqq\theta\leqq180°$，$\cos\theta=\frac{2}{3}$ より，

$\sqrt{3^2-2^2}=\sqrt{5}$ であるから，以下の図のようになる。

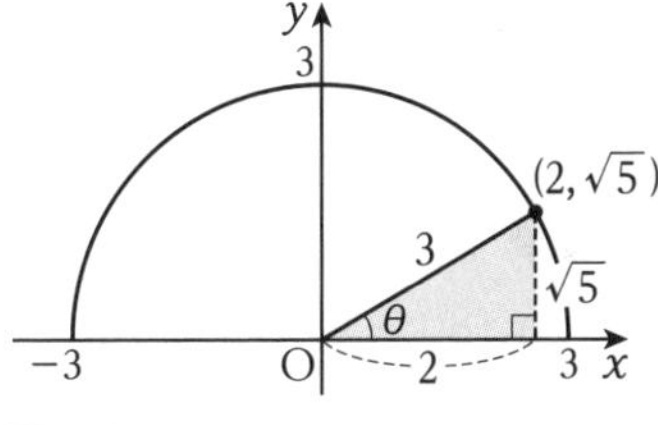

図より，

$$\sin\theta=\frac{\sqrt{5}}{3},\ \tan\theta=\frac{\sqrt{5}}{2}\ \cdots\text{答}$$

(2) $90°\leqq\theta\leqq180°$，$\sin\theta=\frac{1}{3}$ より，

$\sqrt{3^2-1^2}=2\sqrt{2}$ であるから，以下の図のようになる。

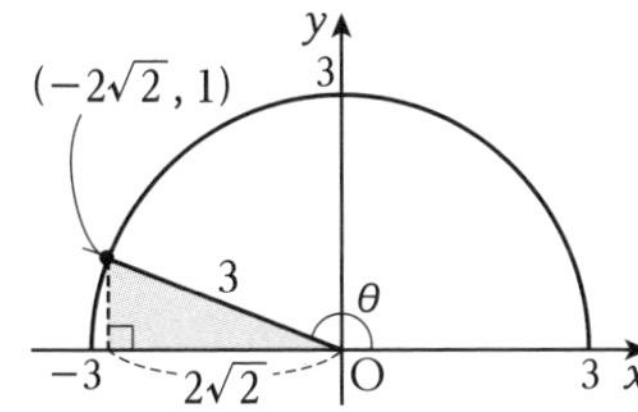

図より，

$$\cos\theta=-\frac{2\sqrt{2}}{3},\ \tan\theta=-\frac{1}{2\sqrt{2}}\ \cdots\text{答}$$

(3) $0°\leqq\theta\leqq180°$，$\tan\theta=-3=\frac{3}{-1}$ より，

$\sqrt{3^2+1^2}=\sqrt{10}$ であるから，以下の図のようになる。

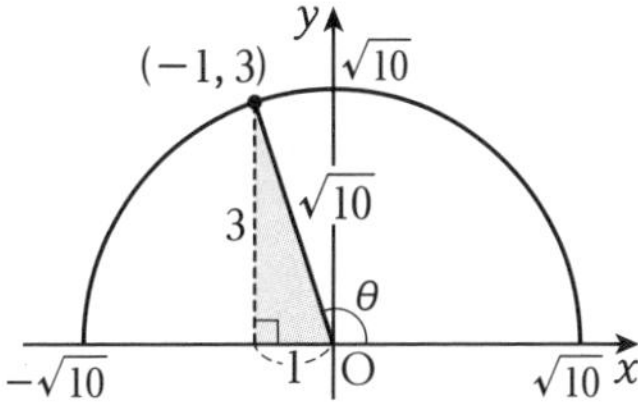

図より，

$$\cos\theta=-\frac{1}{\sqrt{10}},\ \sin\theta=\frac{3}{\sqrt{10}}\ \cdots\text{答}$$

3

(1) (左辺) $=(\sin\theta+\cos\theta)^2+(\sin\theta-\cos\theta)^2$

$$=\sin^2\theta+2\sin\theta\cos\theta+\cos^2\theta$$
$$+\sin^2\theta-2\sin\theta\cos\theta+\cos^2\theta$$
$$=2(\sin^2\theta+\cos^2\theta)$$

↓ $\sin^2\theta+\cos^2\theta=1$

$$=2\cdot1$$
$$=2=(\text{右辺})$$

よって，(左辺)＝(右辺)が示された。

〔証明終わり〕

(2) (左辺) $=\tan\theta+\frac{1}{\tan\theta}$

$$=\frac{\sin\theta}{\cos\theta}+\frac{\cos\theta}{\sin\theta}$$

（$\tan\theta=\frac{\sin\theta}{\cos\theta}$）

$$=\frac{\sin^2\theta+\cos^2\theta}{\sin\theta\cos\theta}$$
$$=\frac{1}{\sin\theta\cos\theta}=(\text{右辺})$$

よって，(左辺)＝(右辺)が示された。

〔証明終わり〕

(3) (左辺) $=(1-\tan^4\theta)\cos^2\theta+\tan^2\theta$

$=(1+\tan^2\theta)(1-\tan^2\theta)\cos^2\theta+\tan^2\theta$

↓ $1+\tan^2\theta=\dfrac{1}{\cos^2\theta}$

$=\dfrac{1}{\cos^2\theta}(1-\tan^2\theta)\cos^2\theta+\tan^2\theta$

$=(1-\tan^2\theta)+\tan^2\theta$

$=1=$(右辺)

よって，(左辺)＝(右辺)が示された。

〔証明終わり〕

別解 (左辺)

$=(1-\tan^4\theta)\cos^2\theta+\tan^2\theta$

↓ $\tan\theta=\dfrac{\sin\theta}{\cos\theta}$

$=\left(1-\dfrac{\sin^4\theta}{\cos^4\theta}\right)\cos^2\theta+\dfrac{\sin^2\theta}{\cos^2\theta}$

$=\left(\cos^2\theta-\dfrac{\sin^4\theta}{\cos^2\theta}\right)+\dfrac{\sin^2\theta}{\cos^2\theta}$

$=\dfrac{\cos^4\theta-\sin^4\theta+\sin^2\theta}{\cos^2\theta}$

$=\dfrac{(\cos^2\theta+\sin^2\theta)(\cos^2\theta-\sin^2\theta)+\sin^2\theta}{\cos^2\theta}$

↓ $\sin^2\theta+\cos^2\theta=1$

$=\dfrac{1\cdot(\cos^2\theta-\sin^2\theta)+\sin^2\theta}{\cos^2\theta}$

$=\dfrac{\cos^2\theta}{\cos^2\theta}=1=$(右辺)

よって，(左辺)＝(右辺)が示された。

〔証明終わり〕

演習問題 5 p.124

(1) $\sin\theta+\cos\theta=\dfrac{1}{\sqrt{2}}$ の両辺を2乗すると，

$(\sin\theta+\cos\theta)^2=\dfrac{1}{2}$

$\sin^2\theta+\cos^2\theta+2\sin\theta\cos\theta=\dfrac{1}{2}$

↓ $\sin^2\theta+\cos^2\theta=1$

$1+2\sin\theta\cos\theta=\dfrac{1}{2}$

$\sin\theta\cos\theta=\boldsymbol{-\dfrac{1}{4}}$ …答

(2) $(\sin\theta-\cos\theta)^2$

$=\sin^2\theta+\cos^2\theta-2\sin\theta\cos\theta$

↓ $\sin^2\theta+\cos^2\theta=1$

$=1-2\sin\theta\cos\theta$

$=1-2\cdot\left(-\dfrac{1}{4}\right)$

$=\dfrac{3}{2}$

ここで，$90°\leqq\theta\leqq180°$より，

$\sin\theta\geqq0$，$\cos\theta\leqq0$

よって，$\sin\theta-\cos\theta\geqq0$ だから，

$\sin\theta-\cos\theta=\sqrt{\dfrac{3}{2}}=\boldsymbol{\dfrac{\sqrt{6}}{2}}$ …答

(3) $\tan\theta+\dfrac{1}{\tan\theta}=\dfrac{\sin\theta}{\cos\theta}+\dfrac{\cos\theta}{\sin\theta}$

$=\dfrac{\sin^2\theta+\cos^2\theta}{\cos\theta\sin\theta}$ 　$\sin^2\theta+\cos^2\theta=1$

$=\dfrac{1}{\left(-\dfrac{1}{4}\right)}$

$=\boldsymbol{-4}$ …答

演習問題 6 p.125

(1) $\sin20°-\cos70°$

$=\sin20°-\cos(90°-20°)$ 　$\cos(90°-\theta)=\sin\theta$

$=\sin20°-\sin20°$

$=\boldsymbol{0}$ …答

(2) **Point** $27°+63°=90°$であることに気がつきましたか？

$\sin27°\cos63°+\cos27°\sin63°$

$=\sin(90°-63°)\cos63°$

$+\cos(90°-63°)\sin63°$

↓ $\sin(90°-\theta)=\cos\theta$，$\cos(90°-\theta)=\sin\theta$

$=\cos63°\cos63°+\sin63°\sin63°$

$=\cos^2 63°+\sin^2 63°$ 　$\sin^2\theta+\cos^2\theta=1$

$=\boldsymbol{1}$ …答

演習問題 7 p.126

$\sin170°=\sin(180°-10°)$ 　$\sin(180°-\theta)=\sin\theta$

$=\sin10°$

$\cos100°=\cos(180°-80°)$ 　$\cos(180°-\theta)=-\cos\theta$

$=-\cos80°$

$=-\cos(90°-10°)$ 　$\cos(90°-\theta)=\sin\theta$

$=-\sin10°$

$\cos 160^\circ = \cos(180^\circ - 20^\circ)$ ← $\cos(180^\circ - \theta) = -\cos\theta$
$= -\cos 20^\circ$

$\sin 110^\circ = \sin(180^\circ - 70^\circ)$ ← $\sin(180^\circ - \theta) = \sin\theta$
$= \sin 70^\circ$
$= \sin(90^\circ - 20^\circ)$ ← $\sin(90^\circ - \theta) = \cos\theta$
$= \cos 20^\circ$

以上を与式に代入すると，

$\sin 10^\circ + (-\sin 10^\circ) + (-\cos 20^\circ) + \cos 20^\circ$
$= \mathbf{0}$ …答

演習問題 8 p.127

(1) $\sin 110^\circ = \sin(90^\circ + 20^\circ)$ ← $\sin(90^\circ + \theta) = \cos\theta$
$= \mathbf{\cos 20^\circ}$ …答

別解 $\sin 110^\circ = \sin(180^\circ - 70^\circ)$
$= \sin 70^\circ$
$= \sin(90^\circ - 20^\circ)$
$= \mathbf{\cos 20^\circ}$ …答

Point 別解 のように，$90^\circ + \theta$ の三角比は無理して覚えなくても $90^\circ - \theta$ と $180^\circ - \theta$ の三角比で計算できます。ただし，ちょっと計算量は増えます。

(2) $\cos 100^\circ = \cos(90^\circ + 10^\circ)$ ← $\cos(90^\circ + \theta) = -\sin\theta$
$= \mathbf{-\sin 10^\circ}$ …答

別解 $\cos 100^\circ = \cos(180^\circ - 80^\circ)$
$= -\cos 80^\circ$
$= -\cos(90^\circ - 10^\circ)$
$= \mathbf{-\sin 10^\circ}$ …答

(3) $\tan 130^\circ = \tan(90^\circ + 40^\circ)$ ← $\tan(90^\circ + \theta) = -\dfrac{1}{\tan\theta}$
$= \mathbf{-\dfrac{1}{\tan 40^\circ}}$ …答

別解 数学IIで学習する内容を利用する。

$\tan(90^\circ - \theta) = \dfrac{1}{\tan\theta}$ は θ が負の角でも成り立つので，

$\tan 130^\circ = \tan\{90^\circ - (-40^\circ)\}$
$= \dfrac{1}{\tan(-40^\circ)}$ ← $\tan(-\theta) = -\tan\theta$
$= \mathbf{-\dfrac{1}{\tan 40^\circ}}$ …答

演習問題 9 p.128

1

(1) $\sqrt{2}\cos\theta + 1 = 0$

$\cos\theta = \dfrac{-1}{\sqrt{2}}$

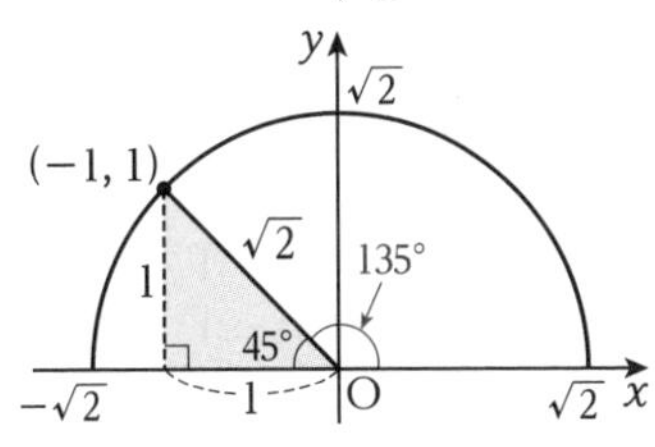

図より，$\cos\theta = \dfrac{-1}{\sqrt{2}}$ となるとき，

$\boldsymbol{\theta = 135^\circ}$ …答

(2) $-2\sin\theta + 1 = 0$

$\sin\theta = \dfrac{1}{2}$

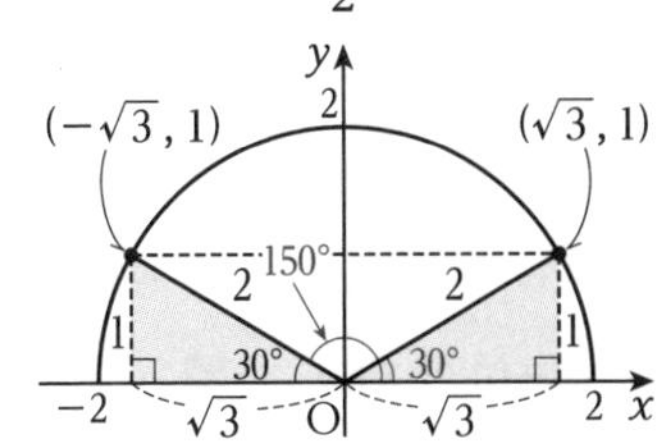

図より，$\sin\theta = \dfrac{1}{2}$ となるとき，

$\boldsymbol{\theta = 30^\circ, 150^\circ}$ …答

(3) $3\tan\theta - \sqrt{3} = 0$

$\tan\theta = \dfrac{\sqrt{3}}{3}$
$= \dfrac{1}{\sqrt{3}}$

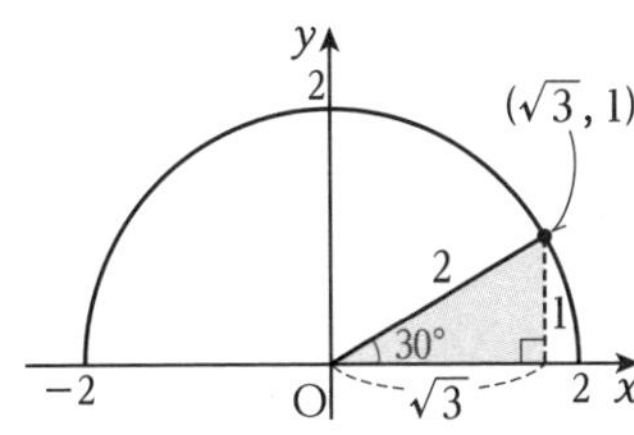

図より，$\tan\theta = \dfrac{1}{\sqrt{3}}$ となるとき，

$\boldsymbol{\theta = 30^\circ}$ …答

第1章 数と式 第2章 集合と命題 第3章 2次関数 第4章 図形と計量 第5章 データの分析 第6章 場合の数と確率 第7章 図形の性質 第8章 数学と人間の活動

2

Point sin，cos が混じった式では，どちらか一方に統一して因数分解することを考えます。

(1)
$$2\sin^2\theta-\cos\theta-1=0$$
$$2(1-\cos^2\theta)-\cos\theta-1=0$$
$$-2\cos^2\theta-\cos\theta+1=0$$
$$2\cos^2\theta+\cos\theta-1=0$$
$$(2\cos\theta-1)(\cos\theta+1)=0$$
$$\cos\theta=\frac{1}{2},\ -1$$

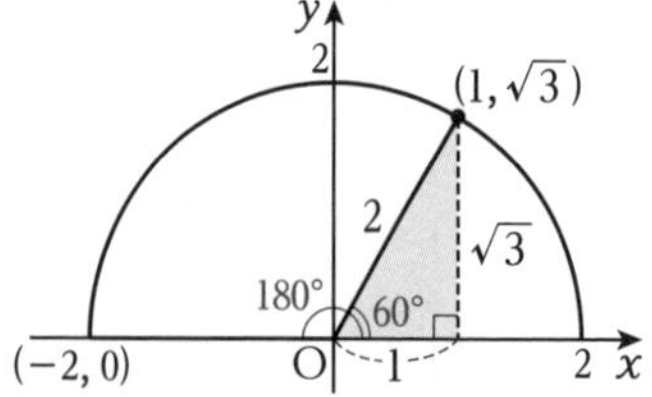

図より，$\cos\theta=\frac{1}{2}$ となるとき，$\theta=60°$

$\cos\theta=-1=\frac{-2}{2}$ となるとき，$\theta=180°$

よって，$\boldsymbol{\theta=60°,\ 180°}$ …答

(2)
$$2\cos^2\theta+3\sin\theta-3=0$$
$$2(1-\sin^2\theta)+3\sin\theta-3=0$$
$$-2\sin^2\theta+3\sin\theta-1=0$$
$$2\sin^2\theta-3\sin\theta+1=0$$
$$(2\sin\theta-1)(\sin\theta-1)=0$$
$$\sin\theta=\frac{1}{2},\ 1$$

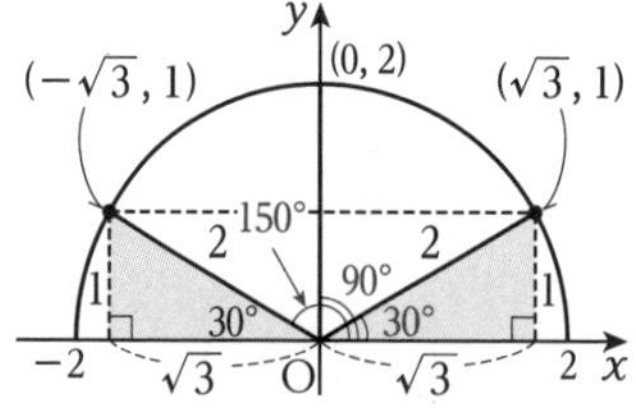

図より，$\sin\theta=\frac{1}{2}$ となるとき，

$\theta=30°,\ 150°$

$\sin\theta=1=\frac{2}{2}$ となるとき，$\theta=90°$

よって，$\boldsymbol{\theta=30°,\ 90°,\ 150°}$ …答

3

Point $0\leqq\sin\theta\leqq1$，$-1\leqq\cos\theta\leqq1$ である点に注意します。

(1)
$$3\cos\theta-2\sin^2\theta=0$$
$$3\cos\theta-2(1-\cos^2\theta)=0$$
$$2\cos^2\theta+3\cos\theta-2=0$$
$$(2\cos\theta-1)(\cos\theta+2)=0$$

$0°\leqq\theta\leqq180°$ より，$-1\leqq\cos\theta\leqq1$ であるから，

$$\cos\theta=\frac{1}{2}$$

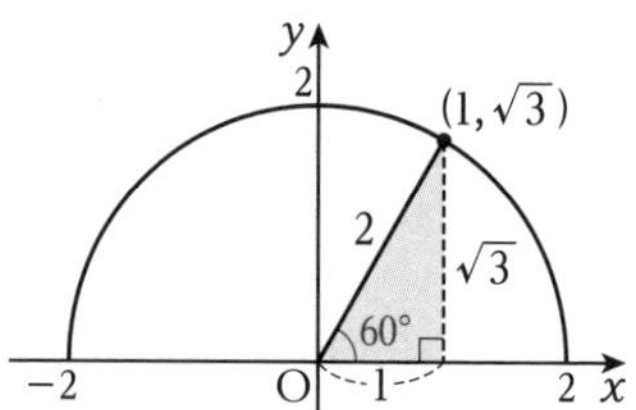

図より，$\cos\theta=\frac{1}{2}$ となるとき，

$\boldsymbol{\theta=60°}$ …答

(2)

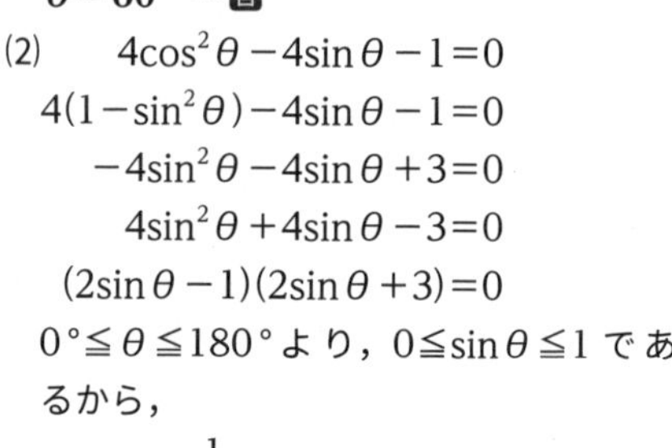

$$4\cos^2\theta-4\sin\theta-1=0$$
$$4(1-\sin^2\theta)-4\sin\theta-1=0$$
$$-4\sin^2\theta-4\sin\theta+3=0$$
$$4\sin^2\theta+4\sin\theta-3=0$$
$$(2\sin\theta-1)(2\sin\theta+3)=0$$

$0°\leqq\theta\leqq180°$ より，$0\leqq\sin\theta\leqq1$ であるから，

$$\sin\theta=\frac{1}{2}$$

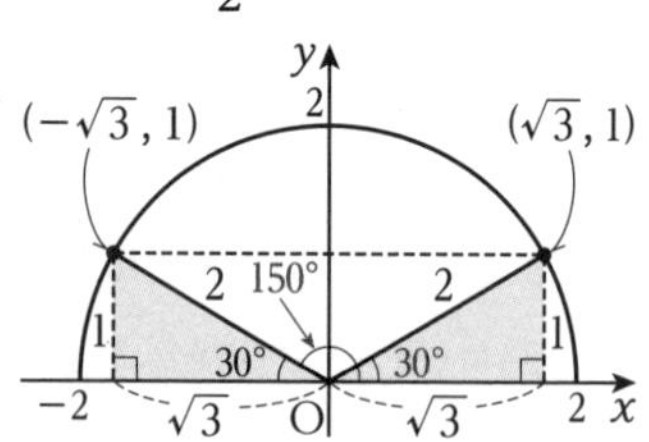

図より，$\sin\theta=\frac{1}{2}$ となるとき，

$\boldsymbol{\theta=30°,\ 150°}$ …答

演習問題 10 p.129

Point $\tan\theta$ の角 θ とは，x 軸の正の向きから反時計回りに回転した角のことです。

$y=-x+1$ と x 軸の正の向きとのなす角を α とすると，直線の傾きが -1 であるから，

$\tan\alpha=-1$

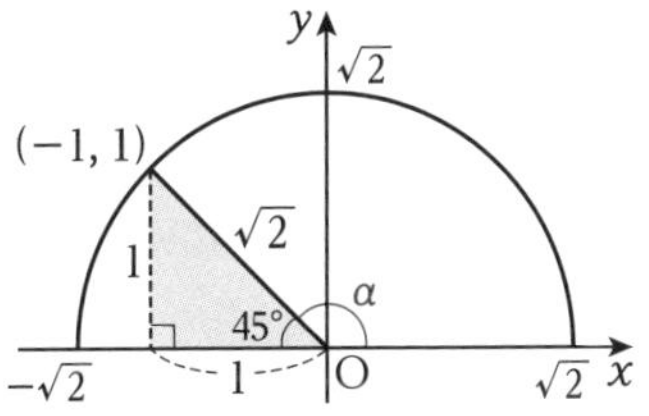

図より，$\alpha=135°$

$y=\sqrt{3}x-1$ と x 軸の正の向きとのなす角を β とすると，直線の傾きが $\sqrt{3}$ であるから，

$\tan\beta=\sqrt{3}$

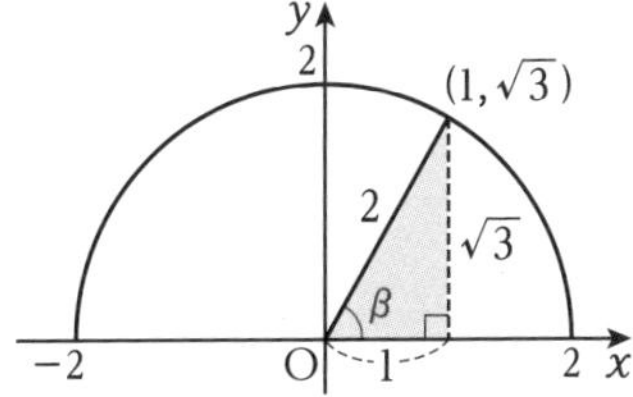

図より，$\beta=60°$

角度は下の図のようになるので，

$\theta=135°-60°=$ **75°** …答

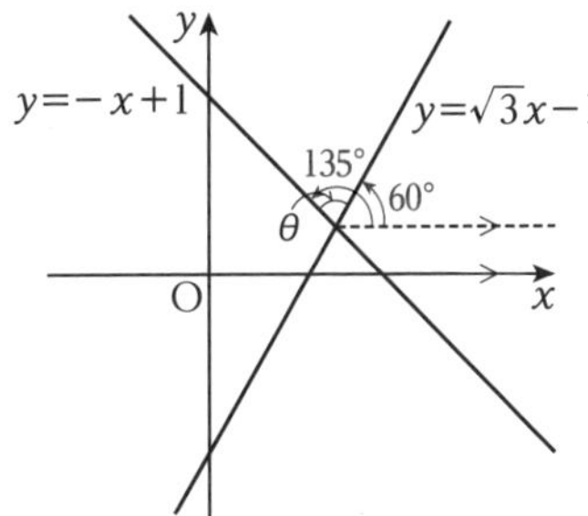

演習問題 11 p.131

(1) $\sqrt{2}\cos\theta+1>0$

$$\cos\theta>-\frac{1}{\sqrt{2}}=\frac{-1}{\sqrt{2}}$$

$\cos\theta=\dfrac{-1}{\sqrt{2}}$ を満たす θ は，図より，

$\theta=135°$

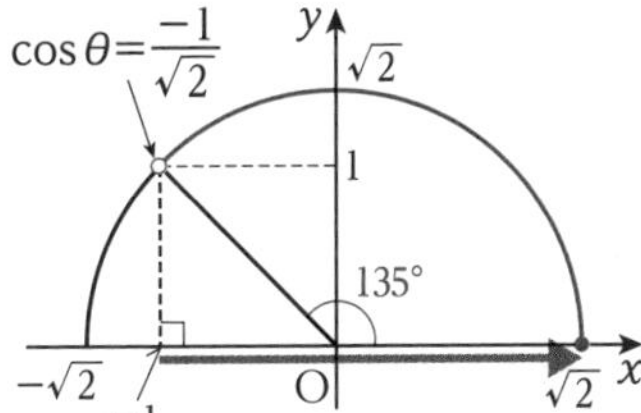

$\cos\theta>\dfrac{-1}{\sqrt{2}}$ とは，x 座標が -1 より大きくなる θ の範囲なので，

$0°\leqq\theta<135°$ …答

(2) $2\sin\theta-1\leqq0$

$$\sin\theta\leqq\frac{1}{2}$$

$\sin\theta=\dfrac{1}{2}$ を満たす θ は，

図より，$\theta=30°,\ 150°$

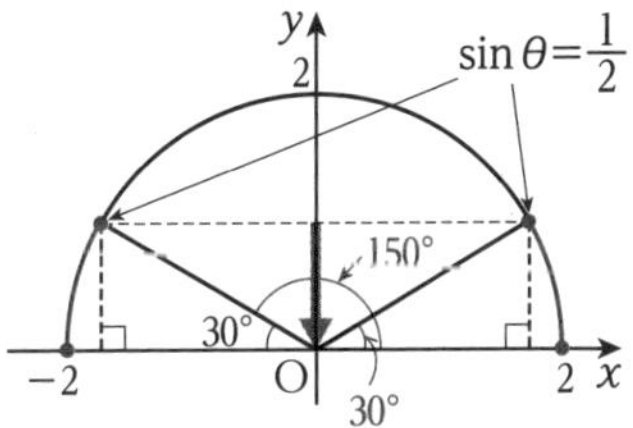

$\sin\theta\leqq\dfrac{1}{2}$ とは，y 座標が 1 以下になる θ の範囲なので，

$0°\leqq\theta\leqq30°,\ 150°\leqq\theta\leqq180°$ …答

(3) $\tan\theta+\sqrt{3}<0$

$$\tan\theta<-\sqrt{3}=\frac{\sqrt{3}}{-1}$$

$\tan\theta=\dfrac{\sqrt{3}}{-1}$ を満たす θ は，

図より，$\theta=120°$

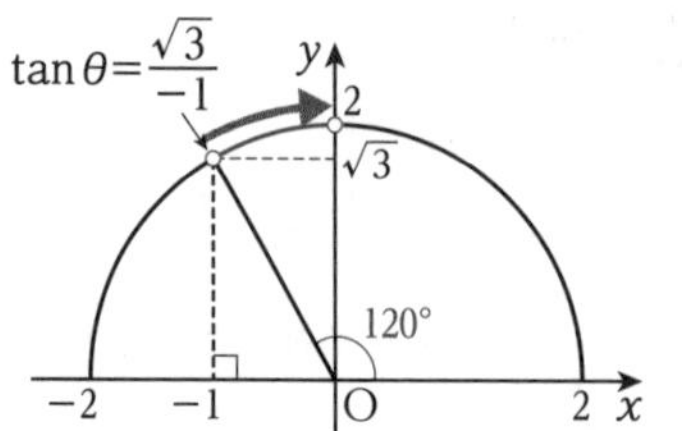

$\tan\theta<-\sqrt{3}$ とは，傾きが$-\sqrt{3}$ より小さくなるθの範囲なので，時計回りの角を考えると，

$90°<\theta<120°$ …答

演習問題 12 p.132

(1) $\sin\theta=t$ とおくと，

$$
\begin{aligned}
y&=-2t^2-4t+1\\
&=-2(t^2+2t)+1\\
&=-2\{(t+1)^2-1\}+1\\
&=-2(t+1)^2+3
\end{aligned}
$$

よって，この 2 次関数は頂点の座標が$(-1,\ 3)$，上に凸の放物線である。

$0°\leqq\theta\leqq180°$より，$0\leqq\sin\theta\leqq1$

つまり，$0\leqq t\leqq1$ であることに注意するとグラフは以下のようになる。

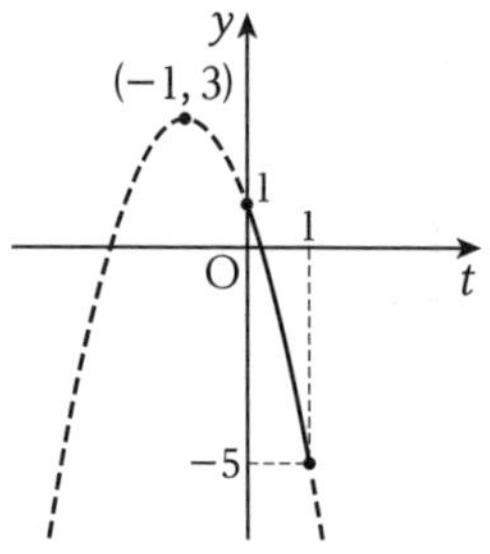

よって，$t=0$ のとき最大値 1 をとる。

$t=0$ つまり $\sin\theta=0$ であるから，

$\theta=0°,\ 180°$

$t=1$ のとき最小値-5 をとる。

$t=1$ つまり $\sin\theta=1$ であるから，

$\theta=90°$

よって，**$\theta=0°,\ 180°$で最大値 1，**

$\theta=90°$で最小値-5 …答

(2) $\cos^2\theta+\sin^2\theta=1$ から，

$\sin^2\theta=1-\cos^2\theta$を代入すると，

$$
\begin{aligned}
y&=-\sin^2\theta-\cos\theta+3\\
&=-(1-\cos^2\theta)-\cos\theta+3\\
&=\cos^2\theta-\cos\theta+2
\end{aligned}
$$

$\cos\theta=t$ とおくと，

$$
\begin{aligned}
y&=t^2-t+2\\
&=\left(t-\frac{1}{2}\right)^2-\left(\frac{1}{2}\right)^2+2\\
&=\left(t-\frac{1}{2}\right)^2+\frac{7}{4}
\end{aligned}
$$

よって，この 2 次関数のグラフは頂点の座標が$\left(\frac{1}{2},\ \frac{7}{4}\right)$，下に凸の放物線である。

$0°\leqq\theta\leqq180°$より，$-1\leqq\cos\theta\leqq1$

つまり，$-1\leqq t\leqq1$ であることに注意するとグラフは以下のようになる。

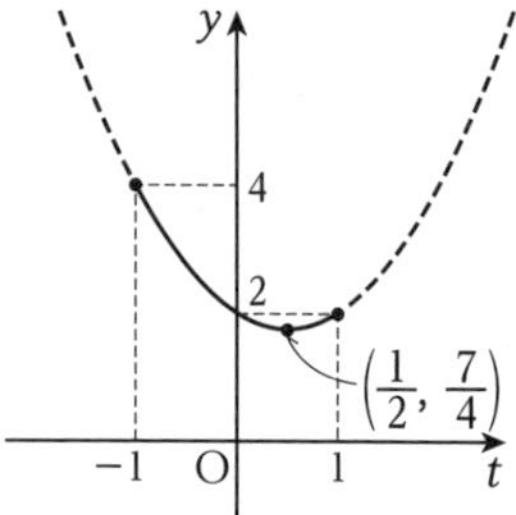

よって，$t=-1$ のとき最大値 4 をとる。

$t=-1$ つまり $\cos\theta=-1$ であるから，

$\theta=180°$

$t=\frac{1}{2}$ のとき最小値 $\frac{7}{4}$ をとる。

$t=\frac{1}{2}$ つまり $\cos\theta=\frac{1}{2}$ であるから，

$\theta=60°$

よって，**$\theta=180°$で最大値 4，**

$\theta=60°$で最小値 $\frac{7}{4}$ …答

第2節 正弦定理・余弦定理

演習問題 13 p.134

1

Point 正弦定理の計算では，まず分母を払うことを考えると計算ミスが減ります。

(1)まず，c を求める。正弦定理を用いると，

$$\frac{c}{\sin 30^\circ}=\frac{8}{\sin 45^\circ}$$
$$c\cdot\sin 45^\circ=8\cdot\sin 30^\circ$$ 分母を払う
$$c\cdot\frac{1}{\sqrt{2}}=8\cdot\frac{1}{2}$$
$$\boldsymbol{c}=8\cdot\frac{1}{2}\cdot\sqrt{2}$$
$$=\boldsymbol{4\sqrt{2}}\ \cdots 答$$

次に，R を求める。正弦定理を用いると，

$$\frac{8}{\sin 45^\circ}=2R$$
$$8=2R\cdot\sin 45^\circ$$ 分母を払う
$$=2R\cdot\frac{1}{\sqrt{2}}$$
$$=\sqrt{2}R$$
$$\boldsymbol{R}=\frac{8}{\sqrt{2}}$$
$$=\boldsymbol{4\sqrt{2}}\ \cdots 答$$

(2)正弦定理を用いると，

$$\frac{2}{\sin C}=\frac{\sqrt{2}}{\sin 30^\circ}$$
$$\sqrt{2}\cdot\sin C=2\cdot\sin 30^\circ$$ 分母を払う
$$\sin C=2\cdot\frac{1}{2}\cdot\frac{1}{\sqrt{2}}$$
$$=\frac{1}{\sqrt{2}}$$

これを満たす C は，$C=45^\circ$，135°

$B+C<180^\circ$より，ともに適するので，

$\boldsymbol{C=45^\circ}$，$\boldsymbol{135^\circ}$ …答

2

(1)三角形の内角の和は 180°であるから，

$$A+B+C=180^\circ$$
$$A+70^\circ+50^\circ=180^\circ$$
$$A=60^\circ$$

正弦定理を用いると，

$$\frac{8}{\sin 60^\circ}=2R$$
$$8=2R\cdot\sin 60^\circ$$ 分母を払う
$$=2R\cdot\frac{\sqrt{3}}{2}$$
$$=\sqrt{3}R$$
$$\boldsymbol{R=\frac{8}{\sqrt{3}}\left(=\frac{8\sqrt{3}}{3}\right)}\ \cdots 答$$

(2)正弦定理を用いると，

$$\frac{2\sqrt{3}}{\sin A}=2\cdot 2$$
$$2\sqrt{3}=4\sin A$$ 分母を払う
$$\sin A=\frac{\sqrt{3}}{2}$$

よって，$\boldsymbol{A=60^\circ}$，$\boldsymbol{120^\circ}$ …答

演習問題 14 p.136

(1)余弦定理を用いると，

$$c^2=3^2+(2\sqrt{3})^2-2\cdot 3\cdot 2\sqrt{3}\cdot\cos 30^\circ$$
$$=21-12\sqrt{3}\cdot\frac{\sqrt{3}}{2}$$
$$=3$$

$c>0$ であるから，$\boldsymbol{c=\sqrt{3}}$ …答

(2)余弦定理を用いると，

$$(\sqrt{5})^2=(\sqrt{2})^2+1^2-2\cdot\sqrt{2}\cdot 1\cdot\cos A$$
$$5=3-2\sqrt{2}\cos A$$
$$\cos A=-\frac{1}{\sqrt{2}}$$

よって，$\boldsymbol{A=135^\circ}$ …答

(3)余弦定理を用いると，

$$2^2=(\sqrt{2})^2+c^2-2\cdot\sqrt{2}\cdot c\cdot\cos 45^\circ$$
$$4=2+c^2-2c$$

よって，$c^2-2c-2=0$

解の公式より，$c=1\pm\sqrt{3}$

$c>0$ であるから，

$\boldsymbol{c=1+\sqrt{3}}$ …答

演習問題 15 p.137

3 辺を a，b，c として，最大辺を a としたとき，三角形が鈍角三角形であるための条件は，

$b^2+c^2-a^2<0$

のときである。それぞれを計算すると，

ア $3^2+4^2-5^2=0$

イ $3^2+5^2-6^2=-2<0$

ウ $4^2+5^2-6^2=5>0$

エ $4^2+5^2-8^2=-23<0$

オ $5^2+6^2-7^2=12>0$

鈍角三角形となるのは，**イ，エ** …答

演習問題 16 p.138

(1)正弦定理を用いる。外接円の半径を R とすると，

$$\frac{a}{\sin A}=\frac{b}{\sin B}=\frac{c}{\sin C}=2R$$

これより，

$$\sin A=\frac{a}{2R},\ \sin B=\frac{b}{2R},\ \sin C=\frac{c}{2R}$$

これらを与えられた等式に代入すると，

$$a\cdot\frac{a}{2R}+b\cdot\frac{b}{2R}=c\cdot\frac{c}{2R}$$

$$a^2+b^2=c^2$$ ←三平方の定理

よって，△ABC は

$C=90°$の直角三角形 …答

(2)余弦定理を用いると，

$$a^2=b^2+c^2-2bc\cos A$$

$$\cos A=\frac{b^2+c^2-a^2}{2bc}$$

また，

$$b^2=c^2+a^2-2ca\cos B$$

$$\cos B=\frac{c^2+a^2-b^2}{2ca}$$

これらを与えられた等式に代入すると，

$$\frac{a}{\left(\frac{b^2+c^2-a^2}{2bc}\right)}=\frac{b}{\left(\frac{c^2+a^2-b^2}{2ca}\right)}$$

$$\frac{2abc}{b^2+c^2-a^2}=\frac{2abc}{c^2+a^2-b^2}$$

$$b^2+c^2-a^2=c^2+a^2-b^2$$

$$a^2=b^2$$

$a>0$，$b>0$ であるから，$a=b$

よって，△ABC は

$a=b$ の二等辺三角形 …答

第3節 図形の計量

演習問題 17 p.139

(1)面積の公式より，

$$S=\frac{1}{2}\cdot12\cdot15\cdot\sin30°$$

$$=90\cdot\frac{1}{2}$$

$$=\mathbf{45}$$ …答

(2)まず，余弦定理を用いると，

$$2^2=4^2+3^2-2\cdot4\cdot3\cdot\cos A$$

$$\cos A=\frac{4^2+3^2-2^2}{2\cdot4\cdot3}=\frac{7}{8}$$

次に，$\sin^2A+\cos^2A=1$ であるから，

$$\sin^2A=1-\cos^2A=1-\left(\frac{7}{8}\right)^2$$

$$=\frac{15}{64}$$

$0°<A<180°$より $\sin A>0$ であるから，

$$\sin A=\sqrt{\frac{15}{64}}=\frac{\sqrt{15}}{8}$$

面積の公式より，

$$S=\frac{1}{2}\cdot3\cdot4\cdot\sin A$$

$$=6\cdot\frac{\sqrt{15}}{8}$$

$$=\mathbf{\frac{3\sqrt{15}}{4}}$$ …答

演習問題 18 p.140

(1)余弦定理を用いると，

$$7^2=5^2+3^2-2\cdot5\cdot3\cdot\cos A$$

$$\cos A=\frac{5^2+3^2-7^2}{2\cdot5\cdot3}=-\frac{1}{2}$$

よって，∠A の大きさは **120°** …答

(2)面積の公式より，

$$S=\frac{1}{2}\cdot3\cdot5\cdot\sin120°$$

$$=\frac{1}{2}\cdot3\cdot5\cdot\frac{\sqrt{3}}{2}$$

$$=\mathbf{\frac{15\sqrt{3}}{4}}$$ …答

(3)内接円の半径を用いた三角形の面積の公式より，

$$S=\frac{1}{2}r(7+5+3)$$

$$\frac{15\sqrt{3}}{4}=\frac{15}{2}r$$

(2)の結果を利用

$$r=\frac{\sqrt{3}}{2}$$ …答

演習問題 19 p.142

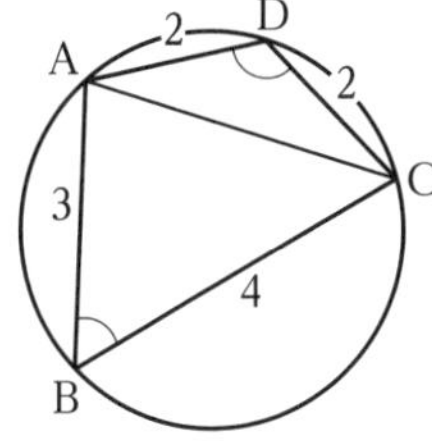

(1)四角形 ABCD は円に内接しているので,

$B+D=180°$

$D=180°-B$

△ABC に余弦定理を用いると,

$AC^2=3^2+4^2-2\cdot3\cdot4\cdot\cos B$

$=25-24\cos B$ ……①

△ACD に余弦定理を用いると,

$AC^2=2^2+2^2-2\cdot2\cdot2\cdot\cos D$

$=8-8\cos D$

$=8-8\cos(180°-B)$

$=8+8\cos B$ ……②

$\cos(180°-\theta)=-\cos\theta$

①, ②より,

$25-24\cos B=8+8\cos B$

$\cos B=\frac{17}{32}$ …答

(2)(1)で求めた $\cos B$ の値を②に代入すると,

$AC^2=8+8\cdot\frac{17}{32}$

$=\frac{49}{4}$

$AC>0$ であるから, $AC=\frac{7}{2}$ …答

(3) $\sin^2B+\cos^2B=1$ であるから, (1)の結果を用いると,

$\sin^2B=1-\cos^2B$

$=1-\left(\frac{17}{32}\right)^2$

$=\left(1+\frac{17}{32}\right)\cdot\left(1-\frac{17}{32}\right)$

$a^2-b^2=(a+b)(a-b)$

$=\frac{49}{32}\cdot\frac{15}{32}$

$\sin B>0$ であるから, $\sin B=\frac{7\sqrt{15}}{32}$

これを用いると,

$S=\triangle ABC+\triangle ACD$

$=\frac{1}{2}\cdot3\cdot4\cdot\sin B+\frac{1}{2}\cdot2\cdot2\cdot\sin(180°-B)$

↓ $\sin(180°-\theta)=\sin\theta$

$=\frac{1}{2}\cdot3\cdot4\cdot\sin B+\frac{1}{2}\cdot2\cdot2\cdot\sin B$

$=6\sin B+2\sin B$

$=8\sin B$

$=8\cdot\frac{7\sqrt{15}}{32}$

$=\frac{7\sqrt{15}}{4}$ …答

演習問題 20 p.143

(1)

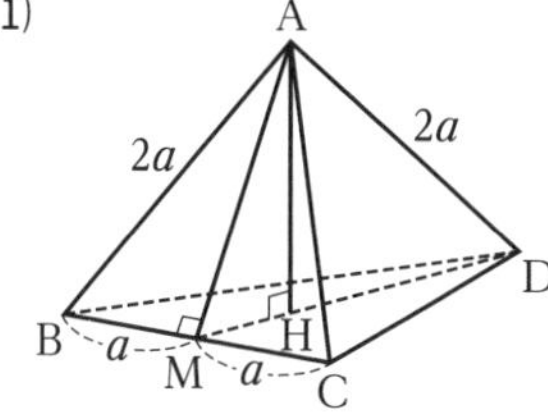

△ABM は 90°, 60°, 30°の直角三角形であるから,

$AM=\sqrt{3}a$

同様にして $MD=\sqrt{3}a$

以上より, △AMD に余弦定理を用いると,

$AD^2=AM^2+MD^2-2\cdot AM\cdot MD\cdot\cos\angle AMD$

$(2a)^2=(\sqrt{3}a)^2+(\sqrt{3}a)^2-2\cdot\sqrt{3}a\cdot\sqrt{3}a\cdot\cos\angle AMD$

よって, $\cos\angle AMD=\frac{1}{3}$ …答

(2) **Point** 三角比を用いることで, 1 辺の長さから他の辺の長さを求めることができます。

A から下ろした垂線と△BCD の交点をHとして，垂線 AH の長さを求める。
$\sin\angle AMH>0$ より，

$$\sin\angle AMH=\sqrt{1-\cos^2\angle AMH}$$
$$=\sqrt{1-\cos^2\angle AMD}$$
$$=\sqrt{1-\left(\frac{1}{3}\right)^2}$$
$$=\sqrt{\frac{8}{9}}=\frac{2\sqrt{2}}{3}$$

これより，

$$\sin\angle AMH=\frac{AH}{AM}$$
$$AH=AM\cdot\sin\angle AMH$$
$$=\sqrt{3}a\cdot\frac{2\sqrt{2}}{3}$$
$$=\boldsymbol{\frac{2\sqrt{6}}{3}a}\ \cdots 答$$

別解 △AMH に正弦定理を用いると，

$\dfrac{AH}{\sin\angle AMH}=\dfrac{AM}{\sin 90°}$ より，

$$AH=AM\cdot\sin\angle AMH$$
$$=\boldsymbol{\frac{2\sqrt{6}}{3}a}\ \cdots 答$$

演習問題 21 p.144

△PAB において内角の和は 180°であるから，
$\angle BPA+65°+70°=180°$ より，
$\angle BPA=45°$
正弦定理を用いると，

$$\frac{BP}{\sin 65°}=\frac{200}{\sin 45°}$$
$$BP\cdot\sin 45°=200\cdot\sin 65°$$
$$\frac{1}{\sqrt{2}}BP=200\times 0.91$$
$$BP=200\times 0.91\times 1.41=\mathbf{256.62(m)}\ \cdots 答$$

第5章 データの分析

第1節 代表値とデータの散らばり

演習問題 1 p.147

階級（点）	階級値（点）	度数（人）	累積度数（人）	相対度数	累積相対度数
65 以上 70 未満	**67.5**	1	**1**	**0.1**	**0.1**
70 以上 75 未満	**72.5**	2	**3**	**0.2**	**0.3**
75 以上 80 未満	**77.5**	4	**7**	**0.4**	**0.7**
80 以上 85 未満	**82.5**	1	**8**	**0.1**	**0.8**
85 以上 90 未満	**87.5**	2	**10**	**0.2**	**1.0**

演習問題 2 p.148

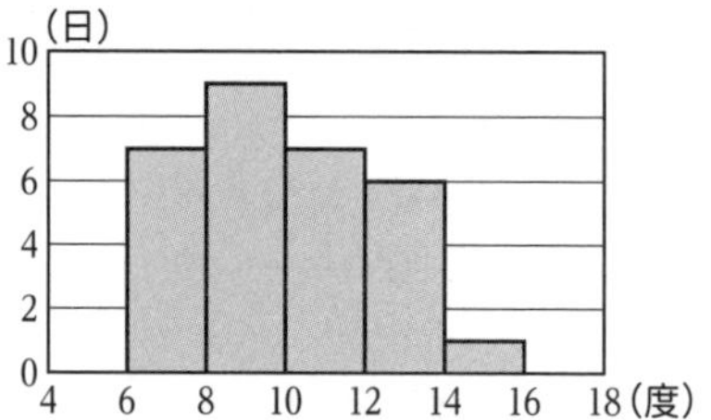

演習問題 3 p.149

(1) A 組の合計点は，
$3+6+4+7+1+3+6+2+3+3$
$=38$(点)
よって，A 組の平均値は，

$$\frac{38}{10}=\mathbf{3.8(点)}\ \cdots 答$$

(2) B 組の合計点は，
$20\times 4.1=82$(点)
よって，A 組と B 組 2 クラスの合計点は，
$38+82=120$(点)
以上より，A 組と B 組を合わせた 30 人の平均値は，

$$\frac{120}{10+20}=\mathbf{4(点)}\ \cdots 答$$

演習問題 4 p.151

(1)表から，人数の合計は，

$0+0+2+4+5+a+b+2+3+4+3$
$=23+a+b$(人)
これが30に等しいので，
$23+a+b=30$
$a+b=\mathbf{7}$ …答

(2)中央値は小さいほうから15番目と16番目の平均値である。
中央値が5.5点ということは，小さいほうから15番目が5点，16番目が6点ということである。0点から4点までの人数が
$2+4+5=11$(人)
であるから，5点の人数 a は $15-11=4$ である。(1)より，このとき $b=7-4=3$ である。
よって，$(\boldsymbol{a},\ \boldsymbol{b})=(\mathbf{4},\ \mathbf{3})$ …答

(3)中央値が6点ということは，小さいほうから15番目が6点，16番目が6点ということである。
0点から4点までの人数が11人であるから，5点の人数 a は $14-11=3$ 以下である。
(1)より，$a+b=7$ であるから，
$(\boldsymbol{a},\ \boldsymbol{b})=(\mathbf{3},\ \mathbf{4}),\ (\mathbf{2},\ \mathbf{5}),\ (\mathbf{1},\ \mathbf{6}),\ (\mathbf{0},\ \mathbf{7})$
…答

演習問題 5 p.152

(1)演習問題4の(1)より，$a+b=7$
a，b で考えられる値は0から7までの整数であるから，最頻値として考えられる値は，
4(点)，5(点)，6(点) …答

(2)6点が最頻値ということは，b が5以上ということである。よって，
$(\boldsymbol{a},\ \boldsymbol{b})=(\mathbf{2},\ \mathbf{5}),\ (\mathbf{1},\ \mathbf{6}),\ (\mathbf{0},\ \mathbf{7})$ …答

Point 最頻値は1つとは限らないことに注意しよう。

演習問題 6 p.153

(1) **Aのデータについて，**
第1四分位数 $Q_1=\dfrac{3+4}{2}=3.5$(点)
第3四分位数 $Q_3=\dfrac{9+9}{2}=9$(点)
以上より，**四分位範囲は，**
$Q_3-Q_1=\mathbf{5.5}$**(点)** …答
四分位偏差は，
$\dfrac{Q_3-Q_1}{2}=\mathbf{2.75}$**(点)** …答
Bのデータについて，
第1四分位数 $Q_1=\dfrac{5+5}{2}=5$(点)
第3四分位数 $Q_3=\dfrac{7+8}{2}=7.5$(点)
以上より，**四分位範囲は，**
$Q_3-Q_1=\mathbf{2.5}$**(点)** …答
四分位偏差は，
$\dfrac{Q_3-Q_1}{2}=\mathbf{1.25}$**(点)** …答

(2)(1)の四分位範囲の値はBのほうが小さいことから，
Bのほうがデータの散らばりの度合いが小さいといえる …答

演習問題 7 p.154

データを小さい順に並べると，
3，4，5，6，7，7，8，10，11，12，13，15，16，18
である。よって，
第1四分位数 $Q_1=\mathbf{6}$**(トン)** …答
第2四分位数 $Q_2=\dfrac{8+10}{2}=\mathbf{9}$**(トン)** …答
第3四分位数 $Q_3=\mathbf{13}$**(トン)** …答
また，最小値は3トン，最大値は18トンであるから，箱ひげ図は以下の通り。

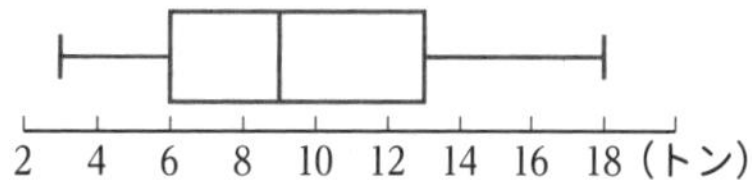

演習問題 8 p.156

通学時間を x，その平均値を $\overline{x}$ とすると，

$$\overline{x}=\frac{30+20+35+15+25}{5}=25$$

これより，各数値を表にまとめると以下のようになる。

						合計	平均
x	30	20	35	15	25	125	25
$x-\overline{x}$	5	−5	10	−10	0	0	0
$(x-\overline{x})^2$	25	25	100	100	0	250	50

分散は偏差平方 $(x-\overline{x})^2$ の平均値であるから，上の表より，

50 …答

標準偏差は分散の正の平方根なので，

$\sqrt{50}=5\sqrt{2}=$**7.05(分)** …答

第2節 データの相関

演習問題 9 p.158

アは生徒Hの点がなく，イは生徒Gの点がないので正しい散布図は**ウ** …答

演習問題 10 p.160

まず，理科の点数を x，社会の点数を y とする。理科の平均値 $\overline{x}$ は，

$$\frac{41+35+45+43+41+38+42+43+39+33}{10}$$

$=40$(点)

社会の平均値 $\overline{y}$ は，

$$\frac{45+39+49+42+40+34+46+44+45+36}{10}$$

$=42$(点)

これより，各数値を表にまとめると以下のようになる。

生徒	A	B	C	D	E	F	G	H	I	J	合計
$x-\overline{x}$	1	−5	5	3	1	−2	2	3	−1	−7	0
$y-\overline{y}$	3	−3	7	0	−2	−8	4	2	3	−6	0
$(x-\overline{x})(y-\overline{y})$	3	15	35	0	−2	16	8	6	−3	42	120
$(x-\overline{x})^2$	1	25	25	9	1	4	4	9	1	49	128
$(y-\overline{y})^2$	9	9	49	0	4	64	16	4	9	36	200

共分散 s_{xy} は $(x-\overline{x})(y-\overline{y})$ の平均値であるから，

$$s_{xy}=\frac{120}{10}=12$$

分散 $s_x{}^2$，$s_y{}^2$ は偏差平方の平均値であるから，

$$s_x{}^2=\frac{128}{10}=12.8,\quad s_y{}^2=\frac{200}{10}=20$$

以上より，相関係数は

$$\frac{s_{xy}}{s_x\times s_y}=\frac{12}{\sqrt{12.8}\times\sqrt{20}}=\frac{12}{\sqrt{256}}$$

$$=\frac{12}{16}=\frac{3}{4}$$

$=$**0.75** …答

演習問題 11 p.161

(1)散布図より，強い正の相関関係があることがわかる。よって**エ** …答

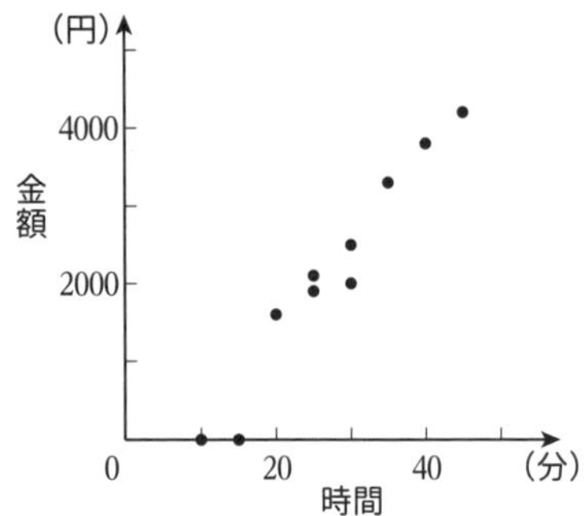

(2)散布図から，

滞在時間が増えると購入金額も増える傾向があるといえる。 …答

第3節 仮説検定の考え方

演習問題 12 p.164

仮説を「効果を感じたという回答も，効果を感じなかったという回答も，全くの偶然で起こる$\left(\frac{1}{2}\right.$ の確率で起こる$\left.\right)$」とする。

例題 1 のコイン投げの表を利用する。17回以下となる度数は，

$1+2+3=6$(セット)
よって，相対度数は，

$$\frac{6}{400}=0.015$$

これは，基準となる相対度数 0.05 を下回っているので，「めったに起こらないことが」起きたと判断できる。
よって，仮説は正しくないことが示される。
以上より，**「このサプリメントは多くの人が効果を感じない」という主張は正しいと判断できる** …答

第6章 場合の数と確率

第1節 場合の数

演習問題 1 p.166

(1) 3 個のさいころの目を $\{a, b, c\}$ で表す。目の小さいものから順に $a \leqq b \leqq c$ となるように考えると，
$\{1, 3, 6\}$, $\{1, 4, 5\}$
$\{2, 2, 6\}$, $\{2, 3, 5\}$, $\{2, 4, 4\}$
$\{3, 3, 4\}$
以上 **6 通り** …答

Point さいころは区別できないので，$\{1, 3, 6\}$, $\{3, 1, 6\}$ などは同じ場合と考えます。

(2)大小 2 個のさいころの目を表に表し，和が 4 の倍数となるものに●印をつけると以下の通りになる。

	大きいさいころの目					
小さいさいころの目	1	2	3	4	5	6
1			●			
2		●				●
3	●				●	
4				●		
5			●			
6		●				●

表より，目の和が 4 の倍数となるものは，
9 通り …答

(3) Point 途中経過を考えるので，樹形図に表すとわかりやすいです。

勝者を樹形図にして表すと以下の通りになる。

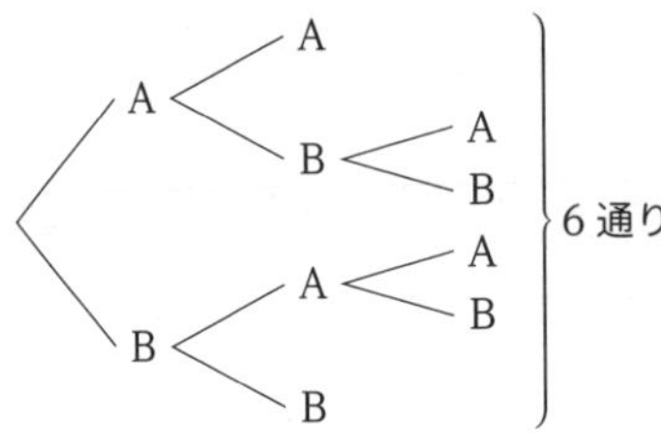

図より，**6 通り** …答

演習問題 2 p.168

1

(1)(i)目の和が 8 となるのは，

(大，小)＝(2，6)，(3，5)，(4，4)，(5，3)，(6，2)

の 5 通り。

(ii)目の和が 10 となるのは，

(大，小)＝(4，6)，(5，5)，(6，4)

の 3 通り。

(i)，(ii)は互いに排反である(同時に起こらない)から，

5+3=**8(通り)** …答

(2)行きは，A 地点から B 地点までの行き方が 3 通り，B 地点から C 地点までの行き方が 5 通り。よって，A 地点から C 地点までの行き方は，

3×5=15(通り)

帰りは，C 地点から B 地点までの行き方は，行きに通った道以外の 4 通り，B 地点から A 地点までの行き方は，行きに通った道以外の 2 通り。よって，C 地点から A 地点までの行き方は，

4×2=8(通り)

行きと帰りの行き方は連続して起こる場合の数であるから，

15×8=**120(通り)** …答

(3)目の和が奇数になるのは，

(i)大きいさいころが奇数，小さいさいころが偶数の目を出すとき。

それぞれ 3 通りずつあるので，

3×3=9(通り)

(ii)大きいさいころが偶数，小さいさいころが奇数の目を出すとき。

それぞれ 3 通りずつあるので，

3×3=9(通り)

(i)，(ii)は互いに排反である(同時に起こらない)から，

9+9=**18(通り)** …答

(4)作業後に A の箱の中に赤玉 2 個，黒玉 3 個となるのは，

(i) A から赤玉を取り出し，その後 B から赤玉を取り出すとき。

A から赤玉を取り出す場合の数は 2 通りある。移動した後，B には赤玉が 4 個あるので B から赤玉を取り出す場合の数は 4 通りある。よって，

2×4=8(通り)

(ii) A から黒玉を取り出し，その後 B から黒玉を取り出すとき。

A から黒玉を取り出す場合の数は 3 通りある。移動した後，B には黒玉が 3 個あるので B から黒玉を取り出す場合の数は 3 通りある。よって，

3×3=9(通り)

(i)，(ii)は互いに排反である(同時に起こらない)から，

8+9=**17(通り)** …答

2

(1)左のかっこから文字を 1 つ選ぶ選び方が 3 通り。右のかっこから文字を 1 つ選ぶ選び方が 2 通り。よって，

3×2=**6(個)** …答

(2)

> **Point** $(a+b+c)^2$ の項の数を 3×3=9(通り)と考えるのは誤りです。
> $(\quad)^2$ を展開した式には同類項が複数存在するので実際に展開すると，6 通りであることがわかります。

$(a+b+c)^2=a^2+b^2+c^2+2ab+2bc+2ca$
であるから，左のかっこの項は6個ある。右のかっこから文字を1つ選ぶ選び方は2通りであるから項の個数は，

$6\times2=$ **12(個)** …答

演習問題3 p.170

(1) $108=2^2\cdot3^3$ である。よって，正の約数の個数は，

$(2+1)(3+1)=$ **12(個)** …答

(2) $360=2^3\cdot3^2\cdot5$ である。よって，正の約数の個数は，

$(3+1)(2+1)(1+1)=$ **24(個)** …答

演習問題4 p.171

(1) $108=2^2\cdot3^3$ である。よって，正の約数の総和は，

$(1+2+2^2)(1+3+3^2+3^3)=$ **280** …答

(2) $360=2^3\cdot3^2\cdot5$ である。よって，正の約数の個数は，

$(1+2+2^2+2^3)(1+3+3^2)(1+5)$
$=$ **1170** …答

演習問題5 p.173

(1) Point 「目の積が偶数となる」とは，「少なくとも1個が偶数の目になる」ということです。

余事象は「目の積が奇数となる」である。目の積が奇数となるのは，3個のさいころの目がすべて奇数となるときであるから，

$3\times3\times3=27$(通り)

3個のさいころすべての目の出方は，

$6\times6\times6=216$(通り)

よって，求める場合の数は余事象の場合の数を除いて，

$216-27=$ **189(通り)** …答

(2)余事象は「各位の数の積が奇数になる数」である。

各位の数の積が奇数になる数は，各位すべてが奇数となる数である。よって，各位とも1，3，5，7，9の5通りが考えられるので，

$5\times5\times5=125$(個)

また，3桁の自然数全体の個数は100から999までの数の個数であるから，

$999-100+1=900$(個)

よって，求める場合の数は余事象の場合の数を除いて，

$900-125=$ **775(個)** …答

第2節 順列

演習問題6 p.175

1

(1)異なる6個の数字から，5個を選んで並べる順列であるから，

${}_6P_5=6\cdot5\cdot4\cdot3\cdot2=$ **720(個)** …答

(2)奇数は一の位が奇数である。

一の位の数字の選び方が1，3，5の3通り。残り4桁の数字は，異なる5個の数字から，4個を選んで並べる順列であるから，${}_5P_4$ 通り。

以上より，奇数の個数は，

$3\times{}_5P_4=3\times5\cdot4\cdot3\cdot2$
$=$ **360(個)** …答

2

(1)千の位には0が入らないので0以外の6通り。

残り3桁の数字は0を含めた異なる6個の数字から，3個を選んで並べる順列であるから，${}_6P_3$ 通り。

以上より，

$6\times{}_6P_3=6\times6\cdot5\cdot4$
$=$ **720(個)** …答

(2) 5 の倍数になるのは，一の位が 0 または 5 のときである。

(i)一の位が 0 のとき

残り 3 桁の数字は，残りの異なる 6 個の数字から，3 個を選んで並べる順列であるから，

$${}_6P_3=6\cdot5\cdot4=120\text{(通り)}$$

(ii)一の位が 5 のとき

千の位は 0 以外の残った異なる 5 個の数字から選ぶので 5 通りある。

残り 2 桁の数字は，0 を含む残りの異なる 5 つの数字から，2 つを選んで並べる順列であるから，${}_5P_2$ 通り。

よって，

$$5\times{}_5P_2=5\times5\cdot4=100\text{(通り)}$$

(i)，(ii)より，5 の倍数の個数は，

$120+100=$ **220(個)** …答

3

Point 選んだものに区別をつけることは，順番をつけることと同義です。例えば，最初に選んだ学生を委員長，2 番目を副委員長，3 番目を書記とするのと同じことです。つまり，順列の考え方を使います。

20 人の学生から 3 人を選び，その 3 人を 1 列に並べる順列に等しい。よって，

${}_{20}P_3=20\cdot19\cdot18=$ **6840(通り)** …答

演習問題 7 p.176

(1) 8 人全員を 1 列に並べるので，

$$8!=8\cdot7\cdot6\cdot5\cdot4\cdot3\cdot2\cdot1$$

$=$ **40320(通り)** …答

(2)両端の男子の並べ方は，5 人の男子から 2 人を選んで並べる順列であるから，

$${}_5P_2=5\cdot4=20\text{(通り)}$$

残り 6 人は 2 人の男子の間で 1 列に並ぶので，

$$6!=6\cdot5\cdot4\cdot3\cdot2\cdot1=720\text{(通り)}$$

以上 2 つの場合の数は同時に起こるので，求める場合の数は，

$20\times720=$ **14400(通り)** …答

(3)余事象を考える。「両端の少なくとも 1 人は女子」の余事象は「両端とも男子」であるから，(1)と(2)の結果より，

$40320-14400=$ **25920(通り)** …答

演習問題 8 p.177

1，2，3 を 1 つにまとめて，

[1，2，3]，4，5，6，7

の 5 個の並べ方を考えると 5! 通り。

また，まとめた 1，2，3 の並べ方が 3! 通りある。以上より，

$5!\times3!=120\times6=$ **720(通り)** …答

Point 1 つにまとめたものの並べ方も数えるのを忘れないようにしましょう。

演習問題 9 p.179

(1) 6 人の円順列であるから，

$(6-1)!=5!=$ **120(通り)** …答

(2)両親をまとめて 1 人とみて，合計 5 人の円順列を考えると，$(5-1)!$ 通り。

まとめた両親の並び方は 2 通りあるから，

$(5-1)!\times2=4!\times2=$ **48(通り)** …答

(3)

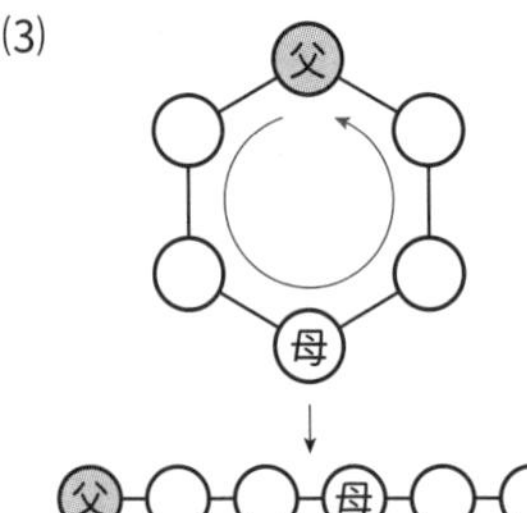

父親の位置を固定すると，母親の位置も決まる。よって，子ども 4 人の並べ方だけを考えればよいから，

$4!=$ **24(通り)** …答

(4)父親を固定すると，図のように，男女の位置が決まる。

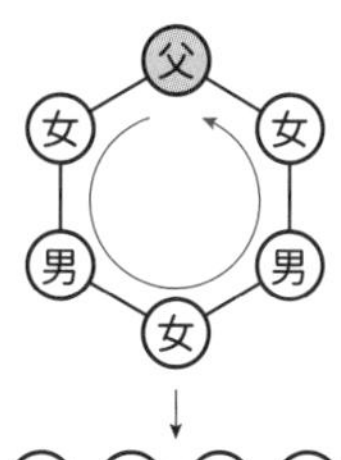

↓

父—女—男—女—男—女

男性の並べ方 2! 通り，女性の並べ方 3! 通りであるから，

$2!\times3!=2\times6=$**12(通り)** …答

演習問題 10 p.180

異なる 7 個の数珠順列であるから，

$\dfrac{(7-1)!}{2}=\dfrac{6!}{2}=$**360(通り)** …答

演習問題 11 p.181

各場所について，赤玉か白玉かの 2 通りが考えられるので，

$2\times2\times2\times2\times2\times2=2^6=$**64(通り)** …答

演習問題 12 p.182

a 4 文字の並べ方と，b 3 文字の並べ方と，c 2 文字の並べ方で割って，

$\dfrac{9!}{4!3!2!}=$**1260(通り)** …答

演習問題 13 p.183

(1) c，d，e，f をすべて X とおくと，求める場合の数は，a，a，b，X，X，X，X 7 文字の並べ方に等しい。この 7 文字の 1 列の並べ方は，

$\dfrac{7!}{2!4!}=$**105(通り)**

(2) b と c を Y とおくと，求める場合の数は，a，a，Y，Y，d，e，f 7 文字の並べ方に等しい。この 7 文字の 1 列の並べ方は，

$\dfrac{7!}{2!2!}=$**1260(通り)** …答

演習問題 14 p.185

(1)上に 4 つ，右に 6 つ進むと B 地点に到達するので，

$\dfrac{(4+6)!}{4!6!}=$**210(通り)** …答

(2) C 地点を通る経路は，A → C → B と進むときである。

A → C の最短経路は，上に 2 つ，右に 2 つ進むときで，

$\dfrac{(2+2)!}{2!2!}=6$(通り)

C → B の最短経路は，上に 2 つ，右に 4 つ進むときで，

$\dfrac{(2+4)!}{2!4!}=15$(通り)

以上より，C 地点を通る最短経路は，

$6\times15=$**90(通り)** …答

(3) D 地点を通る経路は，図のように X 地点と Y 地点を用意して，

A → X →(D)→ Y → B と進むときである。

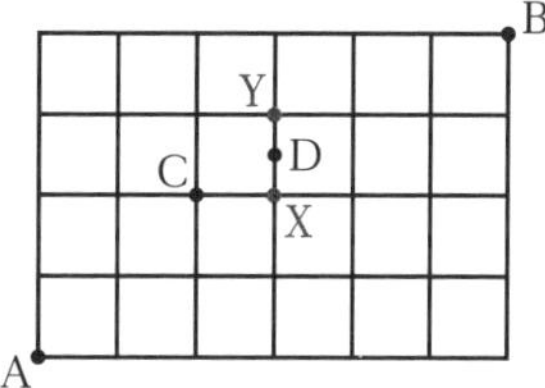

A → X の最短経路は，上に 2 つ，右に 3 つ進むときで，

$\dfrac{(2+3)!}{2!3!}=10$(通り)

X → Y の最短経路は，1 通り。

Y → B の最短経路は，上に 1 つ，右に 3 つ進むときで，

$\dfrac{(1+3)!}{1!3!}=4$(通り)

以上より，D 地点を通る経路は，

$10\times1\times4=40$(通り)

よって，D 地点を通らない経路は全体の最短経路から D 地点を通る経路を除いて，

$210-40=$**170(通り)** …答

第 3 節 組合せ

演習問題 15 p.188

1

(1)合計 14 人から 5 人を選ぶ選び方は，

$${}_{14}C_5=\frac{14\cdot13\cdot12\cdot11\cdot10}{5\cdot4\cdot3\cdot2\cdot1}$$

$=$**2002(通り)** …答

(2)男子 8 人から 3 人を選ぶ選び方は，

$${}_8C_3=\frac{8\cdot7\cdot6}{3\cdot2\cdot1}=56\text{(通り)}$$

女子 6 人から 2 人を選ぶ選び方は，

$${}_6C_2=\frac{6\cdot5}{2\cdot1}=15\text{(通り)}$$

以上より，

$56\times15=$**840(通り)** …答

(3)余事象を考える。

「男女両方を含む 5 人を選ぶ」の余事象は「男子のみ 5 人選ぶ」または，「女子のみ 5 人選ぶ」である。

男子のみ 5 人選ぶ選び方は，

$${}_8C_5=\frac{8\cdot7\cdot6\cdot5\cdot4}{5\cdot4\cdot3\cdot2\cdot1}$$

$=56$(通り)

女子のみ 5 人選ぶ選び方は，

$${}_6C_5=\frac{6\cdot5\cdot4\cdot3\cdot2}{5\cdot4\cdot3\cdot2\cdot1}$$

$=6$(通り)

以上より，男女両方を含む 5 人を選ぶ選び方は，(1)より，

$2002-56-6=$**1940(通り)** …答

2

(1)縦の平行線 3 本から 2 本，横の平行線 5 本から 2 本選ぶと四角形が 1 つ定まる。

よって，

$${}_3C_2\times{}_5C_2=\frac{3\cdot2}{2\cdot1}\times\frac{5\cdot4}{2\cdot1}$$

$=$**30(個)** …答

(2) Point 1 直線上に 3 点が並ぶと三角形ができませんね。

交点 15 個から 3 個を選ぶ選び方は，

$${}_{15}C_3=\frac{15\cdot14\cdot13}{3\cdot2\cdot1}=455\text{(個)}$$

このうち，選んだ 3 点が 1 直線上に並ぶ場合を考える。

(i)選んだ 3 点が横 1 列に並ぶ場合は 5 通り。

(ii)選んだ 3 点が縦 1 列に並ぶ場合

3 本の縦線のうち，どの線の直線上かで 3 通り，縦に並ぶ 5 個の交点から 3 個を選ぶ選び方が ${}_5C_3$ 通りある。

よって，

$$3\times{}_5C_2=3\times\frac{5\cdot4}{2\cdot1}=30\text{(通り)}$$

(iii)傾き 1 の直線上に並ぶ場合が 3 通り。

(iv)傾き -1 の直線上に並ぶ場合が 3 通り。

(v)傾き 2 の直線上に並ぶ場合が 1 通り。

(vi)傾き -2 の直線上に並ぶ場合が 1 通り。

(i)〜(vi)より，求める三角形の個数は，

$455-5-30-3-3-1-1$

$=$**412(個)** …答

3

(1) 8 個の頂点から 3 個の頂点を選ぶ選び方に等しいから，

$${}_8C_3=\frac{8\cdot7\cdot6}{3\cdot2\cdot1}=\textbf{56(個)}$$ …答

(2)頂点 1 個に対して，二等辺三角形は 3 個ずつ存在する。

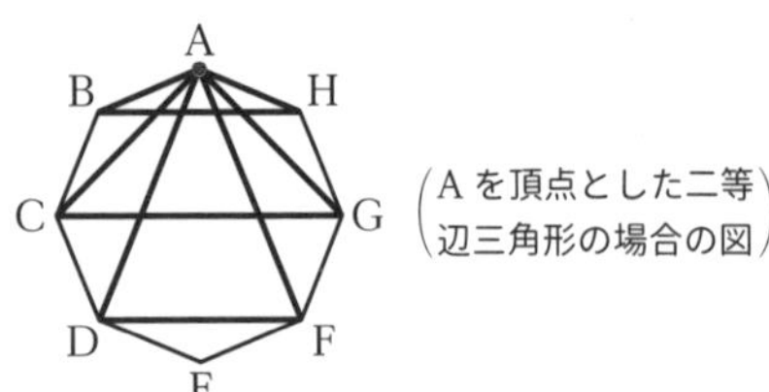

頂点は 8 個あるので，三角形の個数は，

$3\times8=$**24(個)** …答

(3)共有する辺の数で分ける。

(i)1辺のみ共有するもの

共有する辺1つにつき4個存在する。

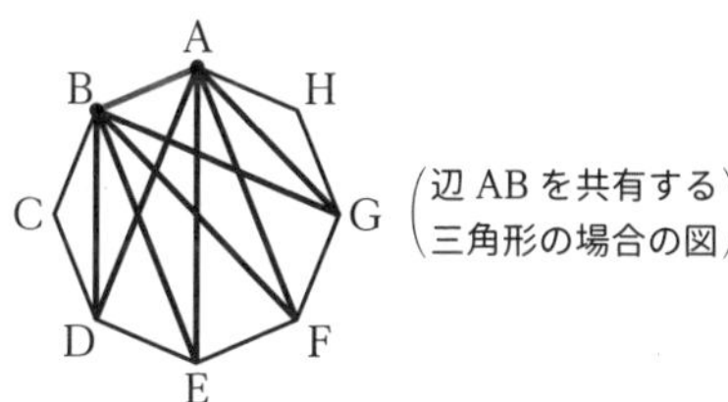

辺は8つあるので，三角形の個数は，

$4\times8=32$(個)

(ii)2辺を共有するもの

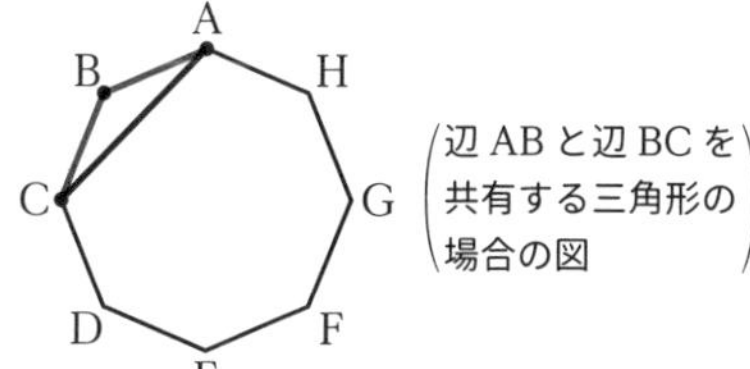

2辺の間にある頂点に着目すると8個存在する。

(i), (ii)より，

$32+8=$**40(個)** …答

演習問題 16　p.189

(1)○ 10個，｜ 2個の計12個を1列に並べる順列の総数に等しいから，

$\dfrac{(10+2)!}{10!2!}=$**66(種類)** …答

(2)あらかじめ，A君，B君，C君にりんごを1個ずつ渡しておく。残った7個のりんごの分け方を考えると○7個，｜2個の計9個を1列に並べる順列の総数に等しいから，

$\dfrac{(7+2)!}{7!2!}=$**36(通り)** …答

演習問題 17　p.191

(1)まず，12匹から3匹選ぶ選び方は ${}_{12}C_3$ 通り。次に，残り9匹から4匹選ぶ選び方は ${}_9C_4$ 通り。残りの5匹で5匹の組をつくるのは1通り。以上より，

$${}_{12}C_3\times{}_9C_4=\frac{12\cdot11\cdot10}{3\cdot2\cdot1}\times\frac{9\cdot8\cdot7\cdot6}{4\cdot3\cdot2\cdot1}$$

$=$**27720(通り)** …答

Point 数の少ない3匹から計算すると計算量が少なくて済みます。

(2)まず，12匹からA組の4匹を選ぶ選び方は ${}_{12}C_4$ 通り。次に，残り8匹からB組の4匹を選ぶ選び方は ${}_8C_4$ 通り。

残りの4匹でC組の4匹の組をつくるのは1通り。

以上より，

$${}_{12}C_4\times{}_8C_4=\frac{12\cdot11\cdot10\cdot9}{4\cdot3\cdot2\cdot1}\times\frac{8\cdot7\cdot6\cdot5}{4\cdot3\cdot2\cdot1}$$

$=$**34650(通り)** …答

(3)まず，12匹から4匹選ぶ選び方は ${}_{12}C_4$ 通り。次に，残り8匹から4匹選ぶ選び方は ${}_8C_4$ 通り。

残りの4匹で4匹の組をつくるのは1通り。以上より，

$${}_{12}C_4\times{}_8C_4=\frac{12\cdot11\cdot10\cdot9}{4\cdot3\cdot2\cdot1}\times\frac{8\cdot7\cdot6\cdot5}{4\cdot3\cdot2\cdot1}$$

$=34650$(通り)

3つの組に区別がないので，3つの組の並べ方3!で割ると，

$\dfrac{34650}{3!}=$**5775(通り)** …答

(4)まず最初に犬2匹ずつのグループを3組つくり，そのグループに猫を2匹ずつ入れていくと考えればよい。

犬を2匹ずつ3組に分ける分け方が，

$\dfrac{{}_6C_2\times{}_4C_2}{3!}=15$(通り)

このおのおのについて，猫を2匹ずつ入れていくときの猫の分け方は，

${}_6C_2\times{}_4C_2=90$(通り)

以上より，

$15\times90=$**1350(通り)** …答

(5)犬Aと猫Bと同じ組に入る犬または猫を選ぶ選び方が ${}_{10}C_2$ 通り。
残り8匹を4匹ずつの2組に分ける分け方が，
$\frac{{}_8C_4}{2!}=35$(通り)
以上より，
${}_{10}C_2\times35=45\times35$
$=\mathbf{1575}$**(通り)** …答

(6)まず，12匹から6匹選ぶ選び方が ${}_{12}C_6$ 通り。次に，残り6匹から3匹選ぶ選び方が ${}_6C_3$ 通り。
残りの3匹で3匹の組をつくるのは1通り。ただし，2つの3匹の組は区別がないので，
$\frac{{}_{12}C_6\times{}_6C_3}{2!}=\mathbf{9240}$**(通り)** …答

(7)まず，12匹から4匹選ぶ選び方が ${}_{12}C_4$ 通り。次に，残り8匹から4匹選ぶ選び方が ${}_8C_4$ 通り。さらに，残りの4匹から2匹選ぶ選び方が ${}_4C_2$ 通り。
残りの2匹で2匹の組をつくるのは1通り。ただし，2つの4匹の組と2つの2匹の組はそれぞれ区別がないので，
$\frac{{}_{12}C_4\times{}_8C_4\times{}_4C_2}{2!2!}=\mathbf{51975}$**(通り)** …答

演習問題 18 p.193

1

(1) ${}_{10}C_8={}_{10}C_2=\frac{10\cdot9}{2\cdot1}=\mathbf{45}$ …答

(2) ${}_9C_5+{}_9C_6={}_{10}C_6$ ← ${}_nC_r$ の性質②
$={}_{10}C_4$ ← ${}_nC_r$ の性質①
$=\frac{10\cdot9\cdot8\cdot7}{4\cdot3\cdot2\cdot1}$
$=\mathbf{210}$ …答

2

$r\cdot{}_nC_r=n\cdot{}_{n-1}C_{r-1}$ の左辺を変形すると，
$r\cdot{}_nC_r=r\cdot\frac{n!}{r!(n-r)!}$
$=r\cdot\frac{n!}{r(r-1)!(n-r)!}$
$=\frac{n!}{(r-1)!(n-r)!}$
右辺を変形すると，
$n\cdot{}_{n-1}C_{r-1}=n\cdot\frac{(n-1)!}{(r-1)!\{(n-1)-(r-1)\}!}$
$=\frac{n(n-1)!}{(r-1)!(n-r)!}$
$=\frac{n!}{(r-1)!(n-r)!}$
よって，左辺と右辺が等しいことが示された。〔証明終わり〕

第4節 確率

演習問題 19 p.195

1

すべての目の出方は，$6^2=36$(通り)
(i) 2回とも奇数の目が出る場合の数は，
$3^2=9$(通り)
(ii) 2回とも偶数の目が出る場合の数は，
$3^2=9$(通り)
(i)，(ii)は互いに排反であるから，
$9+9=18$(通り)
以上より，求める確率は，
$\frac{18}{36}=\mathbf{\frac{1}{2}}$ …答

2

全体の取り出し方は，
${}_8C_4=\frac{8\cdot7\cdot6\cdot5}{4\cdot3\cdot2\cdot1}=70$(通り)
(1) 5個の黒玉から4個取り出す場合の数は，
${}_5C_4=5$(通り)
よって，黒玉を取り出す確率は，
$\frac{5}{70}=\mathbf{\frac{1}{14}}$ …答
(2) 3個の白玉から2個取り出す場合の数は，
${}_3C_2=3$(通り)
5個の黒玉から2個取り出す場合の数は，
${}_5C_2=10$(通り)
以上より，白玉2個と黒玉2個の取り出し方は，
$3\times10=30$(通り)

よって，白玉2個と黒玉2個を取り出す確率は，

$\frac{30}{70}=\frac{\mathbf{3}}{\mathbf{7}}$ …答

3

箱Xは全部で10個入っているので，取り出し方は，${}_{10}C_1=10$(通り)

箱Yは全部で12個入っているので，取り出し方は，${}_{12}C_1=12$(通り)

よって，全体の取り出し方は，

$10\times12=120$(通り)

(i)ともに白玉のとき

箱Xから白玉を取り出す場合の数は，${}_6C_1=6$(通り)

箱Yから白玉を取り出す場合の数は，${}_5C_1=5$(通り)

よって，ともに白玉を取り出す場合の数は，

$6\times5=30$(通り)

(ii)ともに黒玉のとき

箱Xから黒玉を取り出す場合の数は，${}_4C_1=4$(通り)

箱Yから黒玉を取り出す場合の数は，${}_7C_1=7$(通り)

よって，ともに黒玉を取り出す場合の数は，

$4\times7=28$(通り)

(i)，(ii)は互いに排反であるから，

$30+28=58$(通り)

以上より，2個の玉の色が同色である確率は，

$\frac{58}{120}=\frac{\mathbf{29}}{\mathbf{60}}$ …答

4

全体の取り出し方は ${}_{12}C_4$ 通り。

(1)すべてのマークが出るのは，各マークから1枚ずつ選ぶときで，各マークともに ${}_3C_1=3$(通り)ずつある。よって，

$3\times3\times3\times3=3^4$(通り)

以上より，マークが全種類出る確率は，

$\frac{3^4}{{}_{12}C_4}=\frac{3^4}{\frac{12\cdot11\cdot10\cdot9}{4\cdot3\cdot2\cdot1}}=\frac{\mathbf{9}}{\mathbf{55}}$ …答

(2)ジャックとクイーンとキング，すべてが出るとき，いずれか1種類だけ2枚出る。

(i)ジャックが2枚出るとき

ジャック4枚のうち，どの2枚かで ${}_4C_2$ 通り。

クイーンとキングは1枚ずつ選ぶので，それぞれ ${}_4C_1$ 通りある。

よって，

${}_4C_2\times{}_4C_1\times{}_4C_1=96$(通り)

(ii)クイーンが2枚出るときは(i)と同様に96通りある。

(iii)キングが2枚出るときも(i)と同様に96通りある。

(i)〜(iii)より，ジャックとクイーンとキングすべてが出る確率は，

$\frac{96+96+96}{{}_{12}C_4}=\frac{3\times96}{\frac{12\cdot11\cdot10\cdot9}{4\cdot3\cdot2\cdot1}}$

$=\frac{\mathbf{32}}{\mathbf{55}}$ …答

5

全体の並び方は6!通り。

(1)両端の2人の並び方は2!通り，間の4人の並び方は4!通り。

以上より，Aチームの2人が両端である確率は，

$\frac{2!4!}{6!}=\frac{2\cdot1\cdot4\cdot3\cdot2\cdot1}{6\cdot5\cdot4\cdot3\cdot2\cdot1}=\frac{\mathbf{1}}{\mathbf{15}}$ …答

(2)余事象の場合の数を考える。Aチームの2人が隣り合うとき，2人を1つにまとめて5人の並び方を考えると5!通り。また，まとめたAチームの2人の並び方が2!通りあることに注意すると，Aチームの2人が隣り合う並び方は，

$5!\times2!=240$(通り)

Aチームの2人が隣り合わない場合の数は，余事象より，

$6!-240=480$(通り)

以上より，A チームの 2 人が隣り合わない確率は，

$\frac{480}{6!}=\frac{\mathbf{2}}{\mathbf{3}}$ …答

別解 次の本冊 **p.196** で学ぶ「余事象の確率」を用いるならば，A チームの 2 人が隣り合う確率を 1 から引いて，

$1-\frac{5!\times2!}{6!}=1-\frac{1}{3}=\frac{\mathbf{2}}{\mathbf{3}}$ …答

(3)各チームの選手を 1 組にまとめて考えると，3 組の並び方は 3! 通り。また，まとめた 2 人の並び方がそれぞれ 2! 通りずつあることに注意すると，

$3!\times2\times2\times2=3!\cdot2^3$(通り)

よって，どのチームも同じチームの選手が隣り合う確率は，

$\frac{3!\cdot2^3}{6!}=\frac{\mathbf{1}}{\mathbf{15}}$ …答

演習問題 20 p.196

全体の目の出方は 6^3 通り。

(1)余事象を考える。余事象は「目の和が 4 以下となる」である。

出た目の和の合計が 3 となるのは，

(大，中，小)=(1，1，1) の 1 通り。

出た目の和の合計が 4 となるのは，

(大,中,小)=(1,1,2),(1,2,1),(2,1,1) の 3 通りがある。

よって，出た目の和が 4 以下になるのは，

$1+3=4$(通り)

以上より，目の和が 5 以上となる確率は余事象より，

$1-\frac{4}{6^3}=\frac{\mathbf{53}}{\mathbf{54}}$ …答

(2) Point「少なくとも～」のときは，余事象の利用を考えます。

余事象は「出た目がすべて異なる」である。それは，異なる 3 つの目を選び，1 列に並べる順列に等しい。よって，

${}_6P_3=6\cdot5\cdot4=120$(通り)

Point 異なる 3 つの目を選び，それを 1 列に並べると考えて

${}_6C_3\times3!$

と考えてもいいですね。

以上より，少なくとも 2 つの目が等しくなる確率は，余事象より，

$1-\frac{120}{6^3}=\frac{\mathbf{4}}{\mathbf{9}}$ …答

(3) Point「積が偶数」も「3 つの目のうち，少なくとも 1 つが偶数」と考えると，余事象を用いることができます。

余事象は「積が奇数」である。

それは，すべての目が奇数のときである。

よって，

$3\times3\times3=3^3$(通り)

以上より，目の積が偶数となる確率は，余事象より，

$1-\frac{3^3}{6^3}=1-\left(\frac{3}{6}\right)^3=\frac{\mathbf{7}}{\mathbf{8}}$ …答

演習問題 21 p.197

全体の取り出し方は 150 個から 1 個を取り出すので，

${}_{150}C_1=150$(通り)

3 の倍数になるのは，

$150\div3=50$(通り)

5 の倍数になるのは，

$150\div5=30$(通り)

また，3 の倍数であり，かつ 5 の倍数でもある数，つまり 15 の倍数になるのは，

$150\div15=10$(通り)

3 の倍数を選ぶ事象を A とすると，

$P(A)=\frac{50}{150}=\frac{1}{3}$

5 の倍数を選ぶ事象を B とすると，

$P(B)=\frac{30}{150}=\frac{1}{5}$

また，15 の倍数を選ぶ事象 $A\cap B$ の確率は，

$$P(A\cap B)=\frac{10}{150}=\frac{1}{15}$$

以上をベン図に表すと以下のようになる。

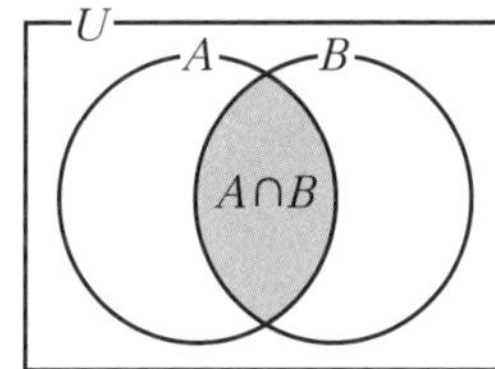

よって，3 の倍数，または 5 の倍数である確率 $P(A\cup B)$ は，

$$\begin{aligned}P(A\cup B)&=P(A)+P(B)-P(A\cap B)\\&=\frac{1}{3}+\frac{1}{5}-\frac{1}{15}\\&=\frac{\mathbf{7}}{\mathbf{15}}\end{aligned}$$ …答

第 5 節　様々な確率

演習問題 22 p.199

例題 9 のように，1 人 1 本ずつくじを引き，引いたくじ 10 本を 1 列に並べると考えると全体の並べ方は 10! 通り。

(1) A が当たるのは，A が 2 本の当たりのうちいずれかを引くときで ${}_2C_1$ 通りある。このとき，A 以外の 9 人は何を引いてもよいので，くじを 1 列に並べると考えると 9! 通りある。

よって，求める確率は，

$$\frac{{}_2C_1\cdot 9!}{10!}=\frac{2\cdot 9!}{10\cdot 9!}=\frac{\mathbf{1}}{\mathbf{5}}$$ …答

別解　10 本のくじの中から 2 本の当たりくじを引く確率なので，$\frac{2}{10}=\frac{\mathbf{1}}{\mathbf{5}}$ …答

としてもよい。

(2) B が当たるのは，B が 2 本の当たりのうちいずれかを引くときで 2 通りある。このとき，B 以外の 9 人は何を引いてもよいので，くじを 1 列に並べると考えると 9! 通りある。

よって，求める確率は，

$$\frac{{}_2C_1\cdot 9!}{10!}=\frac{2\cdot 9!}{10\cdot 9!}=\frac{\mathbf{1}}{\mathbf{5}}$$ …答

別解　2 本のくじを取り出して，1 列に並べると考えると，全体の並べ方は，${}_{10}P_2$ 通り。このうち B(2 番目) が当たる場合の数は，

(i) A(1 番目) が当たり，B も当たる場合
${}_2P_2=2\cdot 1=2$(通り)

(ii) A がはずれ，B が当たる場合
$8\times 2=16$(通り)

(i)，(ii)は互いに排反であるから，求める確率は，$\frac{2+16}{{}_{10}P_2}=\frac{\mathbf{1}}{\mathbf{5}}$ …答

Point (1)も(2)も，求める確率は
$\frac{\text{当たりの本数}}{\text{全本数}}=\frac{2}{10}=\frac{1}{5}$ で等しいことが確認できますね。

(3) A と B がともに当たりくじを引くのは，A が当たりくじのうちの 1 つを引き，次に B が残りの当たりくじを引くと考えればよい。
このとき，残りは何を引いてもよい(実際は全員はずれ)ので，くじを 1 列に並べると考えると 8! 通りある。

よって，求める確率は，

$$\frac{{}_2C_1\cdot 1\cdot 8!}{10!}=\frac{2\cdot 1\cdot 8!}{10\cdot 9\cdot 8!}=\frac{\mathbf{1}}{\mathbf{45}}$$ …答

別解　(2)の別解の(i)の場合であるから，求める確率は，$\frac{2}{{}_{10}P_2}=\frac{\mathbf{1}}{\mathbf{45}}$ …答

(4) 余事象を考える。余事象は「A が 2 本ともはずれを引く」である。A がはずれくじを 2 本引いて 1 列に並べるときの

並べ方は 8·7 通りある。また，残りの並べ方は 8! 通りある。

よって，求める確率は，

$$1-\frac{(8\cdot7)\cdot8!}{10!}=1-\frac{56\cdot8!}{10\cdot9\cdot8!}$$
$$=\frac{\mathbf{17}}{\mathbf{45}}\ \cdots 答$$

別解 10 本のくじの中から同時に 2 本のくじを引くときの場合の数は全部で ${}_{10}C_2$ 通り。2 本ともはずれくじを引く場合の数は，${}_8C_2$ 通り。よって，$1-\frac{{}_8C_2}{{}_{10}C_2}=\frac{\mathbf{17}}{\mathbf{45}}$ …答

演習問題 23 p.201

まず，各確率を求めておく。

(i) 3 人でじゃんけんをして 1 人が勝つ確率
全体の手の出方が 3^3 通り，そのうちだれが勝つかが ${}_3C_1$ 通り，勝った手の出方が ${}_3C_1$ 通り。よって，

$$\frac{{}_3C_1\cdot{}_3C_1}{3^3}=\frac{3\cdot3}{3^3}=\frac{1}{3}$$

(ii) 3 人でじゃんけんをして 2 人が勝つ確率
全体の手の出方が 3^3 通り，そのうちだれが勝つかが ${}_3C_2$ 通り，勝った手の出方が ${}_3C_1$ 通り。よって，

$$\frac{{}_3C_2\cdot{}_3C_1}{3^3}=\frac{3\cdot3}{3^3}=\frac{1}{3}$$

(iii) 3 人でじゃんけんをしてあいこになる確率
勝者が出る場合の余事象であるから，

$$1-\frac{1}{3}-\frac{1}{3}=\frac{1}{3}$$

(iv) 2 人でじゃんけんをして 1 人が勝つ確率
全体の手の出方が 3^2 通り，そのうちだれが勝つかが ${}_2C_1$ 通り，勝った手の出方が ${}_3C_1$ 通り。よって，

$$\frac{{}_2C_1\cdot{}_3C_1}{3^2}=\frac{2\cdot3}{3^2}=\frac{2}{3}$$

(v) 2 人でじゃんけんをしてあいこになる確率
勝者が出る場合の余事象であるから，

$$1-\frac{2}{3}=\frac{1}{3}$$

(i)〜(v)より，樹形図をかくと，

1 回目で残る人数　　2 回目で残る人数
3人 —$\frac{1}{3}$— 1人
3人 —$\frac{1}{3}$— 2人 —$\frac{2}{3}$— (1人)
　　　　　　　　2人 —$\frac{1}{3}$— [2人]
3人 —$\frac{1}{3}$— 3人 —$\frac{1}{3}$— (1人)
　　　　　　　　3人 —$\frac{1}{3}$— [2人]
　　　　　　　　3人 —$\frac{1}{3}$— 3人

(1)樹形図より $\frac{\mathbf{1}}{\mathbf{3}}$ …答

(2)樹形図より，図の○印の確率の和を求めて，

$$\left(\frac{1}{3}\times\frac{2}{3}\right)+\left(\frac{1}{3}\times\frac{1}{3}\right)=\frac{\mathbf{1}}{\mathbf{3}}\ \cdots 答$$

(3)樹形図より，図の□印の確率の和を求めて，

$$\left(\frac{1}{3}\times\frac{1}{3}\right)+\left(\frac{1}{3}\times\frac{1}{3}\right)=\frac{\mathbf{2}}{\mathbf{9}}\ \cdots 答$$

演習問題 24 p.202

1 回の試行で 6 の目が出る確率は $\frac{1}{6}$ で一定である。
5 回中 3 回 6 の目が出る確率は，反復試行の確率であるから，

$${}_5C_3\left(\frac{1}{6}\right)^3\left(1-\frac{1}{6}\right)^{5-3}=\frac{\mathbf{125}}{\mathbf{3888}}\ \cdots 答$$

演習問題 25 p.204

(1) 10 枚入った袋から，5 以上の番号のカードを取り出す確率は，

$$\frac{6}{10}=\frac{3}{5}$$

8 枚入った袋から，5 以上の番号のカードを取り出す確率は，

$$\frac{4}{8}=\frac{1}{2}$$

3 つの袋からそれぞれ 5 以上の番号のカードを取り出す確率は，

$$\frac{3}{5}\times\frac{3}{5}\times\frac{1}{2}=\frac{\mathbf{9}}{\mathbf{50}}\ \cdots 答$$

(2) 10 枚入った袋から，6 以上の番号のカードを取り出す確率は，

$\frac{5}{10}=\frac{1}{2}$

8 枚入った袋から，6 以上の番号のカードを取り出す確率は，$\frac{3}{8}$

3 つの袋からそれぞれ 6 以上の番号のカードを取り出す確率は，

$\frac{1}{2}\times\frac{1}{2}\times\frac{3}{8}=\mathbf{\frac{3}{32}}$ …答

(3)(最小値が 5 である確率)

＝(最小値が 5 以上である確率)

－(最小値が 6 以上である確率)

$=\frac{9}{50}-\frac{3}{32}$

$=\mathbf{\frac{69}{800}}$ …答

演習問題 26 p.206

1

2 番目の玉が黒玉である事象を A，1 番目の玉が黒玉である事象を B とする。

2番目が黒玉	
1番目も黒玉	1番目は赤玉

取り出し方のうち，2 番目の玉が黒玉である確率は，

2 番目の黒はどの黒を選ぶか　1 番目はそれ以外から選ぶ

$P(A)=\frac{{}_3C_1\times{}_4C_1}{{}_5C_1\times{}_4C_1}=\frac{3}{5}$

このうち，1 番目の玉も黒玉である確率は，

2 番目の黒はどの黒を選ぶか　1 番目も黒から選ぶ

$P(A\cap B)=\frac{{}_3C_1\times{}_2C_1}{{}_5C_1\times{}_4C_1}=\frac{3}{10}$

以上より，2 番目の玉が黒玉のとき，1 番目の玉も黒玉である条件つき確率は，

$P_A(B)=\frac{P(A\cap B)}{P(A)}$

$=\frac{\frac{3}{10}}{\frac{3}{5}}=\mathbf{\frac{1}{2}}$ …答

2

(1)製品 A は全製品の 60%であるから，

10000×0.6＝6000(個)

よって，製品 B は 4000 個ある。

製品 A は 5%の不良品を含むので，

6000×0.05＝300(個)

製品 B は 8%の不良品を含むので，

4000×0.08＝320(個)

以上より，

300＋320＝**620(個)** …答

(2)

取り出した製品が不良品	
製品Aの不良品	製品Bの不良品

不良品の個数に着目してみる。不良品を取り出したとき，それが製品 A である条件つき確率は，

$\frac{300}{620}=\mathbf{\frac{15}{31}}$ …答

Point (1)で個数を求めているので，確率ではなく個数をもとに計算します。

演習問題 27 p.208

2 つのさいころの目の差の絶対値を表にまとめると以下のようになる。

さいころの目（横）／さいころの目（縦）

	1	2	3	4	5	6
1	0	1	2	3	4	5
2	1	0	1	2	3	4
3	2	1	0	1	2	3
4	3	2	1	0	1	2
5	4	3	2	1	0	1
6	5	4	3	2	1	0

この表より，さいころの目の差の絶対値と

その確率は以下の表のようになる。

差	0	1	2	3	4	5	計
確率	$\frac{6}{36}$	$\frac{10}{36}$	$\frac{8}{36}$	$\frac{6}{36}$	$\frac{4}{36}$	$\frac{2}{36}$	1

よって，求める期待値は，

$$0\cdot\frac{6}{36}+1\cdot\frac{10}{36}+2\cdot\frac{8}{36}+3\cdot\frac{6}{36}+4\cdot\frac{4}{36}+5\cdot\frac{2}{36}$$

$$=\frac{0+10+16+18+16+10}{36}$$

$$=\mathbf{\frac{35}{18}}$$ …答

第7章 図形の性質

第1節 三角形の性質

演習問題1 p.211

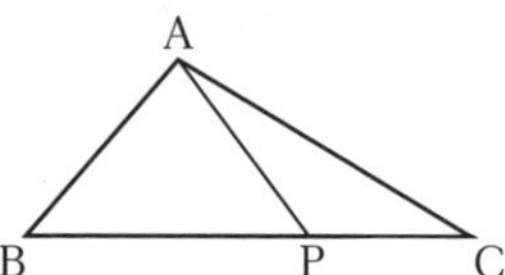

AB＜AC であるから，∠C＜∠B

∠APC＝∠B＋∠BAP＞∠C

よって，△APC において，AC＞AP

〔証明終わり〕

演習問題2 p.212

最大辺は，最大角∠A に向かい合う辺 BC である。

よって，$x>8$ ……①が成り立つ。

また，三角形の成立条件より，

$|8-6|<x<8+6$

よって，$2<x<14$ ……②

①，②の共通部分を考えると，

$\mathbf{8<x<14}$ …答

演習問題3 p.214

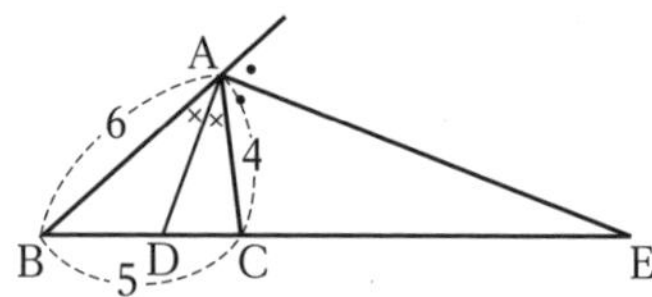

(1) AD は∠BAC の二等分線であるから，

BD：CD＝AB：AC

＝6：4

＝3：2 ……①

よって，

$BD=5\times\frac{3}{3+2}=\mathbf{3}$ …答

(2)(1)の①より，

$$\text{CD}=5\times\frac{2}{3+2}=\mathbf{2}\ \cdots 答$$

別解 もちろん，(1)の結果から，

CD=5−BD=5−3=2 でも OK です。

(3) AE は∠BAC の外角の二等分線であるから，

$$\text{BE}:\text{CE}=\text{AB}:\text{AC}$$
$$=3:2$$

よって，CE=2BC=10

$$\text{DE}=\text{CE}+\text{CD}=10+2=\mathbf{12}\ \cdots 答$$

演習問題 4 p.215

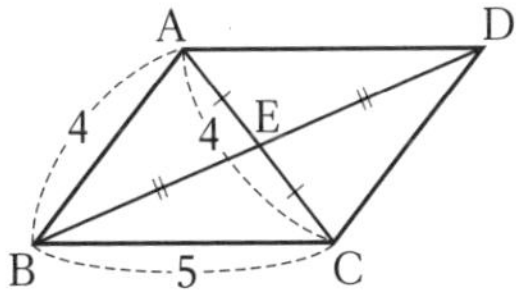

対角線 AC と BD の交点を E とする。

平行四辺形の対角線は，それぞれの中点で交わる。

よって，BE は△BAC の中線である。

中線定理を用いて，

$$\text{AB}^2+\text{BC}^2=2(\text{BE}^2+\text{AE}^2)$$
$$4^2+5^2=2(\text{BE}^2+2^2)$$
$$\text{BE}^2=\frac{33}{2}$$

BE>0 であるから，$\text{BE}=\frac{\sqrt{66}}{2}$

以上より，

$$\text{BD}=2\text{BE}=\sqrt{\mathbf{66}}\ \cdots 答$$

演習問題 5 p.216

1

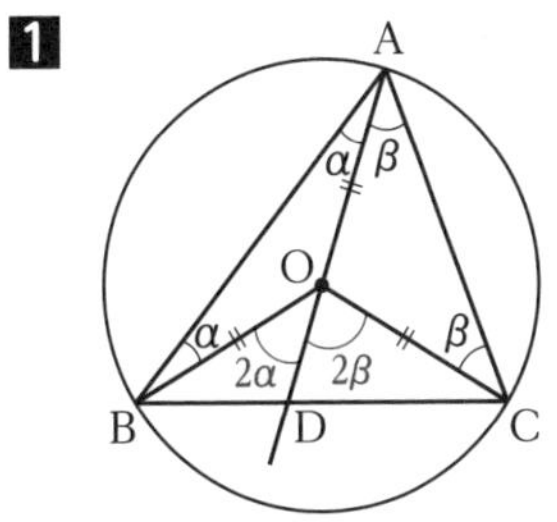

(1)図のように，∠OAB=α，∠OAC=β として，AO の延長線と BC の交点を D とする。

O が外心であるから，△ABO は

OA=OB，∠OAB=∠OBA=αの二等辺三角形である。

外角に着目すると，∠BOD=2αである。

同様にして，

△ACO は OA=OC，

∠OAC=∠OCA=βの二等辺三角形であり，外角に着目すると，∠COD=2βである。

以上より，

$$\angle\text{BOC}=\angle\text{BOD}+\angle\text{COD}$$
$$=2(\alpha+\beta)$$
$$=2\angle\text{A}$$

〔証明終わり〕

Point 中学校で学習した「円周角の定理」の証明です。定理として覚えておきましょう。

中心角=2×円周角

参考 この問題では中心 O が∠BAC の内部にある場合について証明しましたが，中心 O が∠BAC の辺上にある場合も，中心 O が∠BAC の外部にある場合も「円周角の定理」は成り立ちます。

(2)(1)の結果より，∠A=90°ならば，

∠BOC=180°であり，BC は外接円の直径である。

円の中心は直径の中点であるから，点 O は辺 BC の中点である。　〔証明終わり〕

Point こちらも定理として覚えておきましょう。

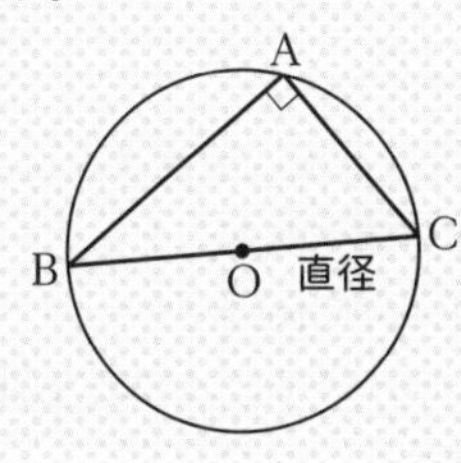

BCが直径であるとき，
円周角∠BAC＝90°
また，直角三角形ABCの斜辺BCの中点Oは直角三角形ABCの外心です。

2

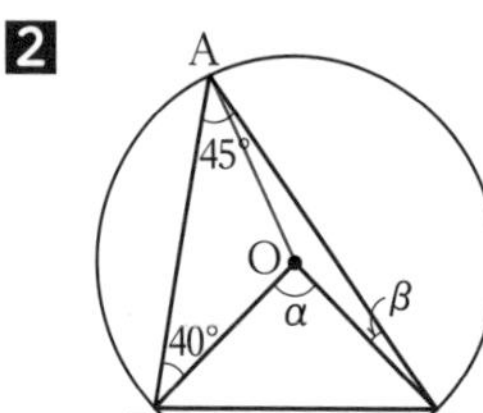

Oは外心であるから，上の図のように外接円をかく。

αは中心角であるから，

$\boldsymbol{\alpha}$＝2×∠BAC
＝2×45°
＝90° …答

また，OとAを結ぶと△OABは二等辺三角形であるから，

∠OAB＝∠OBA＝40°

これより，∠OAC＝5°

またさらに，△OCAも二等辺三角形であるから，

$\boldsymbol{\beta}$＝∠OAC**＝5°** …答

演習問題 6 p.217

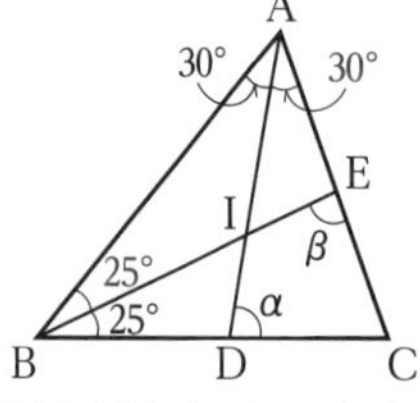

(1) Iが△ABCの内心であるから，BIは内角の二等分線である。よって，

∠ABE＝∠CBE＝25°

△ABDにおいて，αは∠ADBの外角であるから，

$\boldsymbol{\alpha}$＝∠BAD＋∠ABD
＝30°＋25°×2**＝80°** …答

次に，Iが△ABCの内心であるから，AIは内角の二等分線である。よって，

∠CAD＝∠BAD＝30°

△ABEにおいて，βは∠BEAの外角であるから，

$\boldsymbol{\beta}$＝∠BAE＋∠ABE
＝30°×2＋25°**＝85°** …答

(2)

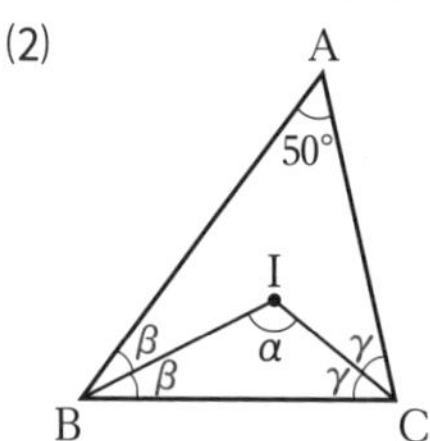

∠IBC＝β，∠ICB＝γとおくと，Iは△ABCの内心であるから，BI，CIは内角の二等分線である。

△ABCの内角の和は180°であるから，

50°＋2β＋2γ＝180°
β＋γ＝65°

この条件の下で，△IBCの内角の和は180°であるから，

α＋β＋γ＝180°
α＋65°＝180°
α＝**115°** …答

演習問題 7 p.218

(1)重心は3本の中線の交点であるから，ADは中線である。

BD＝CD＝**5** …答

(2)重心Gは中線ADを2：1に内分するから，

DG＝$\frac{1}{2}$AG＝**2** …答

(3) CEも中線である。重心は中線CEを2：1に内分するから，

CG＝9×$\frac{2}{3}$＝**6** …答

演習問題 8 p.220

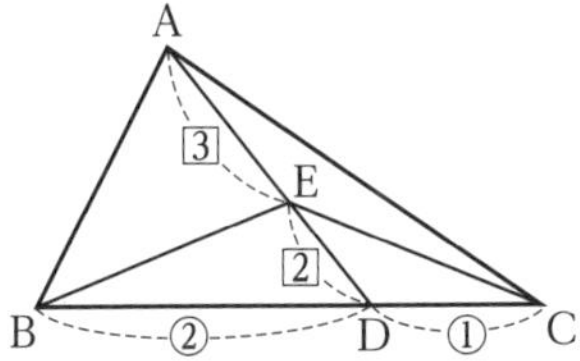

$\triangle$DCE の面積を S とおく。

$\triangle$BDE と $\triangle$DCE は高さが等しいので，面積比は底辺（BC 上）の比に等しく，

$\triangle \mathrm{BDE} : \triangle \mathrm{DCE} = 2 : 1$

よって，

$\triangle \mathrm{BDE} = 2\triangle \mathrm{DCE} = 2S$

$\triangle$ECA と $\triangle$DCE は高さが等しいので，面積比は底辺（AD 上）の比に等しく，

$\triangle \mathrm{ECA} : \triangle \mathrm{DCE} = 3 : 2$

よって，

$2\triangle \mathrm{ECA} = 3\triangle \mathrm{DCE} = 3S$

$\triangle \mathrm{ECA} = \dfrac{3}{2}S$

$\triangle$ABE と $\triangle$BDE は高さが等しいので，面積比は底辺（AD 上）の比に等しく，

$\triangle \mathrm{ABE} : \triangle \mathrm{BDE} = 3 : 2$

よって，

$$\begin{aligned} 2\triangle \mathrm{ABE} &= 3\triangle \mathrm{BDE} \\ &= 3\cdot 2S \\ &= 6S \end{aligned}$$

$\triangle \mathrm{ABE} = 3S$

以上より，

$$\begin{aligned} &\triangle \mathrm{ABE} : \triangle \mathrm{BCE} : \triangle \mathrm{ECA} \\ &= \triangle \mathrm{ABE} : (\triangle \mathrm{BDE} + \triangle \mathrm{DCE}) : \triangle \mathrm{ECA} \\ &= 3S : (2S+S) : \frac{3}{2}S \\ &= \mathbf{2 : 2 : 1} \end{aligned}$$
…答

演習問題 9 p.222

1

メネラウスの定理より，

$$\frac{\mathrm{BC}}{\mathrm{CP}} \times \frac{\mathrm{QA}}{\mathrm{BQ}} \times \frac{\mathrm{RP}}{\mathrm{AR}} = 1$$

$$\frac{12}{7} \times \frac{\mathrm{QA}}{\mathrm{BQ}} \times \frac{2}{4} = 1$$

$$\frac{\mathrm{QA}}{\mathrm{BQ}} = \frac{7}{6}$$

よって，BQ：QA＝**6：7** …答

2

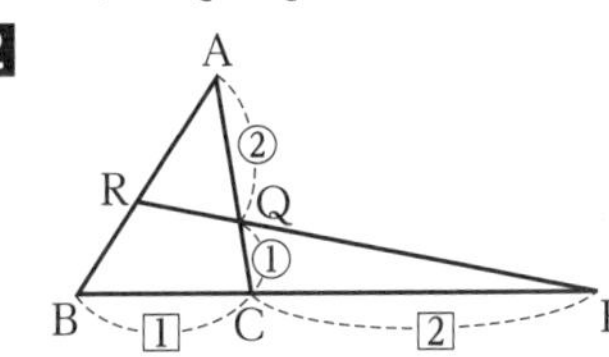

メネラウスの定理より，

$$\frac{\mathrm{BP}}{\mathrm{CP}} \times \frac{\mathrm{AR}}{\mathrm{RB}} \times \frac{\mathrm{QC}}{\mathrm{AQ}} = 1$$

$$\frac{3}{2} \times \frac{\mathrm{AR}}{\mathrm{RB}} \times \frac{1}{2} = 1$$

$$\frac{\mathrm{AR}}{\mathrm{RB}} = \frac{4}{3}$$

よって，AR：RB＝**4：3** …答

演習問題 10 p.225

1

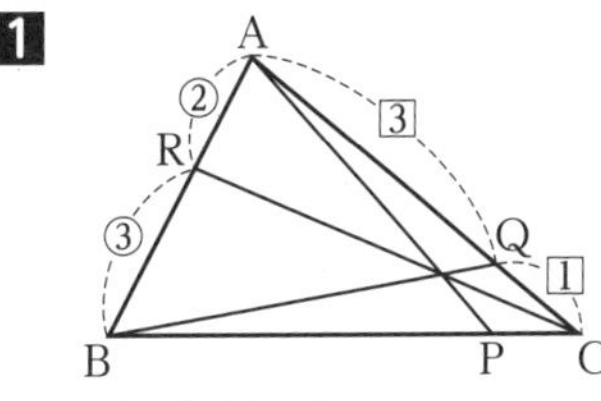

チェバの定理より，

$$\frac{\mathrm{QA}}{\mathrm{CQ}} \times \frac{\mathrm{RB}}{\mathrm{AR}} \times \frac{\mathrm{PC}}{\mathrm{BP}} = 1$$

$$\frac{3}{1} \times \frac{3}{2} \times \frac{\mathrm{PC}}{\mathrm{BP}} = 1$$

$$\frac{\mathrm{PC}}{\mathrm{BP}} = \frac{2}{9}$$

よって，BP：PC＝**9：2** …答

2

(1)チェバの定理より，

$$\frac{\mathrm{DC}}{\mathrm{BD}} \times \frac{\mathrm{FA}}{\mathrm{CF}} \times \frac{\mathrm{EB}}{\mathrm{AE}} = 1$$

$$\frac{\mathrm{DC}}{\mathrm{BD}} \times \frac{1}{2} \times \frac{1}{3} = 1$$

$$\frac{\mathrm{DC}}{\mathrm{BD}} = 6$$

よって，BD：DC＝**1：6** …答

(2)

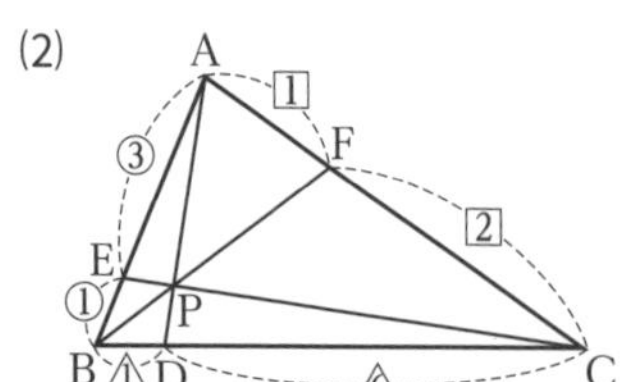

△ABD と直線 CE にメネラウスの定理を用いて，

$$\frac{BC}{DC}\times\frac{EA}{BE}\times\frac{PD}{AP}=1$$

$$\frac{7}{6}\times\frac{3}{1}\times\frac{PD}{AP}=1$$

$$\frac{PD}{AP}=\frac{2}{7}$$

よって，AP：PD=**7：2** …答

(3)△BCF と直線 AD にメネラウスの定理を用いて，

$$\frac{AC}{AF}\times\frac{BD}{DC}\times\frac{PF}{BP}=1$$

$$\frac{3}{1}\times\frac{1}{6}\times\frac{PF}{BP}=1$$

$$\frac{PF}{BP}=2$$

よって，BP：PF=**1：2** …答

(4)△ABP と△ABD において，

AP：PD=7：2 であるから，

$$\triangle ABP=\frac{7}{9}\triangle ABD$$

また，△ABC と△ABD において，

BD：DC=1：6 であるから，

$$\triangle ABD=\frac{1}{7}\triangle ABC$$

以上より，

$$\triangle ABP=\frac{7}{9}\triangle ABD$$

$$=\frac{7}{9}\cdot\frac{1}{7}\triangle ABC$$

$$=\frac{1}{9}\triangle ABC$$

よって，△ABP：△ABC=**1：9** …答

第2節 円の性質

演習問題 11 p.227

1

(1)

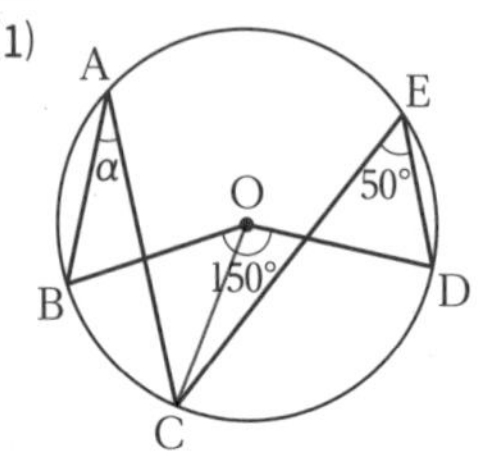

中心角は円周角の 2 倍であるから，

$\angle BOC=2\angle BAC=2\alpha$

$\angle COD=2\angle CED=100°$

よって，

$\angle BOD=\angle BOC+\angle COD$

$150°=2\alpha+100°$

$\boldsymbol{\alpha=25°}$ …答

(2)

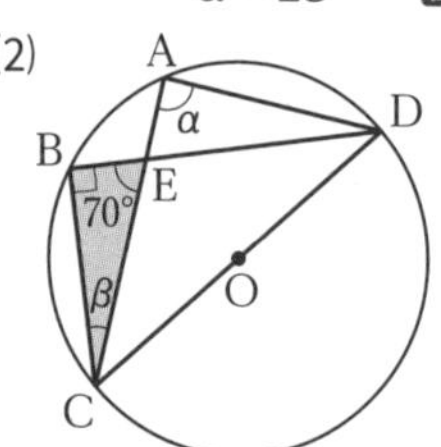

CD は円の直径であるから $\overset{\frown}{CD}$ に対する中心角は 180°である。よって，

$\boldsymbol{\alpha=90°}$ …答

また，∠CBD=90°

△BCE において，三角形の内角の和は 180°であるから，

$90°+70°+\beta=180°$

$\boldsymbol{\beta=20°}$ …答

2

(1)

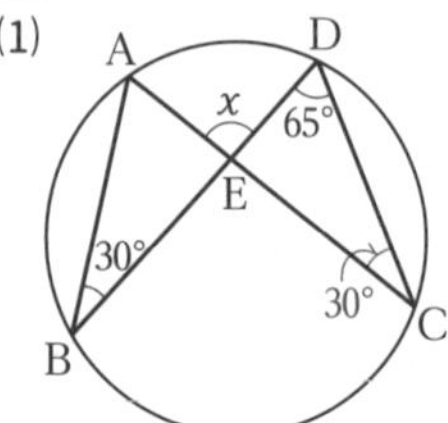

$\overset{\frown}{AD}$ に対する円周角より，

$\angle ABD = \angle ACD = 30°$

△CDE において，内角と外角の関係より，

$x = \angle EDC + \angle ECD$

$= \mathbf{95°}$ …答

(2)

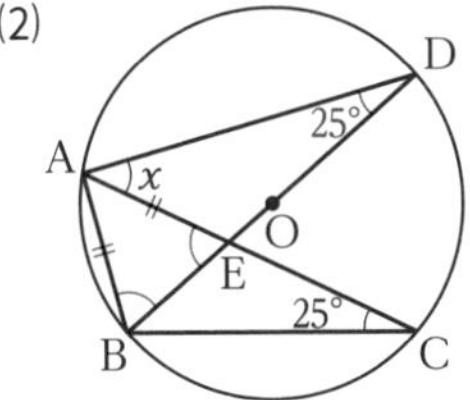

$\overset{\frown}{AB}$ に対する円周角より，

$\angle ACB = \angle ADB = 25°$

△AED において，内角と外角の関係より，

$\angle AEB = x + 25°$

また，AB＝AE より△ABE は二等辺三角形であるから，

$\angle AEB = \angle ABE = x + 25°$

BD は直径であるから，$\angle BAD = 90°$

△ABD の内角の和は 180°であるから，

$90° + (x + 25°) + 25° = 180°$

$x = \mathbf{40°}$ …答

演習問題 12 p.228

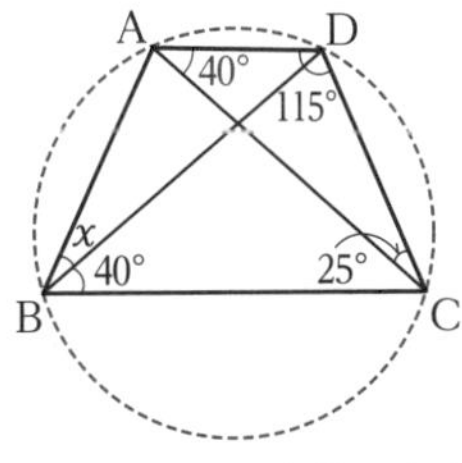

△ACD で，内角の和が 180°であるから，

$25° + 115° + \angle DAC = 180°$

$\angle DAC = 40°$

$\angle DAC = \angle DBC$ であるから，円周角の定理の逆より 4 点 A，B，C，D は同一円周上にある。

よって，円周角の定理より，

$x = \angle ACD = \mathbf{25°}$ …答

演習問題 13 p.230

(1)

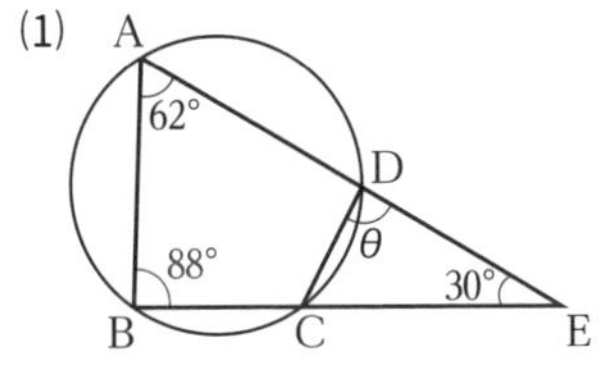

△ABE において，内角の和が 180°であるから，

$62° + 30° + \angle ABE = 180°$

$\angle ABE = 88°$

また，四角形 ABCD は円に内接しているので，

$\theta = \mathbf{88°}$ …答

(2)

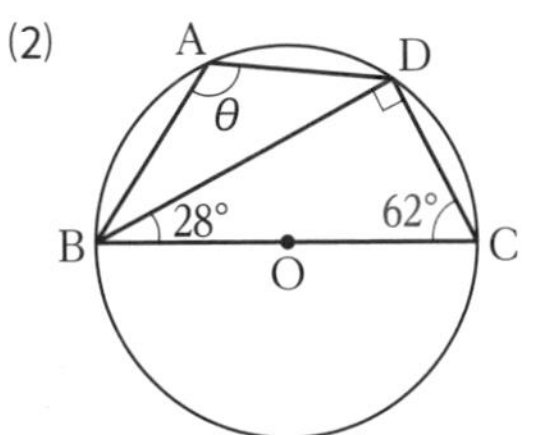

BC は円の直径であるから，$\angle BDC = 90°$

△BCD において，内角の和が 180°であるから，

$28° + 90° + \angle BCD = 180°$

$\angle BCD = 62°$

また，四角形 ABCD は円に内接しているので，

$62° + \theta = 180°$

$\theta = \mathbf{118°}$ …答

演習問題 14 p.231

1

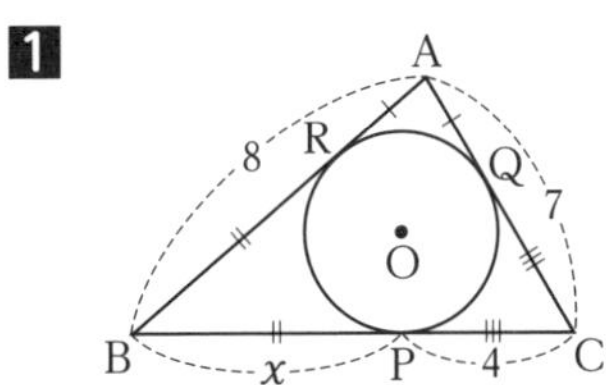

BP＝x とすると，円の外部から円に引いた 2 本の接線の長さは等しいので，

$BR=BP=x$
$AR=AQ=8-x$
$CQ=CP=4$
AC の長さに着目すると，
$AC=AQ+CQ$
$7=(8-x)+4$
$x=\mathbf{5}$ …

別解 $CP=CQ=4$
これより，$AQ=7-CQ=7-4=3$
$AQ=AR=3$
さらに，$BR=8-AR=8-3=5$
よって，$BP=BR=\mathbf{5}$ …答

2

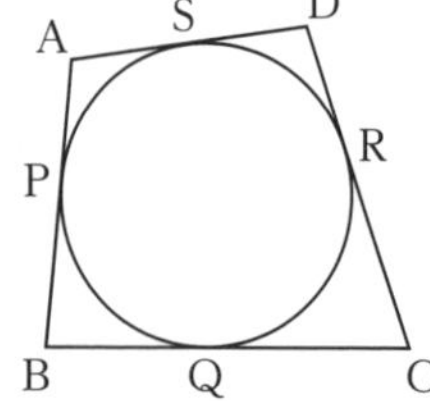

図のように，円と四角形の接点を P，Q，R，S とする。
円外の点から円に引いた接線の長さは等しいので，
$AP=AS$，$BP=BQ$，
$CQ=CR$，$DR=DS$
以上より，

$$\begin{aligned}AB+CD&=(AP+BP)+(CR+DR)\\&=AS+BQ+CQ+DS\\&=(AS+DS)+(BQ+CQ)\\&=AD+BC\end{aligned}$$

〔証明終わり〕

演習問題 15 p.232

(1)

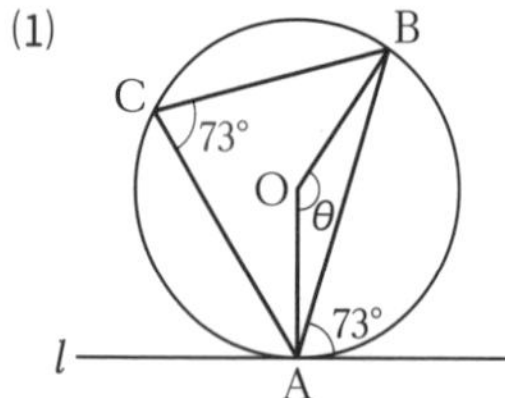

接弦定理より，$\angle ACB=73°$
θ は $\overset{\frown}{AB}$ に対する中心角であるから，
$\theta=2\times\angle ACB=\mathbf{146°}$ …答

(2)接弦定理より，$\angle ADC=\theta+50°$
$\angle ADC=70°$であるから，
$\theta+50°=70°$
$\theta=\mathbf{20°}$ …答

演習問題 16 p.235

(1)

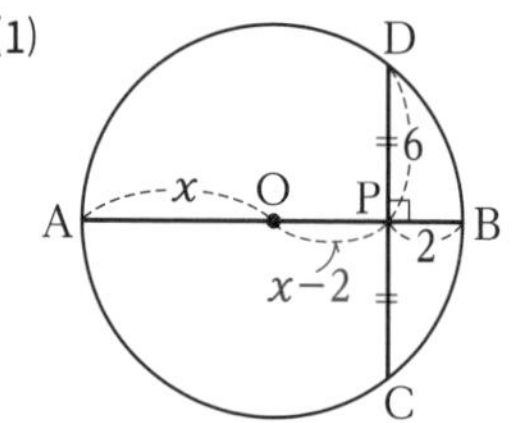

$OP=BO-PB$
$=x-2$
であるから，
$AP=AO+OP=x+(x-2)$
$=2x-2$
弦の垂直二等分線が円の中心を通るから，
$PC=PD=6$
以上より，方べきの定理を用いると，
$PA\cdot PB=PC\cdot PD$
$(2x-2)\cdot 2=6\cdot 6$
$x=\mathbf{10}$ …答

(2)方べきの定理を用いると，
$PA\cdot PB=PC\cdot PD$
$4\cdot(6+4)=3\cdot(x+3)$
$x=\mathbf{\dfrac{31}{3}}$ …答

(3)方べきの定理を用いると，
$PA\cdot PB=PT^2$
$x\cdot 16=8^2$
$x=\mathbf{4}$ …答

演習問題 17 p.236

円 O の半径を r，円 O′ の半径を $r'(r>r')$ とすると，条件より，

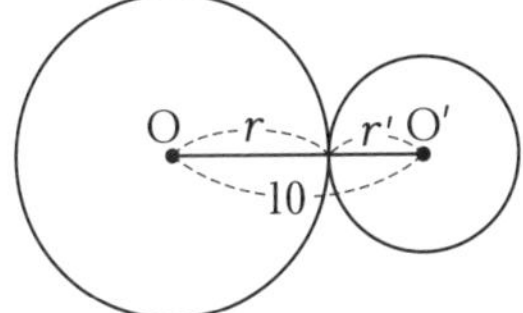

$r+r'=10$ ……①

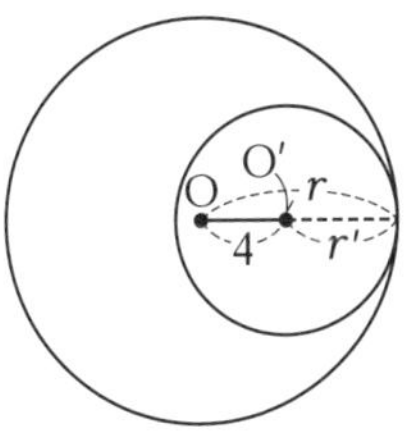

$r-r'=4$ ……②

①，②より，$r=\mathbf{7}$，$r'=\mathbf{3}$ …答

演習問題 18 p.237

共通接線は，円 O，円 O′ に，それぞれ点 A，B で接しているとする。

(i)**共通外接線の場合**

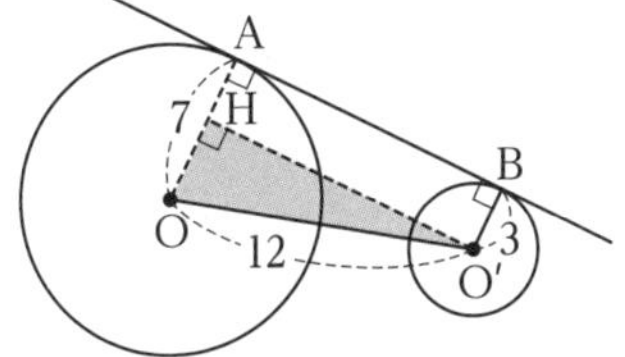

点 O′ から OA に垂線を引き，交点を H とする。

接点間の距離 AB は O′H の長さに等しく，OH=7−3=4 であるから，△OO′H で三平方の定理を用いて，

$$\begin{aligned} \mathrm{O'H} &= \sqrt{\mathrm{OO'}^2-\mathrm{OH}^2} \\ &= \sqrt{12^2-4^2} \\ &= \sqrt{(12+4)(12-4)} \\ &= \mathbf{8\sqrt{2}} \end{aligned}$$ …答

(ii)**共通内接線の場合**

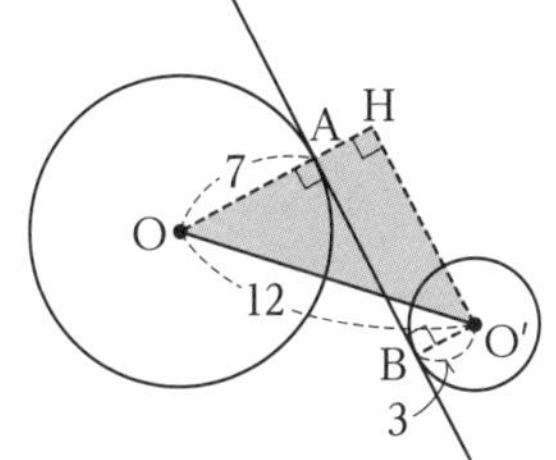

点 O′ から OA の延長線上に垂線を引き，交点を H とする。

接点間の距離 AB は O′H の長さに等しく，OH=7+3=10 であるから，△OO′H で三平方の定理を用いて，

$$\begin{aligned} \mathrm{O'H} &= \sqrt{\mathrm{OO'}^2-\mathrm{OH}^2}=\sqrt{12^2-10^2} \\ &= \sqrt{(12+10)(12-10)} \\ &= \mathbf{2\sqrt{11}} \end{aligned}$$ …答

第3節 作図

演習問題 19 p.238

垂直二等分線の作図から，中点を求めることができる。まず，BC の垂直二等分線をかいて，BC の中点 D を求める。

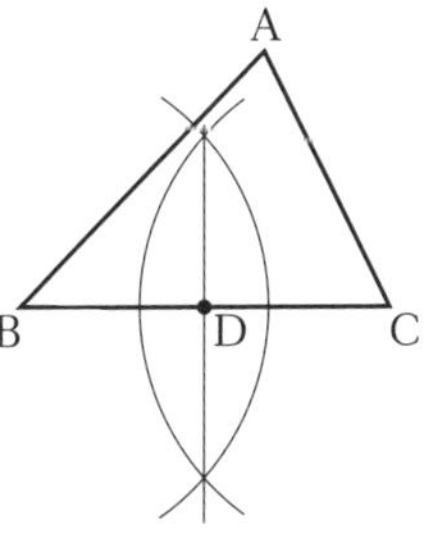

同様にして，AC の垂直二等分線をかいて，AC の中点 E を求める。

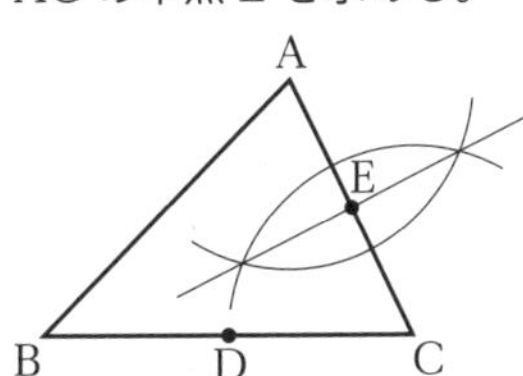

ADとBEの交点が重心Gである。

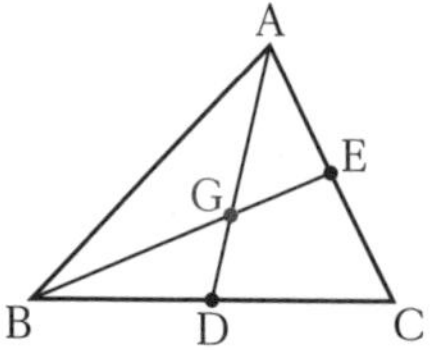

演習問題 20 p.239

垂直二等分線の作図から，線分ABの中点Eを求める。

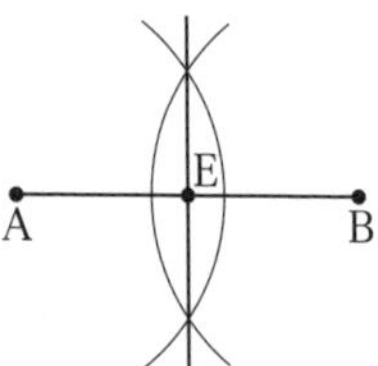

AEの長さで平行線DFをかく。

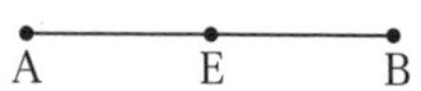

DFの長さを2倍した点Cをとる。平行四辺形ABCDが求める平行四辺形である。

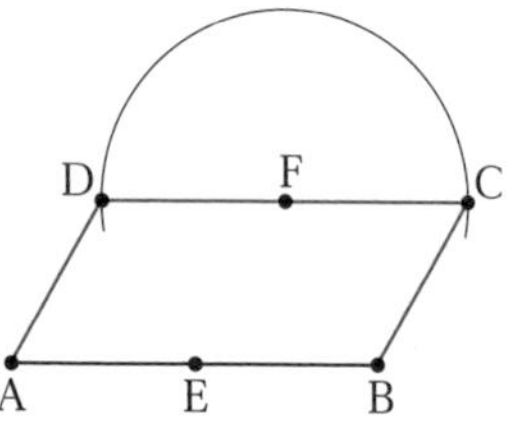

別解 点Aを中心として，半径AEの円をかき，その円周上に任意の点D(直線AB上の点以外)をとる。

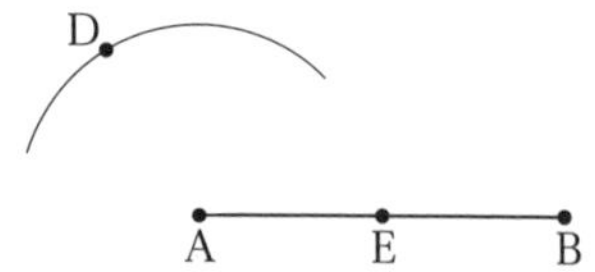

点Dを中心としてかいた半径ABの円と，点Bを中心としてかいた半径BEの円の交点をCとする。平行四辺形ABCDが求める平行四辺形である。

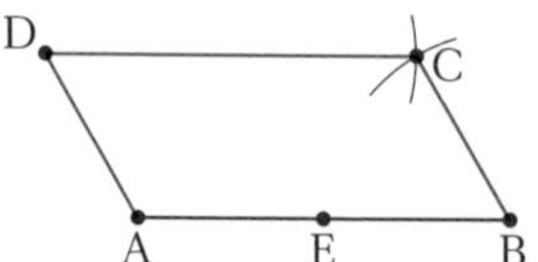

演習問題 21 p.240

内角の二等分線の交点が内心である。

まず，∠ABCにおいて角の二等分線の作図を行う。

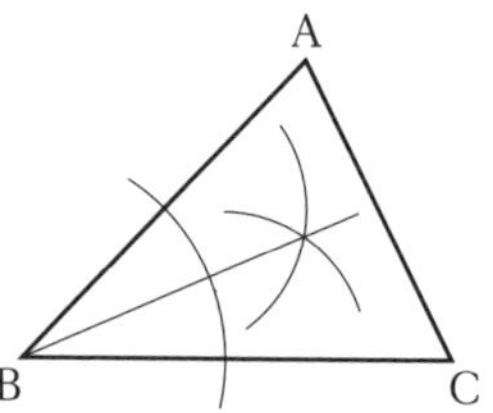

次に，∠ACBにおいて角の二等分線の作図を行う。

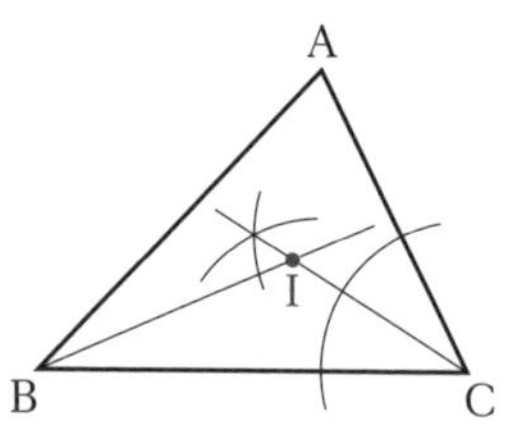

以上2本の角の二等分線の交点Iが内心である。

第4節 空間図形

演習問題 22 p.243

(1)直方体であるから，BF⊥平面EFGH

仮定より，BK⊥EG

よって，三垂線の定理より，

EG⊥FK　〔証明終わり〕

(2)△EFGで三平方の定理を用いると，

$EG=\sqrt{3^2+4^2}=5$

△EFG∽△FKG であるから，対応する辺の比を考えると，

EG : EF＝FG : FK

よって，

$$\mathrm{EG}\cdot\mathrm{FK}=\mathrm{EF}\cdot\mathrm{FG}$$
$$5\cdot\mathrm{FK}=4\cdot3$$
$$\mathrm{FK}=\frac{12}{5}$$

さらに，△BFK で三平方の定理を用いると，

$$\mathrm{BK}=\sqrt{\mathrm{FK}^2+\mathrm{BF}^2}$$
$$=\sqrt{\frac{144}{25}+4}$$
$$=\frac{\mathbf{2\sqrt{61}}}{\mathbf{5}}\ \cdots 答$$

演習問題 23 p.245

1

(1)

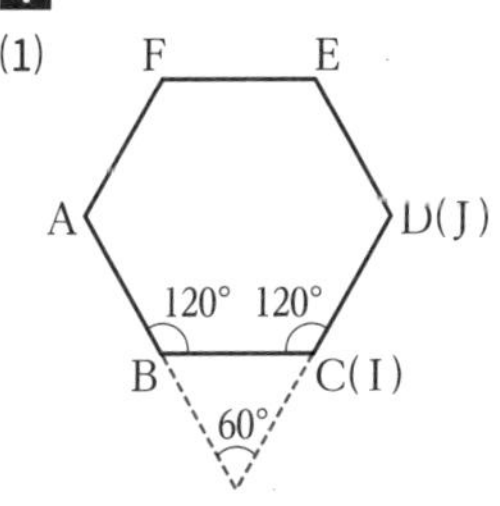

IJ を正六角形 ABCDEF 上まで平行移動すると，IJ は CD と考えることができる。
図より，**60°** …答

(2)

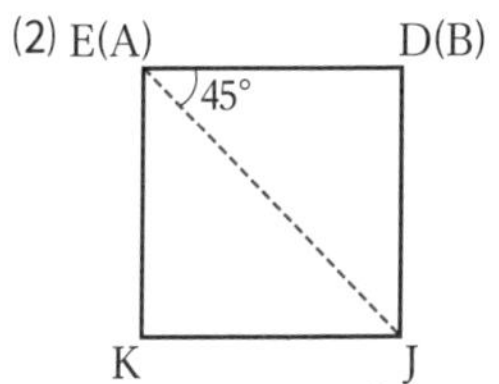

AB を正方形 DEKJ 上まで平行移動すると，AB は ED と考えることができる。
図より，**45°** …答

(3)

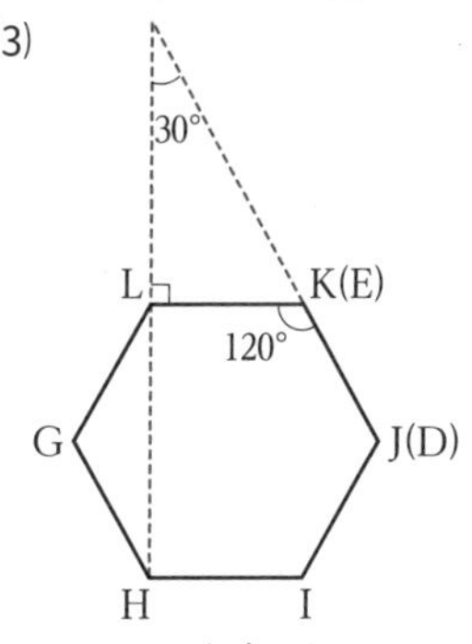

DE を正六角形 GHIJKL 上まで平行移動すると，DE は JK と考えることができる。
図より，**30°** …答

(1)

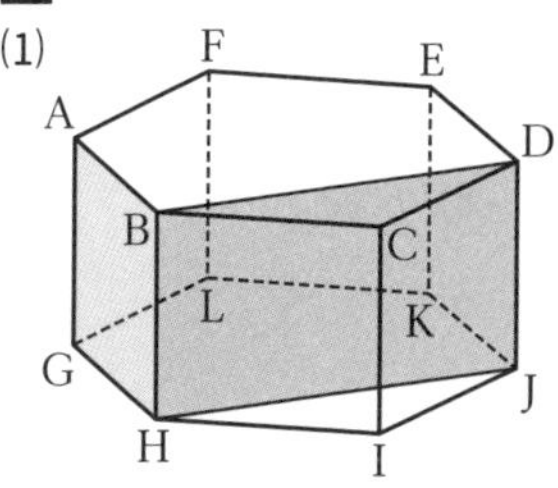

図より，直線 GH と直線 HJ のなす角に等しいので，**90°** …答

(2)

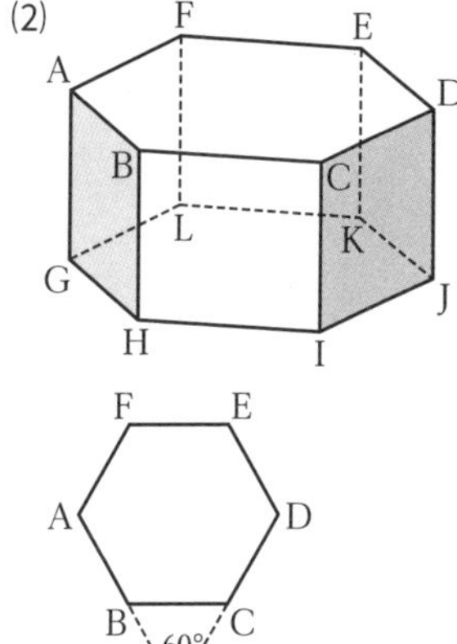

図より，直線ABと直線CDのなす角に等しいので，**60°** …答

演習問題24 p.246

(1)正二十面体は20個の正三角形でできている。20個の正三角形の辺の総数は，

$3\times20=60$(本)

正二十面体では，各辺を2つの面が共有しているので，

$60\div2=$**30(本)** …答

(2)オイラーの多面体定理より，頂点の数をvとすると，

$v-30+20=2$

$v=$**12(個)** …答

別解 正二十面体は20個の正三角形でできている。20個の正三角形の頂点の総数は，

$3\times20=60$(個)

正二十面体では，各頂点を5つの面が共有しているので，

$60\div5=$**12(個)** …答

第8章 数学と人間の活動

第1節 倍数・約数

演習問題1 p.248

1

54000を素因数分解すると，

$54000=2^4\cdot3^3\cdot5^3$

$\sqrt{54000n}$が整数となるためには，ルート内が平方数でないといけない。

つまり，各因数の指数が偶数でないといけない。

よって，因数にあと3と5を1つずつ掛ければよいので，

$n=3\cdot5=$**15** …答

2

$100!=100\cdot99\cdot98\cdot\cdots\cdot3\cdot2\cdot1$

であるから，1から100までの自然数の中に3の倍数がいくつあるかを考えると，

$3,\ 3\cdot2,\ 3\cdot3,\ \cdots,\ 3\cdot32,\ 3\cdot33$

の33個存在する。

また，この中に3を2つ因数にもつ数，つまり$3^2=9$の倍数は，

$9,\ 9\cdot2,\ 9\cdot3,\ \cdots,\ 9\cdot10,\ 9\cdot11$

の11個存在する。

さらに，この中に3を3つ因数にもつ数，つまり$3^3=27$の倍数は，

$27,\ 27\cdot2,\ 27\cdot3$

の3個存在する。

さらに，この中に3を4つ因数にもつ数，つまり$3^4=81$の倍数は81の1個のみ存在する。

以上より，100!を素因数分解したとき，素因数3の個数は，

$33+11+3+1=$**48(個)** …答

Point 次のように，表にまとめるとわかりやすいです。

3の倍数	3	6	9	12	15	18	21	24	27	30	33
	3	3	3	3	3	3	3	3	3	3	3
			3			3			3		
									3		

36	39	42	45	48	51	54	57	60	63	66	69	72
3	3	3	3	3	3	3	3	3	3	3	3	3
3			3			3			3			3
						3						

75	78	81	84	87	90	93	96	99	
3	3	3	3	3	3	3	3	3	←3の倍数
		3			3			3	←$3^2=9$の倍数
		3							←$3^3=27$の倍数
		3							←$3^4=81$の倍数

表の中に「3」が48個書いてあるのがわかりますね。

演習問題2 p.250

まず，各数を素因数分解すると，

$60=2^2\cdot3\cdot5$

$126=2\cdot3^2\cdot7$

$450=2\cdot3^2\cdot5^2$

よって，

最大公約数は，共通因数をすべて掛けた数であるから，

$2\cdot3=\mathbf{6}$ …答

最小公倍数は，各因数の指数が大きいほうを選んで掛けた数であるから，

$2^2\cdot3^2\cdot5^2\cdot7=\mathbf{6300}$ …答

演習問題3 p.251

最大公約数が12であるから，互いに素な正の整数 a'，b' を用いて，

$a=12a'$，$b=12b'$（ただし $a'<b'$）

とおくことができる。

このとき，最小公倍数が420であるから，

$12\cdot a'\cdot b'=420$

$a'\cdot b'=35$

a'，b' は互いに素であるから a'，b' の組は，

$(a',\ b')=(1,\ 35),\ (5,\ 7)$

よって，

$(\boldsymbol{a},\ \boldsymbol{b})=(12a',\ 12b')$

$=\mathbf{(12,\ 420),\ (60,\ 84)}$ …答

演習問題4 p.253

(1)再び十干十二支が一致するのは十干の10年と十二支の12年の最小公倍数である60年後である。よって，

1924+60=**1984(年)** …答

(2) 1995−1924=71

(1)より，60年で十干十二支が一回りするので一回りした後の11年後である。

十干は10年で一回りするので11年後は「甲」の次の「乙」である。

十二支は12年で一回りするので11年後は「子」の前の「亥」である。

よって，1995年の十干十二支は，

乙亥 …答

Point ちなみに甲子は「きのえね」，乙亥は「きのとい」と読むそうです。

演習問題5 p.254

84と180の最大公約数は，180−84=96と84の最大公約数に等しい。

同様にして，96と84の最大公約数は96−84=12と84の最大公約数に等しい。

12と84の最大公約数は84−12=72と12の最大公約数に等しい。

12と72の最大公約数は72−12=60と12の最大公約数に等しい。

12と60の最大公約数は60−12=48と12の最大公約数に等しい。

12と48の最大公約数は48−12=36と12の最大公約数に等しい。

12と36の最大公約数は36−12=24と

12 の最大公約数に等しい。
以上より，最大公約数は **12** …答

Point かなりしつこく繰り返しましたが，ある程度の段階で最大公約数がわかるのであればここまで繰り返す必要はありません。

演習問題 6 p.256

(1) $638=261\cdot 2+116$
ユークリッドの互除法より，261 と 116 の最大公約数に等しい。
$261=116\cdot 2+29$
ユークリッドの互除法より，116 と 29 の最大公約数に等しい。
$116=29\cdot 4$
この結果より，116 と 29 の最大公約数は **29** …答

(2) $1595=714\cdot 2+167$
ユークリッドの互除法より，714 と 167 の最大公約数に等しい。
$714=167\cdot 4+46$
ユークリッドの互除法より，167 と 46 の最大公約数に等しい。
$167=46\cdot 3+29$
ユークリッドの互除法より，46 と 29 の最大公約数に等しい。
$46=29\cdot 1+17$
この結果より，29 と 17 の最大公約数に等しく，その値は **1** …答

Point 29 と 17 はともに素数なので，これ以上計算しなくても最大公約数は 1 だとわかりますね。

演習問題 7 p.258

タイルの敷き詰め問題と同様に，額縁に敷き詰められる最も大きい正方形のタイルがわかれば比が求められる。
1 辺の長さが 2261 mm の正方形を 3 つ並べると，2261 mm×1071 mm の長方形が残る。
そこに 1 辺の長さが 1071 mm の正方形を 2 つ並べると，1071 mm×119 mm の長方形が残る。
そこに 1 辺の長さが 119 mm の正方形を 9 つ並べると，ぴったり敷き詰められる。
つまり，縦と横の長さの最大公約数は 119 mm で，敷き詰められる正方形の 1 辺の長さは 119 mm であることがわかる。
よって，
$2261\div 119=19$，$7854\div 119=66$
であるから，この額縁の縦と横の長さの比は **19：66** …答

第 2 節 不定方程式

演習問題 8 p.259

$5x+2y=42$
$5x=2(21-y)$
左辺は正であるから，右辺も正である。
$21-y>0$
よって，$1\leqq y<21$ ……①
また，$5x=2(21-y)$ の左辺は 5 の倍数であるから右辺も 5 の倍数である。5 と 2 は互いに素であるから，$21-y$ が 5 の倍数である。①の条件の下で考えると $y=1$，6，11，16 であるから，
$(x,\ y)=$ **(8，1)，(6，6)，(4，11)，(2，16)** …答

Point 互いに素である 2 つの整数 a，b と，整数 x，y について，$ax=by$ が成り立つとき，x は b の倍数，y は a の倍数である。（本冊 p.251 参照）

演習問題 9 p.261

$x=4$，$y=5$ はこの方程式の解の 1 つである。解はこの方程式を満たすので，

$9\cdot4-7\cdot5=1$

である。もとの方程式と差をとると，

$$\begin{array}{rrl} & 9x \quad -7y & =1 \\ -) & 9\cdot4 \quad -7\cdot5 & =1 \\ \hline & 9(x-4)-7(y-5) & =0 \end{array}$$

$9(x-4)=7(y-5)$ ……①

ここで，9 と 7 は互いに素な整数であるから，$x-4$ は 7 の倍数である。

よって，k を整数として，

$x-4=7k$

$x=7k+4$

これを①に代入して，

$9\cdot7k=7(y-5)$

$y=9k+5$

以上より，

$x=7k+4$，$y=9k+5$（k は整数） …答

別解 $9x-7y=1$ を y について解くと，

$$y=\frac{9}{7}x-\frac{1}{7}$$

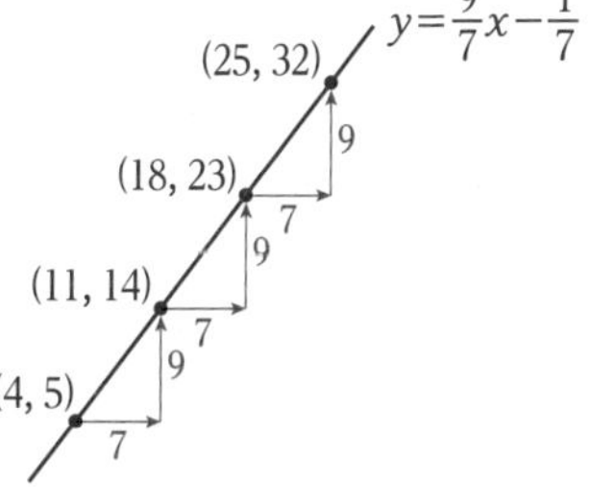

傾きが $\frac{9}{7}$ であるから，図のように x 座標が 7 増加すると，y 座標は 9 増加する。この直線は $(4,\ 5)$ を通るので，

$x=4+7k$，$y=5+9k$（k は整数） …答

演習問題 10 p.262

$3x+6y=1$ を満たす整数解 $x=\alpha$，$y=\beta$ が存在すると仮定する。

解であるから，方程式に代入すると，

$3\alpha+6\beta=1$

$3(\alpha+2\beta)=1$

この式より，$\alpha+2\beta$ は整数であるから左辺は 3 の倍数である。これは右辺の 1 に等しいことに矛盾する。よって，方程式 $3x+6y=1$ は整数解をもたない。

〔証明終わり〕

演習問題 11 p.264

13 kg の荷物を x 個，40 kg の荷物を y 個積むとする。合計が 1 t つまり 1000 kg になるので，

$13x+40y=1000$ ……①

となる整数 x，y を求める。

まず，$13x+40y=1$ となる x，y を考える。解の 1 つは $x=-3$，$y=1$ である。よって，

$13\cdot(-3)+40\cdot1=1$

この両辺を 1000 倍すると，

$13\cdot(-3000)+40\cdot1000=1000$ ……②

①−②より，

$$\begin{array}{rrl} & 13x \qquad +40y & =1000 \\ -) & 13\cdot(-3000)+40\cdot1000 & =1000 \\ \hline & 13(x+3000)+40(y-1000) & =0 \end{array}$$

よって，

$13(x+3000)=-40(y-1000)$ ……③

13 と 40 は互いに素であるから，$x+3000$ は 40 の倍数である。よって，k を整数として，

$x+3000=40k$　つまり，$x=40k-3000$

これを③に代入して，

$13k=-y+1000$

つまり，$y=-13k+1000$

ここで，x，y は 0 以上の整数なので，

$40k-3000\geqq0$ かつ，$-13k+1000\geqq0$

これを解くと，

$$75\leqq k\leqq\frac{1000}{13}$$

これを満たす整数 k は，$k=75$，76
$x=40k-3000$，$y=-13k+1000$ であるから，
$k=75$ のとき，$x=0$，$y=25$
$k=76$ のとき，$x=40$，$y=12$
よって，13 kg の荷物と 40 kg の荷物の個数はそれぞれ，
0 個と 25 個，または，40 個と 12 個 …答

第3節 合同式

演習問題 12 p.266

1

条件より，$n\equiv3\ (\mathrm{mod}7)$ である。このとき，

$$3n^4+2n^2\equiv3\cdot3^4+2\cdot3^2\ (\mathrm{mod}7)$$
$$=243+18\ (\mathrm{mod}7)$$
$$=261\ (\mathrm{mod}7)$$
$$\equiv2\ (\mathrm{mod}7)$$

よって，求める余りは **2** …答

2

$14\equiv4\ (\mathrm{mod}5)$ であるから，
$14^2\equiv4^2\equiv1\ (\mathrm{mod}5)$ である。これより，

$$14^{81}=14^{2\cdot40+1}=(14^2)^{40}\cdot14$$

であることを利用すると，

$$(14^2)^{40}\equiv1^{40}=1\ (\mathrm{mod}5)$$

よって，

$$14^{81}\equiv1\cdot14\equiv4\ (\mathrm{mod}5)$$

であるから，求める余りは **4** …答

3

以下の合同式はすべて 10 で割った余り (mod10) で考える。
$37\equiv7$ であるから，

$$37^2\equiv7^2=49$$

$49=4\cdot10+9$ なので 49 を 10 で割った余りは 9 と考えるが，$49=5\cdot10-1$ とすると余りを -1 と考えることができる。
よって，$37^2\equiv49\equiv-1$
以上より，

$$37^{2015}=(37^2)^{1007}\cdot37$$

であることを利用すると，

$$(37^2)^{1007}\equiv(-1)^{1007}=-1$$

よって，

$$(37^2)^{1007}\cdot37\equiv(-1)\cdot7=-7$$

$-7=-1\cdot10+3$ より，

$$-7\equiv3$$

以上より，一の位は **3** …答

演習問題 13 p.267

(1) 1 月 1 日から 5 月 5 日までの日数は，

$$31+28+31+30+5=125(\text{日})$$

$125\equiv6\ (\mathrm{mod}7)$ である。7 を法としたときの値と曜日の対応は以下の通り。

値 (mod7)	0	1	2	3	4	5	6
曜日	火	水	木	金	土	日	月

表より，**月曜日** …答

(2) 1 年は 365 日あるから，ある年の 7 月 29 日から次の年の 7 月 29 日までの日数は，

$$365+1=366(\text{日})$$
$$366\equiv2\ (\mathrm{mod}7)$$

7 を法としたときの値と曜日の対応は以下の通り。

値 (mod7)	0	1	2	3	4	5	6
曜日	土	日	月	火	水	木	金

表より，**月曜日** …答

第4節 n 進法

演習問題 14 p.268

(1) **10239** …答

(2) 𓆼𓆼𓎆𓎆𓏺𓏺 …答

演習問題 15 p.269

(1) 2000=MM，60=LX，9=IX であるから，**MMLXIX** …答

(2)「CD」の並びは「400」，「XC」の並びは「90」，「IV」の並びは「4」を表す。
494 …答

演習問題 16 p.272

(1) $11101_{(2)}=1\cdot2^4+1\cdot2^3+1\cdot2^2+1$
$=\mathbf{29}$ …答

(2) $24011_{(5)}=2\cdot5^4+4\cdot5^3+1\cdot5+1$
$=\mathbf{1756}$ …答

演習問題 17 p.274

(1)
```
3) 188
3)  62…2 ↑
3)  20…2 │
3)   6…2 │
     2…0 │
```
これより，$\mathbf{20222_{(3)}}$ …答

(2)
```
7) 2276
7)  325…1 ↑
7)   46…3 │
      6…4 │
```
これより，$\mathbf{6431_{(7)}}$ …答

演習問題 18 p.276

図より，1，2^4，2^6 の位の指を折っているので，
$1\times1+1\times2^4+1\times2^6=\mathbf{81}$ …答

演習問題 19 p.278

カードの左上の数字の和より，
$2+8+16=$**26(歳)** …答

演習問題 20 p.279

すべてのコインが本物であった場合，3100 g のはずである。偽コインは 1 枚あたり 10 g 軽いので，偽コインの枚数は，
$(3100-2880)\div10=22$(枚)
となり，22 を 2 進法で表すと
$22=10110_{(2)}$
2 の位と 4 の位と 16 の位が 1 であるから，偽コインが入っている袋は，**袋 B と袋 C と袋 E** …答

第5節 測量・座標

演習問題 21 p.282

1

(1) **G7** …答

(2) **D7，J7，G4，G10** …答

2

(5，6，2) …答

演習問題 22 p.283

地点 A からと地点 B から与えられた長さを半径にもつ円をかき，2 つの交点のうち地上にあるほうが点 P になる。

答
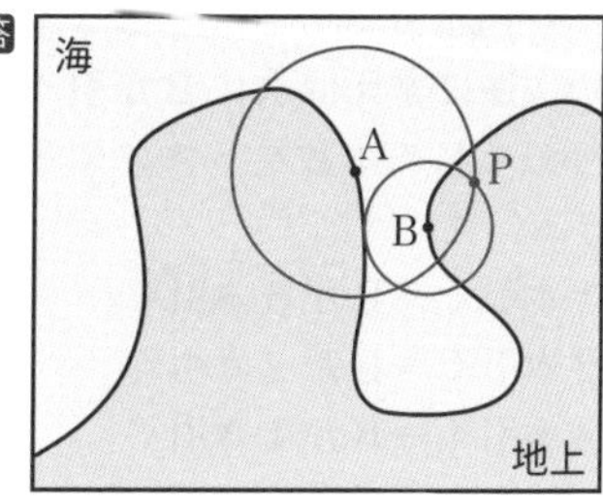

演習問題 23 p.285

図より，三角比の余弦を用いる。
$\cos89^\circ=\dfrac{6300}{d}$

第1章 数と式
第2章 集合と命題
第3章 2次関数
第4章 図形と計量
第5章 データの分析
第6章 場合の数と確率
第7章 図形の性質
第8章 数学と人間の活動

$$d=\frac{6300}{0.0175}$$
$$=\mathbf{360000(km)}$$ …答

第6節 パズルとゲーム

演習問題24 p.287

(解答例)
市松模様の床は黒のマス目が8マス，白のマス目が6マスである。
畳が隠す色は白と黒1つずつであるから，畳がすき間なく敷き詰められるならば，白のマス目と黒のマス目の数は等しくないといけない。よって，畳をすき間なく敷き詰めることはできない。

演習問題25 p.289

⑴ **Aに必勝法が存在する**
(方法)5本のときにくじを引くほうが必ず負ける引き方が存在するので，最初に引くAが2本引くとBは5本のくじから引くことになり，必ずAが勝てることになる。

⑵ **Bに必勝法が存在する**
(方法)Aが何本引いても残りは5本にならない，逆に言えば次にBが引くことで残りのくじの本数を5本にすることができる。
　Aが1本引く→Bが3本引く
　Aが2本引く→Bが2本引く
　Aが3本引く→Bが1本引く
つまり，必ずBが勝てることになる。

演習問題26 p.291

(a, b, c) を左から順に柱に刺す円盤の番号を表すものとする。番号は小さい円盤から順に1から6まで振ることにする。0は円盤が刺さっていない状態を表す。
円盤4枚の山を移動させる回数が15回であることに着目すると，

スタート (123456, 0, 0)
15回後 (56, 1234, 0)　（円盤4枚を移動）
16回後 (6, 1234, 5)
31回後 (6, 0, 12345)　（円盤4枚を移動）
32回後 (0, 6, 12345)
47回後 (1234, 6, 5)　（円盤4枚を移動）
48回後 (1234, 56, 0)
63回後 (0, 123456, 0)　（円盤4枚を移動）

以上より，**63回** …答

演習問題27 p.292

10を含む三角形は「10，1，3」の組合せしかなく，しかも10は内側の正五角形の頂点ではない。この点に注意すると以下の通りになる。

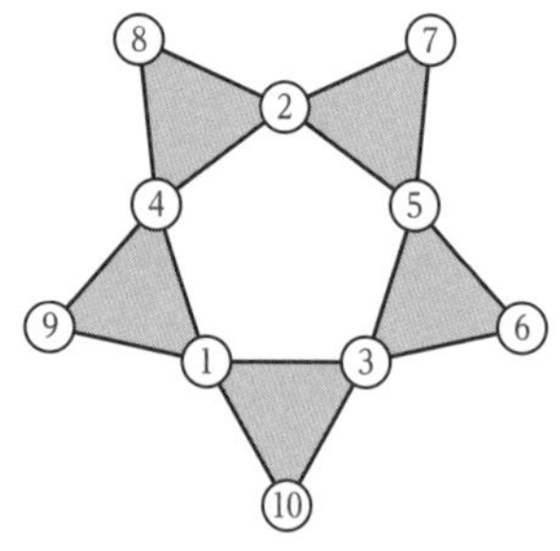